IP 知识产权专题研究书系

ZHUANLI SHOUQUAN QUEQUAN ZHIDU
YUANLI YU SHIWU

# 专利授权确权制度原理与实务

张 鹏 著

知识产权出版社
全国百佳图书出版单位

**内容提要**

本书结合专利授权确权制度的近百件典型案例，从实体法和程序法两个角度探讨我国授权确权法律制度的原理与实务；对于实用新型、外观设计专利授权确权制度的专门问题进行讨论，解读相关制度法律适用中的特点；对于专利授权确权制度的制度优化加以全面梳理，探究制度构建的完善方向。本书是专利行政部门、司法部门、专利服务机构、创新主体及相关从业人员深入解读相关法律问题的参考工具书。

**读者对象**：知识产权法领域的从业人员、研究人员等。

**责任编辑**：卢海鹰　　**责任校对**：董志英
**版式设计**：卢海鹰　　**责任出版**：卢运霞
**特邀编辑**：王　晶

**图书在版编目（CIP）数据**

专利授权确权制度原理与实务／张鹏著．—北京：知识产权出版社，2012.2
（知识产权专题研究书系）
ISBN 978－7－5130－0999－7

Ⅰ．①专…　Ⅱ．①张…　Ⅲ．①专利制度－案例　Ⅳ．①G306.3

中国版本图书馆CIP数据核字（2011）第254744号

知识产权专题研究书系
**专利授权确权制度原理与实务**
张鹏　著

出版发行：知识产权出版社
社　址：北京市海淀区马甸南村1号　　邮　编：100088
网　址：http://www.ipph.cn　　邮　箱：bjb@cnipr.com
发行电话：010-82000860转8101/8102　　传　真：010-82005070/82000893
责编电话：010-82000860转8122
印　刷：北京富生印刷厂　　经　销：新华书店及相关销售网点
开　本：880mm×1230mm　1/32　　印　张：16.5
版　次：2012年4月第1版　　印　次：2012年4月第1次印刷
字　数：460千字　　定　价：48.00元

ISBN 978-7-5130-0999-7/G·458（3870）

# 作者简介

张鹏，男，1981年出生，山东省莘县人，国家知识产权局专利复审委员会审查员，教育部人文社科重点研究基地、国家保护知识产权工作研究基地、国家知识产权战略实施研究基地、中南财经政法大学知识产权研究中心博士研究生，师从我国著名知识产权法学家吴汉东教授。

自2004年8月以来，曾供职于国家知识产权局专利复审委员会行政诉讼处、研究处、业务协调处和专利局审查业务管理部综合处，承办专利复审无效案件、专利行政诉讼应诉案件数百件，被指定承担我国首例最高人民检察院抗诉的专利行政诉讼案件等重大、疑难案件的应诉工作，参加规范性法律文件的修改撰稿工作，兼任北京市第一中级人民法院知识产权庭人民陪审员并参与专利侵权案件审判工作。获得2008~2009年度“国家知识产权局十大杰出青年”等荣誉称号，2009年度被确定为国家知识产权局法律事务高层次人才培养对象。

近三年来，在《知识产权》《专利法研究》《计算机科学》等期刊发表论文四十余篇。参与编著《专利名案解读（二）》（中国知识产权研究会专利委员会、最高人民法院中国应用法学研究所、国家知识产权局专利复审委员会编，知识产权出版社2011年版）、《专利行政诉讼概论与案例精解》（国家知识产权局专利复审委员会编，知识产权出版社2011年版）、《优秀专利调查研究报告集（VI）》（国家知识产权局办公室政策研究处编，知识产权出版社2010年版）、《无线移动互联网：原理、技术与应用》（崔勇、张鹏编著，高等院校计算机精品教材系列，机械工业出版社2012年版）等著作4部。主持和参与“基于审查资源为战略性新兴行业培育提供的服务研究”、“专利审查工作‘十二五’规划基础研究”、“现有技术抗辩制度及其与无效程序的关系”、“外观设计专利性审查标准实务研究”等十余项课题研究。所著论文获得“第六届全国知识产权优秀调研报告暨优秀软科学研究成果奖”等奖项。

# 努力构建具有中国特色的专利法律制度（代序）

探索具有中国特色的专利法律制度，具有突出的法律意义。在第十一届全国人民代表大会第四次会议上，吴邦国委员长在人大常委会工作报告中指出，具有中国特色社会主义法律体系已经形成。具有中国特色的专利法律制度应当属于具有中国特色社会主义法律体系的重要组成部分。我国专利法律制度的发展，已经走过30年的发展历程。30年来，我国专利制度经历了从孕育到学习模仿，从调整完善到自主发展的重要转变，从20世纪80年代的初露峥嵘，到当今时代的格局渐成。目前，我国专利法律制度正处于根据自身发展需要调整完善的时期，是否符合和适应本国的实际发展需要，已经成为现阶段我国专利法律制度建设成败的关键。也就是说，在符合国际条约和国际惯例的基础上，我们应探索能够更为有效地推动我国经济发展方式转变的专利法律制度。

探索具有中国特色的专利法律制度，具有重要的政策意义。我国《国民经济和社会发展第十二个五年规划纲要》将加快经济发展方式转变作为主线，将经济结构战略性调整作为加快经济发展方式转变的主攻方向，将科技进步与创新作为加快经济发展方式转变的重要支撑。可见，构建具有中国特色的专利法律制度，积极推动科技进步与创新，提升国家科技竞争力，为经济发展方式的转变提供法律制度支持，是我们必须面对的重要课题。

在具有中国特色的专利法律制度的研究中，应当立足中国、放眼世界，立足当下、放眼未来，立足实务、深究法理。本书采用规范分析和实证分析相结合的方式，分析法律实践中存在的法律问题，并从应然法构建的角度探讨其制度逻辑，结合与专利授权确权制度相关的近百件典型案例，从实体法和程序法两个角度探讨我国授权确权法律制度的原理与实务；对于实用新型、外观设计专利授权确权制度的专门问题进行讨论，解读相关制度法律适用中的特点；对于专利授权确权制度的制度优化加以全面梳理，探究制度构建的完善方向。本书针对法律实践中存在的热点问题，从专利制度本质角度出发，立足民商法基础理论，深究法律制度逻辑，比较分析国内外相关立法例以及法律实践，从实体论、程序论、特别论和制度论四个维度对于专利授权确权法律制度的完善提出具有建设性的、论证严密充分的、能够指导实践的学术观点。相信本书的内容对于知识产权法学术界、专利行政部门、司法部门、专利服务机构、创新主体及相关从业人员均具有重要价值。

张鹏同志现在专利复审委员会从事专利复审请求和无效宣告请求的审查工作和专利行政诉讼的应诉工作，曾经在清华大学计算机科学与技术系获得计算机技术专业相关学位，现在又在本人门下攻读知识产权专业法学博士学位，是位专业基础厚实、知识结构良好、精通专利实务的青年学者。他在专利授权确权法律制度方面进行了一些探索，对于相关制度的完善以及法律适用有所帮助。“为人以谦逊为本，求学以坚持为重。”希望张鹏同志以此书为起点，在法学学术研究之路上取得更为丰硕的研究成果。

是为序。

2012年2月

# 前　言

随着国家知识产权战略的全面实施，专利制度日益成为国家核心竞争力的基础要素。我国《国民经济和社会发展第十二个五年规划纲要》首次写入每万人口发明专利拥有量提高到3.3件的指标，这对于实施国家知识产权战略、加快转变经济发展方式和建设创新型国家意义深远。同时，这也对于我国专利授权确权制度的完善提出了更高的要求。目前，世界经济一体化趋势不断加强，市场竞争进一步加剧，专利授权确权案件数量大幅攀升，其中的许多案件体现出的前沿的法律思维和尖锐的理念冲突对业界产生了重大影响。

在这一历史背景下，专利授权确权制度的理论与实践问题日益受到法学界的普遍关注，同时对实务工作者提出了更高的挑战。自从事专利法律研究和实务工作以来，笔者一直注意专利授权与确权制度的学习与研究，近年来曾陆续就其中一些法律问题发表论文四十余篇，但是较为分散和零碎。本书引述百余件典型的专利授权确权纠纷案件以及专利行政诉讼案件，对我国专利授权确权制度运行中反映出的热点和难点法律问题加以阐释，从多个角度探讨，并针对上述法律问题进行法理分析，以期对司法实践和审查实践有所帮助。

恩师中南财经政法大学校长吴汉东教授对拙作高屋建瓴、细致入微地给出了全面深入和具有建设性的指导，恩师的学术风范和殷切希望一直是笔者努力的动力。中南财经政法大学知识产权研究中心的王景川院长、曹新明教授、赵家仪教授、胡开忠教授、彭学龙教授、黄玉烨教授、肖志远老师、何华老师、詹映老师和熊琦老师等亦给予很多帮助和支持，同门学习的瞿昊晖、陈默、陈庆、王超政、张汉国等亦给予很多鼓励。专利复审委员会领导给予支持，专利复审委员会行政诉讼处、通信申诉处、研究处等亦给予很大的帮助。笔者作为国家知识产权局法律事务高层次人才培养对象，本书亦是国家知识产权局高层次人才培养的成果之一，感谢国家知识产权局人才教育培训工作领导小组办公室的支持。知识产权出版社的有关领导和责任编辑为本书的校对和出版付出了辛勤的劳动，在此真诚地表示感谢。还要感谢的是，在庭审中遇到的多位法官、专利代理人和专利律师们。最后，感谢我的妻子、父母、妹妹在我书籍撰稿期间的宽容和鼓励，谨以此书献给刚刚出生的宝宝。

本书尝试对我国专利授权确权制度运行中反映出的热点和难点法律问题加以阐释，从多个角度进行理论分析，以期获得能够指导法律实践的观点。然而，笔者学识浅微，难免有不足乃至错误之处，故以专家学者、广大读者不吝赐教为盼。

张　鹏

2012 年 2 月

# 目　录

# 第一章 实体论：专利授权与确权实务的实体法解读

我国专利法兼具有实体法规范和程序法规范，并且发明、实用新型和外观设计三种专利制度在一部法典中加以规定。为了全面梳理审查实践和司法实践中反映出的专利法实务问题，并对于专利制度的未来发展加以展望，本书从实体论、程序论、特别论和制度论四个角度对于专利授权确权制度的理论和实务加以阐释。其中，实体论部分主要涉及专利授权与确权实务的实体法解读，包括专利新颖性、创造性和实用性的判断，权利要求保护范围解释，专利重复授权制度，专利法意义上公开的理解，修改超范围的认定等。

## 第一节 专利新颖性判断的关键问题[1]

新颖性判断问题，亦即《中华人民共和国专利法》（以下简称《专利法》）[2] 第22条第2款的法律适用问题，是专利授权与确权实务的重要问题，在理论界和实务界存在较大争议。本节重点讨论新颖判断的总体思路以及优先权制度的适用。

### 一、引言

根据《专利法》第22条第1款的规定，授予专利权的发明和

---

❶ 本文的部分研究成果载于由笔者执笔的著作：中国知识产权研究会专利委员会，最高人民法院中国应用法学研究所，国家知识产权局专利复审委员会．专利名案解读（二）［M］．北京：知识产权出版社，2011：55－76.

❷ 如无特殊说明，本书中所述的《专利法》均为现行《专利法》，即根据2008年12月27日第十一届全国人民代表大会常务委员会第六次会议《关于修改〈中华人民共和国专利法〉的决定》第三次修正后的《专利法》。

实用新型应当具备新颖性、创造性和实用性。因此，申请专利的发明和实用新型具备新颖性是授予其专利权的必要条件之一。新颖性，是指该发明或者实用新型不属于现有技术；也没有任何单位或者个人就同样的发明或者实用新型在申请日以前向专利局提出过申请，并记载在申请日以后（含申请日）公布的专利申请文件或者公告的专利文件中。

判断发明或者实用新型的新颖性时，应当将涉案专利或者专利申请与一份现有技术进行单独对比，并且要求涉案专利或者专利申请与一份现有技术构成同样的发明或者实用新型。如果其技术领域、所解决的技术问题、技术方案和预期效果实质上相同，则认为两者为同样的发明或者实用新型。需要注意的是，在进行新颖性判断时，首先应当判断被审查专利申请的技术方案与对比文件的技术方案是否实质上相同，如果专利申请与对比文件公开的内容相比，其权利要求所限定的技术方案与对比文件公开的技术方案实质上相同，所属技术领域的技术人员根据两者的技术方案可以确定两者能够适用于相同的技术领域，解决相同的技术问题，并具有相同的预期效果，则认为两者为同样的发明或者实用新型。

## 二、审查实践及司法实践的解读

**【案例 1】**在“一种高分断小型断路器”实用新型专利纠纷一案中，正泰集团公司（正泰股份公司前身）于 1997 年 11 月 11 日向（原）中国专利局提出实用新型专利申请并于 1999 年 6 月 2 日授权公告，该 97248479. 5 号实用新型专利名称为“一种高分断小型断路器”，专利权人于 2006 年 3 月 17 日变更为正泰集团股份有限公司，本专利授权公告时的权利要求书如下：

“1. 一种高分断小型断路器，包括由手柄（1）和心轴（2）组成的操作机构、接线装置、包括动铁芯（14）和与动铁芯（14）相连的顶杆（15）的瞬时动作电流脱扣装置和由静触头（19）、动触头（20）、杠杆（5）、轴（6）、锁扣（7）、心轴（8）、跳扣

(9)、心轴（10)、传动连杆（11）以及触头支持（4）组成的触头连动装置，其特征在于所述的操作机构还设有套嵌于心轴（2）和手柄（1）之间的摇臂（3)。

2. 如权利要求1所述的高分断小型断路器，其特征在于所述的摇臂（3）一端设有安装套孔（21)，另一端顶部为圆弧面（22)，其旁侧设有曲形限位器（23)，触头支持（4）与圆弧面（22）对应处亦为相应的圆弧面。

3. 如权利要求1所述的高分断小型断路器，其特征在于所述的接线装置是由U字形接线板（16）和套装于该接线板的底板内的筒形接线座（17）组成，接线板（16）和接线座（17）的顶部对应处分别设有安装孔（26）和安装螺孔（27)。

4. 如权利要求1所述的高分断小型断路器，其特征在于所述的瞬时动作电流脱扣装置还设有钮簧（12）和套装于钮簧（12）中并与其一端相连的调节旋钮（13)。”

施耐德公司于2006年8月21日针对上述专利权向国家知识产权局专利复审委员会（以下简称“专利复审委员会”）提交了专利权无效宣告请求书。正泰股份公司于2006年9月13日对权利要求书进行修改，删除权利要求1并将权利要求2与权利要求3、4分别合并。

口头审理分别于2006年12月15日、19日和20日举行。在开庭前，合议组将专利权人于2006年12月4日提交的意见陈述书及附件转送给请求人，口头审理中，双方当事人对对方出庭人员的身份没有异议；在2006年12月15日开庭时双方当事人对合议组成员没有回避请求，对合议组成员的变更没有异议；请求人的证人未能出席口头审理；专利权人当庭提交反证，合议组当庭转给请求人；请求人当庭提交证据10、证据15~18的公证书文件，证据13的第3页的公证文件的译文，证据10~18、证据19-1、19-2、24-1、24-2以及证据25的原件，合议组当庭转给专利权人。

口头审理结束之后，专利权人于2007年2月17日提交了更正错误请求书以及权利要求书修改替换页，专利权人请求对其于2006年9

月13日提交的权利要求修改明显的打字错误，在权利要求1中将“包括动铁芯（14）和与（14）相连的顶杆（15）”修改为“包括动铁芯（14）和与动铁心（14）相连的顶杆（15）”。

请求人提交的对比文件1的申请日是1997年12月15日，公开日是1998年7月1日，均晚于本专利的申请日1997年11月11日，但对比文件1的法国优先权申请的申请日为1996年12月23日，早于本专利的申请日，并且请求人提交了作为对比文件1的法国优先权文本的证据5及其中文译文，证明对比文件1的法国优先权成立，对此专利权人没有提出异议，因此根据外国优先权的效力，对比文件1可以作为评价本专利新颖性的证据。

无效决定认定，该专利的权利要求1要求保护的是高分断小型断路器，包括由手柄和心轴组成的操作机构、接线装置、包括动铁芯和与动铁芯相连的顶杆的瞬时动作电流脱扣装置和由静触头、动触头、杠杆、轴、锁扣、心轴、跳扣、心轴、传动连杆以及触头支持组成的触头连动装置，所述操作机构还设有套嵌于心轴和手柄之间的摇臂，所述摇臂一端设有安装套孔，另一端顶部为圆弧面，其旁侧设有曲形限位器，触头支持与圆弧面对应处亦为相应的圆弧面。

该专利的权利要求1要求保护的高分断小型断路器与对比文件1的带安全挡板的断路器不同；该专利涉及断路器手动复位储能操作机构，而对比文件1涉及断路器外壳或底座等零部件；该专利要解决现有断路器在手动复位时动触头闭合速度随手动速度快慢而变化容易引起拉弧、影响触头使用寿命的问题，而对比文件1要解决现有断路器绝缘机壳中的各隔室并非相互独立，如果断开短路电流，机壳内的高压可能会增加通过手柄开口的电离气体的泄漏，危害靠近断路器前面板的人员的安全的问题；该专利中的瞬时动作电流脱扣装置包括动铁芯和与之相连的顶杆，在对比文件1中没有描述电磁脱扣装置的具体结构，并且权利要求1中的轴6、锁扣7、心轴8、跳扣9、心轴10在对比文件1中都没有公开，权利要求1中的操作机构还设有套嵌于心轴2和手柄1之间的摇臂3，摇臂3

一端设有安装套孔 21，另一端顶部为圆弧面 22，其旁侧设有曲形限位器 23，触头支持 4 与圆弧面 22 对应处为相应的圆弧面，在对比文件 1 中均没有公开；该专利获得的技术效果是克服了人为操作手柄速度快慢不一致对动触头闭合速度的影响，提高了断路器的使用寿命，对比文件 1 要获得的技术效果是防止在灭弧阶段通过前面板的开口喷出电离气体，通过机壳后板上的排气口排出全部断路气体（参见本专利的权利要求 1 和对比文件 1 的说明书第 1 页和说明书附图第 4、5 页及其在说明书中的相关文字说明）。

由此可见，该专利权利要求 1 与对比文件 1 所涉及的技术领域、所要解决的技术问题、采用的技术方案和获得的技术效果均不相同，因此权利要求 1 相对于对比文件 1 具有《专利法》第 22 条第 2 款所规定的新颖性，从而其从属权利要求 2 和 3 相对于对比文件 1 也具有新颖性。

请求人仅依据对比文件 1 的说明书附图来推测出本专利的多个技术特征，而这些推测出的技术特征在对比文件 1 的说明书中没有任何的文字描述，也不是能够从附图中直接地、毫无疑义地确定的技术特征，因此上述技术特征不应当作为已公开的内容。一审、二审判决均维持上述无效决定。[1]

**【案例 2】** 在“手机”无效纠纷一案中，某外观设计专利援引一外国申请为优先权，该被援引作为优先权基础的在先申请是位于另一时区的 A 国 2004 年 8 月 17 日的专利申请。请求人提交的公证书中载明公开该手机外观设计的部分网页，该网页上表示的公开时间系北京时间 2004 年 8 月 17 日 9 时 45 分 27 秒。专利复审委员会认定该证据的公开时间为北京时间 2004 年 8 月 17 日 9 时 45 分 27 秒，此事件的发生时间为 A 国的法定时间 2004 年 8 月 16 日[2]，该

---

[1] 参见国家知识产权局专利复审委员会第 9744 号无效宣告请求审查决定、北京市第一中级人民法院（2007）一中行初字第 999 号行政判决书和北京市高级人民法院（2009）高行终字第 116 号行政判决书。

[2] A 国专利局认可并执行的时间由于所处时区而晚于北京时间 12 小时。

时间处于涉案外观设计专利优先权日之前，即该公证书表明该网页所记载外观设计其公开这一事件发生先于本专利优先权日，进而认定该网页所公开的外观设计与涉案外观设计专利相近似，从而宣告涉案外观设计专利无效。

北京市第一中级人民法院和北京市高级人民法院认为，该公证书中所记载的外观设计在中国网站上载，上载时间为北京时间2004年8月17日9时45分27秒，可知该设计的公开时间是2004年8月17日，与涉案外观设计的优先权日为同一日，故不能作为本专利的在先设计，不能用来评价本专利的新颖性。将北京时间2004年8月17日9时45分27秒转换为A国法定时间2004年8月16日再与本专利优先权日进行比较没有法律依据。[1]

## 三、本领域技术人员的理解

下面首先分析新颖性判断的判断主体，然后解读新颖性的判断原则，最后根据立足新颖性判断主体、根据新颖性的判断原则确定隐含公开判断的法律规则，并结合上述案例加以阐释。

本领域技术人员的概念背景。在知识产权领域，法律是在矛盾的利益之间寻求一种平衡，是在保护个人利益的方面以及鼓励投资和提高福利、传播知识和提高就业等造福社会的方面寻求合理的妥协。[2] 对于专利制度而言，上述平衡更多地体现为公开换取垄断中二者之间的平衡：国家以“家父（理性国家）”的角色主持公平交易，在智力发明人的财产权保护与整个社会科技进步之间主持“衡平”与“约因”——国家尊重智力劳动者的自然权利，即一个智力劳动者，如果愿意公开自己的创造性技术信息，国家将补偿给权

---

[1] 参见国家知识产权局专利复审委员会第10616号无效宣告请求审查决定、北京市第一中级人民法院（2008）一中行初字第437号行政判决书和北京市高级人民法院（2009）高行终字第232号行政判决书。

[2] DAVID BAINBRIDGE. *Intellectual Law* [M]. $4^{th}$. Financial Times Pitman Publishing, 1999: 12.

利人一定时间、一定空间的独占使用权，使其继续保持因该技术而拥有的生产优势地位。[1] 然而，上述平衡判断的逻辑起点在于，所属领域技术人员的理解。

本领域技术人员的概念内容。《专利审查指南（2010）》[2] 第二部分第四章规定，所属技术领域的技术人员，也可称为本领域的技术人员，是指一种假设的“人”，假定他知晓申请日或者优先权日之前发明所属技术领域所有的普通技术知识，能够获知该领域的所有的现有技术，并且具有应用该日期之前常规实验手段的能力，但他不具有创造能力。如果所要解决的技术问题能够促使本领域的技术人员在其他技术领域寻找技术手段，他也应具有从该其他技术领域中获知该申请日或优先权日之前的相关现有技术、普通技术知识和常规实验手段的能力。可以说，本领域技术人员旨在提高判断客观性。虽然本领域技术人员的定义出现在《专利审查指南（2010）》的创造性章节，但是本领域技术人员作为判断主体应当贯穿于专利法的始终[3]。也就是说，在新颖性判断时，需要判断专利申请与现有技术相比，技术领域、所解决的技术问题、技术方案和预期效果是否实质上相同，上述判断亦应当从本领域技术人员这一判断主体出发。

本领域技术人员的适用标准。本领域技术人员，对于本领域的公知常识和现有技术的了解程度是有所不同的：知晓申请日或者优先权日之前发明所属技术领域所有的普通技术知识，能够获知该领域的所有的现有技术。也就是说，并非本领域公知常识的现有技术，需要在具有明确指引的条件下才能构成“能够获知”。从而，

[1] 徐煊．专利权垄断性的法哲学分析［J］．中国法学，2002（4）：99.

[2] 如无特殊说明，本书所述《专利审查指南》均为现行《专利审查指南》，即根据2010年1月21日国家知识产权局令第55号颁布的《专利审查指南》，即《专利审查指南（2010）》。

[3] 国家知识产权局专利复审委员会．专利复审委员会案例诠释——现有技术与新颖性［M］．北京：知识产权出版社，2004：340－344.

在新颖性判断中，对于隐含公开内容的认定，可以结合本领域的公知常识，但一般不能结合本领域的其他现有技术。

## 四、新颖性判断原则的解读

新颖性判断的基本涵义。根据《专利法》第22条第2款的规定，新颖性，是指该发明或者实用新型不属于现有技术；也没有任何单位或者个人就同样的发明或者实用新型在申请日以前向国务院专利行政部门提出过申请，并记载在申请日以后公布的专利申请文件或者公告的专利文件中。

新颖性判断的构成要件。《专利审查指南（2010）》第二部分第四章规定，被审查的发明或者实用新型专利申请与现有技术或者申请日前由他人向专利局提出申请并在申请日后（含申请日）公布的（以下简称“申请在先公布在后的”）发明或者实用新型的相关内容相比，如果其技术领域、所解决的技术问题、技术方案和预期效果实质上相同，则认为两者为同样的发明或者实用新型。需要注意的是，在进行新颖性判断时，审查员首先应当判断被审查专利申请的技术方案与对比文件的技术方案是否实质上相同，如果专利申请与对比文件公开的内容相比，其权利要求所限定的技术方案与对比文件公开的技术方案实质上相同，所属技术领域的技术人员根据两者的技术方案可以确定两者能够适用于相同的技术领域，解决相同的技术问题，并具有相同的预期效果，则认为两者为同样的发明或者实用新型。

新颖性判断的理解。由上可知，新颖性的判断标准在于“属于现有技术”或者“同样的发明或者实用新型”。同时，“属于现有技术”或者“同样的发明或者实用新型”要求，技术领域、所解决的技术问题、技术方案和预期效果均实质相同。但是，在上述构成要素中，技术方案是核心要素，应当首先加以判断。通常而言，一项技术方案所能解决的技术问题和达到的技术效果是客观存在的，针对不同现有技术所要解决的技术问题和达到的预期效果会不同。在新颖性判断中，并不能仅仅依据说明书对于所要解决的技术问题和预期效果的描述进行判断，而是应当根据上述所属领域技术人员的判断水平加以判断。在进行新颖性判断时，应当将权利要求中所记载的所有技术特征作为一个整体加以考虑，而不能仅仅针对特征部分的技术特征进行对比判断。

具体到案例 1 而言，首先，就技术领域而言，该专利的权利要求 1 要求保护的高分断小型断路器与对比文件 1 的带安全挡板的断路器不同；该专利涉及断路器手动复位储能操作机构，而对比文件 1 涉及断路器外壳或底座等零部件。其次，就所要解决的技术问题而言，该专利要解决现有断路器在手动复位时动触头闭合速度随手动速度快慢而变化容易引起拉弧、影响触头使用寿命的问题，而对比文件 1 要解决现有断路器绝缘机壳中的各隔室并非相互独立，如果断开短路电流，机壳内的高压可能会增加通过手柄开口的电离气体的泄漏，危害靠近断路器前面板的人员的安全的问题。再次，就技术方案而言，该专利中的瞬时动作电流脱扣装置包括动铁芯和与之相连的顶杆，在对比文件 1 中没有描述电磁脱扣装置的具体结构，并且权利要求 1 中的轴 6、锁扣 7、心轴 8、跳扣 9、心轴 10 在对比文件 1 中都没有公开，权利要求 1 中的操作机构还设有套嵌于心轴 2 和手柄 1 之间的摇臂 3，摇臂 3 一端设有安装套孔 21，另一端顶部为圆弧面 22，其旁侧设有曲形限位器 23，触头支持 4 与圆弧面 22 对应处为相应的圆弧面，在对比文件 1 中均没有公开。最后，就技术效果而言，该专利获得的技术效果是克服了人为操作手柄速度快慢不一致对动触头闭合速度的影响，提高了断路器的使用寿命；对比文件 1 要获得的技术效果是防止在灭弧阶段通过前面板的开口喷出电离气体，通过机壳后板上的排气口排出全部断路气体。可见，从技术领域、所要解决的技术问题、技术方案和技术效果四个方面加以分析，权利要求 1 要求保护的技术方案与对比文件 1 所公开的技术方案在上述四个方面都不构成“实质相同”，故二者不属于“同样的实用新型”，权利要求 1 具备新颖性。

## 五、隐含公开的判断

隐含公开的判断标准。现有技术所公开的技术内容不仅包括明确记载在对比文件中的内容，而且包括对于所属技术领域的技术人员来说，隐含的且可直接地、毫无疑义地确定的技术内容。但是，不得随意将对比文件的内容扩大或缩小。也就是说，对于隐含公开的内容，应当按照本领域技术人员直接地、毫无疑义地确定的内容加以判断。只有在下述情况下方能构成隐含公开：上述技术特征是相关技术方案必不可少的组成部分，并且只要提高该技术方案，本领域技术人员必然想到该技术特征并且不存在其他疑义。

具体到案例 1 而言，权利要求 1 中的瞬时动作电流脱扣装置包括动铁芯和与之相连的顶杆，在对比文件 1 中没有描述电磁脱扣装置的具体结构，并且权利要求 1 中的轴 6、锁扣 7、心轴 8、跳扣 9、心轴 10 在对比文件 1 中都没有公开，权利要求 1 中的操作机构还设有套嵌于心轴 2 和手柄 1 之间的摇臂 3，摇臂 3 一端设有安装套孔 21，另一端顶部为圆弧面 22，其旁侧设有曲形限位器 23，触头支持 4 与圆弧面 22 对应处为相应的圆弧面，在对比文件 1 中均没有公开。下面需要判断上述技术特征是否在对比文件 1 中构成隐含公开。由于对比文件 1 附图中的若干部件没有文字描述，本领域技术人员通过阅读对比文件 1 的附图 5 等说明书附图，无法从说明书附图中直接地、毫无疑义地确定这些技术特征的内容。亦即，根据对比文件 1 的说明书附图，并不能排除其他可能性。因此，上述内容亦不构成隐含公开。

## 六、优先权制度的理解

优先权制度包含外国优先权和本国优先权。根据《专利法》第 29 条的规定，申请人就相同主题的发明或者实用新型在外国第一次提出专利申请之日起 12 个月内，又在中国提出申请的，依照该国同中国签订的协议或者共同参加的国际条约，或者依照相互承认优先权的原则，可以享有优先权。这种优先权，称为外国优先权。

申请人就相同主题的发明或者实用新型在中国第一次提出专利申请之日起12个月内，又以该发明专利申请为基础向专利局提出发明专利申请或者实用新型专利申请的，或者又以该实用新型专利申请为基础向专利局提出实用新型专利申请或者发明专利申请的，可以享有优先权。这种优先权称为本国优先权。

制定《保护工业产权巴黎公约》（以下简称《巴黎公约》）时，计算机网络并未广泛应用。然而，当人类社会进入了网络时代，“世界变平了”[1]，无论何种方式的信息交流都无法与互联网络的迅捷相比。在网络时代的大背景下，对于法律适用而言，不仅由于特殊证据形式导致事实查明出现了种种新的命题，对于传统的法律制度的理解也提出了挑战。

在计算机网络广泛应用所带来的信息交互的即时性面前，在新的案件情况中如何才能透过变幻莫测的普洛透斯之面，以符合立法本意的方式理解并适用优先权制度，这一问题在案例中所涉及的上述情况中得以凸显。下面将从“优先权日”的法律含义出发，结合优先权制度的立法本意探讨这一案件中所体现的外国优先权。

（一）“优先权日”的法律含义

下面从法律规定、基础理论和法律适用实践三个角度解读“优先权日”的法律含义。

1. 法律规定进路的解读

就法律规定的角度而言，根据现行《专利法》《专利法实施细则》以及《专利审查指南》的规定，“优先权日”这一概念的正确界定是指“第一次提出申请之日”。

首先，根据《专利法》第29条“申请人自发明或者实用新型在外国第一次提出专利申请之日起12个月内，或者自外观设计在外国第一次提出专利申请之日起6个月内，又在中国就相同主题提

[1] 托马斯·弗里德曼. 世界是平的——21世纪简史［M］，何帆，等译. 长沙：湖南科学技术出版社，2006：42－154.

出专利申请的，依照该外国同中国签订的协议或者共同参加的国际条约，或者依照相互承认优先权的原则，可以享有优先权。”上述规定是界定优先权的主要法律依据。

进一步结合《中华人民共和国专利法实施细则》（以下简称《专利法实施细则》）❶ 第31条的规定，“申请人依照专利法第30条的规定要求外国优先权的，申请人提交的在先申请文件副本应当经原受理机构证明。依照国务院专利行政部门与该受理机构签订的协议，国务院专利行政部门通过电子交换等途径获得在先申请文件副本的，视为申请人提交了经该受理机构证明的在先申请文件副本。要求本国优先权，申请人在请求书中写明在先申请的申请日和申请号的，视为提交了在先申请文件副本”；《专利审查指南（2010）》第一部分第三章第5.2节“申请人要求享有优先权应当符合专利法第29条第1款、第30条，专利法实施细则第31条、第32条第1款以及巴黎公约的有关规定。根据专利法第29条第1款的规定，外观设计专利申请的优先权要求仅限于外国优先权，即申请人自外观设计在外国第一次提出专利申请之日起6个月内，又在中国就相同的主题提出外观设计专利申请的，依照该外国同中国签订的协议或者共同参加的国际条约，或者依照相互承认优先权的原则，可以享有优先权。根据专利法实施细则第32条第1款的规定，申请人在一件外观设计专利申请中，可以要求一项或者多项优先权。初步审查中，对多项优先权的审查，应当审查每一项优先权是否符合本章的有关规定。”

进一步结合《巴黎公约》的相关规定加以理解，《巴黎公约》第4条之一关于优先权制度的规定，其中的第1款第3项中的规定为“正常的国内申请，指能够确定在该国家中提交申请日期的一切申请”，即《巴黎公约》第4条规定：“（一）（1）已在本同盟一个

---

❶ 如无特殊说明，本书中所述的《专利法实施细则》均为现行《专利法实施细则》，即根据2010年1月9日《国务院关于修改〈中华人民共和国专利法实施细则〉的决定》第二次修订后的《专利法实施细则》。

成员国内正式提出申请专利、实用新型、工业品外观设计或商标注册的人，或其权利合法继承人，在下列规定的期限内享有在本同盟其他成员国内提出申请的优先权。(2) 凡依照本同盟任何成员国国内法或本同盟成员国之间签订的双边或多边条约相当于正常国内申请的一切申请，都认为产生优先权。(3) 正常国内申请，指能够确定在该国家中提交申请日期的一切申请，而不问该申请的结局如何。(二) 因此，在上述期限届满前，任何后来在本同盟其他成员国内提出的申请，都不因在此期间他人所做的任何行为，特别是另一项申请、发明的公布或利用、出售设计复制品或使用商标而失效；而且此类行为不能形成任何第三者的权利或任何个人占有的权利。第三者在作为优先权根据的初次申请日期以前所取得的权利，应按照本同盟各成员国的国内立法加以保留。(三) (1) 上述优先权的期限，对于专利和实用新型为12个月，对于工业品外观设计和商标为6个月；(2) 这种期限应自第一次提出申请之日起算，提出申请的当天不计入期限之内；(3) 如果期限的最后一天是其提出保护请求的国家的法定假日或专利局当天不办理申请，则该期限应顺延至其后的第一个工作日；(4) 如果后来提出申请时，在先的申请已被撤回、放弃或驳回，而没有提供公众审阅，也没有遗留任何未定的权利，并且如果在先的申请尚未成为请求优先权的根据，则应按照本款第 (2) 项规定在本同盟同一个国家内就在先的申请的同样主题所提出的后来申请应认为是第一次申请，其申请日应为优先权期限的开始日。此后，在先的申请就不得作为请求优先权的根据。"

2. 基础理论进路的解读

从基础理论的角度，我国学术著作中也普遍认为，优先权日是指第一次提出申请之日。[1] 有的学者进一步解释为，按照《巴黎公

[1] 参见：文希凯．专利法教程 [M]．北京：知识产权出版社，2003：93．该部分指出，"根据巴黎公约的规定，申请人就同一发明或者实用新型在某缔约国第一次提出专利申请之日起12个月内，或者就同一外观设计在某缔约国第一次提出专利申请之日起6个月内……"。

约》，公约成员国的国民在一个成员国提出发明专利、实用新型或者外观涉及注册的申请以后，又在一定期限内在其他成员国申请保护的，应当享有优先权。❶

3. 审查实践进路的解读

就审查实践的角度而言，在我国专利公报或者专利公告中，并不存在某个专利的“优先权日”是××日这一著录项目。在我国专利公报或者专利公告中，“优先权”作为一个著录项目，其内容包括第一次申请（在先申请）的国别、在先申请日以及在先申请号，如 ZL200530004713.7 号中国外观设计专利的优先权著录项目是“2004.8.17 US 29/211455”。可以说，优先权著录项目并不仅仅是单纯的日期。

如上，法律规定、基础理论、审查实践的角度可以得出，“优先权日”是指“第一次提出申请之日”。

（二）优先权制度的立法本意

根据《巴黎公约》第 4 条之一 B 的规定：“在上述期限届满前，任何后来在本同盟其他成员国内提出的申请，都不因在此期间他人所做的任何行为，特别是另一项申请、发明的公布或利用、出售设计复制品或使用商标而失效，而且此类行为不能形成任何第三者的权利或任何个人占有的权利。”❷

可见，优先权制度所关注的问题是，基于各个国家专利权互相独立的前提下❸，由于当事人很难同时向所有巴黎公约缔约国提出

---

❶ 参见：李明德．知识产权法［M］．北京：社会科学文献出版社，2007：99.

❷ 《巴黎公约》中相应原文为：Consequently, any subsequent filing in any of the other countries of the Union before the expiration of the periods referred to above shall not be invalidated by reason of any acts accomplished in the interval, in particular, another filing, the publication or exploitation of the invention, the putting on sale of copies of the design, or the use of the mark, and such acts cannot give rise to any third-party right or any right of personal possession. Rights acquired by third parties before the date of the first application that serves as the basis for the right of priority are reserved in accordance with the domestic legislation of each country of the Union.

❸ 即《巴黎公约》第 4 条之二所规定的专利权独立性原则。

申请，而当事人在向某一个缔约国提出第一次申请之后，在考虑选择后随后向其他缔约国分别就同一发明创造提出申请时，在这前后两次申请的期间，可能会有第三人将该技术方案或者涉及方案公开使用、发表或以其他形式使之于公众可获得，如果该当事人不能援引优先权，则会对该当事人造成实质上的不公平，于第一次提出申请之后，丧失了向其他国家提出申请的机会。❶

也就是说，优先权制度的本意在于，当事人在提出第一次申请之后，其后该当事人第二次提出申请❷，在这两个时间上先后发生事件之间，第三人对该信息的公开，不能对该当事人向其他缔约国提出申请构成威胁，即如果有第三人公开了相同的内容，不能认为这一事件影响或破坏该当事人的在后申请。❸

在国内学术著作中多有将《巴黎公约》第 4 条优先权制度形象化地解读类似于“简单地说，就是认为在后申请好像是在第一个申请的申请日在我国提出的”❹ 之类的描述。有学者详细介绍了上述观点的出处：“优先权的上述这些效力，人们把它形象地说成是：在其他缔约国提出的第二次申请好像是在第一次申请的同一日提

❶ 在计算机网络广泛应用的信息化时代，这一问题可预见地会由于信息交流的迅捷而尤其突出。

❷ 此处该第二次申请是在《巴黎公约》规定的期限之内提出的。

❸ 即，如果在后申请的国家采用的是先申请制，那么本段中所述的第三人公开的信息不能构成第二次申请的现有技术。

❹ 例如，《专利法教程》（文希凯．北京：知识产权出版社，2003）第 93 页第一自然段记载“享受优先权的实质是尽管甲向美国提出申请的日期在其向中国提出申请的日期之后，但其向美国提出申请的日期视为是在向中国提出之日即已提出”。《中华人民共和国专利法释义》（卞耀武．北京：法律出版社）第 70 页记载“在特定期限内又就同一发明向乙国提出专利申请的申请时，有权将在甲国第一次提出申请的日期作为后来在乙国提出申请的申请日”。《专利法解说》（汤宗舜．北京：知识产权出版社，2002）第 227 页记载“优先权的效力，主要是给申请人在优先权期间届满前在我国就同一主题提出专利申请以一个法律上的保护。这种保护，简单地说，就是认为在后申请好像是在第一个申请的申请日在我国提出的。所以，在某些方面，第一个申请的申请日（优先权日）取代了本法所称的申请日”。

出的。”❶

这种形象化的描述，实质在于从优先权制度的作用的角度，来形容这一制度在通常情况下所达到的效果，将在后申请的“提前”，仅仅是为了达到“忽略”两次申请之间的“公开”行为的效果，从而实现优先权制度的本质即：“在优先权期间内，与第一个申请主题相同的发明、实用新型或者外观设计的公布或者实施，不论是要求优先权的人还是第三人所为，都不能损害或者使后来提出的要求优先权的申请成为无效。尤其是，上述主题的公布或者实施不能使后来提出的申请丧失新颖性。”❷由此可见，并非所有具体案件均可以按照上述解释机械地适用。

（三）优先权制度涵义的法律适用

下面立足优先权制度法律含义的理解解读其在案例 2 中的法律适用。

1. 优先权日法律认识

从法律规定、基础理论、审查实践的角度可以得出，“优先权日”是指“第一次提出申请之日”。该专利所援引的优先权，该在先申请的受理国家是 A 国，被确定的提交申请之日是 2004 年 8 月 17 日。❸ 本专利授权公告的“优先权”一著录项目完整地包含了这三个内容。

2. 网络公开时间的事实认定

就无效宣告请求人提交的证据而言，该公证书表明，载明的图片在北京时间 2004 年 8 月 17 日 9 时 45 分 27 秒已经被公开，基于网络证据的即时通信的特性，该内容在该时刻已经在全世界范围内可以获得，而该时刻为 A 国的 2004 年 8 月 16 日，可见，该公开事

❶ 参见：A. 鲍格胥．保护工业产权巴黎公约的一百年（英文版）［M］．1983：30. 转引自汤宗舜．专利法教程［M］．3 版．北京：法律出版社，2002：269－270. 另参见汤宗舜．专利法解说［M］．修订版．北京：知识产权出版社，2002：101.

❷ 文希凯．专利法教程［M］．北京：知识产权出版社，2003：93.

❸ 显然该日期是 A 国专利局所使用的法定时间。

件的发生时早于本专利所援引的在先申请递交之日。

由此可见，该份证据表明，其载明的设计内容在当事人“第一次提交申请之日”之前已经公开，本案所涉及的事实情况，这一网页载明的涉及内容公开时间，并不属于巴黎公约所涉及的“在上述期限届满前，任何后来在本同盟其他成员国内提出的申请，都不因在此期间他人所做的任何行为，特别是另一项申请、发明的公布或利用、出售设计复制品或使用商标而失效，而且此类行为不能形成任何第三者的权利或任何个人占有的权利”中的“期限”之内，而在该期限开始计算之前。

**七、案例回顾**

在“一种高分断小型断路器”实用新型专利纠纷一案中，首先，权利要求 1 中的瞬时动作电流脱扣装置包括动铁芯和与相连的顶杆，在对比文件 1 中没有描述电磁脱扣装置的具体结构，并且权利要求 1 中的轴 6、锁扣 7、心轴 8、跳扣 9、心轴 10 在对比文件 1 中都没有公开，权利要求 1 中的操作机构还设有套嵌于心轴 2 和手柄 1 之间的摇臂 3，摇臂 3 一端设有安装套孔 21，另一端顶部为圆弧面 22，其旁侧设有曲形限位器 23，触头支持 4 与圆弧面 22 对应处为相应的圆弧面，在对比文件 1 中均没有公开。其次，由于对比文件 1 附图中的若干部件没有文字描述，本领域技术人员通过阅读对比文件 1 的附图 5 等说明书附图，无法从说明书附图中直接地、毫无疑义地确定这些技术特征的内容。亦即，根据对比文件 1 的说明书附图，并不能排除其他可能性。因此，上述内容亦不构成隐含公开。

在“手机”无效纠纷一案中，在 A 国法定时间 2004 年 8 月 17 日他人提出于本申请相同主题的在先专利申请 A，就查明的事实而言，公证书中的网络证据所载明的设计内容公开时间在这一在先专利申请 A 申请之前公开，即在先设计公开这一事件发生在先。按照判决的观点，发生在作为优先权基础的第一次专利申请之前公开的事实，不能成为在后专利申请的现有技术[1]，其法律适用显然违背了优先权制度的本意。诚然，所有的法律适用过程都离不开对以文字体现的制定法条文进行解读，以完成与具体案件事实的结合；然而，无论是“想象性重构”、进入立法者的“心智”，还是考虑法律解释所造成的后果，抑或是实用主义者所主张的“把制定法看做一种对待当下问题的资源”[2]，不外乎是适用法律者在具体案件中如何适用才能更符合在以往制定的规则中立法者所预设的公平与正义。在特定情况下，如果一律不考虑时差问题，那么可能出现发生在作为优先权基础的第一次专利申请之前的事件，反而不能成为在后专利申请的现有技术。在优先权制度的法律适用中，需要根据《巴黎公约》关于优先权制度的立法本意加以分析解读。

## 第二节　专利创造性判断的关键问题[3]

创造性判断问题，即《专利法》第 22 条第 3 款的法律适用问题，是专利授权与确权实务的核心问题，在理论界和实务界存在较大争议。本节重点讨论创造性判断的总体思路以及辅助审查标准的适用。

### 一、引言

根据《专利法》第 22 条第 1 款的规定，授予专利权的发明和实用新型应当具备新颖性、创造性和实用性。因此，申请专利的发

---

❶ 我国采用先申请制，以申请日为分界点区分某一事实是否能用来评价该专利的专利性。

❷ 理查德·A. 波斯纳. 法理学问题［M］. 苏力，译. 北京：中国政法大学出版社，2001：131－133、340.

❸ 本文的部分研究成果载：中国知识产权研究会专利委员会，最高人民法院中国应用法学研究所，国家知识产权局专利复审委员会. 专利名案解读（二）［M］. 北京：知识产权出版社，2011：253－269.

明和实用新型具备创造性是授予其专利权的必要条件之一。发明的创造性，是指与现有技术相比，该发明有突出的实质性特点和显著的进步。

《专利审查指南（2010）》第二部分第四章有关创造性认定的相关规定中，明确创造性判断的主要审查基准在于，通过“三步法”判断技术方案是否具有突出的实质性特点，然后结合发明是否具有有益技术效果判断是否具有显著的进步。其中，“三步法”即首先确定最接近的现有技术，即现有技术中与要求保护的发明最密切相关的一个技术方案，并将其作为判断发明是否具有突出的实质性特点的基础；其次确定发明的区别特征和发明实际解决的技术问题，即分析要求保护的发明与最接近的现有技术相比具有哪些区别技术特征，然后根据该区别技术特征所能达到的技术效果确定发明实际解决的技术问题；最后判断要求保护的发明对本领域的技术人员来说是否显而易见，即判断现有技术中是否给出将上述区别技术特征应用到该最接近的现有技术以解决其存在的技术问题的启示，如果区别特征属于公知常识，或者属于与最接近的现有技术相关的技术手段，或者为另一份对比文件中披露的相关技术手段并且该技术手段在该对比文件中所起的作用与该区别特征在要求保护的发明中为解决该重新确定的技术问题所起的作用相同，那么认定存在技术启示。

《专利审查指南（2010）》第二部分第四章将“发明解决了人们一直渴望解决但始终未能获得成功的技术难题”“发明克服了技术偏见”“发明取得了预料不到的技术效果”以及“发明在商业上获得成功”作为判断发明创造性时需要考虑的其他因素。上述判断发明创造性时需要考虑的其他因素的法律地位在于，这些因素属于技术方案具备创造性的充分条件，如果该发明“解决了人们一直渴望解决但始终未能获得成功的技术难题”“克服了技术偏见”“取得了预料不到的技术效果”或者“在商业上获得成功”，则可以认定该发明具有突出的实质性特点和显著的进步，从而具备创造性；

即使该发明与最接近的现有技术相比的区别特征在现有技术中存在技术启示，亦应当认定该发明具备创造性。

需要指出的是，上述判断发明创造性时需要考虑的其他因素并非技术方案具备创造性的必要条件。也就是说，并非只有在该发明“解决了人们一直渴望解决但始终未能获得成功的技术难题”“克服了技术偏见”“取得了预料不到的技术效果”或者“在商业上获得成功”的情况下，才具备创造性。如果该发明并未“解决了人们一直渴望解决但始终未能获得成功的技术难题”“克服了技术偏见”“取得了预料不到的技术效果”或者“在商业上获得成功”，但与最接近的现有技术相比的区别特征在现有技术中并不存在技术启示，同样具备创造性。亦即，如果能够证明发明“解决了人们一直渴望解决但始终未能获得成功的技术难题”“克服了技术偏见”“取得了预料不到的技术效果”或者“在商业上获得成功”，那么无需使用“三步法”进行判断即可认定权利要求具备创造性。

### 二、审查实践及司法实践的解读

**【案例 3】**在“芒硝开采方法”发明专利无效纠纷一案中，独立权利要求为：“一种芒硝开采方法，包括下列步骤：① 钻进一个目标井（1）；② 钻进一个连通井（2），该连通井（2）的上段为直井，中段为造斜井段，下段为水平井段，所述的水平井段位于芒硝矿层内，并且所述的水平井段与所述的目标井（1）连通；③ 向连通井（2）内注射清水和油，所述的油用于保护所述的芒硝矿层的顶板，从而使得所述的清水向两侧进行溶蚀，以扩大清水的溶蚀范围；以及④ 从目标井开采芒硝。在所述的第① 步骤中还包括利用向目标井注入清水而在目标井的井底形成溶蚀腔的步骤。目标井（1）的最佳深度为矿层垂向中心，并根据其所形成的溶蚀腔中心确定斜井段终止点的深度与位置。”请求人主张上述权利要求不具备创造性。

专利复审委员会认为，对比文件 3 为刊登在《中国井矿盐》杂志上的题为“采卤对接井钻井技术及在井矿盐开采中的应用”文章，其中第17页文字描述公开了下述内容：对接井的单井分为三个井段，即上部为垂直井段，中部为造斜井段，下部为水平井段。用钻井技术使两井在地下对接有两种形式，其中第二种为打一口中半径水平井与一口直井对接。该页图2给出了该对接形式的示意图。此外，该对比文件还公开了下述技术内容：“即使是精密度最高的仪器，测量误差也是不可避免的，因此新打的两口井不可能在靶点处直接对接（但可直接打入老卤井溶腔内），但误差可在3米以内。”“为使两井连通，在注水井下入中心管，采用正循环注水建槽，数小时两井就能连通。”“由试采期转入采卤期时间为3个月或更长时间，中心管可以拔出来。”“采卤时，可以实行从两口井分别轮流注水的方法，防止高浓度卤水在管内再结晶。”上述内容实际上包括两个方案，一是打两口新井的方案，二是对老卤井改造的方案。

将对比文件3公开的打两口新井的技术方案与该权利要求进行对比，对比文件3中的“被对接的一口直井”对应于本专利的“目标井（1）”；对比文件3中“对接井”对应本专利中的“连通井”，对比文件3中对接井的“上部垂直井段”“中部造斜井段”及“下部水平井段”分别对应于本专利中连通井的“上段直井段”“中段造斜井段”及“下段水平井段”；对比文件3在对接两井过程中在直井下建的槽与本专利目标井下的溶蚀腔相对应。对比文件3与该权利要求对比，两者的区别主要在于：（1）本专利对接两口井的工序步骤是，首先钻进一个目标井，向目标井注入清水而在目标井的井底形成溶蚀腔，即先形成目标井下的溶蚀腔后，再根据所形成的溶蚀腔中心确定连通井的斜井段终止点的深度与位置，再施工钻进连通井。而对比文件3则是在确定了对接井、直井两口井的打井靶点并进行打井后，为使两井连通，在注水井下入中心管，采用正循环注水建槽，随着建槽的逐渐扩大而使两井连通。即先施工连通井，后建槽。（2）本专利给出了目标井的最佳深度为矿层垂向中心；而对比文件3中没有具体限定目标井的深度。(3) 对比文件3中没有明确公开本专利的步骤②中所述的“向连通井（2）内注入清水和油，所述的油用于保护所述的芒硝矿层的顶板，从而使得所述的清水向两侧进行溶蚀，以扩大清水的溶蚀范围”。另外，对比文件3中没有明确公开所述水平井段位于芒硝矿层内、从目标井开采芒硝。

对比文件1《制盐工业手册》为所属技术领域的工具书，其中第824页第2~4行16记载了“油（气）垫法是利用油（气）不溶解盐且比水轻的特性，在钻井水溶开采的建槽或生产过程中，定期向井内注入油料（原油或柴油）或气体，形成油（气）垫层，以控制上溶，增加侧溶，扩大溶腔直径，掌握采矿高度，提高采卤能力”。根据对比文件1中公开的上述内容可知，“向连通井（2）内注入清水和油，所述的油用于保护所述的芒硝矿层的顶板，从而使得所述的清水向两侧进行溶蚀，以扩大清水的溶蚀范围”，即上述的区别技术特征（3），其对于所属技术领域的普通技术人员来说属于惯用技术手段。

另外，虽然对比文件3中没有明确公开所述水平井段位于芒硝矿层内、从目标井开采芒硝，但是由于打对接井的目的是与目标井连通，对井下的矿层进行开采，所以对接井的水平井段应位于芒硝矿层内，从目标井开采芒硝，这是不言而喻的。

关于上述区别特征（1），该权利要求只限定“根据所形成的溶蚀腔中心确定斜井段终止点的深度与位置”，而并没有具体限定造斜井段终止点与溶蚀腔中心的关系。虽然专利权人在意见陈述中认为“由于溶腔形状相对规则，采用现代测量技术，例如声呐系统，可以准确测定溶腔的几何中心。将其作为定向钻井的靶点，自然可以消除按照对比文件2-2提出的步骤，……之间的误差……”，但是，根据本专利说明书的解释，以及专利权人在先的意见陈述中均不能得出该权利要求中的“溶蚀腔的中心即为定向钻井靶点”的解释。权利要求书所要求保护的技术方案是对说明书中实施例的概括，根据本专利说明书实施例部分的描述以及图 2 示意图可知，其水平井段是沿矿层底板钻进的，故造斜井段的终止点 A 与溶蚀腔 B 并不在同一水平线上。专利权人针对《专利法》第 26 条第 3 款的无效理由陈述意见认为："根据本专利的方法，在溶蚀腔中心 B 点确定后，本领域的技术人员根据探明的芒硝矿层的地质情况，选择适当的靶点位置和水平井的走向，推算出连通井造斜终止点 A 的深度和位置，选择适当的造斜率，推算出造斜井起始点 C 的位置，从而最后确定出垂直井的井深和井口的坐标。"由此可见，本专利说明书的解释以及专利权人的上述意见陈述均说明，该权利要求所限定的技术方案中并不限于以溶蚀腔中心 B 作为连通井靶点的情况。

对比文件 2 介绍了将定向钻井技术和水溶采盐工艺相结合的技术内容。根据第 15 页"3.1 定向井——对流井组合（如图 1 所示）"的描述可知，其中的目标井为一直井，而定向井由上部的直井段、下部的造斜井段组成，造斜井段直接与目标井段连通。该对比文件还公开了下述内容："在目标井中，则应预先建造一个一定大小的溶腔，该溶腔垂直两井连线方向的铅垂剖面即为甲井（定向井）的靶区。考虑目前的定向井的水平及建槽速度，直径 10～15 米溶腔作为靶区就不难命中，两井衔接时间上也合适。"

对比文件 4 第 26 页介绍了"3.1 长曲率定向井——直井"对接方案设计，其中公开了如下内容："A 为垂直井，布于盐层底部，B 为定向井，布于盐层顶部，其特点是施工两井均可采用常规设备，只需利用偏心楔或连续造斜器即可完成 B 井定向造斜，无需改变现场设备，投资少，施工方便，同时可先施工 A 井，待 A 井单井对流形成较大的溶蚀腔时，再施工 B 井，因此对接风险小。"

另外，对比文件 3 中介绍的用采卤对接井钻井技术改造老卤井的方案中公开了下述内容："即使是精密度最高的仪器，测量误差也是不可避免的，因此新打的两口井不可能在靶点处直接对接（但可直接打入老卤井溶腔内），但误差可在 3 米以内。"

上述三篇对比文件均给出了下述技术教导：预先在目标井下形

成溶蚀腔可以降低连通井的对接风险。虽然从对比文件2、4公开的技术内容中不能得出目标井下的溶蚀腔是在连通井的轨迹设计之前就已形成，并"根据目标井的井底形成的实际溶蚀腔中心，确定斜井段终止点的深度与位置"。但是对比文件3中所介绍的老井改造方案，其中的老井（目标井）下的溶腔显然是在连通井（对接井）开始设计、施工之前已经形成。虽然该对比文件3中没有进一步说明连通井（对接井）的斜井段终止点的设计是根据老井下的溶蚀腔中心确定的，但是专利复审委员会认为：设计、施工连通井（对接井）的目的是要与目标井（老井）连通，为了降低连通风险，所属领域技术人员很容易想到根据已形成的溶蚀腔中心确定连通井的水平井段走向，以及造斜井段的终止点的深度与位置。所以上述权利要求与对比文件3中所述的新打两口井的方案对比的区别特征（1），完全可以根据该对比文件3所公开的另一方案即老井改造方案与对比文件4（或对比文件2）公开的内容相结合而获得启示。

关于上述区别技术特征（2），专利权人提出：将目标井钻进深度设定为矿层中心，这样可以保证完井作业后，通过向目标井注入清水，能够在目标井的井底形成溶蚀腔，并防止溶蚀腔过早与底板连通造成卤水漏失。在第二次口头审理中双方当事人均确认：目标井下的溶蚀腔可以利用双套管技术形成，该权利要求中所述的目标井深度达矿层垂向中心，是指双套管中外管的深度位置，而内管仍需向下延伸3~5米。专利复审委员会认为，首先，溶蚀腔形成在所开采矿层的底部最有利于矿层的充分开采，这是本领域的公知常识（参见对比文件1第841页图3-3-44）。其次，本专利所要求保护的技术方案中并没有限定所适用的矿层的厚度，而不同矿层其厚度是不同的，对于厚度达几十米的厚矿层来说，限定目标井钻进深度为矿层垂向中心，并不能保证在矿体底部形成溶蚀腔，从而会出现丢矿，不利于提高开采效率。另外，对于矿层厚度在8米左右的矿床来说，将目标井深度设计在矿层垂向中心最有利于在矿层底部形成溶蚀腔，这对于所属技术领域的技术人员来说是显而易见的。

综上所述，所属领域技术人员，根据对比文件3公开的技术方案结合对比文件4（或对比文件2）及公知常识即可获得本专利上述权利要求所限定的技术方案，且该方案并未带来意想不到的技术效果，故该权利要求不具备突出的实质性特点和显著进步，不具有创造性。一审判决维持上述行政决定。

二审判决撤销无效决定以及一审判决，其认为：对比文件2记载的定向井分为直井和造斜井段，对比文件4记载的定向井是造斜井，二者均没有明确定向井要像涉案专利权利要求1记载的连通井需要分为直井段、造斜井段和水平井段，两个对比文件记载的技术方案都是不需要计算斜井段终止点的。对比文件3记载的技术方案也没有明确两井对接的靶点在什么地方。专利复审委员会行政决定认为“对比文件3记载的老井改造方案中的老井下的溶腔在连通井开始设计、施工前就已经形成，因此本领域技术人员很容易想到根据已形成的溶蚀腔中心确定连通井的水平走向以及造斜井段的终止点深度和位置”是错误的，因为老卤井不必再测量、计算连通井造斜井段的终止点深度和位置。

最高人民检察院以二审判决认定本案专利具有创造性的主要证据不足为由对本案提出抗诉。据此，北京市高级人民法院采取审判监督程序重审此案，最终撤销二审判决并维持该无效宣告请求审查决定。其中对于创造性的判断与无效审查决定观点完全相同。专利权人不服上述判决，向最高人民法院提出申诉，最高人民法院经过听证后驳回其再审请求。❶

**【案例4】** 在“电池极板用穿孔钢带及其生产工艺和专用设备”

❶ 参见国家知识产权局专利复审委员会第5528号无效宣告请求审查决定以及北京市第一中级人民法院（2004）一中行初字第176号行政判决书、北京市高级人民法院（2004）高行终字第318号行政判决书、最高人民检察院高检行抗（2006）8号行政抗诉书、北京市高级人民法院（2007）高行抗终字第135号行政判决书和最高人民法院（2010）知行字第8号驳回再审申请通知书。本案是我国首例最高人民检察院抗诉的专利行政纠纷。

一案中，涉案专利权利要求 1 为：“一种电池极板用穿孔钢带，为带状结构，带面上具有穿孔，其特征在于：带面上的穿孔纵向成组分布（2），每组穿孔间为带状过渡区（3），每组穿孔为圆形或异形孔，纵向、横向穿孔交错排列，每组穿孔的孔径范围为 $\phi$0.5～$\phi$4.0 毫米，穿孔的纵向与纵向间距为 1.0～5.0 毫米，横向与横向间距为 1.0～5.0 毫米，所用钢带厚度为 0.01～0.1 毫米，宽度为 10～350 毫米，穿孔口具有毛刺孔（4）和/或规律毛刺孔（5）。”专利复审委员会认为，权利要求 1 相对于附件 A、B 和 C 的结合不具有创造性。

北京市第一中级人民法院一审判决在关于权利要求 1 的创造性判断中，已经认可附件 A 和 B 具有结合的启示，但认为附件 C 的发明目的与本专利的发明目的以及附件 B 为解决技术问题所采用的技术手段相悖，因此不具有相结合的启示。

专利复审委员会提起上诉，主要理由在于：

首先，根据附件 C 在说明书第 1 页第 3、4 段中的描述，其所述的毛刺是指镍丝网压膜结构的电极所具有的缺点，这种镍丝网压膜电极是采用镍丝网作为电极基板，但是本专利以及附件 B 中所述的电极均采用穿孔钢带作为电极基板，因此二者根本不具有相比的基础。附件 C 中所述的毛刺是这种镍丝网电极本身具有的工艺毛刺，是一种缺陷，这与本专利以及附件 B 中在穿孔钢带上为涂敷极性材料而人为形成的穿孔毛刺具有本质的不同。

其次，附件 C 中所述的毛刺是电极毛刺，是指电极基板在涂敷极性材料形成电极之后，在电极之上仍然存在的毛刺。而本专利和附件 B 所形成的毛刺是指电极基板上的毛刺，形成这种毛刺的目的是为了更好地涂敷极性材料，而当在电极基板上涂敷极性材料从而形成电极之后，电极之上不应当再有毛刺存在。因此，本专利、附件 B 和 C 均希望在形成电极之后不再存在毛刺，附件 B、C 以及本专利之间并无技术教导方面的矛盾。

最后，在对权利要求 1 创造性评述中，结合附件 C 的目的在于评述穿孔钢带的特定宽度，而与毛刺结构无关。而且从本领域技术人员的角度来看，关于穿孔钢带宽度的选择本身属于电池制造领域中的一种常规选择，本领域技术人员具有根据电池制造需要而合理地选择穿孔钢带宽度的能力，因此对该技术特征的评述其实完全不需要对比文件作出教导，也就是说权利要求 1 相对于附件 A、B 以及公知常识的结合已经不具有创造性，引入附件 C 只是为了进一步证明上述穿孔钢带宽度的选择已经是现有技术。

二审判决在权利要求 1 创造性评价上支持专利复审委员会的观点，对一审判决相关部分进行改判。❶

**【案例 5】**在“燃煤、油、气常压热水锅炉”一案中，涉案专利权利要求 1 为，“一种燃煤、油、气常压热水锅炉，包括炉体及炉体内的炉膛、集热箱和烟筒，其特征在于炉膛上部设置加煤口，下部设置除渣口，炉膛内中上部设置炉排，炉排上部为预热室，下部为燃净室，预热室侧面设置燃烧器接口。”无效宣告请求人提交的证据 1 公开了一种高效节能双层炉排反烧锅炉，它的上层水管反烧炉排是平面波浪型布置。从附图中可以看出，其也具有炉膛、烟囱、加煤口和除渣口，同时炉膛中设有炉排将炉膛分为两个部分。但是证据 1 没有公开权利要求 1 中的“预热室侧面设置燃烧器接口”这一技术特征。

专利复审委员会认为，证据 1 没有公开权利要求 1 的“预热室侧面设置燃烧器接口”的技术特征，而该技术特征使得权利要求所保护的常压热水锅炉具有燃煤、油、气三用的功能，在对锅炉本体无需做大的改造、变动情形下实现多种燃料的互换使用，因此权利要求 1 所要求保护的技术方案与现有技术相比具有实质性特点和进步，具有创造性。

---

❶ 参见国家知识产权局专利复审委员会第 11837 号无效宣告请求审查决定以及北京市第一中级人民法院（2008）一中行初字第 1261 号行政判决书、北京市高级人民法院（2009）高行终字第 656 号行政判决书。

北京市第一中级人民法院一审判决维持了该决定。无效宣告请求人不服上述判决提起上诉。北京市高级人民法院二审判决认为，在涉案专利申请日前已经有使用煤、油、气作为燃料的三用锅炉，这种三用锅炉中有在炉门之侧开设燃烧器接口的技术方案，这种技术方案是三用锅炉中普遍使用的，作为该技术领域的技术人员应当知悉的，可以作为该技术领域的一般技术常识。上述的三用锅炉包括常压热水锅炉。根据“燃煤、油、气常压热水锅炉”实用新型专利权利要求书和说明书，“预热室侧面设置燃烧器接口”的技术特征与上述的常识是相同的，故该技术特征属于该领域的常识。由于三用锅炉的出现，早于“燃煤、油、气常压热水锅炉”实用新型专利的申请日，故应认定是在“燃煤、油、气常压热水锅炉”实用新型专利申请日之前，上述常识即已存在。对于常压热水锅炉技术领域的常识，该技术领域的普通技术人员均应当知悉，专利复审委员会不应要求无效宣告请求人为证明是不是常识而提交证据。❶

**【案例6】**在“三噁烷的制造方法”发明专利无效纠纷一案中，无效宣告请求人以涉案专利不具有创造性为由宣告专利权无效，同时提交了7份证据。口头审理结束后，请求人又提交了证据7～14，意图证明“阳离子能吸附金属杂质”为公知常识，同时补充提出了一些新的无效理由。

专利复审委员会认为，由于无效请求人在口头审理后提交的证据7～14和补充提交的新理由属于自无效宣告请求之日起1个月后提交的新理由和新证据，所以对此不予考虑。本专利权利要求1与对比文件1方法的区别在于：包含了除去甲醛水溶液中金属杂质的第1功能性工序的制造装置，并在第1功能性工序使用一种具有离子交换能力的物质来除去甲醛水溶液中的金属杂质，解决了造成三

❶ 参见国家知识产权局专利复审委员会第3974号无效宣告请求审查决定以及北京市第一中级人民法院（2001）一中行初字第309号行政判决书和北京市高级人民法院（2002）高行终字第202号行政判决书。另外，国家知识产权局专利复审委员会不服该二审判决，向最高人民法院提起申诉，目前该案已被最高人民法院提审。

噁烷合成所用固体酸催化剂活性降低的技术问题，从而达到长期稳定运行、实用且经济的有益效果。对比文件 1 中并没有任何关于在三噁烷制造方法中存在固体酸催化剂活性降低问题的教导，也不曾公开吸附金属杂质是导致三噁烷制造方法中固体酸催化剂的活性降低原因的任何技术信息，更没有披露将上述区别技术特征结合用于三噁烷制造方法中达到本专利所述技术效果的技术启示，因此，相对于现有技术而言，权利要求 1 的技术方案需要花费创造性的劳动，并不是显而易见的，权利要求 1 具有突出的实质性特点和显著的进步，满足《专利法》第 22 条第 3 款的规定。

旭化成株式会社不服专利复审委员会的决定，于法定期限内向北京市第一中级人民法院起诉：认为专利复审委员会对创造性的认定有误，况且证据 7～14 可以用来证明“阳离子能吸附金属杂质”为本领域的公知常识，而公知常识属于本领域技术人员应该掌握的知识，所以专利复审委员会应该接受该证据，而正是由于没有接受这些证据才导致作出错误行政决定。

北京市第一中级人民法院一审判决认为，证据 7～14 于本专利申请日前出版，旭化成株式会社已在无效程序中提交的意见陈述书中明确指出上述证据是为了证明公知常识。本领域的公知常识在本领域技术人员知晓的普通技术知识的范畴内，在审查中，它不是被作为对比文件使用，而是作为在确定本领域普通技术人员的水平时应当予以考虑的因素。不管当时有无证据，该技术人员的水平是在创造性等问题审查中自始至终应考虑的因素。公知常识作为证明本领域普通技术人员水平的证据，也是在创造性等问题指出上述证据是为了证明公知常识的情况下，专利复审委员会以证据 7～14 是在无效宣告请求日起 1 个月之后补充的证据而不予考虑，不符合《专利法》中关于创造性审查的规定。同时，法院考虑到，旭化成株式会社指出证据 7～14 能够证明“阳离子能吸附金属杂质”为公知常识，而专利复审委员会并未在决定中认定其为公知常识。该技术特征已被专利复审委员会认定为本专利与对比文件之间存在区别特征，因此，该区别特征是否为公知常识可能将影响到本专利的创造性的评价。综上所述，被诉无效请求审查决定主要证据不足，应予撤销。专利复审委员会应当对于无效宣告请求人提交的证据 7 ~ 14 加以考虑，审查其是否是公知常识的载体、是否记载了相关的技术内容，并在此基础上进行本专利创造性的审查。

北京市高级人民法院二审判决认为，关于证据 7 ~ 14 的采用的问题，首先，旭成化株式会社虽在提交该部分证据时声称该部分证据为公知常识，但因该部分证据是为证明本专利不具有创造性而提交的无效证据，因此，为保护对方当事人对证据的质证权，专利复审委员会依据超过举证期限对该会社于口头审理后提交的上述证据不予采纳并无不当。同时，专利复审委员会在无效程序中就本专利的审查应当包括对现有技术、公知常识等技术问题的判断，但此类技术问题的判断非属审查员主观判断的范畴，即无论是现有技术还是公知技术，均应有明确的依据，否则其判断无法令人信服，也无法保证对双方当事人的公正。因此，专利复审委员会要求无效请求人就其无效请求提交的相应证据应当包括公知技术的载体。最后认定一审法院对证据 7 ~ 14 的认定有误，应予纠正，故判决撤销一审判决，维持专利复审委员会的无效宣告请求审查决定。❶

**【案例 7】**在“女性计划生育手术 B 型超声监测仪”实用新型无效纠纷一案中，本专利授权公告时的权利要求 1 为：“1. 一种女性计划生育手术 B 型超声监测仪，包括现有的 B 型超声仪（1），其特征在于：该 B 型超声仪的探头（2）与阴道窥器（3）卡接。”

专利复审委员会认为：“本专利权利要求 1 涉及一种女性计划生育手术 B 型超声监测仪，包括现有的 B 型超声仪（1），其特征在于：该 B 型超声仪的探头（2）与阴道窥器（3）卡接。附件 2

---

❶ 参见国家知识产权局专利复审委员会第 5424 号无效宣告请求审查决定、北京市第一中级人民法院（2004）一中行初字第 247 号行政判决书和北京市高级人民法院（2005）高行终字第 334 号行政判决书。

（参见附件2.2以及附件2.1的图1、图4和图5）公开了一种安装有子宫颈视频窥镜V的阴道扩张器S，该扩张器包括一个下固定叶片10和一个上枢接叶片14，视频窥镜V包括一个安装于下固定叶片10的视频摄像单元32，视频摄像单元32包括摄像头、光学器件以及配光系统，该视频摄像单元32通过纵向导向件34固接于下固定叶片10。通过对比可知，附件2中的阴道扩张器S相当于本专利权利要求1中的阴道窥器3，二者都是在手术时插入阴道并用于扩张阴道的器具，而附件2中视频摄像单元32与本专利权利要求1中的B型超声仪的探头2都是用于手术时探测体内情况的部件，但二者的探测原理不同，一个是光学探测元件，一个是超声探测元件，另外，附件2和本专利权利要求1中用于扩张阴道的器具与探测体内情况的部件之间的连接方式都是固定连接，只不过附件2中是通过一纵向导向件34连接，而本专利权利要求1中是卡接。因此，本专利权利要求1与附件2公开的技术方案区别在于：1）探测元件类型不同；2）固定连接的具体方式不同。对于区别1），光学探测元件和超声探测元件都是外科手术中用于观测体内情况的常用器具，二者在观测效果、成本、操作程度等方面各有优缺点，是本领域技术人员根据手术需要进行的常规选择，例如附件4中就公开将超声探测元件用于观测宫腔、宫颈和输卵管的方案，具体而言，附件4涉及一种妇科手术时用于指引和监控子宫、宫颈和输卵管的手术作业装置，其中（参见附件4摘要和摘要附图）包括一个可置入患者阴道内的超声波发射器12，一个用于加持宫颈的宫颈夹持器14，和一个用于使超声波发射器12与宫颈夹持器14互相联接的连接器20。因此在附件2公开了阴道扩张器具与内窥器具相结合的方案基础上，本领域技术人员根据需要很容易将其中具体使用的光学内窥探测元件替换为例如附件4中所使用的超声内窥元件，这种替换没有给方案带来意想不到技术效果，因此该区别不能给权利要求1的技术方案带来实质性特点和进步。对于区别2），卡接是一种机械领域甚至日常生活中常见的部件固定连接方式，因此在附件2已经给出了将阴道扩张器具与内窥器具组合成为一体使用的启示之下，具体选用卡接的固定连接方式对本领域技术人员来说是很容易想到和实现的，上述区别也不能给权利要求1的技术方案带来实质性特点和进步。”进一步对从属权利要求进行分析后，得出全部权利要求无创造性的结论，宣告200420012332.3号实用新型专利权全部无效。

针对上述决定，专利权人胡颖不服，向北京市第一中级人民法院起诉。北京市第一中级人民法院一审判决维持上述审查决定。

专利权人不服一审判决，上诉至北京市高级人民法院。在上诉期间，专利权人提交了4组新证据：新证1：中国人民解放军成都军区联勤部机关医院谭昌琴等11位专家提供的专家证言；新证2：湖北省计生服务站医疗设备政府采购订货合同（2007）(2008)、河南省人口与技术生育委员会医疗器械采购项目合同、黑龙江省政府采购合同；新证3：中华医学会电子音像出版社出具的证明及出版证书；新证4：国家知识产权局于2005年12月31日出具的检索报告。专利权人基于上述证据主张：新证1证明新技术“经阴道超声介入性计划生育手术”解决了现有技术中如何提高人工流产手术的成功率，减少手术并发症的发生，以及如何解决妇科医生在盲视下手术的问题。新证2的合同涉及购买数量不等的无锡贝尔森影像技术有限公司生产的B超监视妇科手术仪，以证明本专利已经取得商业上的成功。新证3证明该社联合贝尔森影像技术有限公司于2008年出版了“经阴道超声介入性计划生育手术”DVD光盘，并向全国发行，证明本专利取得商业上的成功。

北京市高级人民法院二审判决认定，一方面，在本案二审审理期间，上诉人新提交的证据2、3能够证明依照涉案专利的技术方案生产的B超监视妇产科手术仪已经在全国广为推广并通过政府采购占有一定的市场份额，上述证据可以证明涉案专利已经取得商业上的成功，而且这种成功是由于涉案专利的技术特征直接导致的。另一方面，在本专利申请日之前的现有技术均没有解决妇产科医生在盲视下手术这一问题，本专利提出后，依照本专利的技术方案生产的B超监视妇科手术仪解决了现有技术中如何提高人工流产手术的成功率，减少手术并发症的发生，解决了长期以来女性计划生育中盲视手术的技术难题。基于发明在商业上获得成功和发明解决了人们一直渴望解决但始终未能获得成功的技术难题，二审法院支持上诉人关于涉案专利权利要求1相对于附件2和4的组合具备创造性的上诉主张。❶

抛开本案所涉及的专利行政诉讼接纳新证据是否合法、专家证人证言的采信是否合法等法律问题，本案凸显了发明在商业上获得成功、发明解决了人们一直渴望解决但始终未能获得成功的技术难题在创造性判断中的作用。

**【案例8】** 在“氨氯地平对映体的拆分”发明专利无效纠纷一案中，涉案专利权利要求1、2的内容为：“1. 一种从混合物中分离出氨氯地平的(R)-(+)-和(S)-(-)-异构体的方法。其特征在于：包含下述反应，即在手性助剂六氘代二甲基亚砜（DMSO-d6）或含DMSO-d6的有机溶剂中，异构体的混合物同拆分手性试剂D-或L-酒石酸反应，结合一个DMSO-d6的(S)-(-)-氨氯地平的D-酒石酸盐，或结合一个DMSO-d6的(R)-(+)-氨氯地平的L-酒石酸盐而分别沉淀，其中氨氯地平与酒石酸的摩尔比约等于0.25。

2. 根据权利要求1所述的方法，其特征在于：在DMSO-d6/氨氯地平≥1（摩尔比）条件下，所述用含DMSO-d6的有机溶剂是可以使含DMSO-d6配合物发生沉淀差异的溶剂，这些溶剂是水、亚砜类、酮类、酰胺类、酯类、氯代烃以及烃类化合物。”

无效宣告请求人以涉案专利不具备创造性为由提出无效宣告请

❶ 参见国家知识产权局专利复审委员会第12728号无效宣告请求审查决定以及北京市第一中级人民法院（2009）一中行初字第911号行政判决书和北京市高级人民法院（2009）高行终字第1441号行政判决书。国家知识产权局专利复审委员会不服该二审判决，针对该案向最高人民法院提起申诉，目前该案已被最高人民法院提审。

求，并提交95192238.6号发明专利申请公开说明书作为对比文件。该对比文件公开了由阿罗地平（即氨氯地平）混合物中分离其左旋和右旋异构体的方法，与本专利权利要求1的技术方案相比，二者的区别点在于手性助剂不同，本专利是DMSO－d6，对比文件是DMSO。对比文件还公开了所使用的助溶剂是水或酮、醇、醚、酰胺、酯、氯代烃、腈或烃。对比文件共有11个实施例，其中实施例9与本专利实施例1的试验条件相同，光学纯度>99.5%，收率为67%；实施例10与本专利实施例4的试验条件相同，光学纯度分别是99.5%和98%，收率为31%。

专利复审委员会认为，权利要求2是权利要求1的从属权利要求，所附加的技术特征为将DMSO－d6与氨氯地平的摩尔比限定为≥1，并且限定了溶剂的种类，其解决的技术问题是提高了氨氯地平对映体的光学纯度和收率。对比文件没有记载使用DMSO－d6进行拆分的技术内容，也没有记载用于拆分氨氯地平的DMSO－d6的用量，更没有给出采用DMSO－d6替换DMSO作为手性助剂可以提高拆分对映体的光学纯度的启示。本领域公知的是，现有技术中DMSO－d6的用途主要在于核磁共振分析领域。对比文件的各实施例中，光学纯度多数在97%～98.5%之间，仅实施例9的光学纯度为>99.5%，而本专利的光学纯度多在99.5%以上，从总体上看，本专利的技术方案是有利于提高光学纯度的，因而具有预料不到的技术效果，因此权利要求2具有创造性。

北京市第一中级人民法院一审判决和北京市高级人民法院二审判决均认为，将本专利权利要求1与对比文件相比，二者的区别特征仅在于所使用的手性助剂不同，本专利权利要求1使用DMSO－d6或者含有DMSO－d6的溶剂，而对比文件使用DMSO或者含有DMSO的溶剂。DMSO－d6是与DMSO具有相同化学性质的化合物，在对比文件所公开的使用DMSO作为手性助剂拆分氨氯地平对映体的情况下，本领域技术人员容易想到与之性质相近的DMSO－d6也能用于拆分氨氯地平对映体，并替代DMSO从而得到本专利权利要求1

的技术方案。虽然 DMSO－d6 主要用于核磁共振领域且价格昂贵，在本专利申请日之前也未公开此种替换，但从现有证据来看，并不存在进行这种替换的障碍。本案的关键在于用 DMSO－d6 代替 DMSO 对于拆分氨氯地平对映体是否存在预料不到的技术效果。如果存在预料不到的技术效果，则本专利权利要求 1 具有创造性；反之，则本专利权利要求 1 不具有创造性。

预料不到的技术效果通常需要用试验数据来证明，如果专利权人针对无效请求人提出的本专利未取得预料不到技术效果的主张未能提出充分可信的试验数据，则不能认定本专利具有创造性。本案中，对于氨氯地平对映体的拆分，其主要的效果体现在光学纯度和收率，而其中尤以光学纯度为最主要的效果指标。本专利公开了 5 个实施例，而对比文件公开了 11 个实施例。对于以试验数据体现出来的效果的比较，应当以相同技术特征最多、试验条件最为相近的情况下的数据进行比较，同时参考不同试验条件下的总体效果。从本专利和对比文件实施例来看，本专利实施例 1 和 4 的试验条件分别与对比文件实施例 9 和 10 相同，在进行效果的比较时最具有可比性。对比文件实施例 9 和 10 的光学纯度均为 99.5%，而本专利权利要求 1 和 4 对应的光学纯度分别为 99.9% 和 99.2%，对比文件实施例 9 的收率为 67%，而本专利实施例 1 的收率为 68%。由此可见，将 DMSO－d6 代替 DMSO 后，这种替换对其收率并没有显著提高，光学纯度也基本相同，本专利部分实施例的光学纯度还低于对比文件，因此，本专利权利要求 1 相对于对比文件来说，部分实施例的光学纯度有一定的提高，但该种进步并没有产生新的性能，不是一种“质”的变化，且没有证据证明其所提高的量超出人们预期的想象，因此本专利相对于对比文件并未取得预料不到的技术效果。专利权人张喜田主张该领域的数值提高的空间非常有限，但其未提交有关证据证明，对其关于本专利权利要求 1 的技术方案具有预料不到的技术效果的上诉主张不予支持。专利复审委员会关于原审判决用本专利实施例 1 与对比文件实施例 9 进行对比不当的上诉主张于法无据。

专利复审委员会不服上述二审判决，向最高人民法院提起申诉。其主要申诉理由在于，权利要求 2 所要求保护的技术方案提高了光学纯度，杂质含量从 0.5% 降低到 0.1%，减小了 80%。并且该技术方案系长期服用的药品，长期服用杂质会对人体具有不良反应，上述杂质含量的降低产生了预料不到的技术效果。所以，权利要求 2 具备突出的实质性特点和显著的进步。最高人民法院撤销一、二审判决并发回一审法院重新审理。❶

**【案例 9】** 在“信息安全认证及其加密装置的方法”发明专利申请复审请求一案中，涉案专利申请的权利要求 3 为：“一次性数字签名方法：使用单向散列函数，对一次性密码和消息一起计算摘要，并以此摘要作为一次性数字签名，以验证消息的完整性。其特征是：使用单向散列函数对一次性密码和消息一起计算消息摘要作为一次性数字签名；所谓一次性密码，是指密码只能用来有效认证信息一次；对于特定长度的摘要码空间，使用足够密码长度的密码空间，使得在使用的密码空间内，存在足够多的碰撞，使得发生碰撞的密码组成的空间接近或大于消息摘要空间，也就不可能从消息摘要码通过穷举法攻击达至减少密码的安全性。”国家知识产权局实质审查部门以所有权利要求不具备创造性为由驳回该专利申请，专利申请人（下称“复审请求人”）提出复审请求，坚持上述权利要求 3 克服了技术偏见，具备创造性。复审请求人的主要理由在于，以一次一密加解密方法作为对比的现有技术，一次一密系统自身已经具有极高的安全性，一次一密系统由于密码量大而使得其使

---

❶ 参见国家知识产权局专利复审委员会第 7955 号无效宣告请求审查决定以及北京市第一中级人民法院（2006）一中行初字第 810 号行政判决书、北京市第一中级人民法院（2006）一中行初字第 849 号行政判决书、北京市高级人民法院（2007）高行终字第 68 号行政判决书、北京市高级人民法院（2007）高行终字第 70 号行政判决书、最高人民法院（2010）行提字第 1 号行政裁定书和最高人民法院（2010）行提字第 2 号行政裁定书。

用困难，一次一密系统主要用于加密信息，虽然它也存在认证功能，但由于认证过程需要解密和确定明文，认证过程很复杂，故极少用于进行消息认证，以上三点阻碍了人们对一次一密系统在认证方面的改进。以带密码的消息摘要作为对比的现有技术，将其适用的固定密码变换成为使用一次性密码就可以得到本专利申请的方法，但是由于一次性密码量大，数字签名的出现和普遍使用，存在技术上的偏见使得本领域技术人员难以作出上述技术方案，本专利申请恰恰克服了上述技术偏见。

专利复审委员会认为，复审请求人主张“一次一密系统主要用于加密信息，虽然它也存在认证功能，但由于认证过程需要解密和确定明文，认证过程很复杂，故极少用于进行消息认证”，仅仅以人们以往没有采用某种技术方案为由说明采用这种技术方案克服了技术偏见是不充分的。复审请求人并没有充分的证据证明，在消息认证领域已经形成了一种权威性的认识，即认为本领域不会以一次一密加解密方法作为最接近的现有技术，将一次一密系统中的恺撒加密算法更换为单向散列函数算法，以验证消息认证码来对消息进行认证；也不会以带密码的消息摘要作为最接近的现有技术，将其使用的固定密码变换为使用一次性密码，以验证消息认证码对消息进行认证。因此，本申请权利要求 1 的技术方案不能认为克服了技术偏见。

北京市第一中级人民法院一审判决和北京市高级人民法院二审判决均维持上述决定。❶

**【案例 10】** 在“一种混铁车”发明专利无效纠纷一案中，涉案专利权利要求 1 的内容为：“一种混铁车，由走行装置、台架、倾翻机构、罐体组成，每辆车有两组台架，台架安放在两套走行装置上，罐体由两端台架托起，倾翻机构装在传动侧台架上，其特征在

---

❶ 参见国家知识产权局专利复审委员会第 16065 号复审请求审查决定以及北京市第一中级人民法院（2009）一中行初字第 989 号行政判决书和北京市高级人民法院（2010）高行终字第 349 号行政判决书。

于上述罐体外形中间为圆筒，两端各有一个支撑圆筒，两者之间用圆锥筒连接焊在一起而成，两端支撑圆筒内装有可拆卸的端盖，支撑圆筒外部装有承重滚圈，传动侧支撑圆筒外部装有链轮，链轮用链条连接倾翻机构。”说明书中记载有如下内容：原有的鱼雷型混铁车有如下缺点：鱼雷型罐体由于两端不能开盖通风，车体内的高温短时间内不能冷却，而且维修时罐体内的拆砖、废砖运出和新砖运入，基本上靠人工体力劳动，无法实现机械化操作，使维修时间过长，作业条件恶劣。本专利罐体两端的支持圆筒装有可拆卸的端盖，维修时打开端盖，使空气流通，罐内温度下降快，便于检修，拆砖机杆可以通过两端伸进罐体进行拆卸，小型皮带运输机也可进入罐内进行运送砖块，实现了用机器操作代替人工作业，缩短了维修时间。

专利复审委员会认为，与证据 1 相比较，本专利的区别特征在于支撑圆筒内的两端装有可拆卸的端盖，即该端盖安装在支撑圆筒的端部，这种改进使罐体的中间圆筒、圆锥筒和支撑筒三部分均可用于容纳铁水，由此扩大了装纳铁水空间，因此本专利具有有益的技术效果，同时克服了技术上的偏见，本专利与证据 1 相比较，具有创造性。

北京市第一中级人民法院一审判决和北京市高级人民法院二审判决均认为，首先，本专利说明书并未记载现有技术中存在端盖不能安装于支持圆筒端部的技术偏见，本专利的发明目的亦不在于克服技术偏见。其次，专利复审委员会也没有举证证明确实存在这样的技术偏见；再次，本专利的说明书也没有记载本专利与技术偏见之间的差距以及克服技术偏见所采取的手段。在对比文件的基础上改变端盖的设置位置，将端盖设置在支持圆筒内以扩大装纳铁水空间是容易想到的，权利要求 1 不具备创造性。[1]

---

[1] 参见国家知识产权局专利复审委员会第 5544 号无效宣告请求审查决定、北京市第一中级人民法院（2004）一中行初字第 118 号行政判决书和北京市高级人民法院（2004）高行终字第 319 号行政判决书。

## 三、技术启示的涵义

技术启示所在的逻辑体系。在判断发明或者实用新型是否具有创造性时，通常采用的判断方法是三步法：确定最接近的现有技术，确定发明的区别特征和发明实际解决的技术问题，判断要求保护的发明对本领域的技术人员来说是否显而易见。其中，在判断要求保护的发明对本领域的技术人员来说是否显而易见的过程中，需要对于现有技术中是否存在技术启示加以判断。在上述三个步骤中，前两个步骤取决于检索现有技术以及将检索的现有技术与发明进行对比的结果，判断结果比较客观，受主观因素的影响很小，创造性判断的难点在于第三步，即存在何种技术启示[1]。

技术启示的内在含义。就解释论的角度而言，技术启示使本领域的技术人员面对所述技术问题时，有动机改进该最接近的现有技术并获得要求保护的发明。并且《专利审查指南（2010）》规定了三种具有技术启示的情形，其中第三种情形为，所述区别技术特征为另一份对比文件中披露的相关技术手段，该技术手段在该对比文件中所起的作用与该区别特征在要求保护的发明中为解决该重新确定的技术问题所起的作用相同。也就是说，如果区别技术特征为另一份对比文件中披露的相关技术手段，该技术手段在该对比文件中所起的作用与该区别特征在要求保护的发明中为解决该重新确定的技术问题所起的作用相同，那么本领域技术人员即有动机改进该最接近的现有技术并获得要求保护的发明。在我国当前成文法体系下，不能简单地认为，技术启示是一种主观上的意愿和能力，而应当认为，在对比文件披露相关技术手段的情况下，即可认定现有技术存在技术启示。就立法论的角度而言，在我国专利制度体系下，创造性判断的基本出发点在于，客观地判断申请人对于现有技术作出的实质贡献。亦即，在所述区别

---

[1] 国家知识产权局专利复审委员会. 专利复审委员会案例诠释——创造性［M］. 北京：知识产权出版社，2006：226－227.

技术特征为另一份对比文件中披露的相关技术手段，该技术手段在该对比文件中所起的作用与该区别特征在要求保护的发明中为解决该重新确定的技术问题所起的作用相同的情况下，申请人对于现有技术并未作出实质贡献，基于公开换取垄断的基本专利法原理以及我国专利制度的情况，不应当认定该权利要求具备创造性。综上所述，在我国专利制度的整体背景下，不能简单地认为，技术启示是一种主观上的意愿和能力，而应当认为，在对比文件披露相关技术手段的情况下，即可认定现有技术存在技术启示。

技术启示的外延。现有技术的结合是否存在技术启示，应当考虑对于本领域技术人员而言，是否有令人信服的理由想到将这些对比文件中所记载的技术方案结合在一起。《专利审查指南（2010）》将上述技术启示的外延界定为，所述区别特征为公知常识，所述区别特征为与最接近的现有技术相关的技术手段，所述区别特征为另一份对比文件中披露的相关技术手段，该技术手段在该对比文件中所起的作用与该区别特征在要求保护的发明中为解决该重新确定的技术问题所起的作用相同。在上述技术启示的三种情形中，第一种情形的认定难点主要涉及公知常识的认定问题，第二种和第三种情形的认定难点主要涉及其他技术方案中技术启示的认定问题。

## 四、公知常识所具有的技术启示的认定

公知常识认定的制度演进。无效程序中裁判者对于事实的查明和判断，在制度设置上借鉴了民事诉讼程序中的相关制度。从《审查指南（1993）》开始，即确定了当事人对其主张负有举证责任[1]。《审查指南（2001）》和《审查指南（2006）》对这一规定进一步明确和细化[2][3]。值得注意的是，在《审查指南（2006）》中，第四部

[1] 《审查指南（1993）》第四部分第三章第 3.1 节之（1）。

[2] 《审查指南（2001）》第四部分第一章第 11.3 节。该版本指南中将举证责任小节单列出来。

[3] 《审查指南（2006）》将证据相关的规定单独成立了一章。

分第八章第4.4节专门规定了“公知常识”的举证，同时在第四部分第三章第4.1节规定：“专利复审委员会可以依职权认定技术手段是否为公知常识，并可引入……等所属技术领域中的公知常识性证据。”《专利审查指南（2010）》亦持有相同观点。

公知常识认定的法律属性。就公知常识的认定而言，属于一种类似于司法认知的行政认知行为，亦即，公知常识之于本领域技术人员，与众所周知的事实之于一般民众，其法律地位实属相同。从而，公知常识证据与公知常识之间的关系，属于认知关系，而非证明关系。首先，就认知制度的法律渊源而言，行政认知乃至司法认知这一概念或可追溯到罗马法上“显著之事实，无须证明”，或英美法学者所普遍认为的市民法和教会法上的“已经知道的无需证明”[1]。根据《联邦证据规则》201之规定，对于属于裁判性事实范围内的（1）审判法院辖区内众所周知的事实和（2）通过借助某种其准确性不容置疑的来源而能够准确和易于确定的事实，可以进行司法认知[2]。其次，就认知制度的内在逻辑而言，我国《最高人民法院关于行政诉讼证据若干问题的规定》第68条第1项和第2项规定的“众所周知的事实”和“自然规律及定理”，均属于司法认知的范畴，在行政程序中也存在类似于司法认知的行政认知，即行政机关直接认定众所周知的事实和根据无可争辩的渊源容易确定的事实，将其作为作出行政裁决的依据[3]。再次，就认知制度的法律适用而言，公知常识是本领域技术人员普遍知晓的技术内容，众所周知的事实是一般民众普遍知晓的事实内容，公知常识之于本领域技术人员，与众所周知的事实之于一般民众，其法律地位实属相

---

[1] 周萃芳．司法认知论［M］．北京：中国公安大学出版社，2008：11－12.

[2] 罗纳德·J. 艾伦，理查德·B. 库恩斯，埃莉诺·斯威夫特．证据法——文本、问题和案例［M］．3版．张保生，王进喜，赵滢，译．北京：高等教育出版社，2006：880.

[3] 孔祥俊．审理专利商标复审行政案件适用证据规则的若干问题［J］．法律适用，2005（4）.

同。另外，专利法法律适用的基础在于本领域技术人员这一概念，亦即本领域技术人员的能力渗透到公开换取垄断这一制度价值的方方面面，判断说明书是否公开充分、权利要求是否得到说明书支持、权利要求是否具备新颖性和创造性等均需要建立在本领域技术人员这一概念的理性理解的基础之上。从而，对于公知常识的认定，同样建构在本领域技术人员的理性理解基础上，不能以实然的情形对抗应然的内在法律逻辑，否则使得包括说明书是否公开充分、权利要求是否得到说明书支持、权利要求是否具备新颖性和创造性等判断的逻辑基础丧失。

具体到案例 3 而言，区别技术特征（2）为，本专利给出了目标井的最佳深度为矿层垂向中心，而对比文件 3 没有具体限定目标井的深度。洪泽银珠公司主张，公知常识昭示本领域技术人员，目标井的最佳深度应当位于矿层的底部，本专利反其道而行之，提出了以矿层垂向中心为目标井的最佳深度的技术方案，这种有违于常规认识的方案对于本领域技术人员而言不属于显而易见。对此，应当结合本领域技术人员的公知常识加以考虑。根据芒硝易侧溶、上溶而不易下溶的特点，对于本领域技术人员而言，目标井下的溶蚀腔位于所采矿层的底部最有利于矿层的充分开采，这是本领域的公知常识。无论是所述技术领域的工具书（即对比文件 1）所公开的内容，还是本专利说明书作为背景技术加以介绍的附图 1 所示的结构示意图，抑或是对比文件 4 所公开的“可先施工 A 井，待 A 井单井对流形成较大的溶蚀腔时，再施工 B 井，因此对接风险小”，均体现上述观点。由此可见，上述工具书、对比文件 4 的记载乃至本专利说明书背景技术部分的记载，对于公知常识的认定而言，均是行政认知的材料，而非用于证明公知常识的证据材料。

### 五、其他技术方案所具有的技术启示的认定

对于创造性认定中的技术启示判断，应当立足本领域技术人

员的理解，结合技术领域、需要解决的技术问题、技术方案的构成以及产生的技术效果四个方面考虑现有技术是否给出某种技术启示。

也就是说，本领域技术人员通过阅读现有技术之后，结合自身知晓的本领域技术知识，能够明确得出某种技术内容，或者由此能够明确推断某种技术内容，或者根据本领域的技术知识能够判断应当存在但未明确记载某种技术内容，并且上述技术信息能够使得本领域技术人员在面对所述技术问题时，改进现有技术并获得要求保护的权利要求的技术方案，则可以认为现有技术给出了解决某种技术问题的技术启示。

在其他技术方案所具有的技术启示的认定中，关键不在于本领域技术人员是否能够实现争议专利提出的主题，而在于本领域技术人员在解决所存在的技术问题时，是否会这样做。[1]

具体到案例 3 而言，虽然从对比文件 2、4 公开的技术内容中不能得出目标井下的溶蚀腔是在连通井的轨迹设计之前就已形成，并“根据目标井的井底形成的实际溶蚀腔中心，确定斜井段终止点的深度与位置”。但是对比文件 3 中所介绍的老井改造方案，其中的老井（目标井）下的溶腔显然是在连通井（对接井）开始设计、施工之前已经形成。虽然该对比文件 3 中没有进一步说明连通井（对接井）的斜井段终止点的设计是根据老井下的溶蚀腔中心确定的，但是，设计、施工连通井（对接井）的目的是要与目标井（老井）连通，为了降低连通风险，所属领域技术人员很容易想到根据已形成的溶蚀腔中心确定连通井的水平井段走向，以及造斜井段的终止点的深度与位置。所以上述的本专利权利要求 3 与对比文件 3 中所述的新打两口井的方案对比的区别特征（1），完全可以根据该对比文件 3 所公开的另一方案即老井改造方案与对比文件 4

[1] 国家知识产权局专利复审委员会. 专利复审委员会案例诠释——创造性［M］. 北京：知识产权出版社，2006：234－235.

（或对比文件 2）公开的内容相结合而获得启示。不存在洪泽银珠公司诉称的现有技术都是先设计好连通井的施工轨迹，然后在施工过程中再形成目标井下的溶蚀腔的问题。

对于区别技术特征（3）的认定同样如此。对比文件 3 没有明确公开本专利所述的向连通井内注入清水和油，从而使得所述的清水向两侧溶蚀，以扩大清水的溶蚀范围。对此，对比文件 1 明确给出了“利用油（气）不溶解盐且比水轻的特性，在钻井水溶开采的建槽或者生产过程中，定期向井内注入油料（原油或者柴油）或者气体，形成油（气）垫层，以控制上溶，增加侧溶，扩大溶腔直径，掌握采矿高度，提高采卤能力”的技术教导。虽然上述对比文件 1 公开的内容并没有明确在“双井”状态下应确定“向连通井(2)”内注入清水和油，但是对于对比文件 3 所述的对接井开采法而言，为了扩大直井（即本专利中的目标井）底部溶腔直径，“控制上溶，增加侧溶”，以便于“掌握采矿高度，提高采卤能力”，需要向溶腔内注入油，这是对比文件 1 能够给出的技术启示。可见，对于技术启示的判断，不仅要考虑现有技术明示的技术内容，亦需要结合本领域技术人员的理解，分析技术领域、技术问题、技术手段、技术效果，判断现有技术暗示的技术内容。

## 六、辅助审查标准的法律适用

如前所述，《专利审查指南（2010）》第二部分第四章将“发明解决了人们一直渴望解决但始终未能获得成功的技术难题”“发明克服了技术偏见”“发明取得了预料不到的技术效果”以及“发明在商业上获得成功”作为判断发明创造性时需要考虑的其他因素。上述判断发明创造性时需要考虑的其他因素的法律地位在于，这些因素属于技术方案具备创造性的充分条件，如果该发明“解决了人们一直渴望解决但始终未能获得成功的技术难题”“克服了技术偏见”“取得了预料不到的技术效果”或者“在商业上获得成功”，则可以认定该发明具有突出的实质性特点和显著的进步，从而具备创造性；即使该发明与最接近的现有技术相比的区别特征在现有技术中存在技术启示，亦应当认定该发明具备创造性。因此，上述因素构成创造性判断的辅助审查标准。下面对于“在商业上获得成功”的判定加以解读。

（一）辅助审查标准的法律地位

笔者认为，发明“解决了人们一直渴望解决但始终未能获得成功的技术难题”“克服了技术偏见”“取得了预料不到的技术效果”或者“在商业上获得成功”是发明具备创造性的充分条件。主要理由如下：

首先，从实然法的角度而言，根据《专利审查指南（2010）》第二部分第四章的规定，当发明“解决了人们一直渴望解决但始终未能获得成功的技术难题”“克服了技术偏见”“取得了预料不到的技术效果”或者“在商业上获得成功”时，则可以认定“这类发明具有突出的实质性特点和显著的进步，具备创造性”。

其次，从应然法的角度而言，一方面，如本节第三部分所述，在判断发明或者实用新型是否具有创造性时，通常采用的判断方法是三步法：确定最接近的现有技术，确定发明的区别特征和发明实际解决的技术问题，判断要求保护的发明对本领域的技术人员来说是否显而易见。其中，在判断要求保护的发明对本领域的技术人员来说是否显而易见的过程中，需要对于现有技术中是否存在技术启示加以判断。上述三步法判断方式旨在模拟发明创造的过程。通常进行的发明创造需要首先了解现有技术并研究现有技术存在的问题，然后去寻找解决上述技术问题的技术启示。可见，三步法通过模拟发明创造过程的方式，帮助判断发明创造的创造性高度是否符合发明或者实用新型专利的创造性高度要求。但是，上述三步法毕竟是对发明创造过程的事后模拟，因此容易出现“事后诸葛亮”的问题，因此设立发明“解决了人们一直渴望解决但始终未能获得成功的技术难题”“克服了技术偏见”“取得了预料不到的技术效果”或者“在商业上获得成功”等辅助审查标准以期校正。另一方面，我国《专利法》对于创造性的规定为“突出的实质性特点和显著的进步”（实用新型专利为“实质性特点和进步”），通常采用的三步法重点判断与现有技术相比是否具有“突出的实质性特点”，对于“显著的进步”要求较低，只要达到与现有技术基本相同的技术效果即可❶。而“取得了预料不到的技术效果”或者“在商业上获得成功”则是可以证明发明取得“显著的进步”，从而降低在“突出的实质性特点”方面的要求。发明“解决了人们一直渴望解决但始终未能获得成功的技术难题”或者“克服了技术偏见”则从另一角度证明发明具有“突出的实质性特点”。

（二）“发明在商业上获得成功”的判断

本节案例7集中体现了“发明在商业上获得成功”作为辅助审查标准的判断问题，下面对此加以分析。

1. “发明在商业上获得成功”的认定原则

根据《专利审查指南（2010）》第二部分第四章的规定，“当发明的产品在商业上获得成功时，如果这种成功是由于发明的技术特征直接导致的”，则可以认定“这类发明具有突出的实质性特点和显著的进步，具备创造性”。由此可见，“发明在商业上获得成功”的认定，包含两个要件：商业上成功；商业上成功由发明技术特征直接导致的。

就“发明在商业上获得成功”的认定原则而言，包含如下内容：

---

❶ 《专利审查指南（2010）》第二部分第四章第3.2.2节规定：“在评价发明是否具有显著的进步时，主要应当考虑发明是否具有有益的技术效果。以下情况，通常应当认为发明具有有益的技术效果，具有显著的进步：(1) 发明与现有技术相比具有更好的技术效果，例如，质量改善、产量提高、节约能源、防治环境污染等；(2) 发明提供了一种技术构思不同的技术方案，其技术效果能够基本上达到现有技术的水平；(3) 发明代表某种新技术发展趋势；(4) 尽管发明在某些方面有负面效果，但在其他方面具有明显积极的技术效果。”

首先，“发明在商业上获得成功”需要当事人提出主张，不属于授权和确权程序中依职权查证的内容。❶

其次，“发明在商业上获得成功”作为事实认定问题，需要举证证明。“发明在商业上获得成功”并非法律适用问题，需要提交相关证据材料证明商业上成功以及商业上成功是由发明技术特征直接导致的。

最后，“发明在商业上获得成功”判断的时间基准不限于申请日之前。与证明创造性的其他证据材料不同，并不要求用于证明“发明在商业上获得成功”的证据材料必须在专利申请日之前公开，甚至用于证明“发明在商业上获得成功”的绝大多数证据材料形成于专利申请日之后，从而证明该专利所要求保护的技术方案直接导致商业上成功。例如本节案例 7 中所涉及的证据 3 均为在涉案专利申请日之后，用于证明相关产品销售情况的证据材料。

2. 商业上成功的认定

可以用以证明“商业上成功”成立的证据材料包括：

（1）销售类证据材料，主要包括产品销售的合同、发票、提货单、银行进账单、进出口凭据等；产品的销售区域范围、销售网点分布及销售渠道、方式的相关资料等。

（2）宣传类证据材料，主要包括涉及该产品的广播、电影、电视、报纸、期刊、网络、户外等媒体广告、媒体评论及其他宣传活动资料；该产品参加的展览会、博览会的相关资料等。

（3）使用与保护类证据材料，主要包括该产品的最早使用时间和持续使用情况的相关资料；该产品被侵权的情况等。

（4）其他证据材料，主要包括具有合格资质的评估机构出具的技术价值评估报告；具有公信力的权威机构、行业协会公布或者出

---

❶ 在上述案例中，专利权人在无效程序中并未提交“发明在商业上获得成功”的相关证据，亦未提出“发明在商业上获得成功”和“发明解决长期未解决的技术难题”的主张，专利复审委员会对于上述理由并未审理是合法的。

具的该产品的销售额、利税额、产值的统计及其排名、广告额统计等；该产品获奖情况等。

上述证据材料均可以用于证明商业上成功，但是其证明力存在一定差异。相对而言，销售类证据材料是证明商业上成功的直接证据，证明力更强。从我国国情出发，政府采购选取产品、招投标中标产品等系证明商业上成功的证明力较强的证据。

3. 商业上成功由发明技术特征直接导致的认定

一旦认定商业上成功成立，接下来还需要认定这种成功是由发明技术特征直接导致的，即：发明技术特征与商业上成功之间的因果关系构成“直接导致”关系。该“直接导致”关系的成立需要满足两项要求，一是发明技术特征必须是取得“商业上成功”的条件，二是具有该技术特征足以取得“商业上成功”。

其中，发明技术特征是取得“商业上成功”的条件的判断较为简便，可以采用“若无——则不”的判断方式，即：若无该技术特征，则必然不会出现该商业上成功；具有该技术特征，通常会出现该商业上成功。具体到本案，能够证明如果没有本案专利的相关技术特征，则证据2中的政府采购合同均难以签订，就可以认定本案专利的相关技术特征是取得“商业上成功”的条件。

另外，具有该技术特征足以取得“商业上成功”的判断较为复杂，笔者建议可以采用如下判断方式：大前提：依照一般的商业惯例和本领域技术人员的认知，该发明的技术特征能够引起该种商业上的成功；小前提：在现实中，该发明技术特征确实引起了该种商业上的成功；结论：该技术特征是商业上成功发生的适当条件，二者之间具有因果关系。

需要指出的是，通常情况下，只有在涉案专利系产品整体的结构或者方法整体的步骤时，才能认定具有该发明技术特征足以取得“商业上成功”。如果涉案专利系有关产品中的部分构件的结构，则除了证明具有专利发明技术特征足以取得“商业上成功”之外，尚需考虑产品的其他技术特征与商业上成功的无关性。

（三）“发明取得预料不到的技术效果”的判断

本节案例集中体现了“发明取得预料不到的技术效果”作为辅助审查标准的判断问题，下面对此加以分析。

1. “发明取得预料不到的技术效果”的认定原则

根据《专利审查指南》第二部分第四章的规定：“发明取得了预料不到的技术效果，是指发明同现有技术相比，其技术效果产生‘质’的变化，具有新的性能；或者产生‘量’的变化，超出人们预期的想象。这种‘质’的或者‘量’的变化，对所属技术领域的技术人员来说，事先无法预测或者推理出来。当发明产生了预料不到的技术效果时，一方面说明发明具有显著的进步，同时也反映出发明的技术方案是非显而易见的，具有突出的实质性特点，该发明具备创造性。”

就“发明取得预料不到的技术效果”的认定原则而言，包含如下内容：

首先，“发明取得预料不到的技术效果”既可以通过当事人提出主张并提交相应证据加以证明的方式加以认定，也可以由专利复审委员会根据涉案专利授权文件中的记载判断技术效果是否达到“预料不到的技术效果”的高度。

其次，“发明取得预料不到的技术效果”作为事实认定问题，通常需要举证证明。当然，专利权人在专利文件中就技术效果的描述，构成对于“预料不到的技术效果”的内部证据。专利权人在专利文件中就技术效果的描述，优先于专利权人在专利申请之后提交的有关技术效果的证据。

2. “预料不到的技术效果”认定的比较法研究

《欧洲专利局专利审查指南》亦将“预料不到的技术效果”作为创造性判断的辅助审查标准。其审查指南中规定：预料不到的技术效果可以作为是否具有创造性的考虑因素。但是，如果考虑到现有技术，对于所属技术领域的技术人员来说，获得落入权利要求范围内的某些特征已经是显而易见的，例如由于缺乏可选替代要素而造成一种“独木桥”的情形，这时“预料不到的技术效果”仅仅是一种奖励式的效果，它并不赋予所要求保护的主题以创造性❶。简言之，就是“预料不到的技术效果”可以作为“发明具有创造性”的考虑因素，但前提是带来这种“预料不到的技术效果”的特征的选择不是一种必然的趋势。在审查指南中对于该情形给出了一个实例，即由于缺乏可选替代要素而造成一种“独木桥”的情形。

在“预料不到的技术效果”的判断中，将哪些技术效果加以认定对于创造性的判断是至关重要的。欧洲专利局申诉委员会在决定中指出，该涉案专利的权利要求 1 保护一种阻燃剂聚酯组合物，所述组合物在具有好的拉伸强度、破裂伸长和热稳定性的同时还表现出好的抗白化性质（blooming）。申诉人争辩，基于对比文件 2 的教导，解决白化问题已经是显而易见的，因此其他物理性质的提高，不能被认为是具有创造性的依据。

但是申诉委员会不赞成这种观点，欧洲专利局申诉委员会认为，判断哪个技术效果是关键的，哪个仅仅是偶然的（so-called “bonus effect”），实际的方法是在所提供的情形下考虑这些效果相关的技术和应用上的重要性。尽管解决白化问题相对于现有技术是显而易见的，但是申诉委员会无法接受任何其他物理性质（例如拉伸强度、破裂伸长和热稳定性）的提高不构成意想不到技术效果的考虑因素。因为从所述组合物的整体性能来看，拉伸强度、破裂伸长和热稳定性至少和抗白化性质同等重要，因此任何上述性质的提高不能被认为仅仅是一种偶然而不加以考虑。本领域普通技术人员应该全面考虑所有的技术效果，衡量它们在相关的技术和应用上的重要性，不能基于细枝末节的或者根本不相关的技术效果来确定发明所解决的技术问题，这就违背了对于“预料不到的技术效果”进

❶ Guidelines for examination, in the EPO, 2005, Part C, IV – 28, 9. 10. 3.

行限制的初衷。[1]

2. 预料不到的技术效果认定的主要标准

对于预料不到技术效果的认定而言，包含两个步骤：首先，相对于最接近的现有技术而言存在特定的技术效果；其次，上述特定的技术效果达到预想不到的程度。

在第一个步骤的判断中，需要检索到与涉案专利最接近的现有技术，然后分析涉案专利与最接近的现有技术之间的区别技术特征，最后分析上述区别技术特征使得涉案专利的技术方案具备哪些技术效果。亦即，涉案专利相对于最接近的现有技术而言存在的技术效果应当是由于涉案专利与最接近的现有技术之间的区别技术特征直接导致的。并且，带来这种预料不到的技术效果的特征的选择不是一种必然的趋势。

在第二个步骤的判断中，需要判断涉案专利相对于最接近的现有技术而言存在的技术效果所达到的程度，上述技术效果需要达到预想不到的程度。所谓"预想不到的程度"，是指上述技术效果不是通过合理逻辑推导出来的。

例如本节中的案例 8，对于权利要求 2 所要求保护的技术方案需要从光学纯度本身和杂质含量两个角度分析其在光学纯度提高方面的技术效果是否能够达到"预料不到的技术效果"的高度。一方面，权利要求 2 所要求保护的技术方案将光学纯度从现有技术的 99.5% 提高到 99.9%，在现有技术中的光学纯度已经达到 99.5% 的情况下，在如此高的基础上再做提高是非常困难的，因此就光学纯度的提高而言，涉案专利的技术效果能够达到"预料不到的技术效果"的高度。另一方面，"光学纯度从现有技术的 99.5% 提高到 99.9%"意味着"杂质含量从 0.5% 降低到 0.1%"，因此杂质含量降低了 80%。需要进一步考虑到的是，该技术方案系长期服用的药

[1] T227/899 号判例［EB/OL］.［2011－08－11］. http：//legal. european-patent-office. org/dg3/biblio/t890227eu1. htm.

品，长期服用杂质会对人体具有不良反应，上述杂质含量的降低产生了预料不到的技术效果。可见，就杂质含量的降低而言，涉案专利的技术效果能够达到“预料不到的技术效果”的高度。

从另一个角度而言，案例中涉案专利使用 DMSO - d6 代替 DMSO 后，本领域技术人员根据同位素化学性质接近的基本理论，合理逻辑推导出的结果是涉案专利的光学纯度和杂质含量应当与现有技术基本相同。然而，根据涉案专利说明书的记载，在现有技术中的光学纯度已经达到 99.5% 的情况下，涉案专利进一步提高到 99.9%，杂质含量降低了 80%，已经超出了上述合理逻辑推导的结论范畴。

（四）“发明克服技术偏见”的判断

本节案例 9 和案例 10 集中体现了“发明克服技术偏见”作为辅助审查标准的判断问题。“发明克服技术偏见”这一辅助审查标准的判断，核心在于技术偏见的认定。下面结合技术偏见的内涵加以阐释。

1. 技术偏见的内涵

技术偏见，是指某段时间内、某个技术领域中，技术人员对于某个技术问题普遍存在的、偏离客观事实的认识，它引导人们不去考虑其他方面的可能性，阻碍人们对该技术领域的研究和开发。如果发明克服了这种技术偏见，采用了人们由于技术偏见而舍弃的技术手段，从而解决了技术问题，则这种发明具有突出的实质性特点和显著的进步，具备创造性。

根据上述定义，技术偏见具有两个条件：第一，这一技术上的认识是普遍存在于相关领域的，第二，这种认识偏离客观事实。

2. 技术偏见的判断

可以成为技术偏见的认识至少应当是具有指导意义的认识，它是人们长期形成的某种偏离客观事实的认识，它引导人们不去考虑其他方面的可能性，阻碍了人们对于该技术领域的研究和开发。需要指出的是，从证据法角度而言，技术偏见的存在应当属于本领域技术人员认知的范畴，专利申请人负有说明上述技术偏见存在以及上述技术偏见在本专利申请中得以克服的责任。在专利申请人充分说明的基础上，如果没有相反证据证明上述技术偏见并非普遍存在，即应当予以认定。

根据《专利审查指南（2010）》的规定，对于克服了技术偏见的发明或者实用新型，说明书应当记载是为什么该发明或者实用新型克服了技术偏见，新的技术方案与技术偏见之间的差别以及为克服技术偏见所采取的技术手段。从而，专利申请人应当在专利说明书中对“发明克服了技术偏见”加以记载，上述记载构成技术偏见判断的基础。

（五）“发明解决长期未解决的技术难题”的判断

本节案例7集中体现了“发明解决长期未解决的技术难题”作为辅助审查标准的判断问题，下面对此加以分析。

结合上述技术启示判断中三步法的论述，专利法上创造性判断中的解决的技术问题是指，在判断了涉案专利的技术方案与现有技术的区别后，确定该区别实际所起的作用。发明解决长期未解决的技术难题的判断，亦需要根据本专利实际解决的技术问题加以判断。

也就是说，“发明解决长期未解决的技术难题”的判断，需要结合现有技术的发展情况进行判断。裁判者应当站在本领域技术人员的高度，判断涉案专利与最接近的现有技术相比存在的区别技术特征，确定涉案专利实际解决的技术问题，然后讨论上述涉案专利实际解决的技术问题是否构成长期未解决的技术难题。在这一点上，现有技术已经能够起到的作用本身不可能成为本专利所要解决的技术难题。

具体到“女性计划生育手术B型超声监测仪”实用新型无效纠纷一案，应当结合最接近的现有技术，判断涉案实用新型专利实际解决的技术问题是否构成长期未解决的技术难题，而不应将涉案实用新型专利说明书所声称的技术问题作为判断是否构成长期未解决的技术难题的基础。

## 七、案例回顾

在“芒硝开采方法”发明专利无效纠纷一案中，虽然从对比文件2、4公开的技术内容中不能得出目标井下的溶蚀腔是在连通井的轨迹设计之前就已形成，并“根据目标井的井底形成的实际溶蚀腔中心，确定斜井段终止点的深度与位置”，但是对比文件3中所介绍的老井改造方案，其中的老井（目标井）下的溶腔显然是在连通井（对接井）开始设计、施工之前已经形成。虽然该对比文件3中没有进一步说明连通井（对接井）的斜井段终止点的设计是根据老井下的溶蚀腔中心确定的，但是，设计、施工连通井（对接井）的目的是要与目标井（老井）连通，为了降低连通风险，所属领域技术人员很容易想到根据已形成的溶蚀腔中心确定连通井的水平井段走向，以及造斜井段的终止点的深度与位置。所以上述的本专利权利要求3与对比文件3中所述的新打两口井的方案对比的区别特征（1），完全可以根据该对比文件3所公开的另一方案即老井改造方案与对比文件4（或对比文件2）公开的内容相结合而获得启示。

在“电池极板用穿孔钢带及其生产工艺和专用设备”一案中，在其他技术方案所具有的技术启示的认定中，关键不在于本领域技术人员是否能够实现争议专利提出的方案，而在于本领域技术人员在解决所存在的技术问题时，是否会这样做。附件B中所述的毛刺是电极毛刺，是指电极基板在涂敷极性材料形成电极之后，在电极之上仍然存在的毛刺。而本专利和附件B所形成的毛刺是指电极基板上的毛刺，形成这种毛刺的目的是为了更好地涂敷极性材料，而当在电极基板上涂敷极性材料从而形成电极之后，电极之上不应当再有毛刺存在。因此，本专利、附件B和C均希望在形成电极之后不再存在毛刺，附件B、C以及本专利之间并无技术教导方面的矛盾。

在“燃煤、油、气常压热水锅炉”一案和“三噁烷的制造方法”发明专利无效纠纷一案中，就公知常识的认定而言，属于一种类似于司法认知的行政认知行为，亦即，公知常识之于本领域技术人员，与众所周知的事实之于一般民众，其法律地位实属相同。从而，公知常识证据与公知常识之间的关系，属于认知关系，而非证明关系。需要站在本领域技术人员角度，对于公知常识性证据进行认定，形成认知。从这一角度而言，公知常识性证据并非用于证明公知常识，亦不应当受到举证期限的限制。

在“女性计划生育手术 B 型超声监测仪”实用新型无效纠纷一案中，商业上成功的认定需要考察本专利是否与现有技术存在区别技术特征，并且需要考察新证 3 中的购销合同本身是否由区别技术特征带来的。专利法中的“商业上的成功”不仅仅指某一技术方案所对应的产品能够被销售出去这一状态，还要求由于涉案的技术方案对现有技术的改进使得其在商业上显著地优于已有的产品，因为只有这样，上述改进了的技术方案才属于对社会生活和社会经济有了足够的激励作用，从而应该被肯定的情形。

在“女性计划生育手术 B 型超声监测仪”实用新型无效纠纷一案中，专利法上创造性判断中的解决的技术问题是指，在判断了涉案专利的技术方案与现有技术的区别后，确定该区别所实际起的作用。在这一点上，已经存在的技术方案或者技术特征本身已经能够起到的作用属于现有技术，本身不可能成为本专利所要解决的技术问题。发明解决长期未解决的技术难题的判断，亦需要根据本专利实际解决的技术问题加以判断。

在.“氨氯地平对映体的拆分”发明专利无效纠纷一案中，对于权利要求 2 所要求保护的技术方案需要从光学纯度本身和杂质含量两个角度分析其在光学纯度提高方面的技术效果是否能够达到“预料不到的技术效果”的高度。一方面，权利要求 2 所要求保护的技术方案将光学纯度从现有技术的 99.5% 提高到 99.9%，在现有技术中的光学纯度已经达到 99.5% 的情况下，在如此高的基础上再做提高是非常困难的，因此就光学纯度的提高而言，涉案专利的技术效果能够达到“预料不到的技术效果”的高度。另一方面，“光学纯度从现有技术的99.5%提高到99.9%”意味着“杂质含量从0.5%降低到0.1%”，因此杂质含量降低了80%。需要进一步考虑到的是，该技术方案系长期服用的药品，长期服用杂质会对人体具有不良反应，上述杂质含量的降低产生了预料不到的技术效果。可见，就杂质含量的降低而言，涉案专利的技术效果能够达到“预料不到的技术效果”的高度。

在“信息安全认证及其加密装置的方法”发明专利申请复审请求一案中，复审请求人主张“一次一密系统主要用于加密信息，虽然它也存在认证功能，但由于认证过程需要解密和确定明文，认证过程很复杂，故极少用于进行消息认证”，仅仅以人们以往没有采用某种技术方案为由说明采用这种技术方案克服了技术偏见是不充分的。复审请求人并没有充分的证据证明，在消息认证领域已经形成了一种权威性的认识，即认为本领域不会以一次一密加解密方法作为最接近的现有技术，将一次一密系统中的恺撒加密算法更换为单向散列函数算法，以验证消息认证码来对消息进行认证；也不会以带密码的消息摘要作为最接近的现有技术，将其使用的固定密码变换为使用一次性密码，以验证消息认证码对消息进行认证。因此，本申请权利要求1的技术方案不能认为克服了技术偏见。

在“一种混铁车”发明专利无效纠纷一案中，根据《专利审查指南（2010）》的规定，对于克服了技术偏见的发明或者实用新型，说明书应当记载为什么该发明或者实用新型克服了技术偏见，新的技术方案与技术偏见之间的差别以及为克服技术偏见所采取的技术手段。从而，专利申请人应当在专利说明书中对“发明克服了技术偏见”加以记载，上述记载构成技术偏见判断的基础。在专利说明书中缺乏技术偏见记载的情况下，如果专利申请人（或者专利权人）不能充分说明技术偏见的存在，那么不能认为“发明克服了技术偏见”。

## 第三节　专利实用性判断的关键问题

实用性判断问题，即《专利法》第22条第4款的法律适用问题，也是专利授权与确权实务的重要问题。

### 一、引言

《专利法》第22条第4款规定："实用性，是指该发明或者实用新型能够制造或者使用，并且能够产生积极效果。"也就是说，授予专利权的发明或者实用新型，必须是能够解决技术问题，并且能够应用的发明或者实用新型。换句话说，如果申请的是一种产品（包括发明和实用新型），那么该产品必须在产业中能够制造，并且能够解决技术问题；如果申请的是一种方法（仅限发明），那么这种方法必须在产业中能够使用，并且能够解决技术问题。只有满足上述条件的产品或者方法专利申请才可能被授予专利权。

### 二、审查实践及司法实践的解读

**【案例11】**在"超导循环使用电能动力机"发明专利复审请求一案中，说明书记载了一种超导循环使用电能动力机，在外部的电能充进其中一个超导储能电路中时，该超导脉冲储能电路中的超导线圈将其作为原始电能无损耗地储存起来，然后保持，并向另一个超导脉冲储能电路的超导线圈放电，同理，该超导线圈也将电能无损耗储存起来，保持并向前一个超导脉冲储能电路的超导线圈放电，如此过程反复循环，便使储存的原始电能无损耗地反复循环使用，轮换产生电磁力，用电磁力对外做机械功，输出能量。

专利复审委员会认为，电能动力机使用磁力对外做功，必然消耗产生磁力的电能，这与输送电能的导线是超导体还是非超导体无关，磁力对外做功的数量不小于损耗的电能的数量，因此电能动力机无损耗的反复循环使用必然违反了能量守恒定律。因此，涉案专利不具备实用性。北京市第一中级人民法院一审判决维持上述无效宣告请求审查决定。[1]

## 三、实用性判断的比较法研究

美国专利法第 101 条对实用性作出了原则性的规定，亦即“任何人发明或者创造了任何新的并且有用的方法、机器、制造品或者合成物，或其任何新的并且有用的改进，只要其符合专利法的条件和要求，都可以获得专利保护。”上述条文中的“有用的”即为实用性要求的基本法律依据。

就美国实用性判断的实务而言，经历了一定的发展历程。上述发展历程主要有三个标志：美国联邦最高法院 Brenner v. Manson 案判决、美国联邦巡回上诉法院 In re Brana 案判决和美国专利商标局颁布《实用性审查指南》。

美国联邦最高法院在 Brenner v. Manson 案[2]判决中认为，“专利不是狩猎执照。专利不是对研究探索的奖赏，而是对研究探索获得的成功结果的报酬。‘专利制度是与商业世界而非智慧王国相关联的事物。’”其在一定程度上提高了美国实用性的标准。美国联邦巡回上诉法院在 In re Brana 案判决中认为，在发明缺乏本领域已知用途时，申请人在专利说明书中必须给出一个特定的、可信的用途，但是省略了美国联邦最高法院在 Brenner 案中提出的“实质性（substantial）用途”要求。降低实用性标准直接使得美国生物化学领域的发明专利申请迅猛上升。在这一背景下，美国专利商标局 2001 年颁布《实用性审查指南》。该《实用性审

---

[1] 参见国家知识产权局专利复审委员会第 8841 号复审请求审查决定和北京市第一中级人民法院（2006）一中行初字第 1104 号行政判决书。

[2] 148 USPQ 689.

查指南》明确将存在“实质性（substantial）”用途作为实用性的要求，要求具有特定的（specific）、实质的（substantial）和可信的（credible）用途。从而，不具有实用性的情形主要包括两种，第一种形式是发明的“实用性”不明显，其原因是申请人没有确定发明的任何一种明确的和真实存在的实用性或者没有公开足够信息使得技术领域的技术人员确认发明显然是有用的；另一种形式是由于申请人提供的实例太少以至于所描述的发明的明确和真实存在的实用性不可信。

例如，某案件的说明书记载，发明涉及通过施用有效量的化合物 A 来抑制和延缓衰老。权利要求书为，“1. 一种抑制衰老的方法，包括给病人施用其需要的有效量的化合物 A。2. 一种延缓衰老的方法，包括给病人施用其需要的有效量的化合物 A。”实用性判断步骤分析如下：1）是否具有公认的实用性？由于每个权利要求都涉及了具有明确用途的方法，每个权利要求的实用性均被限于这个明确的用途，但审查员得不出权利要求的方法中所使用的化合物具有“公认的实用性”。因此，对这个问题的答案是“否”。2）是否描述了对要求保护的发明的实用性？答案是“是”，即抑制或延缓衰老的方法。3）描述的实用性是明确的吗？使用化合物 A 的方法要求具体使用单一的特定化合物。因此，实用性是明确的。4）描述的实用性是真实存在的吗？抑制和延缓衰老这两种方法都清楚地定义了一种真实存在的用途，因此，实用性是真实存在的。5）所描述的“明确和真实存在的实用性”是可信的吗？因为至今为止，没有资料说明或预期能抑制或延缓衰老，并且在说明书中也没有实施例或其他证据说明这些权利要求是可信的，基于说明书的描述，得出实用性是不可信的结论。从上述分析得出结论：运用美国专利法第 101 条驳回。应当注意的是，在说明书中如果说明了发明是治疗与衰老有关的症状诸如皮肤褶皱，如果权利要求被修改，清楚地说明了治疗衰老的症状或效果，则可避免驳回。

日本专利法和《欧洲专利公约》对实用性含义的表述形式与美国专利法中的类似，只是日本专利法还将涉及人体的外科手术方法排除在专利保护范围之外，《欧洲专利公约》将涉及人体和动物体的外科手术方法排除在外。亦即，《欧洲专利公约》第52条第4项规定：“人体或动物体的外科手术或治疗方法以及在人体或者动物体上的施行的诊断方法，不应被认为是属于第1款所称的能在产业上应用的发明。”

## 四、实用性判断的制度原理分析

《专利审查指南（2010）》第二部分第五章列举了不具备实用性的几种情形，主要包括：（一）无再现性；（二）违背自然规律；（三）利用独一无二的自然条件的产品；（四）人体或者动物体的非治疗目的的外科手术方法；（五）测量人体或者动物体在极限情况下的生理参数的方法；（六）无积极效果。根据上述比较法研究结论可以得知，我国实用性判断标准较之美国、日本和欧盟最为严格。例如，美国和日本均对涉及以动物为对象的外科手术方法给予专利保护等。

通常而言，发明只要能运转产生说明书所声称的结果，即符合产业利用性的要素（operative），也就是能达到其预设之目的。产业利用并不要求发明必须达到可以上市行销的程度，只需发明能依说明书操作产生发明人主张的结果或目的。发明完成要商业化，必须经过更密集的发展技术工程，这项创新的活动是企业家的工作，不是发明人所应承担的，所以专利法的实用性，不问发明是否达到商业化程度，也不在乎发明的经济或商业价值，发明的经济或商业价值应由市场来决定。[1]

由此可见，《专利法》第22条第4款所说的“能够制造或者使

---

[1] 郑中人．产业利用性之理论与应用［EB/OL］．［2011-08-10］．http：//www.civillaw.com.cn/article/default.asp？id=19386.

用”是指发明或者实用新型的技术方案具有在产业中被制造或使用的可能性。满足实用性要求的技术方案不能违背自然规律并且应当具有再现性。因此，实用性判断中的核心在于，是否违背自然规律，是否不具有可再现性。只有立足这一点，我国实用性判定的基本准则方与其他国家具有类似的法律逻辑。至于人体或者动物体的非治疗目的的外科手术方法和测量人体或者动物体在极限情况下的生理参数的方法，则并非必然不具有创造性，需要结合案例具体区分。

另外，专利实用性与专利说明书是否公开充分具有严格的逻辑界限。其中，因不能制造或者使用而不具备实用性系由技术方案本身固有的缺陷引起的，与说明书公开的程度无关。需要补充的是，专利申请实用性的判断，应当立足权利要求书所请求保护的技术方案。对于权利要求书明确捐献的技术方案，即使其违背自然规律或者不具有再现性，亦不宜认定涉案专利不具备实用性。

需要补充的是，随着食品安全问题的日益突出，笔者认为，对于食品类发明专利申请和实用新型专利申请，应当对于食品是否具有毒副作用加以判断。如果食品类发明专利申请和实用新型专利申请具有明显危害人体的毒副作用，建议依照“无积极效果”认定其不具备实用性。

## 五、案例回顾

在“超导循环使用电能动力机”发明专利复审请求一案中，由于涉案专利请求保护的技术方案违背能量守恒定律这一自然规律，并且不具有可再现性，因此不具备实用性。

# 第四节　权利要求保护范围解释的原则、时机和方法[1]

在20世纪90年代，美国联邦法院Giles法官将专利法制度称为“名为权利要求的游戏”[2]。可以说，权利要求保护范围的解释是专利法领域一个永恒的研究课题。一项发明的“文字肖像”通常是为了满足专利法的要求而事后撰写出来的，这种从实际机器到文字的转化常常会留下难以填补的间隙。[3] 目前，法律实践中对于权利要求保护范围解释的原则、时机与方法均存在一定争议。

## 一、引言

《专利法》第59条规定：“发明或者实用新型专利权的保护范围以其权利要求的内容为准，说明书及附图可以用于解释权利要求。”就专利权利要求保护范围解释的目的而言，一方面，专利法应当给予专利权人以全面的保护；另一方面，权利要求书应当向社会公众告知专利权的界限。调和上述冲突的目标，是权利要求保护范围解释的本质。[4] 因此，权利要求保护范围解释，旨在专利权的保护和专利权公示作用的保护两大价值取向的协调。

随着专利法理论与实践的发展，关于专利权利要求保护范围的

---

[1] 部分研究成果参见：张鹏．论权利要求保护范围解释的原则、时机和方法［C］//国家知识产权局条法司．专利法研究（2009）．北京：知识产权出版社，2010：264－276．

[2] GILES S. RICH. *The Extent of the Protection and Interpretation of Claims-American Perspectives*［J］. 21 Int'l Rev. Indus. Prop. & Copyright L., 497, 499 (1990) (To coin a phrase, the name of the game is the claim).

[3] 155 USPQ 697 (1967). 转引自尹新天．专利权的保护［M］．2版．北京：知识产权出版社，2005：308.

[4] ROBERT C. DAHRL, ibid., pp. 1－8 转引自闫文军．专利权的保护范围——权利要求解释和等同原则适用［M］．北京：法律出版社，2007：32.

解释问题，出现了基于保护专利权价值取向的中心限定原则、基于保护专利权公示作用价值取向的周边限定原则和居于二者之间的折中主义原则。其中，中心限定原则被比喻为“标志杆”方法，周边限定原则被比喻为“篱笆桩”方法❶。从法理的角度而言，权利要求保护范围解释问题是典型的价值判断问题。保护专利权和维护专利权的公示作用是确定专利权保护范围时两个冲突的价值目标❷，其中保护专利权旨在保护专利权人基于创新获得的合法权益，专利权的公示作用则需要考虑权利要求保护范围的“可预期性”。也就是说，权利要求保护范围解释需要在保障专利权人基于创新的合法权益和社会公众的可期待利益之间寻求价值平衡。

## 二、审查实践及司法实践的解读

### （一）涉及解释时机的案例简介

**【案例12】**在“乳液泵防进水机构”实用新型无效纠纷一案中，涉案专利权利要求1的内容如下：“一种乳液防进水机构，它包括一只押头、一根连接导管和一只汽缸盖，在所述押头上设有一个管接头，在所述汽缸盖的中央设有一只通孔，所述押头通过其上的管接头管套接在所述连接导管的上端，所述汽缸盖通过其上的通孔套在所述连接导管的下部上，其特征在于所述汽缸盖的通孔的孔壁上位于该汽缸盖与所述连接导管相配合处沿所述连接导管的外壁向上延伸形成一个与所述汽缸盖连体的并且高出该汽缸盖的上平面的防进水导向套管。”无效宣告请求人提交了对比文件1用于证明涉案专利不具备新颖性和创造性。

专利复审委员会无效宣告请求审查决定认为，将涉案专利权利要求1所述的技术方案与对比文件1的图7所示的技术方案相对比

---

❶ 彭道敦，李雪箐．普通法视角下的知识产权［M］．谢琳，译．北京：法律出版社，2010：226－227.

❷ 闫文军．专利权的保护范围——权利要求解释和等同原则适用［M］．北京：法律出版社，2007：437.

可以看出，二者技术领域相同，均涉及一种乳液泵机构。涉案专利在所述汽缸盖的通孔内增设防进水导向套管所要解决的技术问题在于防止污水进入乳液瓶内；对比文件1的图7所示的技术方案设置裙状密封片所要解决的技术问题之一也在于防止污水进入瓶内，因此，二者所要解决的技术问题相同。涉案专利权利要求1的防进水导向套管沿所述连接导管的外壁向上延伸，与所述汽缸盖连体，并且高出该汽缸盖上平面；对比文件1的图7所示的裙状密封片也与汽缸盖连体，并且高出汽缸盖上平面，其区别在于，本专利的防进水导向套管没有限定具体的形状，而对比文件1的裙状密封片是在高出汽缸盖平面时开始向活塞杆倾斜，而在低于汽缸盖平面时垂直向下，二者均是采用高出汽缸盖上平面的方式，防止污水沿连接导管（活塞杆）流入乳液瓶内，对比文件1的裙状密封片为本专利所述套管的一种具体形式。因此，本专利权利要求1的技术方案与对比文件1的图7所示的技术方案相同。并且，本专利权利要求1的技术方案与对比文件1的图7所示的技术方案所要达到的技术效果均是防止污水进入瓶内，避免污染瓶内液体，因此，二者的预期效果相同。

专利权人不服上述无效决定，向人民法院提起行政诉讼，北京市第一中级人民法院一审判决和北京市高级人民法院二审判决均维持上述无效决定。专利权人向最高人民法院提起申诉，主要理由在于，应当结合说明书对于权利要求的保护范围作出解释，其中，根据涉案专利说明书中关于“导向套管”形状的记载，权利要求1中的“导向套管”与对比文件1中“裙状密封片”形状不同；涉案专利的补气方式和对比文件1中的补气方式存在差别。

最高人民法院认定，本专利中的乳液泵与对比文件1中的乳液泵虽然在平衡瓶内外气压的具体方式上有些微差异，但对上述为了解决防污水的技术问题所提出的技术方案本身并没有影响，从这个意义上来说，本专利与对比文件1的背景技术实质上也是相同的，均为“没有设置防污水进入结构的乳液泵”。另外，由前述内容可知，本专利与对比文件 1 的改进方向和思路是完全相同的，即均是在连接导管的外壁上形成一个向上延伸的且高出汽缸盖上平面的防进水导向套管，通过该导向套管阻隔污水进入乳液瓶内。本专利权利要求书仅记载“在所述汽缸盖的通孔的孔壁上位于该汽缸盖与所述连接导管相配合处沿所述连接导管的外壁向上延伸形成一个与所述汽缸盖连体的并且高出该汽缸盖的上平面的防进水导向套管”，而对于防进水导向套管的具体形状并未进行限定，而对比文件 1 的图 7 所示的裙状密封片就是套管形状的一种具体形式，再审申诉人认为“管”的概念即是对形状的具体限定，不能成立。关于本专利的补气结构及补气方式问题，在本专利的权利要求书和说明书中均未记载，故不能作为评价本专利权利要求 1 具有新颖性的依据。[1]

**【案例 13】**在“晾衣架”实用新型无效纠纷一案中，涉案专利的权利要求 1 的内容如下：“一种晾衣架，包括晾杆（1）和衣架挂钩（2），其特征在于晾杆（1）底部沿晾杆轴向设有一导槽（11），衣架挂钩（2）包括挂环（22）和挂头（21），该挂头可在导槽（11）内移动，挂头（21）在挂环轴向的两侧设置有凸缘（211）。”无效宣告请求人以上述权利要求相对于特开平 10－57692 日本公开特许公报（A）（以下简称对比文件 2）相比不具备创造性为由请求宣告专利权无效。

北京市第一中级人民法院一审判决认为，本专利具体实施方式载明，将各个衣架挂钩转动 90 度左右，挂头两侧的凸缘顶住导槽的下部，使衣架挂钩上升，紧紧压住导槽的晾杆的隔板，衣架就牢固地卡在导槽中。本领域技术人员从本专利具体实施方式可以得知，只要挂头两侧的凸缘顶住导槽的下部，就可以实现固定衣架挂钩的目的，而当挂头紧紧压住隔板时，就会更牢固地将衣架卡在导

---

[1] 参见国家知识产权局专利复审委员会第 6495 号无效宣告请求审查决定、北京市第一中级人民法院（2005）一中行初字第 151 号行政判决书、北京市高级人民法院（2005）高行终字第 411 号行政判决书以及最高人民法院（2007）行监字第 35－1 号驳回再审请求通知书。

槽中。本专利权利要求1的衣架挂钩可以固定在晾杆的需要位置上，而对比文件2的晾晒架的吊钩主体上部的大口径部分只能在槽沟中滑动，不能固定在晾晒架横杆的随意位置上，本专利权利要求1与对比文件2相比具有实质性特点，并取得了预料不到的技术效果。对比文件2要解决的技术问题是吊钩可以顺着晾晒架横杆随意滑动，本领域技术人员不能容易想到将吊钩主体上部的大口径部分改变为权利要求1中的凸缘，况且在吊钩主体上部形成凸缘要比加工成大口径部分工艺更加复杂，本领域技术人员将对比文件2的大口径部分改变为权利要求1中的凸缘需要付出创造性的劳动。专利复审委员会关于在对比文件2的启示下，本领域的普通技术人员可以很容易地将吊钩大口径部分改变为本专利权利要求1所述的两侧凸缘，并达到相同的目的的主张缺乏事实依据，本院不予支持。

北京市高级人民法院认为，判断权利要求的创造性时应当以权利要求本身限定的技术方案为准，不能以说明书记载的具体实施方式进行判断。本专利说明书具体实施方式与本专利权利要求1的技术方案是根本不同的，在该具体实施方式中，除了凸缘的技术特征外，还需要确定导槽与挂头的形状以及相互之间尺寸的配合，或者直接以"可以通过旋转衣架利用凸缘将衣架固定在需要的位置"来限定凸缘，才能够获得沈汉标所主张的"通过旋转衣架将其固定在需要的位置"的效果。但权利要求1并未进行这种限定，两者是不同的技术方案，权利要求1的技术方案不能达到沈汉标所主张的技术效果。根据本领域普通技术人员通过阅读本专利权利要求1所确定的保护范围，对比文件2与本专利权利要求1的区别技术特征只能是形状上的区别，上述形状上的改变对本领域技术人员而言无需付出创造性劳动。[1]

---

[1] 参见国家知识产权局专利复审委员会第7564号无效宣告请求审查决定、北京市第一中级人民法院（2006）一中行初字第87号行政判决书和北京市高级人民法院（2006）高行终字第457号行政判决书。

（二）涉及解释方法的案例简介

**【案例14】** 在“用来加热行进中的纤维的装置”发明无效纠纷一案中，授权公告的权利要求书共包括21项权利要求，其中，权利要求1和4为：“1. 用于加热行进中的纤维（7）的装置，它的纵向延伸的加热体（1）具有一个纵向槽（2），在它的面对面而立的侧壁（4、5）上支起许多导向器（6），纤维（7）之字形沿纵向通过纵向槽（2），其特征在于：导向器（6）作为凸起（6.1，6.2）做在两个金属带（3.1，3.2）上，金属带（3.1，3.2）面对面地支撑在侧壁（4，5）上，其中面对面的凸起（6.1，6.2）相互错开设置。……4. 按权利要求1的加热装置，其特征在于：对置的金属带（3.1，3.2）在纵向各自交替地具有一个或两个在它上面（冲压）成形的导向器（6）。”在针对该专利权的无效宣告程序中，请求人和专利权人对权利要求1的保护范围发生争执。双方的争点集中在“导向器（6）作为凸起（6.1，6.2）做在两个金属带（3.1，3.2）上”的技术含义上。请求人认为：权利要求1中的“做在”是一个上位概念，例如可采用焊接、粘接、冲压、滚压等形式。专利权人则认为：权利要求1中的“做在”根据本专利说明书的解释应理解为“直接加工成一体”。

专利复审委员会认为，根据《专利法》第56条的规定[1]，发明或者实用新型专利权的保护范围以其权利要求的内容为准，说明书及附图可以用于解释权利要求。因此，在确定权利要求的保护范围时，应当根据该权利要求所用词语的含义来理解，说明书和附图对权利要求的解释作用在于弥补权利要求的表述含糊或存在多义理解的缺陷，但是，如果将仅反映在说明书实施例及附图中而未记载在权利要求书中的技术特征或者技术方案通过“解释”纳入专利保护范围，则有违解释的立法本意。对于双方当事人的上述争点，仅

---

[1] 当时适用根据2000年8月25日第九届全国人民代表大会常务委员会第十七次会议《关于修改〈中华人民共和国专利法〉的决定》第二次修正后的《专利法》。

从权利要求1中“做在”的含义来理解，应当是导向器（6）加工固定在两个金属带上，其既可以具体体现为通过焊接、粘接、插接等方式将导向器固定在金属带上，也可以表现为通过冲压、滚压、铸造等方式将导向器与金属带直接加工成一体。虽然在本专利说明书的具体实施例中所体现的导向器与金属带的关系是在金属带上冲压形成导向器，但如果将实施例中的技术方案解释到权利要求1中明显是违背专利法立法本义。在依据说明书和附图对权利要求进行解释时，应当站在本领域技术人员的角度，结合发明的整体内容来考虑。本发明是为了解决现有技术中导向器作为单个隔板设置，在需要清洗导向器时必须将导向器逐个拆卸下来再安装上去费工费时的问题而作出的，本发明的发明目的在于使导向器零件数量减少并简化导向器的更换操作。因此，本领域技术人员在对权利要求1中的“做在”进行理解时，必然会考虑到只要金属带与导向器是相互固定的，就可以实现导向器与金属带一起拆装并一起清洗，从而可以解决现有技术中存在的技术问题，并实现本发明的目的和效果，至于金属带与导向器实现相互固定的具体加工方式则并非是实现本专利发明目的所必需的，并不需要具体体现在权利要求1所限定的技术方案中。以上也可从本专利的从属权利要求4才具体限定了导向器是通过冲压方式与金属带形成一体中得到验证。因此，根据本专利说明书及附图的描述，权利要求1中的“做在”应当理解为导向器加工固定在金属带上。一、二审均持同样的观点。❶

**【案例15】**在“一种电暖器”实用新型无效纠纷一案中，涉案专利权利要求1的内容为，“一种电暖器，由壳体（1）、加热管（11）和反射板（14）组成，反射板（14）的反射面面朝加热管（11）方向布置，其特征在于：在壳体（1）内装有由耐高温材料

---

❶ 参见国家知识产权局专利复审委员会第10054号无效宣告请求审查决定以及北京市第一中级人民法院（2007）一中行初字第1329号行政判决书和北京市高级人民法院（2008）高行终字第86号行政判决书。

制成的散热导流片（12），加热管（11）错开排列并穿过散热导流片（12）上的开孔（19）。”无效宣告请求人和专利权人对于上述权利要求中的“错开”如何解释存在争议。

专利复审委员会认为，本领域技术人员根据“错开”一词本身的词义，并结合说明书的描述，特别是说明书附图的图 2、图 3、图 6 和图 7 中所示的加热管均不在同一垂直平面上排列的结构，应该理解到这里所说的将加热管错开排列应解释成加热管不在同一垂直平面上排列，因此本领域技术人员根据说明书的记载仅能将“加热管错开排列”解释为加热管不在同一垂直平面上排列，并且专利权人也认为加热管错开排列是指加热管不在同一垂直平面。从而，证据 1 没有公开本专利权利要求 1 中的特征“加热管错开排列”。也就是说，如果本领域技术人员对权利要求中的某个技术术语有多种不同的理解，而本领域技术人员根据说明书的记载仅能得出唯一的一种理解，那么应当将权利要求解释为包含说明书记载的技术方案的理解方式。如果根据这种解释使得该权利要求的技术方案与对比文件公开的技术方案不同，则该权利要求相对于该对比文件具备新颖性。北京市第一中级人民法院基于相同理由维持上述无效宣告请求审查决定。[1]

（三）其他案例简介

在部分侵权案件的审理中，人民法院倾向于使用说明书对权利要求作出“限制”。如果权利要求中的用语在表面上具有较宽的含义，但说明书中没有对该用语的全部含义加以披露时，法院会根据说明书对权利要求的含义作出限制解释，以使得权利要求书得到说明书的支持[2]。例如案例：“积木地板”发明侵权纠纷一案，权利

---

[1] 参见国家知识产权局专利复审委员会第 8243 号无效宣告请求审查决定以及北京市第一中级人民法院（2006）一中行初字第 996 号行政判决书。

[2] 闫文军．专利权的保护范围——权利要求解释和等同原则适用［M］．北京：法律出版社，2007：329.

要求中多次出现"积木"一词。对此，北京市第二中级人民法院认为[1]：正确的做法应当是按照说明书中的文字限定权利要求中的某些必要技术特征，对权利要求字面所限定的技术方案的保护范围作出公平的缩小的解释，以使权利要求得到说明书及附图的支持。可以说，一审法院主要采用了目的解释的方式，对权利要求的保护范围加以"限制"。北京市高级人民法院在二审中维持了上述判决。[2]再如案例："全耐火纤维符合防火隔热卷帘"实用新型专利侵权纠纷案，北京市第一人民法院认为[3]：说明书及其附图可以对本专利权利要求字面所限定的技术方案的保护范围作出公平的扩大或者缩小的解释，即可以把必要技术特征等同的特征解释到专利权的保护范围，并可以结合独立权利要求中的技术特征解释其含混不清之处。

### 三、权利要求保护范围解释的比较法研究

就权利要求保护范围的规定而言，借鉴德国专利法第 14 条和日本专利法第 70 条的规定，德国、日本等大陆法系国家的法律条文以及《欧洲专利公约》的相关规定的表述方式与我国差别不大。但是，在审查实践和司法实践中各有特点。

#### （一）美国权利要求保护范围的理论和实践

2005 年 7 月 12 日，美国联邦巡回上诉法院针对 Philips v. AWH Corp. 一案以满席审理（en banc）的方式作出判决[4]，该判决对于权利要求保护范围解释的七个根本性问题进行了论述，具有深远的影响。

---

[1] 参见北京市第二中级人民法院（2004）二中行初字第 6988 号民事判决书。

[2] 参见北京市高级人民法院（2005）高民终字第 172 号民事判决书。

[3] 参见北京市第一中级人民法院（2002）一中民初字第 3258 号民事判决书。

[4] Phillips v. AWH Corp. , 363 Fed Cir 2005.

该判决书指出[1]，专利的权利要求书界定专利权人独占权的范围，这是专利法的基本原则。……权利要求书必须根据说明书进行阅读。……专利说明书披露了专利权人对于权利要求书保护范围的有意舍弃或者限制，这时专利权利要求的正确范围根据专利权人的意思进行确定。专利的授权程序也使说明书与权利要求书之间的关联性进一步增强。专利商标局在确定专利申请的保护范围时，不只是看权利要求中的文字，还根据本领域技术人员依据说明书对权利要求书所给出的最广义的合理解释。所以，对于权利要求进行解释时严重依赖说明书是完全正确的。

（二）日本权利要求保护范围的理论和实践

基于对公示的尊重和对专利实质价值的尊重的平衡[2]，日本学术界和实务界对于权利要求解释持有多种观点。

就权利要求的解释时机而言，具有前提条件说和无前提条件说两种学说：第一，前提条件说。在1991年日本最高法院所审理的lipase案件中，说明书中仅记载了有关Ra lipase的实施例，权利要求书中使用了lipase。日本最高法院认为，说明书中的记载只有在特殊情况下才能给予考虑，例如权利要求记载的技术方案不能清楚地得到理解，或者权利要求的记载与说明书描述相比具有明显的错误[3]。日本学术界也存在这样的观点，即只有在权利要求中的术语不清楚或者说明书对特定术语进行定义的时候，才会参考说明书加以解释[4]。日本地方法院在“导尿器用导线”案、“中通杆”案等中也持有相同的观点[5]。也就是说，权利要求保护范围的解释以权

[1] 闫文军．专利权的保护范围——权利要求解释和等同原则适用［M］．北京：法律出版社，2007：52－61.

[2] 牧野利秋．知识产权诉讼寸考［M］．布井出版社，2002：158－160.

[3] 大郑哲也，茶团成树，平屿龟太，芦立顺美，横山久芳．知识产权法判例集［M］．有斐阁，2008：82－85.

[4] 中山信弘．工业所有权法上——专利法［M］．弘文堂，2000：111.

[5] 大郑哲也，茶团成树，平屿龟太，芦立顺美，横山久芳．知识产权法判例集［M］．有斐阁，2008：87－90.

利要求不清楚或者具有特定术语作为前提，该学说可以称为前提条件说。第二，无前提条件说。日本有些法院判决并不以权利要求不清楚或者具有特定术语作为权利要求保护范围解释的前提，认为在任何情况下都应当参考说明书对权利要求书进行解释。如大阪法院“洗米及其包装方法”案、东京法院“酸性糖蛋白质”案[1]等。可见，对于权利要求保护范围的解释时机问题，日本法院的做法并不统一。[2]

就解释方法而言，日本学者作出了原则性列举[3]。首先，说明书记载的实施例只是为了示例，不能对保护范围起到限制的作用。但是，根据对权利要求解释的结果，应当得出实施例中记载的内容在权利要求保护范围之内的结论。其次，在权利要求包含范围比说明书记载的范围大的情况下，由于说明书是确定本领域技术人员可能实施范围的基础，说明书的记载应当对于权利要求的保护范围具有一定的限定作用。

（三）欧洲权利要求保护范围的理论和实践

欧洲权利要求保护范围的解释，具有基于保护专利权价值取向的中心限定原则、基于保护专利权公示作用价值取向的周边限定原则和折中原则三种主要观点。

基于保护专利权价值取向的中心限定原则。早在19世纪，基于专利的契约理论这一基本法理，德国将权利要求书看做是专利权人的一种意思表示，相当于专利权人所提出的合同要约。专利权人依照该合同所获得权利的范围需要按照权利要求的内容来确定，就像债权人所享有的债权需要按照合同加以确定一样。只有被控侵权

---

❶ 大郑哲也，茶团成树，平屿龟太，芦立顺美，横山久芳．知识产权法判例集［M］．有斐阁，2008：87－90.

❷ 闫文军．专利权的保护范围——权利要求解释和等同原则适用［M］．北京：法律出版社，2007：221.

❸ 森义之．专利发明技术范围的确定［C］//牧野利秋，饭村敏明．裁判实务大系·知识产权关系诉讼法．青林书院，2001：158.

物使用了与权利要求中记载的技术方案相同的技术方案的时候才能构成侵权，即“发明创造的对象”需要与“专利保护的对象”完全一致。[1] 但是，上述观点显然对于专利权人的权利保护不力，20世纪初，德国法学界提出将“发明创造的对象”与“专利保护的对象”分离的扩张解释理论。也就是说，专利授权机关在授权以及无效审查中对于“发明创造的对象”进行判断，法院在专利侵权的审理中对于“专利保护的对象”进行判断。[2] 该扩张解释的理论存在诸多学说：完全扩张说、修正的扩张说、二段论、三段论等。完全扩张说认为，专利权的保护范围延伸到本领域技术人员阅读说明书之后可以得到技术启示的所有技术方案[3]。显然，在该学说下权利要求书形同虚设。修正的扩张说认为，在上述完全扩张说的基础上，专利权的保护范围不及于现有技术并且限于说明书所公开的发明思想的范围之内。[4] 二段论就是区分“发明创造的对象”与“专利保护的对象”。三段论则是，将专利保护的对象分成如下三个层次：（1）发明的直接主题，也就是由权利要求书的文字内容所确定的范围；（2）专利主题或者明显的等同，它确定了一项专利权通常的保护范围；（3）在某些情况下，对一项专利权的保护还可以超过上述“专利主题”的范围，对“总的发明构思”或者不明显的等同提供保护。上述二段论和三段论都是以发明构思为中心判断权利要求的保护范围，被称为中心限定原则。

基于保护专利权公示作用价值取向的周边限定原则。基于专利的垄断理论，英国专利法是作为被禁止的各种形式的垄断行为的例

---

[1] 松本重敏．专利发明的保护范围［M］．有斐阁，2000：134.

[2] 同上书，138 - 139.

[3] BRUCHHAUSEN. *The scope of patent protection in different European countries——an outline of recent case law* ［R］. The 4th International Review of Industrial property and copyright law. 1973：306 - 310.

[4] 闫文军．专利权的保护范围——权利要求解释和等同原则适用［M］．北京：法律出版社，2007：221.

外产生的[1]。基于此，学术界普遍认为专利权人应当清楚地界定专利权有效期内社会公众被禁止的范围，保证专利权的权利范围的公示作用，从而保障社会公众的利益。基于上述价值取向，英国法院在 EMI 案[2]、Van Der Lely 案[3]、Rodi 案[4]等中显示了严格使用权利要求书界定保护范围的态度，被称为周边限定原则。当然，英国法院后来也提出了"发明精髓"原则，即根据说明书判断必要技术特征和非必要技术特征，如果省略或者改变了非必要技术特征，则仍然构成侵权。[5]

居于二者之间的折中原则。在签订《欧洲专利公约》的过程中，各成员国提出了对英国的周边限定原则和德国的中心限定原则进行折中的要求[6]。该公约第 69 条之（1）规定：一份欧洲专利或者欧洲专利申请的保护范围由权利要求书的内容来确定，说明书和附图可以用于解释权利要求。《欧洲专利公约》还专门附加了一个对第 69 条（1）的议定书，其内容如下：第 69 条不应当被理解为一份欧洲专利所提供的保护由权利要求的措辞的严格字面含义来确定，而说明书和附图仅仅用于解释权利要求中的含糊不清之处；也不应当被理解为权利要求仅仅起到一种指导的作用，而提供的实际保护可以从所属技术领域的普通技术人员对说明书和附图的理解出发，扩展到专利权人所期望达到的范围。这一条款应当被理解为定义了上述两种极端之间的一种中间立场，从这一立场出发，既能够为专利权人提供良好的保护，同时对他人来说又具有合理的法律确定。可见，《欧洲专利公约》持折中原则的态度。

---

[1] 参见 RAY D. WESTON. *A comparative analysis of the doctrine of equivalents: can European approaches solve an American dilemma*? . The Journal of Law and Technology 1998: 35.

[2] EMI v. Lissen. [1939] 56 RPDTM. 23, 29.

[3] 1963 RPC 61.

[4] 1969 RPC367.

[5] 参见 Clark v. Adie. App Cas 315, 320.

[6] 井上由里子. 英国判例的动向 [D] // 关于权利要求解释的调查研究报告书 (2002): 52.

（四）韩国权利要求保护范围的理论和实践

在韩国，专利权权利要求保护范围原则上根据权利要求的记载确定，其中，权利要求所使用的术语，除了说明书给出明确确定之外，通常按照所属领域普通技术人员的一般理解加以确定❶。只有在权利要求中包含功能、效果、性质等技术特征，仅凭其术语的描述无法得知技术构成的具体内容时，才应当根据说明书加以解释❷。

例如，在 Yuhan-Kimberly 诉 LG 专利侵权纠纷案❸中，涉案专利的权利要求 1 和 4 记载了“流体穿透性护翼（Flap）”一词。韩国大法院指出，权利要求中使用上述术语，意味着具有穿透小便和腹泻等的排泄物中的液体以及气体这一性质的固定屏障，“流体穿透性护翼”的流体穿透与否是根据效果进行的抽象性表达，构成护翼的材料、对材料压力的方向和大小、压力的持续时间等具有可变性，权利要求 1 对于护翼的流体穿透与否没有进行任何限定，不能将说明书中所记载的护翼的材料是“基本重量为 $23.72g/m^2$ 或者 $23.12g/m^2 \sim 23.72g/m^2$ 细微网状组织”解释到权利要求中，使其成为权利要求保护范围的限制。

## 三、权利要求保护范围解释的制度原理分析

我国《专利法》第 59 条的理解，归根到底涉及说明书与权利要求的辩证关系问题，也就是说，如何平衡“目的解释”与“文义解释”，从而使用说明书“解释”权利要求书，而不是“限制”权利要求书。❹

---

❶ 参见韩国大法院 2005 年 9 月 29 日作出的 2004 Hu 486 判决。

❷ 参见韩国大法院 2006 年 12 月 22 日作出的 2006 Hu 2240 判决以及 2007 年 6 月 14 日作出的 2007 Hu 883 判决。

❸ 参见韩国大法院 2008 年 2 月 28 日作出的 2005 Da 77350 判决。

❹ 张鹏．论权利要求保护范围解释的原则、时机与方法［C］//国家知识产权局条法司．专利法研究（2009）．北京：知识产权出版社，2010：264－276.

（一）权利要求保护范围解释的含义

2001年6月发布的《最高人民法院关于审理专利纠纷案件适用法律问题的若干规定》第17条规定："专利法第56条第1款所称的'发明或者实用新型专利权的保护范围以其权利要求的内容为准，说明书及附图可以用于解释权利要求'，是指专利权的保护范围应当以权利要求书中明确记载的必要技术特征所确定的范围为准，也包括与该必要技术特征相等同的特征所确定的范围。"❶

由此可见，如下图所示，专利权的保护范围包含权利要求保护范围A和等同原则适用的范围B两部分构成。在权利要求保护范围解释这一概念的理解中，首先应当区分专利权的保护范围和解释后的权利要求保护范围。解释后的权利要求保护范围是专利权保护范围的一部分，其与等同原则适用的范围共同构成专利权的保护范围。

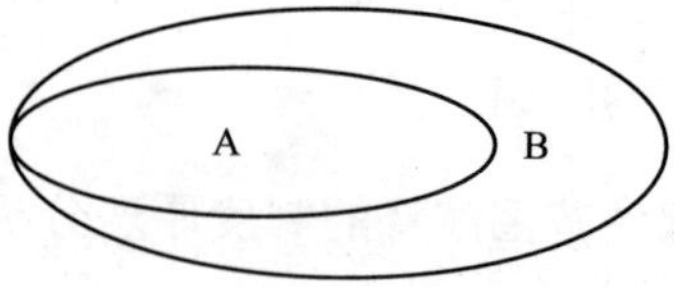


**图1　权利要求的保护范围**

在专利授权和确权程序中，需要确定权利要求保护范围A。通常只有在专利侵权程序中，才需要进一步确定等同原则的范围B，从而A+B共同构成专利权的保护范围。当被控侵权技术落入A+B共同构成的专利权保护范围的情况下，专利侵权成立，否则专利侵权不成立。本节主要讨论如何确定权利要求的保护范围A。

❶《最高人民法院关于审理专利纠纷案件适用法律问题的若干规定》针对第二次修改后的《专利法》进行解释，故引用《专利法》第56条。上述司法解释目前具有法律效力。

（二）借鉴合同法的角度分析

可资借鉴的是，合同法领域同样存在基于“目的解释”与“文义解释”之间平衡的合同解释。

罗马法和法国民法典的经验解读——主观主义的立法例。古罗马法规定在对遗赠人的意思以及遗赠的文句进行解释时，应当以前者作为优先的对象。❶ 需要指出的是，罗马法中的遗赠是无偿的死因赠与，所以不需要考虑受益人的信赖利益保护。也就是说，合同的解释中“应考虑者乃当事人本意而非其言辞”。❷ 法国民法典进一步继承了罗马法的经验，持主观主义的立法观点。法国民法典第1156条规定：“解释合同时，应探究当事人的意愿，而不应拘泥于合同文字的字面意思。”上述规定反映了意思自治的基本精神和意思表示理论的基本要求，要求法官在对合同进行解释时，采用心理分析方法，尽一切可能去寻找当事人的内心真实意愿。❸

德国民法典和我国台湾地区民法典的经验解读——客观主义的立法例。尽管德国民法典第133条规定，解释意思表示时，“应该确定该表述的真正含义，而不是墨守其字面的意思”，但是，上述规定通常看做德国民法典第157条的补充。并且，“该表述的真正含义”，应当是表示的真正意思，而不是当事人内心真意。❹ 由此可见，德国民法典“以意思表示取代内心意思。德国民法典不像过去那样谈意思，而是谈表示。过去人们探索当事人愿意什么，德国民法典则探索当事人表示什么”。❺ 我国台湾地区民法典要求在解释时应先就词句进行斟酌，言为心声，如果有模糊歧义，方参考交

---

❶ 崔建远．合同法［M］．3版．北京：法律出版社，2003：301.

❷ 海因·克茨．欧洲合同法．上卷［M］．周忠海，李居迁，宫立云，译．北京：法律出版社，2001：155－156.

❸ 尹田．法国现代合同法［M］．北京：法律出版社，1995：256.

❹ 王泽鉴．民法总则［M］．北京：中国政法大学出版社，2004：411.

❺ 沈达明，梁仁洁．德意志法上的法律行为［M］．北京：对外贸易教育出版社，1992：160.

易环境、诚实信用原则等而为合理解释。[1] 也就是说，德国民法典和我国台湾地区民法典为平衡当事人的利益及合理分配危险，应以客观上表示价值作为认定意思表示内容的准据。[2]

英美法的经验解读。英美法系一直存在主观主义和客观主义之间的争议。主观主义解释论认为，合同解释应当探究当事人的内心意思表示；客观主义解释论则认为裁判者在解释时应当采纳“外在理论”。现在英美法系的主导理论是在上述两种理论之间折中，并且相对偏重于客观解释论。[3]

我国合同法的立场。《中华人民共和国合同法》（下称《合同法》）第125条规定：“当事人对合同条款的理解有争议的，应当按照合同所使用的词句、合同的有关条款、合同的目的、交易习惯以及诚实信用原则，确定该条款的真实意思。”可见，客观主义为主，主观主义为辅，是我国法采取的合同解释原则之一。在双方对合同用语理解不同的场合，裁判者应以一个理性人处于缔约环境对合同用语的理解为准探寻合同用语的含义；在双方对合同用语并未赋予特定含义的情况下，裁判者可以客观合理性标准解释合同用语的含义，而根本不根据双方的任何意图。[4]

可见，合同解释的价值支点在于，基于真实意思的权利人利益保护与基于表示意思的相对人信赖利益保护之间的平衡。从上述罗马法、法国民法典、德国民法典、我国台湾地区民法典以及我国合同法的演进历程而言，现代民法在上述价值判断过程中更为倾向于保护基于当事人表示意思的信赖利益，因为上述信赖利益的保护构

---

[1] 郑玉波. 民法总则［M］. 台北三民书局，1979：267－268. 转引自王利明. 合同法要义与案例析解（总则）［M］. 北京：中国人民大学出版社，2001：514.

[2] 王泽鉴. 民法总则［M］. 增订版. 北京：中国政法大学出版社，2001：409－410.

[3] 王利明. 合同法要义与案例析解（总则）［M］. 北京：中国人民大学出版社，2001：514.

[4] 崔建远. 合同法［M］. 3版. 北京：法律出版社，2003：301－302.

成交易安全的基础。合同的解释正是从上述支点出发实现“目的解释”与“文义解释”之间平衡。

（三）权利要求保护范围解释的价值判断

与合同解释相对比，专利法意义上权利要求保护范围的解释的价值支点亦在于，基于真实意思的权利人利益保护与基于表示意思的社会公众信赖利益保护。也就是说，通过“目的解释”的方式引入说明书内容对权利要求保护范围加以解释，旨在保障基于真实意思的权利人利益；通过“文义解释”的方式慎用说明书内容对权利要求保护范围加以解释，旨在保障专利权的公示作用，从而保障社会公众的信赖利益。专利法意义上权利要求保护范围的解释正是从上述支点出发实现“目的解释”与“文义解释”之间平衡。

对于上述权利要求保护范围的解释中“目的解释”与“文义解释”之间平衡点的确定，专利法理论与实践中出现了基于目的解释的中心限定原则、基于文义解释的周边限定原则和居于二者之间的折中原则等相关观点。

与合同解释相对比，专利法意义上权利要求保护范围的解释的价值支点亦在于，基于真实意思的权利人利益保护与基于表示意思的社会公众信赖利益保护。由于相对于合同解释而言，权利要求保护范围的解释中所涉及的是社会公众信赖利益保护，较之合同解释中所涉及的相对人信赖利益保护更为重要，所以就利益平衡选择的角度而言，应当给予更高的关注。从上述罗马法、法国民法典、德国民法典、我国台湾地区民法典以及我国合同法的演进历程而言，现代民法在上述价值判断过程中更为倾向于保护基于当事人表示意思的信赖利益，从而专利法意义上权利要求保护范围的解释应当采取更有利于保障社会公众信赖利益的解释方式。也就是说，在合同法解释中以客观上表示价值作为认定意思表示内容的准据的前提下，权利要求保护范围的解释应当对于权利要求保护范围的解释时机更为严格。

然而，“对于法律而言，有必要尽可能变得简单、统一和明确”❶。所以，需要对于说明书对权利要求保护范围解释作用的适用条件、适用方法给出简便、统一和明确的规范。下面结合比较法研究和法理研究的内容，说明笔者对于权利要求保护范围解释的时机和方法的观点。

（四）权利要求保护范围解释的原则

权利要求保护范围的解释，切勿任意选择一种解释方法，应作通盘性的考虑，始能获致合理结果，而在个案中妥当调和当事人利益，贯彻正义的理念。❷ 可见，权利要求保护范围的解释，需要立足个案的情形加以分析。虽然如此，权利要求保护范围的解释仍然具有一些基本原则。笔者认为，权利要求保护范围的解释应当遵循折中原则、统一解释原则、整体解释原则、逻辑解释原则和内部证据优先原则。

折中原则。如前所述，我国《专利法》第 59 条的立法本意在于，采用基于保护专利权价值取向的中心限定原则和基于保护专利权公示作用价值取向的周边限定原则之间的折中原则。也就是说，在解释权利要求时，不应拘泥于权利要求措辞的字面含义，应当根据说明书及附图、权利要求所概括的技术方案、所解决的技术问题、专利权人的贡献等因素合理概括专利保护范围，但不能将保护范围扩大到所属技术领域的技术人员在专利申请日或优先权日通过阅读说明书及附图后需要经过创造性劳动才能联想到的内容。在权利要求保护范围的解释中，需要综合保护专利权的价值取向和保护专利权公示作用的价值取向之间的协调。

统一解释原则。专利确权阶段与专利侵权判断阶段对权利要求保护范围的解释标准应当统一。这不仅有利于专利权的保护，鼓励

---

❶ 布拉德·谢尔曼，莱昂内尔·本特利．现代知识产权法的演进：英国的历程（1760－1911）［M］．金海军，译．北京：北京大学出版社，2006：87.

❷ 王泽鉴．民法概要［M］．北京：中国政法大学出版社，2003：20－21.

发明创造，而且有利于专利权人和社会公众对于专利权的保护范围建立统一的预期，从而保障社会公众的可期待利益，并且有利于鼓励专利权人公开其发明创造。

整体解释原则。权利要求可以分为独立权利要求和从属权利要求。其中，独立权利要求应当包括前序部分和特征部分，前序部分需要写明要求保护的发明或者实用新型技术方案的主题名称和发明或者实用新型主题与最接近的现有技术共有的必要技术特征；特征部分需要使用“其特征是……”或者类似的用语，写明发明或者实用新型区别于最接近的现有技术的技术特征，这些特征和前序部分写明的特征合在一起，限定发明或者实用新型要求保护的范围。因此，将独立权利要求中记载的全部技术特征所表达的技术内容作为一个整体对待，记载在前序部分的技术特征和记载在特征部分的技术特征，对于限定保护范围具有相同作用。从属权利要求应当包括引用部分和限定部分，引用部分需要写明引用的权利要求的编号及其主题名称；限定部分需要写明发明或者实用新型附加的技术特征。因此，将从属权利要求中记载的全部技术特征以及其引用的权利要求的全部技术特征所表达的技术内容作为一个整体对待，其引用权利要求的全部技术特征和记载在限定部分的技术特征，对于限定保护范围具有相同作用。亦即，根据 2009 年 12 月 28 日公布的《最高人民法院关于审理侵犯专利权纠纷案件应用法律若干问题的解释》第 1 条第 2 款规定：“权利人主张以从属权利要求确定专利权保护范围的，人民法院应当以该从属权利要求记载的附加技术特征及其引用的权利要求记载的技术特征，确定专利权的保护范围。”

逻辑解释原则。同一技术术语在独立权利要求、权利要求书中其他权利要求及说明书中的含义一致，不允许做不同的解释。当不同的权利要求中对相同或类似技术概念采用不同的技术术语时，应当认为该不同技术术语的含义并不相同。

内部证据优先原则。说明书中对技术术语的解释与该技术术语通用含义不同的，应当依照说明书中的解释。也就是说，在权利要求保护范围解释中，说明书具有十分突出的法律意义。《最高人民法院关于审理侵犯专利权纠纷案件应用法律若干问题的解释》第3条规定："人民法院对于权利要求，可以运用说明书及附图、权利要求书中的相关权利要求、专利审查档案进行解释。说明书对权利要求用语有特别界定的，从其特别界定。以上述方法仍不能明确权利要求含义的，可以结合工具书、教科书等公知文献以及本领域普通技术人员的通常理解进行解释。"

在具体案件中，上述原则有可能相互并存甚至有所冲突，这种情形下应当优先考虑折中原则，立足专利权的公示作用和专利权的保护两大价值取向的平衡加以适用。

（五）权利要求保护范围解释的时机

权利要求保护范围的解释应当是积极和主动的，但是，不能使用说明书对于权利要求书的保护范围加以限制。在权利要求的术语存在特定含义，或者权利要求的术语存在多种含义，或者说明书明确放弃某些技术方案等情况下，应当借助说明书对于权利要求加以解释。

首先，从比较法的角度而言，总结日本、欧洲和美国在权利要求保护范围解释方面的理论和实践情况可以看出，欧洲和美国对于权利要求保护范围的解释没有前提条件，也就是说，在任何情况下都需要对于权利要求的保护范围进行解释；而日本则存在下述情况，该情况就是权利要求保护范围的解释以权利要求不清楚或者没有明确的唯一含义作为前提。

其次，从实证法的角度而言，总结我国权利要求保护范围解释方面的司法实践可以看出，上述两种观点在司法实践中同时存在。最高人民法院在"机芯奏鸣装置音板"案的判决中指出，在确定专利权的保护范围时，既不能将专利权保护范围仅限于权利要求书严格的字面含义上，也不能将权利要求书作为一种可以任意发挥的技术指导。说明书和附图只有在权利要求书记载的内容不清楚时，才能用来澄清权利要求书中模糊不清的地方，说明书和附图不能用来限制权利要求书中已经明确无误记载的权利要求的范围[1]。可以说，该判决限定了对于权利要求进行解释的前提条件。司法实践具有与之相同的观点，例如北京市高级人民法院（2011）高行终字第307号行政判决书所指出的，“在依据权利要求书能够确定发明或者实用新型专利所保护的技术方案时，通常无需引用说明书及附图来解释发明或者实用新型所保护的技术方案。即使在使用说明书及附图解释发明或实用新型所保护的技术方案时，也不能将仅记载在说明书及附图中而未明确记载在权利要求中的技术内容作为确定发明或实用新型所保护的技术方案的技术特征”。但是，司法实践中也存在与之不同的观点，如本节所引用的北京市第一中级人民法院和北京市第二中级人民法院的判决等。

再次，从法理的角度而言，从专利申请人（专利权人）、审查员和法官三个角度加以分析可以得知，专利申请人在撰写权利要求书的时候，根据说明书以及现有技术的情况进行撰写；审查员并非仅对权利要求书进行审查，而是将权利要求书和说明书等材料结合加以审查；法官在进行侵权判断时也并非仅以权利要求书为依据。在权利要求的术语存在特定含义，或者权利要求的术语存在多种含义，或者说明书明确放弃某些技术方案等情况下，根据垄断与公开之间的平衡，应当使用说明书对于权利要求加以解释。

（六）权利要求保护范围解释的方法

就权利要求保护范围的解释方法而言，应当重点关注本领域技术人员对于权利要求中的术语的理解上。在专利无效宣告程序以及侵权诉讼中，权利要求保护范围的解释应当采用下述规则。如果权利要求可能有多种解释，应当采用能够将实施例包括在内的解释，即权利要求解释的结果应当能够将实施例包含在保护范围之内。在综合考虑所要解决的技术问题和所能达到的技术效果的情况下，明

[1] 宁波市东方机芯总厂诉江阴金铃五金制品有限公司案，参见最高人民法院（2001）民三庭第1号民事判决书。

显不能成立的技术方案不应解释在权利要求的保护范围之内，并且上述解释应当固定在生效决定或者判决中。在依据专利说明书及附图对权利要求进行解释时，应当以权利要求中明确记载的技术特征为基础，结合专利说明书背景技术、发明所要解决的技术问题及取得的预期技术效果综合考虑，通过解释得出的技术方案应当与发明所要解决的技术问题及取得的预期技术效果相适应。不应通过解释将权利要求中未明确记载的技术特征附加到权利要求中，同时也不应将权利要求中的上位概念直接解释为说明书实施例中的下位概念，特别是，当一项权利要求存在从属权利要求时，其从属权利要求限定部分的附加技术特征不应通过解释附加到该项权利要求中。

首先，从比较法的角度而言，日本、德国、英国等国家的专利法条文中以及《欧洲专利公约》中都明确规定了说明书和附图可以用于解释权利要求。美国的专利法条文中虽然对此没有规定，但是正如美国联邦巡回上诉法院在 Philips 案的判决中所表述的，对于权利要求进行解释时严重依赖说明书是完全正确的。美国法院既强调不能将说明书的限制读入到权利要求书中，又强调应当根据说明书来解释权利要求。对于上述“限制”和“解释”的区别，美国学术界和实务界认为，应当将注意力集中于本领域技术人员对于权利要求中的术语的理解上。[1]

其次，从实证法的角度而言，司法实践中存在四种做法：使用说明书解释权利要求中的特定技术术语、使用说明书对于权利要求作出限制性的解释、使用说明书对于权利要求作出扩大性的解释以及单纯依靠权利要求的字面解释确定其保护范围。上述北京市第二中级人民法院判决即属于第二种情形。上述第三种情形就是多余指定原则的法律适用的情况，目前已经鲜有案例。上述第四种情形如本节所讨论的案例。

---

[1] 闫文军．专利权的保护范围——权利要求解释和等同原则适用［M］．北京：法律出版社，2007：445.

再次，从法理的角度而言，保护专利权和维护专利权的公示作用是确定专利权保护范围时两个冲突的价值目标。❶ 除了上述价值取向的判断之外，还需要考虑权利要求保护范围的“可预期性”，以保障专利权人和社会公众的可期待利益，也就是说需要保障利益的平衡。在专利无效宣告程序和侵权程序中，如果权利要求可能有多种解释，选择将实施例包括在内的解释即符合保护专利权的价值取向，也符合维护专利权的公示作用的价值取向，并且能够保障专利权人和社会公众的可期待利益。另外，在专利无效宣告程序和侵权程序中，在综合考虑所要解决的技术问题和所能达到的技术效果的情况下，应当将明显不能成立的技术方案解释为不包含在权利要求的保护范围之内。这样能够充分保护已经获得的专利权，避免该专利权轻易被宣告无效，并且由于所排除的技术方案属于明显不能成立的技术方案，所以对于专利权的公示作用没有损害。当然，为了进一步保障专利权的公示作用，可以将上述解释固定在生效决定或者判决中。另外，上述做法也充分保障了专利权人的可期待利益，并且由于所排除的技术方案属于明显不能成立的技术方案，所以没有损害社会公众的可期待利益。

最后，从我国国情的角度而言，我国的国内专利申请集中于没有实质审查的实用新型专利，国外专利申请则大量集中于存在实质审查的发明专利，实质审查程序中存在修改的机会。另外，相对于发达国家而言，由于我国专利法起步较晚，我国专利侵权案件的数量积累较少，国内代理人的撰写水平有待提高。在这一国情背景下，我们不得不面对这一事实：未经过实质审查即获得授权的许多实用新型专利具有技术贡献，但是存在撰写上的瑕疵。因此，在当前国情之下，专利无效宣告程序和侵权程序中，如果权利要求可能有多种解释，应当采用能够将实施例包括在内的解释。

---

❶ 闫文军．专利权的保护范围——权利要求解释和等同原则适用［M］．北京：法律出版社，2007：437.

## 四、案例回顾

在“乳液泵防进水机构”实用新型无效纠纷一案中，正如最高人民法院驳回再审通知书所述，权利要求保护范围的解释应当具有时机限制，并非任何情况下都可以使用说明书中的相关记载对权利要求保护范围进行限制。“晾衣架”实用新型无效纠纷一案同样如此，在权利要求清楚界定保护范围的情况下，不应当用说明书的内容限制权利要求的保护范围并且用于权利要求创造性的判断。

在“再来加热行进中的纤维的装置”发明无效一案中，权利要求1所记载的技术特征“导向器（6）作为凸起（6.1，6.2）做在两个金属带（3.1，3.2）上”中的“做在”并非本专利所属技术领域的专用术语，而“做”在中文中具有制造、加工的意思，冲压、滚压、铸造、焊接、粘接、插接等均为具体的制造、加工方式，但“做”一词并不具有特定的指向。而且，结合本专利说明书背景技术、发明所要解决的技术问题及取得的预期技术效果综合考虑，金属带与导向器相互固定后，即可实现导向器与金属带一起拆装和清洗，从而解决现有技术中存在的清洗时必须将导向器逐个拆卸再安装费工费时的技术问题，并实现本发明的目的和效果。因此，权利要求1中的“做在”应当理解为导向器加工固定在金属带上，而不应理解为通过冲压、滚压等方式直接加工成一体。本专利从属权利要求4的存在也充分印证了上述结论。在“一种电暖器”实用新型无效纠纷一案中，当权利要求所使用的术语包含多种含义时，应当对于上述术语加以解释，并且应当将权利要求解释为包含说明书记载的技术方案的理解方式。在本节所述的其他案例中，解释不等于限制，并且权利要求保护范围的解释需要具备一定的前提条件，“应当对权利要求字面所限定的技术方案的保护范围作出缩小的解释”有所不当。

一项发明的“文字肖像”通常是为了满足专利法的要求而事后

撰写出来的，这种从实际机器到文字的转化常常会留下难以填补的间隙。[1] 在侵权与确权相分离的国家，理想的情况应当是，审查时确定的权利要求范围与保护时确定的权利要求范围相同，这就要求专利确权阶段权利要求保护范围的解释标准与专利侵权判断时对权利要求保护范围的解释标准相统一，本部分正是基于这一目的作出一些尝试，以期对于无效案件的审查和侵权案件的审理有所帮助。

## 第五节　功能性限定权利要求的认定与解释[2]

功能性限定权利要求的认定与解释，属于权利要求保护范围解释的具体问题。但是，由于功能性限定权利要求的认定与解释在法律规定和法律实务方面存在较大争议，故本书将其从权利要求保护范围解释中分离，单独设立一节加以讨论。

### 一、引言

对于功能性限定权利要求而言，作为规范专利授权与确权程序的部门规章，《专利审查指南（2010）》第二部分第3.2.1节规定，“对于权利要求中所包含的功能性限定的技术特征，应当理解为覆盖了所有能够实现所述功能的实施方式。”然而，作为规范专利侵权程序的司法解释，《最高人民法院关于审理侵犯专利权纠纷案件应用法律若干问题的解释》第4条则规定：“对于权利要求中以功能或者效果表述的技术特征，人民法院应当结合说明书和附图描述

---

❶ 155 USPQ 697（1967）. 转引自尹新天. 专利权的保护［M］. 2版. 北京：知识产权出版社，2005：308.

❷ 本节内容部分基于由笔者执笔的国家知识产权局学术委员会一般课题“功能性限定权利要求相关法律问题研究”的部分研究成果，上述课题被评为优秀课题，笔者被评为优秀研究人员。另外，参见：张鹏. 论功能性限定权利要求保护范围的解释——以我国产业发展现状为视角［J］. 中国发明与专利，2010（7）：97－101.

的该功能或者效果的具体实施方式及其等同的实施方式，确定该技术特征的内容。”可见，前者选择了“覆盖了所有能够实现所述功能的实施方式”的保护范围，后者选择了“具体实施方式及其等同的实施方式”的保护范围。

首先，就法律规则而言，功能性限定权利要求保护范围的相关法律问题，已经成为在制定法层面专利授权确权制度与专利侵权制度中直接冲突的唯一一处。最高人民法院知识产权庭认为，“专利保护的是技术方案，而不单单是功能或者效果，而且，目前的专利审查实践，实际上也难以按照专利审查指南的规定，对所有实现所述功能的实施方式进行检索和审查”[1]，因此在《最高人民法院关于审理侵犯专利权纠纷案件应用法律若干问题的解释》中采取不同的保护范围解释标准。

其次，就法律逻辑而言，在专利授权确权制度和专利侵权制度中采用不同的权利要求保护范围解释规则具有制度性损害。专利实质审查阶段的重要法律意义在于，给予发明创造适宜的保护范围，在专利权的保护和专利权的公示作用之间寻求平衡。如果在专利授权和专利确权过程中根据“覆盖了所有能够实现所述功能的实施方式”确定保护范围，而在专利权的保护过程中根据“结合具体实施方式及其等同的实施方式确定的内容”确定保护范围，那么无异于将专利权的一部分宣告无效，从而对于该权利要求保护范围是否清楚、该权利要求是否得到说明书支持等的审查缺乏实际意义，毕竟专利权的保护过程中需要重新确定保护范围。即使在专利审查和专利侵权审判中均根据“结合具体实施方式及其等同的实施方式确定的内容”确定保护范围，那么鉴于等同判断过程中的自由裁量权，在难以使用一定规则规范等同判断的前提下，侵权中亦需要重新确

[1] 参见：孔祥俊，王永昌，李剑．《最高人民法院关于审理侵犯专利权纠纷案件应用法律若干问题的解释》的理解与适用［EB/OL］．［2011-01-08］．http：//www.chinaiprlaw.cn/file/2010031216564.html.

定保护范围。❶

再次，就法理研究而言，目前对于美国等其他国家功能性限定权利要求的相关法律问题的研究尚需进一步加强，对于功能性限定的内涵和外延等基础法理问题需要深入研究，功能性限定权利要求的相关法律问题日益成为知识产权法学界的研究热点。一方面，以功能或者效果表述技术特征的撰写方式，起源于美国。对于美国功能性限定权利要求的相关法律问题的研究已经取得一定进展，但是美国等其他国家对于功能性限定权利要求保护范围的解释等问题法律适用的真实情况如何，应当如何理解功能性限定权利要求保护范围的解释，如何对于功能性限定权利要求加以审查，以及如何理解功能性限定权利要求保护范围解释规则与权利要求审查规则之间的法律逻辑，尚需结合案例深入研究。并且，缺乏对于美国等其他国家功能性限定权利要求的相关法律问题的系统性研究。另一方面，我国知识产权法学的理论界和实务界对于功能性限定权利要求的相关法律问题非常关注。❷

最后，就法律实践而言，在法律规则、法律逻辑和基础法理存在较大争议的前提下，我国实质审查、复审审查、无效宣告请求的审查和专利侵权判定的实践中亦存在不同观点。我国实质审查、复审审查和无效宣告请求的审查中多数采用与《专利审查指南

---

❶ 参见：张鹏．最高人民法院关于审理侵犯专利权纠纷案件应用法律若干问题的解释》的解读与分析［J］．中国专利代理，2010（1）：39－43.

❷ 通过百度搜索引擎（www. baidu. com）的检索结果，涉及功能性限定权利要求保护范围解释的论文达到两万三千余篇。在最高人民法院知识产权庭前任庭长蒋志培教授的号召下，中国知识产权司法保护网针对功能性限定权利要求保护范围解释问题组织了专门的讨论——观点集锦：对专利功能性限定特征解释标准的讨论［EB/OL］．［2011－01－08］．http：//www. chinaiprlaw. cn/file/2010052116973. html. 另参见李燕蓉．对以功能性限定的技术特征在侵权判断时应首先审查被控侵权产品是否具有该功能［J］．法律适用，2010（8）；张鹏．论功能性限定权利要求保护范围的解释——以我国产业发展现状为视角［J］．中国发明与专利，2010（7）；李晴晖．功能性限定的解释以及司法程序中的简易判决［J］．中国发明与专利，2010（1）；张晓都．专利权利要求中功能性特征的解释——以一实用新型专利侵权纠纷案为例［J］．电子知识产权，2007（9）。

(2010)》相同的观点，即“涵盖实现该功能的所有方式”。侵权人民法院亦有持这种观点的案例，现举例示之。如曾展翅诉珍誉公司侵犯专利权案中，涉及权利要求中“单向渗透层”的解释，对此一审法院认为：“实施例是申请人选择的一种公开充分的表现形式，其效果相当于举例说明，在不违反禁止反悔原则的前提下，实施例不能理解为是对必要技术特征的限定。因此，对单向渗透层的保护范围应确定为能够实现水分单向渗透的层面。”可见，一审法院将“单向渗透层”解释为能够实现该功能的所有实施方式并将所有实施方式均纳入专利权的保护范围内。[1] 需要指出的是，本案二审法院持与司法解释相同的观点，认为“在侵权判断中应当对功能性限定特征解释为仅仅涵盖了说明书中记载的具体实现方式及其等同方式。”[2]

综上所述，从法律规则、法律逻辑、法理研究和法律实践等角度的分析可以得知，功能性限定权利要求的相关法律问题日益受到学术界和实务界的普遍关注，成为权利要求保护范围解释领域乃至专利法领域的重点研究内容。

## 二、审查实践及司法实践的解读

**【案例16】**在“电动机”发明专利申请复审请求审查案中，权利要求1为：“1. 一种电动机，包括：一具有一单相绕组的定子；一电源开关电路，具有可选择地将直流电源接到该单相绕组的电源开关；一个相对所述定子为磁耦合的永久磁铁转子；一在上述定子上的位置传感器，用来感知所述转子的位置并提供表示探测到的位置的位置信号；一个包括一微处理器的控制电路，可对所述的位置信号作出响应，并连接到上述电源开关电路，用来以上述位置信号为函数，可选择地换向电源开关，以对该单相绕组换向；所述控制

[1] 参见北京市第二中级人民法院（2005）二中民初字第11450号民事判决书。

[2] 参见北京市高级人民法院（2006）高民终字第367号民事判决书。

电路被编程，使得电动机可选择地避免永久磁铁转子的转动速度在发生谐振而导致振动增大的一预定范围工作。”

复审决定认为，权利要求 1 特征“所述控制电路控制所述的电动机，使得电动机可选择性地避免永久磁铁转子的转动速度在发生谐振而导致振动增大的一预定范围工作”中涉及的所述控制电路没有用具体的结构特征或方法特征来限定，而是使用了功能性限定，覆盖了实现电动机可选择性地避免永久磁铁转子的转动速度在发生谐振而导致振动增大的一预定范围工作功能的所有电动机控制电路，因此上述功能性技术特征概括了一个较宽的保护范围，而本申请是通过微处理器进行特定的编程使用特定的控制方法来实现电动机可选择性地避免永久磁铁转子的转动速度在发生谐振而导致振动增大的一预定范围工作，依据本申请文件记载的内容，所属技术领域的技术人员难于预见该功能性特征所概括的除本申请实施例之外的所有方式均能达到本申请的目的，权利要求 1 所请求保护的技术方案范围超出了说明书记载的内容，权利要求 1 无法得到说明书的支持。❶

**【案例 17】**在“控制接插件引脚电压的装置和方法”发明专利申请复审请求审查案中，权利要求 1 为：“1. 一种接插件，具有用于连接可插拔部件的连接器、一个第一端子和至少一个其他端子，所述至少一个其他端子的电平状态，指示是否有可插拔部件与所述连接器连接，其特征在于，还包括：电子开关电路，其可选择地和可变地把接插件的电压耦合到第一端子；检测电路，其检测所述至少一个其他端子的电平状态，当检测到的电平状态表明有可插拔部件与所述连接器连接时，控制所述电子开关电路逐渐向第一端子施加接插件的电压。”

实质审查部门驳回决定认为，权利要求 1 中记载的功能性限定“检测电路”概括了一个较宽的保护范围，而该申请只记载了一种

---

❶ 参见国家知识产权局专利复审委员会第 8654 号复审请求审查决定。

能实现上述功能的检测电路，没有说明其他替代方式。权利要求11所记载的上位步骤概括了一个较宽的保护范围，而该申请只记载了一种能够实现上述步骤的方案，因此权利要求1与权利要求11得不到说明书的支持。

复审决定指出，在本申请的实施例中，电子开关电路108“逐渐”向第一端子施加插接件的电压这个功能，是通过定时电路，即RC电路实现的。对本领域的技术人员来讲，RC电路作为定时电路是本领域通用的技术，且不是唯一实现该功能的方式，无论采用何种形式的定时电路，只要能够配合开关电路逐渐向第一端子施加插接件的电压即可。因此，对本领域的普通技术人员来讲，可以想到采用其他方式实现“逐渐”向第一端子施加插接件的电压这个功能。因此，权利要求1能够得到说明书支持。❶

**【案例18】** 在“解析分组头标”复审请求审查一案中，所涉及的权利要求15、19、20分别为：“15. 一种计算机系统，包括：一个处理器，该处理器适于执行网络栈的软件以提取标识一个应用的分组的至少一个特性；一个外围设备，其适于接收该分组，该分组含有一个包括至少一个特性的头标；一个解析器，其解析该头标以提取上述至少一个特性并传递一个句柄以指示所述至少一个特性；以及一个缓冲器，其与该解析器相耦合，以便接收与所述分组关联的分组数据，所述缓冲器是所述应用能直接访问的。

19. 权利要求15的计算机系统，其中外围设备还使用上述至少一个特性来将该分组和一个流联系起来。

20. 权利要求15的计算机系统，其中外围设备还判定对于该分组某个安全密钥是否可用；以及进一步根据此判定来处理该分组。”

专利复审委员会认为，权利要求19和20为产品独立权利要求15的从属权利要求，它们的附加技术特征应该采用结构方面的特征对独立权利要求进行进一步的限定，然而权利要求19和20只是

---

❶ 参见国家知识产权局专利复审委员会第9235号复审请求审查决定。

对权利要求 15 中的外围设备的功能进行了进一步限定，而没有对所引用的独立权利要求在电路连接关系或结构特征上进行进一步限定。在权利要求 15 中，已经使用功能性限定将外围设备限定为“适于接收该分组，该分组含有一个包括至少一个特性的头标”的装置，本领域的技术人员可以理解通常外围设备具有的接收功能，也能理解具有接收功能的外围设备的具体结构，但是权利要求 19 和 20 所限定的外围设备分别具有“使用上述至少一个特性来将该分组和一个流联系起来”和“判定对于该分组某个安全密钥是否可用；以及进一步根据此判定来处理该分组”的功能，这些功能并不是外围设备通常具有的功能，权利要求 19 和 20 也没有对外围设备的电路连接关系或结构特征进行进一步限定，而又使用功能性限定对外围设备的功能进行进一步限定，在这种情况下，本领域的技术人员从权利要求 19 和 20 中并不能清楚地得知这些功能是由外围设备中何种具体结构实现的，因而导致权利要求 19 和 20 保护范围不清楚。[1]

**【案例 19】**在“瓦楞蜂窝复合纸板的制造设备”专利侵权纠纷一案中，涉案专利的权利要求书如下：

“1. 一种瓦楞蜂窝复合纸板的制造设备，其特征是由瓦楞成形装置（2）、上胶分条装置（3）、牵引竖条装置（4）、烘干装置（6）、侧面上胶装置（7）、切割装置（8）、拼板装置（9）、复合装置（10）及定长切割装置（11）组成，所述瓦楞成形装置（2）、上胶分条装置（3）、牵引竖条装置（4）、烘干装置（6）、上胶装置（7）、切割装置（8）排列在同一直线上，在所述拼板装置（9）处转弯 90°后其复合装置（10）及定长切割装置（11）也排列在同一直线上，上述各装置上的电气部件均与电控箱内电源接线端子电连接，所述各装置上的气动控制均与各自的汽缸气源接口连接。

2. 如权利要求 1 所述的瓦楞蜂窝复合纸板的制造设备，其征在

[1] 参见国家知识产权局专利复审委员会第 7726 号复审请求审查决定。

于所述瓦楞成形装置（2）上设有三个滚筒（22），并在所述滚筒（22）内设有电热丝（21），所述滚筒上设有凸面（23）。

3. 如权利要求1所述的瓦楞蜂窝复合纸板的制造设备，其特征在于所述上胶分条装置（3）上设有上胶滚筒（33）、气动控制器（31）和分条刀圈（32）。

4. 如权利要求1所述的瓦楞蜂窝复合纸板的制造设备，其特征在于所述牵引竖条装置（4）上设有橡胶滚筒（42）和栅栏（41）。

5. 如权利要求1所述的瓦楞蜂窝复合纸板的制造设备，其特征在于烘干装置（6）内设有电热器（63）、风扇（62）及拉风箱（61）。

6. 如权利要求1所述的瓦楞蜂窝复合纸板的制造设备，其特征在于所述侧面上胶装置（7）上设有传动轮（71）、上胶轮（72）和定长测速传感器。

7. 如权利要求1所述的瓦楞蜂窝复合纸板的制造设备，其特征在于所述切割装置（8）上设有气动离合器、锯条（82）和汽缸（81），并在切割装置上设有移动轮（83）。

8. 如权利要求1所述的瓦楞蜂窝复合纸板的制造设备，其特征在于所述拼板装置（9）上设有牵引滚筒（92）和传动带（91）（94）（95），在传动带（94）上每隔一段距离设有隔板（93）。

9. 如权利要求1所述的瓦楞蜂窝复合纸板的制造设备，其特征在于所述复合装置（10）上设有上胶滚筒（101）和复合滚筒（102），并在复合滚筒的上方设有汽缸（103）。

10. 如权利要求1所述的瓦楞蜂窝复合纸板的制造设备，其特征在于所述定长切割装置（11）上设有切刀（112）、汽缸（111）、定长测速传感器和气动离合器，并在该装置上设有移动轮（113），所述定长切割装置（11）可以通过移动轮（113）在支架（114）的轨道上左右移动。"

涉案专利说明书记载：本实用新型是以如下方式完成的：瓦楞

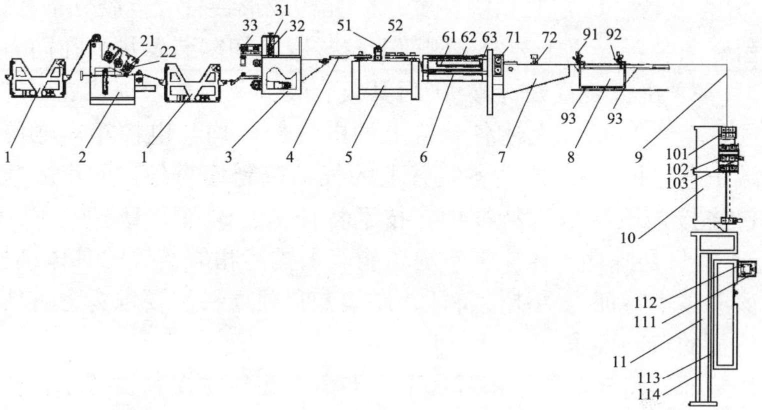


**图 2　涉案专利说明书附图**

成形装置上设有三个滚筒，并在所述滚筒内设有电热丝，并在所述滚筒上设有凸面；所述上胶分条装置上设有上胶滚筒、气动控制器和分条刀圈滚筒，所述牵引竖条装置上设有牵引滚筒和栅栏，所述烘干装置内设有电热器、风扇及拉风箱，所述侧面上胶装置上设有传动轮、上胶轮和定长测速传感器，所述切割装置上设有气动离合器、锯条和汽缸，并在切割装置上设有移动轮，所述拼板装置上设有牵引滚筒和传动带，在传动带上每隔一段距离设有隔板，所述复合装置上设有上胶滚筒和加热滚筒，所述加热滚筒内设有电热丝，并在加热滚筒的上方设有汽缸，所述定长切割装置上设有切刀、汽缸、定长测速传感器和气动离合器，并在该装置上设有移动轮，所述定长切割装置可以通过移动轮在支架的轨道上左右移动。

梁锦水向法院提起侵权诉讼，指控上海欧纳包装制品有限公司使用由李昌众生产的“瓦楞复合纸板的制造设备”侵犯其专利权。

二审法院认为，涉案专利独立权利要求中记载的技术特征可分解为：A. 瓦楞成形装置；B. 上胶分条装置；C. 牵引竖条装置；D. 烘干装置；E. 侧面上胶装置；F. 切割装置；G. 拼板装置；

H. 复合装置；I. 定长切割装置；J. 瓦楞成形装置、上胶分条装置、牵引竖条装置、烘干装置、侧面上胶装置、切割装置排列在同一直线上；K. 拼板装置处转弯 90°后其复合装置及定长切割装置也排列在同一直线上；L. 上述各装置上的电气部件均与电控箱内电源接线端子电连接；M. 所述各装置上的气动控制均与各自的汽缸气源接口连接。该些技术特征中，技术特征 A、B、C、D、E、F、G、H、I 均只是陈述了相应装置的功能而未描述相应装置的具体结构，故该些技术特征为功能性特征，涉案专利独立权利要求为含有功能性特征的权利要求。

从而，将权利要求解释如下。涉案专利独立权利要求中，技术特征 A 应解释为：瓦楞成形装置，其上设有三个滚筒，并在所述滚筒内设有电热丝，并在所述滚筒上设有凸面；技术特征 B 应解释为：上胶分条装置，其上设有上胶滚筒、气动控制器和分条刀圈；技术特征 C 应解释为：牵引竖条装置，其上设有橡胶滚筒和栅栏；技术特征 D 应解释为：烘干装置，其内设有电热器、风扇及拉风箱；技术特征 E 应解释为：侧面上胶装置，其上设有传动轮、上胶轮和定长测速传感器；技术特征 F 应解释为：切割装置，其上设有气动离合器、锯条和汽缸，并在切割装置上设有移动轮；技术特征 G 应解释为：拼板装置，其上设有牵引滚筒和传动带，在传动带上每隔一段距离设有隔板；技术特征 H 应解释为：复合装置，其上设有上胶滚筒和复合滚筒，复合滚筒内设有电热丝，并在复合滚筒的上方设有汽缸；技术特征 I 应解释为：定长切割装置，其上设有切刀、汽缸、定长测速传感器和气动离合器，并在该装置上设有移动轮，定长切割装置可以通过移动轮在支架的轨道上左右移动。从而，经比对，被控侵权产品中与涉案专利独立权利要求中 A、C、E、G、K 技术特征相对应的技术特征，既不相同也不等同，故专利侵权指控不能成立。最高人民法院认为，并不是所有以功能或着效果表述的技术特征均属于功能性特征。二审判决以涉案专利技术特征 A ~ I 均只是陈述了相应装置的功能而未描述相应装置的具体结构为由认定一律为功能性特征，不尽准确。[1]

**【案例20】** 在“电池外壳的制造方法”发明专利无效纠纷一案中，涉案权利要求1为：“一种电池外壳的制造方法，其特征在于，包括以下步骤：（1）制备预定长度的管通；（2）用模具把所述管通向两边拉伸为所要求形状的筒形；（3）……；（4）所述模具包括斜楔型上模和下模；（5）所述下模主要由斜楔型滑块和限位装置组成。”该案在判断本专利相对于现有技术是否具有新颖性、创造性时，需要首先明确权利要求中“限位装置”的解释问题。无效宣告请求审查决定认为，如果在无效宣告请求程序中双方当事人对权利要求中采用功能性方式限定的一个部件的理解产生歧义，但从专利说明书公开的全部内容中仅能得到该部件唯一的一种具体结构实施方式，则根据《专利法》第56条第1款的规定[2]应当将权利要求中该部件解释为具有该具体结构的部件；即将权利要求1中所述“限位装置”理解为“具有U形结构的固定结构，该U形结构的两臂的内壁可以限制斜楔形滑块的运动极限位置”。一审判决认为，“限位装置”应当理解为“所有能够实现限定下滑块的运动极限位置的装置”。二审判决认为，对于权利要求中功能性限定特征的解释应当受专利说明书中记载的实现该功能的具体方式的限制，不应当解释为覆盖了能够实现该功能的任何方式。[3]

### 三、美国功能性限定相关制度的法律逻辑

《最高人民法院关于审理侵犯专利权纠纷案件应用法律若干问

[1] 参见上海市第二中级人民法院（2005）沪二中民五（知）初字第165号民事判决书、上海市高级人民法院（2006）沪高民三（知）终字第48号民事判决书和最高人民法院（2009）民监字第567号裁定。

[2] 当时适用根据2000年8月25日第九届全国人民代表大会常务委员会第十七次会议《关于修改〈中华人民共和国专利法〉的决定》第二次修正后的《专利法》。

[3] 参见国家知识产权局专利复审委员会第6990号无效宣告请求审查决定以及北京市第一中级人民法院（2005）一中行初字第607号行政判决书和北京市高级人民法院（2006）高行终字第179号行政判决书。

题的解释》第4条规定，显然借鉴自美国专利法第112条第6款。然而，任何法律规则应当放在整体规则体系中加以解读，本部分主要探讨美国功能性限定的法律规制的内在逻辑。美国功能性限定权利要求的认定、审查与解释构成具有内在法律逻辑的制度体系：具有特定的撰写表征，对于该类权利要求是否得到说明书支持不加以审查，在专利侵权判定中根据说明书实施例重新确定保护范围。

### （一）美国功能性限定权利要求审查与解释之间的内在法律逻辑

一方面，就历史逻辑而言，在专利侵权判定中根据实施例及其等同方式确定功能性限定权利要求的保护范围，与特定历史时期美国专利商标局对于权利要求是否得到说明书支持的审查较为宽松具有直接关系。

另一方面，鉴于美国专利法第112条第6款有关将功能性限定技术特征解释为覆盖说明书中记载的相应功能、材料、结构或者步骤及其等同的规定，对于功能性限定权利要求是否得到说明书支持不再进行审查。亦即，鉴于在专利侵权判定中需要根据实施例及其等同方式重新确定，在专利授权阶段对于权利要求保护范围是否得到说明书支持不再进行审查。需要指出的是，美国专利商标局在2011年2月9日发布的《涉及美国专利法第112条的补充审查指南》恰恰证明了这一点。该补充审查指南是在对于权利要求清楚以及得到说明书支持等问题审查过于宽松的背景下提出的，并且上述指南明确，鉴于功能性限定权利要求按照实施例及其等同方式确定其保护范围，不再进行说明书支持方面的审查。

美国专利法第112条第6款规定，采用“用于实现某种特定功能的机构或者步骤”的方式撰写的权利要求应当被解释为覆盖了说明书中记载的相应结构、材料或者动作以及其等同物。上述法律规则的历史沿革可以概括为萌芽阶段、争论阶段和统一阶段三个阶段。

萌芽阶段。美国联邦最高法院1946年Halliburton案中指出，权利要求在表述一项新的发明最为核心的组成部分时，应当采用表明如何实现的措辞，采用表明功能表达方式的权利要求不符合专利法的规定，因而是无效的。❶ 美国联邦最高法院当时的主要考虑在于，担心范围过宽的权利要求会影响进一步改进专利的可能性，从而妨碍技术的发展。需要指出的是，正是由于美国联邦最高法院持有上述观点，在产业界产生极大争议，直接导致美国 1952 年专利法否定了最高法院的上述观点，增加了第 112 条第 6 款的规定。

争论阶段。美国 1952 年专利法所增加的第 112 条第 6 款规定，“权利要求中组合式的构件特征应当表述为用于执行特定功能的装置或步骤，不需要为了支持而一一记述其结构、材料或动作，并且这种权利要求应当解释为覆盖了说明书中所描述的相应的结构、材料或动作及其等同物”。对于“手段 + 功能（means plus function）”撰写方式的权利要求的解释加以规范。美国专利商标局认为，鉴于等同属于专利侵权诉讼中的判断规则，所以美国专利法第 112 条第 6 款的规定针对专利侵权判断，而不是针对专利审查而言。美国专利商标局坚持认为，功能性限定特征不仅覆盖了说明书记载的具体实现方式，而且覆盖了能够实现该功能的任何其他方式。1968 年美国海关和专利上诉法院在 In re Sweet 案中，对上述观点予以认可，“采用功能性限定特征的权利要求应当被认为是包含了所有能够实现该功能的手段，而不限于专利申请说明书中所记载的具体结构。”然而，1993 年美国联邦巡回上诉法院在 Valmont Industrial 一案❷中，持反对意见。其在判决中指出，国会决定允许申请人采用保护范围较宽的功能性限定特征，但同时也提供了一种规则确保该权利要求具有确定的范围。1952 年制定的美国专利法增加了第 112 条第 6 款的规定，该规定允许专利申请人采用功能限定发明的组成

---

❶ Halliburton Oil Well Cementing v. Walker, 329U. S. P. Q. 1 (1946).

❷ Valmont Industrial Inc. v. Reinke Manufacturing Co, Inc. , Renold S. Chisum on Patents, Vol. 5A, Chapter 18, 18. 03.

部分，而不必在权利要求中记载该组成部分的结构、材料或者方法步骤。然而，第112条第6款对申请人采用功能性限定特征施加了限定条件。单纯从功能性限定特征的字面含义出发，可以认为它覆盖了实现该功能的所有方式；但是根据专利法的其他规定，首先申请人必须在说明书中记载能够实现该功能的具体结构，其次法院必须将这种功能性限定结构特征解释为仅仅覆盖了说明书中记载的结构、材料、方法步骤以及其等同物。上述两种不同解释方式[1]，给社会公众带来了很大的困惑。1991年美国专利商标局申诉委员会在Ex parte Isaksen案的行政决定中，明确指出美国联邦巡回上诉法院的观点是错误的。美国联邦巡回上诉法院则于1994年在In re Donaldson案的判决中，认定美国专利法第112条第6款的字面含义应当是，在解释权利要求所包含的功能性特征时，必须将它解释为所指的是说明书中记载的相应具体结构、材料、步骤以及其等同物，这一理解与美国国会当年订立这一条款时的宗旨是一致的，这种解释不仅适用于专利侵权诉讼，同样适用于专利审批程序。[2] 从而，明确指出美国专利商标局的观点是错误的，要求美国专利商标局按照法院的观点执行。

统一阶段。美国专利商标局为了贯彻美国联邦巡回上诉法院的上述判决，于1994年4月20日发布《有关权利要求的审查指南》。根据该审查指南的规定，在涉及功能性权利要求的审查时，专利局应当确定发明的要点。如果审查员发现某现有技术可以实现权利要求中的功能，并且该在先技术是专利所描述的具体方案的等同物，审查员可以拒绝授予专利；如果虽然现有技术可以实现权利要求中的功能，但该现有技术与专利说明书中描述的具体方案并不相同或等同，该现有技术并不影响专利的授权。通过上述判决的作出和审

---

[1] 类似于现在我国《专利审查指南（2010）》和《最高人民法院关于审理侵犯专利权纠纷案件应用法律若干问题的解释》之间的争论。

[2] 尹新天．专利权的保护［M］．2版．北京：知识产权出版社，2005：329.

查指南的修改，美国专利商标局自此在功能性限定权利要求的审查标准和解释上采用与美国联邦巡回上诉法院相同的标准，这也使得美国的行政和司法实践统一到相同的尺度上来。

最新进展。2011 年 2 月 9 日，美国专利商标局发布了《涉及美国专利法第 112 条的补充审查指南》，对于权利要求清楚以及得到说明书支持等问题加以明确规定。《涉及美国专利法第 112 条的补充审查指南》进一步阐释了美国专利法第 112 条第 2 款的内容。根据该补充审查指南，美国专利法第 112 条第 2 款要求，权利要求应当具体指明并且明确主张申请人发明的主题。因此，在专利审查过程中，审查员需要确保授权专利保护范围清晰并且得到专利申请公开内容的支持。结合美国专利法第 112 条第 2 款法律适用的历史演进，可以得知美国专利商标局亦意识到对于“专利保护范围清晰并且得到专利申请公开内容的支持”的审查过于宽松导致的不良影响，并且致力于解决上述法律适用的问题。《涉及美国专利法第 112 条的补充审查指南》专门区分了功能性限定权利要求和功能性描述权利要求，并且规定了不同的专利法第 112 条第 2 款审查要求。首先，将功能性限定权利要求（means plus function）和功能描述权利要求（functional claiming）加以区分❶，明确将“功能性限定权利要求”定义为“纯功能性限定”，也就是说“功能性限定权利要求”并不包括“既包含功能性特征又包含结构性特征的权利要求”。其次，将“既包含功能性特征又包含结构性特征的权利要求”规定为功能描述权利要求（functional claiming），并且明确规定对于“功能描述权利要求”需要严格审查该功能描述是否得到说明书的支持。❷ 最后，对于功能性限定权利要求，按照实施例及其

---

❶ Unlike means-plus-function claim language that applies only to purely functional limitations, functional claiming often involves the recitation of some structure followed by its function.

❷ When a claim limitation employs functional language, the examiner's determination of whether the limitation is sufficiently definite will be highly dependent on context.

等同方式确定其保护范围，不再进行说明书支持方面的审查。❶

美国功能性限定的解释可以概括为三个步骤：结合功能性描述术语、专利审批历史以及说明书实施例的描述确定功能❷，根据说明书以及审批历史的明确记载判断构成实现所述功能“必需特征”的结构，判断被控侵权产品的结构与涉案专利实施例的结构“必需特征”的等同范围。

首先，针对权利要求所记载的术语结合本领域技术人员的理解确定功能，并且使得上述解释与说明书对于技术方案的记载相一致。其次，以说明书以及审批历史的明确记载作为主要判断因素，同时需要进一步判断上述结构部分是否构成实现所述功能的“必需特征”。通常而言，仅有当说明书或审查历史清楚地将所述结构与权利要求中的功能相连接或联系时，在说明书中公开的结构才能称之为“对应的”结构。❸ 就必需特征的认定思路而言，类似于我国关于必要技术特征的判定思路，区别之处在于必要技术特征判定需要考虑解决其技术问题所不可缺少的技术特征，功能性限定权利要求解释中必需特征判定则需要考虑完成所述功能所不可缺少的结构特征。最后，在判定等同范围中，要求被控侵权产品与涉案专利权利要求中的相应部件必须以基本相同的手段、执行相同（identical）的功能、达到基本相同的效果。

---

❶ Determine Whether Each Claim Limitation Invokes 35 U. S. C. 112, ¶6 or Not: As part of the claim interpretation analysis, examiners should determine whether each limitation invokes 35 U. S. C. 112, ¶6 (112, ¶6) or not. If the claim limitation invokes 112, ¶6, the claim limitation must “be construed to cover the corresponding structure, material, or acts described in the specification and equivalents thereof.”

❷ 参见 MULTIFORM DESICCANTS, INC V. MEDZAM, LTD. 案（296 F. 3d 1106），UNIDYNAMICS CORPORATION V. AUTOMATIC PRODUCTS INTERNATIONAL, LTD. 案（157 F. 3d 1311）。

❸ MEDTRONIC, INC. V. ADVANCED CARDIOVASCULAR SYSTEMS, INC. 案（248 F. 3d 1303），ASYST TECHS INC 案（268 F. 3d 1364），NORTHROP GRUMMAN CROP. 案（325 F. 3d 1346）。

需要指出的是，美国专利法第112条第6款中的“等同”与等同侵权中的“等同”不同。二者之间的差别包括：第一，美国专利法第112条第6款中“等同”与等同侵权中“等同”的判断时间不同。美国专利法第112条第6款规定的等同结构必须以权利要求提出日作为判断时间。因为专利权利要求的字面含义在专利申请日得以确定，所以美国专利法第112条第6款所规定的结构不能包括在专利申请日之后提出的技术。也就是说，美国专利法第112条第6款下“实施例的等同”的字面侵权必须发生在专利申请日之前，而等同侵权下的“等同”则可以发生在专利申请日和侵权行为发生日之间。“专利申请日之后发生的行为”可能基于等同侵权原则构成侵权，同时并不构成基于美国专利法第112条第6款中“等同”的直接侵权。第二，美国专利法第112条第6款中“等同”与等同侵权中“等同”的判断标准不同。在美国专利法第112条第6款中，被控侵权产品与涉案专利权利要求中的相应部件必须执行相同（identical，英文解释为being exact the same one）的功能，而等同侵权原则中，被控侵权产品与涉案专利权利要求中的相应部件可以执行基本相同（substantially the same）的功能。

对于功能性限定权利要求的等同侵权，在美国理论界和实务界存在两种不同的观点：第一，功能性限定权利要求的等同侵权表现为功能上的等同。也就是说，如果被控侵权产品与涉案专利权利要求中的相应部件执行基本相同的功能（构成substantially the same，但不构成identical），那么可能构成功能性限定权利要求的等同侵权。第二，功能性限定权利要求不存在等同侵权，因为在功能性限定权利要求的解释中已经允许专利权人获得较大的保护范围，不能使得专利权人“两次获利（second bite at the apple）”。[1]

### （二）美国功能性限定权利要求认定与解释之间的内在法律逻辑

就美国功能性限定权利要求的认定规则而言，当当事人使用了

---

[1] 140 F. 3d 1009，1022.

“装置，用于（means for）……”或“步骤，用于（step for）……”这样的词汇时，专利审查部门和法院即可以假设认为申请人试图采用功能性限定的特征，从而启动美国专利法第 112 条第 6 款的审查。但是如果在进一步的审查中发现，申请人在该特征中记载了实现功能的具体结构、材料或步骤特征，则该假设将被否定，可以认定该特征不属于美国专利法第 112 条第 6 款所适用的功能性限定特征。亦即，美国专利法第 112 条第 6 款将功能性限定特征的撰写规定为“means plus function”这种封闭式的结构，而不允许在其中再加入为实现上述功能所采用的结构、材料和动作等特征。

就美国功能性限定权利要求的解释而言，第一步确定功能，也就是说，必须将功能性限定权利要求中的功能解释为包含在权利要求语言中的限制，并且仅仅包含上述限制，不能超越权利要求的文字扩大功能的范围，同样不能超越权利要求的文字缩小功能的范围；第二步确定对应功能的结构，在确定权利要求中所要求的功能之后，应当确定说明书中所记载的与权利要求中所涉及的功能相对应的结构，不仅要求该结构必须执行所声称的功能，而且要求说明书必须清晰地将执行该功能的结构与功能相关联；第三步根据对应功能的结构确定等同范围。并且上述等同与等同侵权的等同范围并不相同。综合分析美国功能性限定权利要求的认定与解释规则，可以得知：一方面，将功能性限定技术特征解释为实施例及其等同的解释规则需要以基于“means plus function”撰写方式的认定规则作为法律适用前提；另一方面，基于“means plus function”撰写方式的功能性限定技术特征认定规则，在将功能性限定技术特征解释为实施例及其等同的解释规则的法律适用背景下才具有制度价值。

美国功能性限定认定的总体规则可以概括如下。

首先，词汇“means”和“step”是美国专利文件的权利要求撰写中具有特殊意义的模版性词汇，能够推定为美国专利法第 112 条第 6 款所述的功能性限定，然而如果包含词汇“means”的特征中仅有具体结构、材料或者动作的具体限定，而无任何功能性描述，则不构成美国专利法第 112 条第 6 款所述的功能性限定。撰写符合关于功能性限定的要件包括：(1) 该特征中是否包括对“means”所执行功能的限定，(2) 该特征中是否包括实现该功能的具体结构、材料或步骤特征。❶

其次，如果包含词汇“means”的特征中仅有具体结构、材料或者动作的具体限定，而无任何功能性描述，则此时该权利要求中的包含“means”的特征由于缺乏对其实现功能的限定，而根本没有适用美国专利法第 112 条第 6 款进行解释的基础，因此自然不能适用该法条。此时应当以其限定的具体结构、材料或者动作确定其保护范围。❷

最后，如果包含词汇“means”的特征中限定了该“means”需要实现的功能，同时进一步限定了为实现该功能而采用的具体结构、材料或者动作，则此时该权利要求中包含“means”的特征实际上采用了并行的两套撰写方式对同一特征进行了限定，由于采用结构、材料或动作对特征进行限定属于典型、通用的撰写方式，也足以依据该限定对权利要求的保护范围进行限定，因此此时将不再适用美国专利法第 112 条第 6 款进行解释。仅以该特征中限定的具体结构、材料或者动作确定其保护范围。❸

如 SAGE PRODUCTS, INC. v. DEVON INDUSTRIES, INC. 案❹中，美国联邦巡回上诉法院认为，权利要求 1 中的封闭装置（closure means）和权利要求 10 中的可移动封闭装置（movable closure means）均使用了词汇“means”，该词汇是对于功能性限定

---

❶ 参见 SAGE PRODUCTS, INC. v. DEVON INDUSTRIES, INC. 案（126 F. 3d 1420）.

❷ 参见 YORK PRODUCTS, INC. v. CENTRAL TRACTOR FARM & FAMILY CENTER and CUSTOM FORM MANUFACTURING, INC 案（99 F. 3d 1568）.

❸ 参见 SAGE PRODUCTS, INC. v. DEVON INDUSTRIES, INC. 案（126 F. 3d 1420）.

❹ 126 F. 3d 1420 (1997).

特征的典型模版式表述，因此可以初步假定专利权人试图通过这种表述引入对上述特征适用美国专利法第112条第6款。在进一步的审查中，法院认定上述权利要求均在means前限定了其功能，即closure和movable closure，根据涉案专利，该功能用于封闭狭槽装置（slot means）。同时，上述两个权利要求中的封闭装置closure means还执行了进一步的功能，分别为控制开闭存取controlling access（权利要求1）和选择性地在开口位置和封闭位置之间移动selsctively movable between an open access and closed access position（权利要求10）。同时，上述权利要求中均未具体限定用于执行上述功能的具体结构、材料或动作。因此可以最终认定上述特征符合专利法第112条第6款关于means plus function功能性特征的适用条件。

再如在MAS-HAMILTON GROUP v. LaGARD, INC. 案[1]中，一审法院认为，本案权利要求3中的争议特征并未使用标识性词汇"means"，不应当适用专利法第112条第6款进行解释。对此，美国联邦巡回上诉法院认为，虽然使用词汇"means"（特别是"means for"）通常将引入美国专利法第112条第6款，而其他不同的格式撰写则不引入该法条已经成为一种通常的规则，但是这并不代表着没有例外情形。联邦巡回上诉法院并无证据表明"lever moving element"在本领域中具有公知的结构含义，并且没有描述其机械结构，从而，联邦巡回上诉法院作出判决对该特征适用美国专利法第112条第6款进行解释。

### （三）美国功能性限定权利要求认定与审查之间的内在法律逻辑

一方面，在根据撰写方式推定为功能性限定技术特征的情况下，不再适用美国专利法第112条第2款的规定对权利要求是否得到说明书支持进行审查。亦即，在当事人使用了"装置，用于（means for）……"或"步骤，用于（step for）……"这样的标志

---

[1] 21 F. Supp. 2d 700（1997）.

性词汇时，专利审查部门和法院即可以假设认为申请人试图采用功能性限定的特征，从而启动美国专利法第112条第6款的审查，不再适用美国专利法第112条第2款进行审查。

另一方面，在根据撰写方式等认定并非功能性限定技术特征的撰写方式的情况下，适用美国专利法第112条第2款的规定对权利要求是否得到说明书支持进行审查。

由此可见，在美国，将功能性限定技术特征解释为实施例及其等同的功能性限定权利要求解释规则、对于功能性限定权利要求是否得到说明书支持的审查规则以及基于means for撰写表征作用的功能性限定权利要求认定规则构成内在统一的制度体系，改变制度体系中上述任何因素，则法律制度的制度价值将会丧失。法律规则具有描述性融贯和规范性融贯，规范性融贯系将法律规则通过技术上或者内在的合理性联结在一起而“产生意义”的一种性质，这一联结要么是与某个或者某些共同价值的实现相联系，要么是与某个或者某些共同原则的满足相联系。功能性限定权利要求的认定规则、解释规则和审查规则亦构成法律规则的规范性融贯，需要与共同价值的实现相联系。

## 四、欧盟功能性权利要求相关制度的法律逻辑

欧盟功能性限定权利要求的认定、审查与解释构成具有内在法律逻辑的制度体系：不具有特定的撰写表征，对于该类权利要求是否得到说明书支持严格加以审查，在专利侵权判定中根据本领域技术人员能够想到的实施方式加以解释。

### （一）欧盟功能性限定权利要求审查与解释之间的内在法律逻辑

一方面，由于在专利审查过程中对于权利要求是否得到说明书支持严格加以审查，所以在权利要求的解释中按照审查过程中相同的解释规则解释为本领域技术人员能够想到的所有实施方式是公平的。在专利审查过程中，如果使用功能性权利要求，本领域技术人

员根据该功能性的技术特征，可以毫不费力地在功能定义的全部领域实施该发明，也就是说技术教导足以使他人可以充分实施。必须提供有关的解决手段，不能只记载发明所要解决的技术问题。必须使本领域技术人员可以在涉及功能性权利要求的全部范围内将该技术特征一般化。而对于功能性权利要求的专利性的判断，应当将功能性权利要求一般化到全部范围进行判断。在这种情况下，在权利要求的解释中亦应当按照审查过程中相同的解释规则解释为本领域技术人员能够想到的所有实施方式。

另一方面，鉴于在权利要求的解释中按照审查过程中相同的解释规则解释为本领域技术人员能够想到的所有实施方式，因此在专利审查过程中应当对于权利要求是否得到说明书支持严格加以审查。

就欧洲专利局对于功能性限定权利要求的审查而言，对于“手段＋功能”限定的产品专利，欧洲专利局要求其功能性限定特征与所要保护的产品的结构、组成具有直接相关性，否则认为该功能性限定特征不具有限定作用，属于权利要求保护范围不清楚。就功能性限定权利要求的保护范围而言，《欧洲专利局专利审查指南》的上述规定并未直接涉及功能性技术特征的保护范围解释，但是，根据“即使在说明书中仅提供了一个有关这一特征的实例，只要使熟悉该项技术的人知道利用其他方法也可以得到相同功能即可”，可见，欧洲专利局采用“涵盖实现该功能的所有方式”的观点。

欧盟对于功能性权利要求的审查规则。《欧洲专利局专利审查指南》允许使用功能性限定，并规定“并非每一特征都必须以结构限定的方式表达，如果本领域技术人员在无需花费创造性劳动的前提下，能够毫不费力地确定实现该功能的技术手段，则功能性限定是允许的”。[1] 对于“手段＋功能”限定的产品专利，欧洲专利局要求其功能性限定特征与所要保护的产品的结构、组成具有直接相关性

---

[1] Guidelines for Examination in the European patent office, Published by the European Patent Office, 2009, Part C III－2. 1.

关性，否则认为该功能性限定特征不具有限定作用，是不清楚的，不符合《欧洲专利公约》第84条的规定。《欧洲专利局专利审查指南》还规定，“作为一般原则，不应允许试图用待达到的效果来限定发明的权利要求，当权利要求仅仅涉及提出潜在的技术问题时尤其如此”。对于“功能性限定特征”允许使用的条件，《欧洲专利局专利审查指南》规定：“可以允许的情况是，当发明仅可以如此定义，或者，无法在合理限制权利要求范围的前提下能用其他方式更准确定义时，所述结果可以通过说明书中具体给出，或所属领域技术人员了解的实验或操作来直接而无疑问地证实，并且，获得该结果不需要过度的试验。”并在其后给了一个允许使用“功能性限定特征”的实例，该例子是一种涉及烟灰缸的发明，该烟灰缸的形状和相对尺寸的设计会使未灭的烟头自动熄灭，由于具备所需效果的烟灰缸的形状和尺寸可以变化多样，所以难以定义，此时只要权利要求尽可能详尽地给出烟灰缸的构造和形状且说明书包含有适当的说明，能够使读者结合常规试验操作确定所需的尺寸，就可以结合欲达到的效果来限定。

例如，对于申请案WO2005018605A的权利要求“一种包括治疗有效量的罗匹尼罗或其盐的控释口服剂型，其特征在于，该口服剂型给药后，达到体内罗匹尼罗的半峰值血浆浓度（1/2 $C_{max}$）所需的平均持续时间少于3小时；以及体内超过罗匹尼罗半峰值血浆浓度（1/2 $C_{max}$）的平均持续时间是7～13小时。”欧洲专利局的审查意见认为，本领域技术人员虽然能基于现有技术测量权利要求中所述的药物血浆浓度，但是由于该特征与产品的结构组成缺乏相关性，本领域技术人员将会以各种各样的毫无限制的测量方式来进行血药浓度的测量，这样寻找出的产品结构将是多样而不确定的，因此该功能性限定被认为对于产品没有进行清楚的限定。[1]

---

[1] 参见欧洲专利局对于申请案WO2005018605A的审查意见［EB/OL］.［2010－10－24］. http：//www. epoline. org/portal/public/！ut/p/kexml.

也就是说，欧洲专利局在考虑功能性限定特征的清楚性时，首先考虑了其对技术方案的表述是否清楚、完整、明确，否则认为这种功能性限定对于所要保护的方案没有带来影响，对其产品不具有限定作用。这样的评价立场也为审查员在评价功能性限定权利要求的新颖性和创造性的操作中带来了便利：如果申请人没有证据表明该功能性限定特征为其保护的产品结构或组成带来直接影响，则推定其功能性限定特征不构成专利申请与现有技术的区别，其不是所要保护产品与现有技术的区别技术特征。审查员也就不需去认证现有技术中的哪些技术手段是说明书所给出的实现该功能的具体实施方式的等同物，因为采用“等同物”的概念，是针对法院的专利侵权判断而言的，而不是针对专利局的审查的，是否“等同”是在专利侵权诉讼中进行的判断，专利局进行审查时不具有对权利要求进行有关等同解释的责任。

欧盟对于功能性权利要求的解释规则。《欧洲专利局专利审查指南》规定：“如果熟悉该项技术的人不需要运用创造性的技能，就可以毫无困难地提供实施该功能的方法，该技术的权利要求可以包含功能性特征。一项专利权利要求可以仅根据其功能性特征概括地定义其范围，即使在说明书中仅提供了一个有关这一特征的实例，只要使熟悉该项技术的人知道利用其他方法也可以得到相同功能即可。然而，如果整个申请的内容给人的印象是该特定的功能是以或只能以一种特定的方式来实施，而没有任何其他的选择，则该申请可能回遭到驳回。如果说明书中仅以含糊的方式描述了其他替代方式也可能适用，但对所属技术领域的技术人员来说，并不清楚这些替代方式是什么或者怎样应用这些替代方式，则是不充分的。”[1]《欧洲专利局专利审查指南》的上述规定并未直接涉及功能性技术特征的保护范围解释，但是，根据“即使在说明书中仅提供

[1] Guidelines for Examination in the European patent office, Published by the European Patent Office, 2009, Part C III - 6. 5.

了一个有关这一特征的实例，只要使熟悉该项技术的人知道利用其他方法也可以得到相同功能即可”，可见，欧洲专利局采用“涵盖实现该功能的所有方式”的观点。

以德国为例加以说明。1985 年德国联邦最高法院的“丙烯酸纤维（Acrylfasern）案”承认了专利权利要求中可以有功能性的技术特征。[1]该案中，权利要求书中有“至少有 35% 有收缩力的高收缩丝、纤维”的记载。德国专利法院认为，上述记载只通过技术特征表示要求保护的丝、纤维，不能将物特定化。德国联邦最高法院认为：“对于发明物，如果通过直接知觉的特征在权利要求中表示是不可能的或者不能完全实质性地表示出来，可以通过能够确认该物的特征或者制造方法以及制造设备来描述。”

可见，德国联邦最高法院通过该案明确肯定了功能性权利要求，但同时也提出了使用这种权利要求的条件，那就是只有在通过直接知觉的特征在权利要求中表示是不可能的或者不能完全实质性地表示出来时，才能使用功能性权利要求。另外，如果使用功能性权利要求，本领域技术人员根据该功能性的技术特征，可以毫不费力地在功能定义的全部领域实施该发明，也就是说技术教导足以使他人可以充分实施。必须提供有关的解决手段，不能只记载发明的技术问题。必须使本领域技术人员可以在涉及功能性权利要求的全部范围内将该技术特征一般化。而对于功能性权利要求的专利性的判断，应当将功能性权利要求一般化到全部范围进行判断。在前述“丙烯酸纤维案”中，德国联邦最高法院就以专利权利要求只提出解决的技术问题，没有提供解决的手段为由，认定不符合授予专利的条件。

### （二）欧盟功能性限定权利要求认定与解释之间的内在法律逻辑

一方面，鉴于在权利要求的解释中按照审查过程中相同的解释

---

[1] 尹新天．专利权的保护［M］．2 版．北京：知识产权出版社，2005：329.

规则解释为本领域技术人员能够想到的所有实施方式，因此，在权利要求的撰写中不需要表征。就欧盟对于功能性限定权利要求的审查而言，对于功能性权利要求的专利性的判断，应当将功能性权利要求一般化到全部范围进行判断。就功能性限定权利要求的保护范围而言，与专利权利要求中记载的权利要求具有同一效果和特性的所有手段，都在专利的保护范围之内；专利的保护范围并不只限于说明书所公开的实施例。

另一方面，在权利要求的撰写没有表征的背景下，将功能性限定权利要求解释为本领域技术人员能够想到的所有实施方式，并以此作为判断是否得到说明书支持以及权利要求保护范围的依据是公平的。

### （三）欧盟功能性限定权利要求的认定与审查之间的内在法律逻辑

一方面，在权利要求的撰写没有表征的背景下，功能性限定权利要求是否得到说明书支持的判断需要和其他权利要求能否得到说明书支持的判断采用相同的判断标准。

另一方面，在对功能性限定权利要求是否得到说明书支持进行严格审查的背景下，亦没有必要对于功能性限定权利要求的撰写提出特殊的要求。

## 六、我国功能性限定的法律适用与国情解读

对于我国功能性限定权利要求保护范围解释问题，在法律规定层面和法律适用层面均存在较大争议。

### （一）我国相关规范的历史沿革

下面对于功能性限定权利要求相关法律规范的历史沿革加以回顾。对于我国功能性限定权利要求保护范围解释问题，在专利审查实践中，从历次修改的《审查指南》中的相关规定中可以得知，自1987年以来，我国所遵循的授权和确权规则在法律规定层面和法律适用层面相对保持稳定。

1.《审查指南（1987）》

对于功能性限定权利要求的法律规范问题，最早可以追溯到《审查指南（1987）》。在《审查指南（1987）》中规定：“一般情况下，产品和方法权利要求，应当分别用产品的结构特征和方法的步骤、条件等技术特征限定发明或实用新型，尽量避免使用功能或者结果特征定义发明或实用新型。但是，为了使权利要求范围更清楚和明确，在没有更好的办法的条件下，可以用：

（1）产品的结构特征和其制造方法的步骤、条件等特征，或者

（2）产品的结构特征及其性质、功能或者结果特征，或甚至于

（3）产品的性质、功能或者结果特征限定产品发明或实用新型。

但是应当强调的是仅仅在不用混合表达方式不能确切地限定发明或实用新型，或者不采用性质、功能和结果特征不能限定发明或实用新型时，而且所引用的性质、功能或者结果，可以通过说明书中充分规定了的实验或者操作，直接和肯定的证明的条件下才允许这样做。绝对不允许利用性质、功能或者结果特征扩大权利要求范围，或者造成权利要求范围不清。”

可见，在《审查指南（1987）》中对于功能性限定权利要求保护范围解释仅仅规定了“绝对不允许利用性质、功能或者结果特征扩大权利要求范围，或者造成权利要求范围不清”，并未对具体的解释规则加以明确规定。

2.《审查指南（1993）》

《审查指南（1993）》首次明确了功能性限定权利要求的规范。在《审查指南（1993）》中规定：“对产品权利要求来说，应当尽量避免使用功能或者效果特征来限定发明。只有某一技术特征无法用结构特征来限定，或者技术特征用结构特征限定不如用功能或效果特征来限定更为清楚，而且该功能或者效果能通过说明书中充分规定的实验或者操作直接和肯定地验证时，使用功能或者效果特征来限定发明才是允许的。但是，不得利用功能或者效果特征任意扩

大权利要求的保护范围，以免造成权利要求的范围不清楚。”可见，在《审查指南（1993）》中对于功能性限定权利要求保护范围解释仅仅规定了“不得利用功能或者效果特征任意扩大权利要求的保护范围”，并未对于具体解释规则加以规定。

3.《审查指南（2001）》

《审查指南（2001）》增加规定：“尤其不允许出现纯功能性的权利要求。对于权利要求中的功能性特征，应当理解为覆盖了所有能够实现所述功能的实施方式。”自此，在部门规章的层面明确规定了功能性限定特征解释的规则，即所有能够实现所述功能的实施方式。

4.《审查指南（2006）》和《专利审查指南（2010）》

《审查指南（2006）》第二部分第二章第 3.2.1 节规定，通常，对产品权利要求来说，应当尽量避免使用功能或者效果特征来限定发明。只有在某一技术特征无法用结构特征来限定，或者技术特征用结构特征限定不如用功能或效果特征来限定更为恰当，而且该功能或者效果能通过说明书中规定的实验或者操作或者所属技术领域的惯用手段直接和肯定地验证的情况下，使用功能或者效果特征来限定发明才可能是允许的。对于权利要求中所包含的功能性限定的技术特征，应当理解为覆盖了所有能够实现所述功能的实施方式。就内容而言，《审查指南（2006）》与《审查指南（2001）》基本相同，需要指出的是，就篇章结构而言，上述内容从“清楚”部分移至“说明书支持”部分。《专利审查指南（2010）》与《审查指南（2006）》在该部分的规定上完全相同。

5. 司法解释的规定

《最高人民法院关于审理侵犯专利权纠纷案件应用法律若干问题的解释》第 4 条规定：“对于权利要求中以功能或者效果表述的技术特征，人民法院应当结合说明书和附图描述的该功能或者效果的具体实施方式及其等同的实施方式，确定该技术特征的内容。”可见，授权和确权标准选择了“覆盖了所有能够实现所述功能的实施方式”的保护范围，侵权标准选择了“具体实施方式及其等同的实施方式”的保护范围。

（二）我国的审查实践和司法实践

审查实践和司法实践上对于功能性限定权利要求保护范围的解释持有三种不同观点[1]：

1. 与《专利审查指南》相同的观点

我国实质审查、复审审查和无效宣告请求的审查中多数采用与《专利审查指南》相同的观点，即“涵盖实现该功能的所有方式”。

侵权人民法院亦有持这种观点的案例。如曾展翅诉珍誉公司侵犯专利权案中，涉及权利要求中“单向渗透层”的解释，对此一审法院认为：“实施例是申请人选择的一种公开充分的表现形式，其效果相当于举例说明，在不违反禁止反悔原则的前提下，实施例不能理解为是对必要技术特征的限定。因此，对单向渗透层的保护范围应确定为能够实现水分单向渗透的层面。”可见，一审法院将“单向渗透层”解释为能够实现该功能的所有实施方式并将所有实施方式均纳入专利权的保护范围内。[2]

需要指出的是，本案二审法院持与司法解释相同的观点，认为“在侵权判断中应当对功能性限定特征解释为仅仅涵盖了说明书中记载的具体实现方式及其等同方式”。[3]

2. 与司法解释相同的观点

如“比克电池案”中，无效宣告请求人A公司向专利复审委员会提出无效宣告请求，请求宣告B公司的某项发明专利无效，其无效理由涉及新颖性和创造性。该发明专利的权利要求1为：“一种电池外壳的制造方法，其特征在于，包括以下步骤：（1）制备预定长度的管通；（2）用模具把所述管通向两边拉伸为所要求形状的

---

[1] 周云川．功能性限定特征解释之规则探析［J］．中国发明与专利，2008（1）：63－66.

[2] 参见北京市第二中级人民法院（2005）二中民初字第11450号民事判决书。

[3] 参见北京市高级人民法院（2006）高民终字第367号民事判决书。

筒形；……（4）所述模具包括斜楔型上模和下模；（5）所述下模主要由斜楔型滑块和限位装置组成。”该案在判断本专利相对于现有技术是否具有新颖性、创造性时，需要首先明确权利要求中“限位装置”的解释问题。

对此，专利复审委员会认为，如果在无效宣告请求程序中双方当事人对权利要求中采用功能性方式限定的一个部件的理解产生歧义，但从专利说明书公开的全部内容中仅能得到该部件唯一的一种具体结构实施方式，则应当将权利要求中该部件解释为具有该具体结构的部件。即将权利要求1中所述“限位装置”理解为“具有U形结构的固定结构，该U形结构的两臂的内壁可以限制斜楔形滑块的运动极限位置”。

二审法院亦明确认为，“对于权利要求中功能性限定特征的解释应当受专利说明书中记载的实现该功能的具体方式的限制，不应当解释为覆盖了能够实现该功能的任何方式。”

需要指出的是，本案一审法院持有与《专利审查指南（2010）》相同的观点，其认为：“说明书和附图可以用于帮助理解权利要求，但不得用于限定权利要求。”并认为，根据《专利审查指南（2010）》的规定，对于“限位装置”应当理解为“所有能够实现限定下滑块的运动极限位置的装置”。[1]

（三）我国相关国情背景解读[2]

知识产权法律制度是一项重要的经济性法律制度，其需要立足于国家的国情现状，选择适合国家经济社会科技发展的制度取向。所以，对于功能性限定权利要求保护范围的解释需要以我国国情背景为依据，从而才能有效推动我国相关产业的发展。由于功能性限定在信息通信技术领域具有最为广泛的应用，故主要针对该领域的

---

[1] 参见国家知识产权局专利复审委员会第6990号无效宣告请求审查决定、北京市第一中级人民法院（2005）一中行初字第607号行政判决书以及北京市高级人民法院（2006）高行终字第00179号行政判决书。

[2] 本节所有数据来自国家知识产权局规划发展司．专利统计简报，2009（4）．

产业现状加以分析。

就专利存量的两大指标——授权量和有效量而言，2003～2008年授权量，国家知识产权局授予信息通信技术发明专利权12.5万件，其中国内专利授权4.3万件，占34.3%，国外专利授权8.2万件，占65.7%，国外占有比较明显的优势，几乎是国内的两倍。从有效量来看，截至2008年12月31日，信息通信技术领域共有有效发明专利11.3万件，其中国内3.6万件，仅占31.9%，国外占68.1%，国外同样占有明显的优势。

如图3所示，已维持5年以下（含5年）的有效专利，国内占52.6%，国外占22.8%；已维持6至10年的有效专利，国内占44.5%，国外占55.1%；已维持11年以上（含11年）的有效专利，国内仅占2.9%，而国外这一比例达到22.1%。国内当前有效的专利，以短期专利为主，而国外的有效专利，中长期专利占大多数。

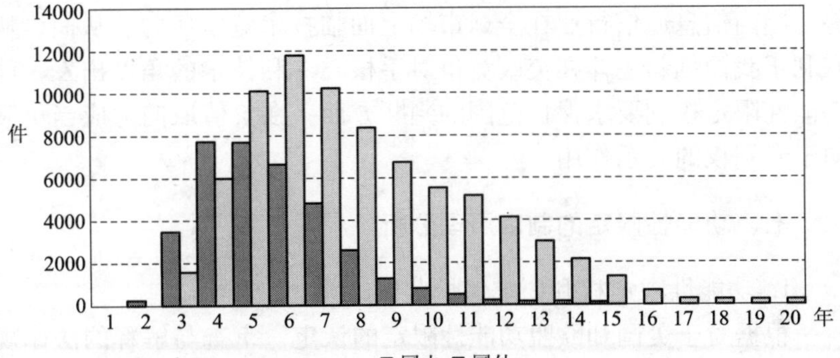


**图3　国内外信息通信技术有效发明专利已维持的年限分布**

就申请人分布而言，比较该领域授权量排名前10的国内专利权人和国外专利权人相关数据可以看到，国内企业获得授权的专利数量与国外大型企业相比还存在较大的差距。从1985～2008年，国内获得千件以上发明专利授权的单位仅4家，而国外拥有千件以上的有20余家。而国内排名前10的专利权人，除了华为、中兴和联想3家企业外，另有3家是高校，还有4家是台湾企业。如果不仅考虑中国境内，而是考虑全球范围内的专利配置，则会发现国内外存在的差距更大。

就技术含量和技术复杂度而言，近几年，国内外信息通信技术发明专利说明书平均页数和权利要求平均项数总体上较为稳定，但国内与国外相比，差距仍然很大，无论说明书页数，还是权利要求项数，国外专利都是国内专利的两倍以上。以2008年为例，国外专利的说明书平均页数为26.5页，是国内专利说明书平均页数（9.8页）的2.7倍；国外专利的权利要求平均项数为18.4项，是国内专利权利要求平均项数（9.3项）的2.0倍。初步显示国外信息通信技术专利相对于国内专利技术含量和复杂程度更高。

综上所述，国内外信息通信技术水平整体上存在较大差距，不论专利数量上、专利质量上还是专利的经济价值上，国内都处于劣势，国内信息通信行业在全球市场上面临技术竞争压力。从而，从有利于我国创新主体在突破竞争对手核心专利技术的角度出发，就功能性限定权利要求保护范围的判断方面，在价值取向上应当更倾向于专利权的公示作用。

## 七、功能性限定的制度原理分析

1. 功能性限定权利要求保护范围解释的背景

根据对于美国和欧盟功能性限定的认定、审查与解释的法律规则的分析，可以得出两个观点：美国和欧盟功能性限定的认定、审查与解释的法律规则各自形成相互配合的自恰体系；虽然美国和欧盟功能性限定的认定、审查与解释的法律规则各自自成体系，但是上述法律规则体系达到的实体法律后果基本相同。

首先，美国和欧盟功能性限定的认定、审查与解释的法律规则各自形成相互配合的自恰体系。虽然美国和欧盟对于功能性限定权利要求的解释采取不同的法律规则，美国将功能性限定技术特征解释为实施例及其等同方式，欧盟将功能性限定技术特征解释为实现该功能的所有方式，但是其各自的解释规则与相应的功能性限定的认定规则和审查规则相配合，形成制度体系。也就是说，美国和欧盟虽然采取不同的功能性限定技术特征解释规则，但是具有相互不同的审查规则和认定规则相配合。功能性限定权利要求的相关法律问题应当以法律规则的整体逻辑为起点进行解释。亦即，需要将功能性限定权利要求的认定、审查和解释规则作为整体逻辑探讨内在法律规则构成的制度体系。

其次，虽然美国和欧盟功能性限定的认定、审查与解释的法律规则各自自成体系，但是上述法律规则体系达到的实体法律后果基本相同。也就是说，在欧盟功能性限定审查规则背景下，能够得到说明书支持的功能性限定权利要求，其根据美国专利法第 112 条第 6 款获得保护的等同范围与本领域技术人员能够想到的所有实现方式并无差异。欧盟法通过说明书支持的判断实现功能性限定权利要求的适当保护，而美国法则通过权利要求解释的方式达到功能性限定权利要求的适当保护，虽然二者所采用的法律规则不同，但是在保护范围方面殊途同归。

还有，需要补充的是国际条约所采取的立法例。《专利合作条约》(PCT) 规定“权利要求的每一特征不需要全用结构特征限定”，又进一步规定“一般情况下，只要所属领域技术人员不需花费创造性劳动就能找到实现该功能的某种方式，或者只要这种方式在该申请中已经充分公开，审查员就不应当反对在权利要求中包含功能性限定”。由此可见，PCT 对于权利要求中的“功能性限定特征”并不持反对态度，且由于属于国内法的范畴，所以对允许的条件作了一般性规定，即只要所属领域技术人员不需花费创造性劳动就能找到实现该功能的某种方式，或者只要这种方式在该申请中已经充分公开，审查员就不应当反对在权利要求中包含“功能性限定特征”。另外，PCT 对于允许条件的规定也进行了例证，该例子与《欧洲专利局专利审查指南》的例子相同。对于权利要求中使用的“功能性限定特征”如何解释，PCT 规定，“如果权利要求的限定用其功能或特性来定义一个装置或步骤，而没有具体的结构或材料或操作支持，除非在权利要求中作了进一步说明，否则这种限定应该被解释为表述能够实现所述功能或具有所述特性的任何结构或材料或操作”。这与我国《专利审查指南（2010）》的解释方式基本一致。《实体专利法条约实施细则》（草案）第 13 条第 4 款第（a）项规定：“如果权利要求用功能或特性来限定一个装置或步骤，而没有用具体的结构或材料或操作特征限定，则这种限定应该被解释为能够实现所述功能或具有所述特性的任何结构或材料或操作。”其次，《实体专利法条约实用指南》（草案）的规定。条约第 11 条（2）：权利要求限定的范围必须与发明允许的范围精确一致。一般来说，对于通过发明达到的效果来限定发明或发明的特征的权利要求应当以其不清楚为理由驳回。也可以得不到支持为理由将其驳回，因为请求保护的范围大于说明书能够实现的范围。但是，如果只能以这种方式限定发明，以及如果所说效果无需过多实验就能够达到，例如通过说明书中指出的实验或程序能够直接和肯定地验证的效果，而且没有产生试错法以外的结果，则不应当驳回该权利要求。该部分同样给出了烟灰缸的例子，与《欧洲专利局专利审查指南》中的例子相同。关于细则第 13 条第 4 款第（a）项：本项涉及对通过产品功能、作用或特性限定产品的结构或材料、或者方法的步骤的权利要求（装置或步骤加功能的权利要求）的解释。为了解释权利要求，原则上应当将这种权利要求看做是能实现限定功能或具有限定特性的任何结构或材料或动作过程。例如，应当将涉及“带有隔热层的建筑材料”的权利要求解释为结合了构成“隔热层”的任何“产品”的一种建筑材料。但是，应当指出，对于本领域技术人员来说这种装置加功能的权利要求是否清楚简明，以及请求保护的发明是否充分公开的问题应当根据条约第 10 和 11 条分别进行判断。

2. 功能性限定权利要求保护范围解释的原则

功能性限定权利要求的相关法律问题应当以法律规则的整体逻辑为基础进行解释，并且专利实质审查阶段、专利确权阶段与专利侵权判断阶段对功能性限定权利要求保护范围的认定与解释标准应当统一。

首先，专利实质审查阶段、专利确权阶段与专利侵权判断阶段对功能性限定权利要求保护范围解释标准的统一，有利于保护专利权的公示作用。在专利实质审查阶段、专利确权阶段对功能性限定权利要求保护范围解释的标准与专利侵权判断阶段对功能性限定权利要求保护范围解释的标准相一致，有利于社会公众对于功能性限定权利要求的保护范围形成合理预期。当专利实质审查阶段、专利确权阶段采用“本领域技术人员能够想到的实现该功能的方式”这一标准作出解释时，并且专利实质审查阶段、专利确权阶段与专利侵权判断阶段对功能性限定权利要求保护范围解释标准统一，那么社会公众对于功能性限定权利要求保护范围具有明确的行为预期。

其次，专利实质审查阶段、专利确权阶段与专利侵权判断阶段对功能性限定权利要求保护范围解释标准的统一，有利于专利权的保护。在专利实质审查阶段、专利确权阶段采用“本领域技术人员能够想到的实现该功能的方式”这一标准检索现有技术，在专利侵权阶段采用较小的保护范围加以保护，这一情形显然不利于专利权的保护。因为功能性限定这一撰写方式，在特定情形下具有突出的意义，并非应当通过引导从而完全避免的撰写方式。

再次，专利实质审查阶段、专利确权阶段与专利侵权判断阶段对功能性限定权利要求保护范围解释标准的统一，使得专利实质审查阶段和专利确权阶段对于功能性限定权利要求是否得到说明书支持的审查具有意义。如果在专利授权和专利确权过程中根据“覆盖了所有能够实现所述功能的实施方式”确定保护范围，而在专利权的保护过程中根据“结合具体实施方式及其等同的实施方式确定的内容”确定保护范围，那么对于该权利要求保护范围是否清楚、该权利要求是否得到说明书支持等的审查缺乏实际意义，毕竟专利权的保护过程中需要重新确定保护范围。即使在专利审查和专利侵权审判中均根据“结合具体实施方式及其等同的实施方式确定的内容”确定保护范围，那么鉴于等同判断过程中的自由裁量权，在难以使用一定规则规范等同判断的前提下，侵权中亦需要重新确定保护范围。另外，如果在专利授权和专利确权过程中根据“覆盖了所有能够实现所述功能的实施方式”确定保护范围，而在专利权的保护过程中根据“结合具体实施方式及其等同的实施方式确定的内容”确定保护范围，那么无异于在侵权程序中将专利权的一部分宣告无效。

最后，其他观点的反驳。有观点认为，侵权和授权程序应当采用不同的标准，应当严格控制功能性限定特征的使用，因此，在审查是否应予授权时，应当将功能性限定特征解释为所有能够实现的实施方式，从而从严把握。同时，在侵权诉讼中，对于专利权的保护范围解释时，再进一步从严把握，将功能性限定特征解释为仅仅涵盖了说明书中记载的具体实现方式及其等同方式，缩小其保护范围。至于为何两个标准不一，采用此方法对于专利权人非常不利的反对声音，该观点认为，这是对采用功能性限定特征的“制裁”，从而引导当事人尽量不采用此种撰写方式。[1] 从价值判断的角度而言上述观点有所不当，如果专利实质审查阶段、专利确权阶段与专利侵权判断阶段对功能性限定权利要求保护范围的解释标准不统一，不仅不利于专利权人和社会公众对于专利权的保护范围建立统一的预期，而且不利于专利权的保护。一方面，由于专利实质审查阶段、专利确权阶段与专利侵权判断阶段采用不同标准，并且在实施例及其等同判定中必需特征的判断和等同的判断均存在较大程度的自由裁量权，因此不利于专利权的公示作用；另一方面，在该权

[1] 周云川．功能性限定特征解释之规则探析［J］．中国发明与专利，2008（1）：63－66.

利要求能够得到说明书支持的情况下，在专利侵权阶段通过实施例及其等同方式对其保护范围加以限缩，不利于专利权的保护。

3. 功能性限定权利要求的适用情形

结合美国、欧盟、德国等相关国家和地区的法律实践经验，美国法意义上的功能性限定应当适用于排除具体结构的纯功能。也就是说，在美国法的立法例下，需要严格区分功能性限定权利要求和功能性描述权利要求，只有排除具体结构的纯功能才能认为属于功能性限定，从而适用美国专利法第112条第6款的规定，对于功能和结构共同限定的功能性描述权利要求，则将功能理解为实现该功能的所有方式，与结构限定取交集从而确定权利要求的保护范围。例如，某专利申请权利要求1为："一种用于Linux内核的流量分析装置，其特征在于：该装置完全基于Linux内核空间实现，降低了系统调用、内存拷贝开销以及PCI总线带宽的要求。"上述权利要求中没有对实现流量分析装置所采用的技术方案进行描述，而仅仅描述了该装置所要实现的功能，属于纯功能性权利要求，可以认为属于适用美国专利法第112条第6款的权利要求。而欧盟、德国等立法例下的功能性限定则无需区分功能性限定和功能性描述，均按照实现该功能的所有方式确定权利要求的保护范围。

由此可见，美国专利法第112条第6款所述的功能性限定，基本上仅适用于两种情形：发明点在于技术问题的提出、发明点在于功能性模块架构。

发明点在于技术问题的提出。"发明点在于技术问题的提出"是指，与现有技术相比，涉案专利的创新之处在于提出技术问题，同时技术问题的解决对于本领域普通技术人员而言显而易见。亦即，发明所解决的技术问题在于，确定技术问题的情况，而非得出技术问题的解决方案。

发明点在于功能性模块架构。"发明点在于功能性模块架构"是指，与现有技术相比，涉案专利的创新之处在于提出功能模块之间的架构关系，而非功能模块本身的功能实现方案。亦即，发明所解决的技术问题在于，功能模块的架构关系。例如，某专利申请的权利要求书如下：

“**权利要求1**：

一种红外线传输系统，包括：

信号发生装置，用于产生对主机的控制信号；

编码装置，用于对信号发生装置产生的控制信号进行编码；

红外线调制发射装置，用于对编码后的控制信号调制为红外线信号并发射；

红外线接收解调装置，用于对红外线信号接收并解调为编码信号；

缓存装置，用于对编码信号进行缓存；

接口驱动装置，用于将编码信号传输给主机通信接口。

**权利要求2**：

根据权利要求1所述的红外线传输系统，其特征在于：信号发生装置还用于实现光信号/电信号的转换。

**权利要求3**：

根据权利要求1所述的红外线传输系统，其特征在于：还包括电源装置，用于对信号发生装置、编码装置和红外线调制发射装置供电。

**权利要求4**：

根据权利要求1所述的红外线传输系统，其特征在于：信号发生装置还包括开关装置，该开关装置用于产生选择性控制信号；编码装置还包括时钟信号装置，该时钟信号装置用于为编码装置提供工作时钟。

**权利要求5**：

根据权利要求1所述的红外线传输系统，其特征在于：缓存装置仅仅用于对编码信号进行串并转换并产生并行的编码信号。”

上述权利要求均含有不采用结构特征来定义的、而是采用零部件所起的功能或者所产生的效果来定义的功能性特征，所以构成功能性限定权利要求。

结合美国、欧盟、德国等相关国家和地区的法律实践经验，只有权利要求中没有具体限定用于执行上述功能的具体结构、材料或动作，才能构成功能性限定。仅在发明点在于技术问题的提出、发明点在于功能性模块架构这两种情形下，由于发明点并不在于具体结构的改进，因此，符合功能性限定撰写方式的需要。美国的经验亦能体现上述观点。美国专利商标局在 2011 年 2 月 9 日发布的《涉及美国专利法第 112 条的补充审查指南》专门区分了功能性限定权利要求和功能性描述权利要求，明确将“功能性限定权利要求”定义为“纯功能性限定”，也就是说“功能性限定权利要求”并不包括“既包含功能性特征，又包含结构性特征的权利要求”；对于功能性限定权利要求，按照实施例及其等同方式确定其保护范围，不再进行说明书支持方面的审查；将“既包含功能性特征，又包含结构性特征的权利要求”规定为功能描述权利要求，需要严格审查该功能描述是否得到说明书的支持。

4. 功能性限定权利要求的解释规则

针对发明点在于技术问题的提出、发明点在于功能性模块架构两种情形下的功能性限定权利要求，在立足“本领域的普通技术人员在申请日之前能够想到的实施方式”对其是否得到说明书支持加以审查的背景下，应当采用“本领域的普通技术人员在申请日之前能够想到的实施方式”这一规则进行权利要求保护范围的解释。同时需要补充的是，针对个案中说明书支持的审查不当问题，应当通过个案的专利行政诉讼程序加以救济，而非进行制度性的不完整调整。

首先，采用“实现该功能的所有方式”这一观点，显然有利于保证专利权的公示作用。原因在于，只要专利实质审查部门和确权审查部门对于权利要求保护范围是否清楚以及权利要求是否能够得到说明书支持进行审查，在此之后专利权的保护范围具有相对客观的边界，使得专利权的公示作用充分发挥，社会公众对于该专利权的保护范围具有合理预期。并且，长期的审查实践亦使得社会公众对于“实现该功能的所有方式”这一观点具有较为普遍的适应。

其次，采用“实现该功能的所有方式”这一观点，有利于专利权人和社会公众的利益平衡。结合美国专利法第 112 条第 2 款的审查情况以及其与美国专利法第 112 条第 6 款的关系可以得知，在对权利要求得到说明书支持进行恰当审查的前提下，“实现该功能的所有方式”即为“本领域技术人员在专利申请时能够想到的实现该功能的方式”，因此不会使得权利要求保护范围过大，乃至没有边界。并且，正如本部分第一节的分析，在德国功能性限定审查规则背景下，能够得到说明书支持的功能性限定权利要求，其根据美国专利法第 112 条第 6 款获得保护的等同范围与本领域技术人员能够想到的所有实现方式并无差异。德国法通过说明书支持的判断实现功能性限定权利要求的适当保护，而美国法则通过权利要求解释的方式达到功能性限定权利要求的适当保护，虽然二者所采用的法律规则不同，但是在保护范围方面殊途同归。

最后，将功能性限定解释为实施例及其等同方式必须具有特定的适用前提。需要具备功能性限定权利要求的专门撰写方式，并且需要明确必需特征的判断规则，明确功能性限定权利要求解释中的“等同”与等同侵权中的“等同”存在的不同以及必需特征的判断。一方面，根据美国法律实践经验，“means for”作为一种标志性的模版式词汇，来提醒社会公众和专利局或法院对此类特征是否采用特殊的解释规则，即适用美国专利法第 112 条第 6 款进行解释。另一方面，在美国专利法第 112 条第 6 款的法律适用中，需要首先结合功能性描述术语、专利审批历史以及说明书实施例的描述确定功能，然后根据说明书以及审批历史的明确记载判断构成实现所述功能“必需特征”的结构，最后判断被控侵权产品的结构与涉案专利实施例的结构“必需特征”的等同范围。我国司法解释缺少有关上述判断思路的规范，并且缺少有关缺少功能和对应结构确定的相关法律规则。并且，上述判断规则的适用，显然对裁判者的技术能力具有非常高的要求，而我国不具备上述国情背景。还有，功能性限定技术特征解释中的等同范围，与等同侵权中的“等同”含义并不相同，需要给出明确的判断规则。在上述功能性限定认定规则、相关解释规则缺失的背景下，将功能性限定解释为实施例及其等同方式显然不当。

5. 司法解释规定的完善与适用建议

结合美国等国家和地区的法律实践经验，《最高人民法院关于审理侵犯专利权纠纷案件应用法律若干问题的解释》的法律适用存在两点需要完善之处：设立功能性限定权利要求的认定规则，明确哪些功能性描述不属于司法解释中的功能性限定；在等同范围的确定中，明确功能性限定权利要求解释中的“等同”与等同侵权中的“等同”存在的不同以及必需特征的判断规则。

首先，在《最高人民法院关于审理侵犯专利权纠纷案件应用法律若干问题的解释》相关观点的法律适用背景下，司法解释有关功能性限定的解释规则不应当适用于授权程序和确权程序。虽然，就理想法律制度而言，关于功能性限定认定与解释，立足于专利权的保护和专利权的公示作用两大价值取向的分析，专利授权、确权与侵权程序应当建立统一的标准。亦即，专利实质审查阶段、专利确权阶段与专利侵权判断阶段对功能性限定权利要求保护范围的解释标准应当统一。然而，鉴于《专利审查指南》和《最高人民法院关于审理侵犯专利权纠纷案件应用法律若干问题的解释》都已生效，在这一实然法的背景下，良性法律适用的要求在于，《最高人民法院关于审理侵犯专利权纠纷案件应用法律若干问题的解释》有关功能性限定的解释规则不应当适用于授权程序和确权程序。本节案例 19 中最高人民法院民事裁定书亦体现了上述观点。

其次，司法解释制度逻辑下功能性限定认定规则的完善。在《最高人民法院关于审理侵犯专利权纠纷案件应用法律若干问题的解释》的法律适用背景下，将功能性限定解释为实施例及其等同方式必须具有特定的适用前提。尤其是，需要具备功能性限定权利要求的专门撰写方式作为适用前提。将功能性限定权利要求保护范围解释为实施例及其等同方式的规则，需要有如下制度配合：首先，专利侵权司法解释关于功能性限定权利要求解释的观点，需要具备功能性限定权利要求的专门撰写方式加以支持。[1] 其次，专利侵权司法解释关于功能性限定权利要求解释的观点，需要本领域技术人员普遍知晓的技术术语排除规则、具体结构材料或者动作排除规则等相关配合性法律规则。本节案例 19 中最高人民法院民事裁定书亦体现了上述观点。

最后，在实施例及其等同的判断中，司法解释制度逻辑下功能性限定解释规则需要明确实施例及其等同的判断规则。亦即，结合功能性描述术语、专利审批历史以及说明书实施例的描述确定功能[2]，根据说明书以及审批历史的明确记载判断构成实现所述功能“必需特征”的结构，判断被控侵权产品的结构与涉案专利实施例的结构“必需特征”的等同范围。另外，需要明确功能性限定权利要求解释中的“等同”与等同侵权中的“等同”存在的不同，明确功能性限定权利要求解释中的“等同”的判断标准为，以基本相同的手段、实现相同的功能、达到基本相同的效果。

6.《专利审查指南（2010）》规定的完善与适用建议

一方面，对于功能性限定权利要求，如果按照《专利审查指南（2010）》中“能够实现该功能的所有方式”的解释规则并将上述解释规则理解为“本领域技术人员在专利申请时能够想到的实现该功能的方式”，那么《专利审查指南（2010）》无需界定功能性限

---

[1] 类似观点参见：党晓林．功能性限定特征的审查和保护范围之探讨［J］．知识产权，2011（1）：43－48.

[2] 参见 MULTIFORM DESICCANTS, INC V. MEDZAM, LTD 案（296 F. 3d 1106），UNIDYNAMICS CORPORATION v. AUTOMATIC PRODUCTS INTERNATIONAL, LTD. 案（157 F. 3d 1311）。

定权利要求的范围。亦即，对于纯功能的权利要求（功能性限定权利要求）和功能与结构结合的权利要求（功能性描述权利要求），均可以按照《专利审查指南（2010）》的上述规则加以审查和解释。

另一方面，对于功能性限定权利要求，应当对于权利要求是否得到说明书支持、权利要求是否缺少必要技术特征、权利要求是否清楚等条款进行严格审查，并且在上述条款的审查中，以“本领域普通技术人员能够想到的实施方式”作为“涵盖实现该功能的所有方式”的内在含义进行法律适用。结合德国等国家和地区的法律实践经验，《专利审查指南（2010）》中“实现该功能的所有方式”的观点可以良好适用的前提是，对于功能性限定是否得到说明书支持等条款进行充分审查。对于没有充分审查说明书支持等情形，应当通过个案纠正的方式解决，而非系统性地改变法律逻辑。

需要补充的是，“实现该功能的所有方式”应当理解为，在专利申请日（有优先权日的，是指优先权日）之前以硬件/软件/固件方式实现该功能的所有方式。也就是说，如果实施例全部采用软件实现该功能，那么权利要求的保护范围涵盖本专利申请日之前以软件方式实现该功能的所有方式。

如果将功能性限定权利要求的保护范围理解为“实现该功能的所有方式”，则在专利实质审查阶段和确权阶段，尤其需要对于功能性限定权利要求是否得到说明书支持以及是否清楚进行充分审查。如果本领域的技术人员有理由怀疑该功能性限定特征所包含的一种或几种实现方式不能解决发明所要解决的技术问题，达到相同的技术效果，则可以认定相应的权利要求得不到说明书的支持，不符合《专利法》第26条第4款的规定。

如，某专利申请权利要求为：“一种服务器设备，其具有：计测单元，其对由多个移动机收发的分组数据的数据量按照每个移动机进行区别计测；以及发送单元，其在判断为一个移动机中的由所述计测单元计测出的每单位时间的数据量比预先决定的规定量大的情况下，对所述一个移动机发送限制信息，所述限制信息表示限制数据发送，且包含表示限制时间的时间信息。”说明书中给出的技术方案为：服务器内部的计测单元根据移动机发送出的分组数据的数据量进行计测，当判断某个移动机发送数据超过阈值，则限制该移动机发送数据，由此实现降低服务器端业务数据流量的技术效果。该权利要求中将测量单元的功能描述为计测移动机接收和发送的分组数据的数据量。但是，在移动机由于接收数据量过大而导致被判断为数据量超过阈值时，即使限制移动机发送数据，仍然无法降低服务器端的业务数据流量，从而无法解决服务器端流量过大的技术问题。因此，该权利要求得不到说明书的支持，不符合《专利法》第26条第4款的规定。综上所述，在是否符合《专利法》第26条第4款规定的判断中，需要根据说明书中给出的实施例数量、对于现有技术的贡献程度等综合分析。

## 八、案例回顾

在“电动机”发明专利申请复审请求审查案、“控制接插件引脚电压的装置和方法”发明专利申请复审请求审查案和“解析分组头标”复审请求审查案中，结合德国等国家和地区的法律实践经验，《专利审查指南（2010）》中“实现该功能的所有方式”的观点可以良好适用的前提是，对于功能性限定是否得到说明书支持等条款进行充分审查。对于没有充分审查说明书支持等情形，应当通过个案纠正的方式解决，而非系统性地改变法律逻辑。上述案件体现了《专利审查指南（2010）》上述规定的法律适用。在“电池外壳的制造方法”发明专利无效纠纷一案中，结合实施例对于“限位装置”加以解释的观点，有所不当。

在“瓦楞蜂窝复合纸板的制造设备”专利侵权纠纷案中，针对上述“瓦楞蜂窝复合纸板的制造设备”案中的权利要求1，正确的权利要求解释方式应当是：首先，排除公知术语，亦即将烘干装置、定长切割装置等本领域具有公知含义的技术术语排除在功能性限定特征之外。亦即，并不将烘干装置、定长切割装置等本领域具有公知含义的技术术语作为功能性限定技术特征。这一点正如不应当将限流器、整流器、紧固件等本领域具有公知含义的技术术语作为功能性限定技术特征一样。其次，在针对非公知术语的、使用功能或者效果加以限定的技术特征进行解释时，应当结合功能的实现区分实现功能的必需特征和非必需特征。在对瓦楞成形装置和上胶分条装置这两个技术特征加以解释的时候，不应当仅仅根据说明书中"瓦楞成形装置上设有三个滚筒，并在所述滚筒内设有电热丝，并在所述滚筒上设有凸面""上胶分条装置上设有上胶滚筒、气动控制器和分条刀圈"和"复合装置，其上设有上胶滚筒和复合滚筒，复合滚筒内设有电热丝，并在复合滚筒的上方设有汽缸"的记载，将与功能实现并非直接相关、并不构成实现功能的必需特征的电热丝、气动控制器、在复合滚筒上方设有的汽缸等解释到独立权利要求1中。

## 第六节　禁止重复授权制度的解读[1]

《专利法》第三次修改的重点内容之一，即是对于重复授权制度的修改。而上述修改，很大程度上是由"一种高效节能双层炉排反烧锅炉"案所引发的。

### 一、引言

《专利法》第9条规定："同样的发明创造只能授予一项专利权。但是，同一申请人同日对同样的发明创造既申请实用新型专利又申请发明专利，先获得的实用新型专利权尚未终止，且申请人声明放弃该实用新型专利权的，可以授予发明专利权。两个以上的申请人分别就

[1] 本节内容部分基于由笔者执笔的国家知识产权局学术委员会一般课题"专利行政诉讼相关法律问题研究"的部分研究成果。

同样的发明创造申请专利的，专利权授予最先申请的人。”

专利权的基本含义是赋予专利权人禁止他人未经许可实施其发明创造的权利。对于同样的发明创造，无论是同一人提出两件以上专利申请，还是不同人提出两件以上专利申请，即使在符合授予专利权条件的情况下，也不能授予两项以上专利权，否则这些专利权之间就会发生冲突，这就是“禁止重复授权制度”[1]。

## 二、审查实践及司法实践的解读

**【案例21】** 在“一种高效节能双层炉排反烧锅炉”一案中，舒学章于1992年2月22日申请了“一种高效节能双层炉排反烧锅炉”发明专利，该发明专利的颁证日为1999年8月14日，授权公告日为1999年10月13日，授权公告的权利要求书为：“一种立式或卧式双层炉排平面波浪型反烧炉排锅炉，其特征是上层水管反烧炉排是平面波浪型布置。”

针对该发明专利，济宁无压锅炉厂于2000年12月22日向专利复审委员会提出无效宣告请求，其理由是本发明专利不符合1992年《专利法实施细则》第12条第1款的规定，所提交的对比文件为1992年2月26日公告的公告号为CN2097376U的实用新型专利申请说明书，专利申请号为91211222.0，设计人、申请人均为舒学章。该实用新型专利的申请日为1991年2月7日，颁证日为1992年6月17日，授权公告日为1992年9月30日，其公告的权利要求书内容为：“1. 一种主要由反烧炉排［2］、正烧炉排［1］和炉体［3］构成的高效节能双层炉排反烧锅炉，本实用新型的特征在于正烧炉排［1］和反烧炉排［2］的各个炉条是间隔的一上、一下分两层构成波浪形排列。”该实用新型专利的权利期限届满前，专利权人请求了续展，该专利权至1999年2月8日由于有效期届满而

---

[1] 国家知识产权局条法司.《专利法》第三次修改导读［M］. 北京：知识产权出版社，2009：34-35.

终止。

无效决定认为，本案所涉的第 92106401.2 号发明专利在授权时，91211222.0 号实用新型专利权已经终止，故不存在所述实用新型专利权和本发明专利权共同存在的情况。因此，本发明专利权的授予不违反 1992 年《专利法实施细则》第 12 条第 1 款的规定，济宁无压锅炉厂请求宣告本发明专利权无效的理由不成立。一审判决维持上述决定。

二审判决认为，重复授权是指同样的发明创造被授予两次专利权，基于同样的发明创造的两项专利权同时存在并不是构成重复授权的必要条件。一审判决中确认的“只要基于同样的发明创造的两项有效专利权不同时存在，即不构成重复授权”于法无据，且有悖于立法本意。我国专利制度的建立，不仅是为了保护专利权人的合法权益，同时也要保护社会公众的利益。一项专利一旦权利终止，从终止日起就进入了公有领域，任何人都可以对该公有技术加以利用。本案中，舒学章在先申请并被授权的 91211222.0 号实用新型专利已于 1999 年 2 月 8 日因权利期限届满而终止，该专利技术遂进入公有领域。舒学章在后申请的 92106401.2 号发明专利因与 91211222.0 号实用新型专利系相同主题的发明创造，故在该发明专利于 1999 年 10 月 13 日被授权公告时，相当于把已进入公有领域的技术又赋予了专利权人以专利权，应属重复授权，违反了专利法实施细则中关于同样的发明创造只能被授予一项专利的规定。

经专利复审委员会申诉，最高人民法院提审此案。最高人民法院认为，1992 年《专利法实施细则》第 12 条第 1 款和 2001 年《专利法实施细则》第 13 条第 1 款规定的“同样的发明创造只能被授予一项专利”，可以理解为是指同样的发明创造不能有两项或者两项以上的处于有效状态的专利权同时存在；在现行的制度安排下，同一申请人就同样的发明创造既申请实用新型专利又申请发明专利的，只要两项专利权不同时存在，就不违反禁止重复授权原则。

首先，部门规章允许同一申请人同时或先后就同样的发明创造既申请实用新型专利又申请发明专利，这种做法的形成有其历史原因，虽不尽完善，但客观上有利于申请人选择对其发明创造最为有利的保护方式。其次，专利法关于先申请原则和新颖性判断中的抵触申请制度的规定，可以解决不同申请人就同样的发明创造分别提出专利申请的冲突问题。但对同一申请人就同样的发明创造分别提出实用新型和发明专利申请的情形未作规定，立法上为同一申请人保留了一个比较宽松和方便的专利申请选择途径。应当说，部门规章对于禁止重复授权原则的解释和国务院专利行政部门过去十多年来的有关做法，未违背专利法的基本立法精神，未造成专利权人和社会公众利益的重大失衡。相反，这有利于鼓励发明人尽早公开有关发明创造，有利于及时保护有关发明创造，有利于他人避免重复研究和在此基础上及时进行改进创新。再次，这种做法在我国已经实际执行了十多年，如果简单地否定其合法性和合理性，涉及众多的相关专利的效力，显然不利于对已有的专利或者专利申请的保护。

此外，如果把重复授权理解为是指同样的发明创造被授予两次专利权，也会造成专利审查与授权的实践操作困难。如在一项发明专利申请提出后、公布前的时间段内，他人若就同样的发明创造提出实用新型专利申请并获得授权，此时，如果简单地认为同样的发明创造只能被授予一次专利权，则该发明专利申请就不能被授权，这显然违背了专利授予的先申请原则；如果必须将实用新型专利无效后再授予发明专利权，也会造成实际操作上的困难。

允许同一申请人就同样的发明创造既申请实用新型专利，又申请发明专利的做法也存在一些有待完善的问题。如按照《审查指南公报》第6号的规定，沿用在后申请本身的申请日计算专利保护期，将可能导致对同一技术的专利保护期限变相延长。又如部门规章要求前一专利权自申请日起予以放弃，该专利权视为自始不存在，这在实际上产生了相当于前一专利权被无效的后果，将导致曾依据被放弃的专利权而行使权利行为的法律效力的确认等复杂问题，可能会造成当事人的诉累和权利保护上的实际困难。这些问题，应当通过修改有关规定和进一步明确有关规则加以解决。

在多数情况下专利权的终止会导致该技术进入公有领域，但作为一种排他权的专利权，其终止仅表明权利人不能再就该技术向他人行使该专利权，并不表示在该技术上已经不存在任何其他权利，不能得出一项专利权一旦终止有关技术就进入了公有领域的结论。如从属专利在期限届满前的终止并不意味着从属专利技术就当然进入公有领域，如果基本专利仍然有效存在，他人仍然不能自由实施该从属专利技术。在允许同一申请人对同样的发明创造既申请实用新型专利，又申请发明专利的情况下，申请人应审查要求放弃一项在先的实用新型专利权时，该发明专利申请处于临时保护期，也不能认为有关技术已经进入公有领域。因此，二审判决关于“一项专利一旦权利终止，从终止日起就进入了公有领域，任何人都可以对该公有技术加以利用”的结论，过于武断。即使本案两个专利属于同样的发明创造，则情况亦与前述分析的情形类似，只是在本案发明专利授权时，实用新型专利已经过期，按照当时的《审查指南公报》第6号的操作规定，不存在由申请人选择放弃实用新型专利的可能和必要，但该发明专利申请在实用新型专利过期前已经处于临时保护期，不能认为有关技术已经进入公有领域。

造成本案实用新型专利过期后发明专利申请才授权的主要原因在于对专利申请的审查周期过长。从这一点上看，也不宜让申请人承担由于专利局的审查原因而造成的不利后果。同时，这也不会对社会公众造成不公。任何理性的市场经营者不仅应当认识到某一项专利权的终止并不当然意味着其可以自由使用所涉及的专利技术，而且应当能够注意到本领域所有已经公开的专利文件，而不能仅关注某一份文件即下结论并据此鲁莽行事。

专利申请人确实可以利用本国优先权制度在优先权期限内实现发明和实用新型专利申请的转换，这与允许同一申请人就同样的发明创造既申请实用新型专利又申请发明专利的做法在功能上存在一定的重合，但二者所针对的问题和功能并不完全相同，如前所述在判断方式上的比对对象不同，其他一些具体条件的操作也不同，相互不能够完全替代。优先权制度主要解决在后申请使用在先申请的申请日问题，即将判断在后申请的新颖性和创造性的时间标准提前。当申请人要求本国优先权时，作为本国优先权基础的中国首次申请，自中国在后申请提出之日起即被视为撤回。此外，优先权制度有优先权期间的限制以及在申请时即应提出要求优先权的书面声明的手续要求。

允许同一申请人就同样的发明创造既申请实用新型专利，又申请发明专利，主要是考虑为发明创造提供及时的专利保护。两份申请可以具有各自不同的判断新颖性和创造性的申请日；不存在前一申请被自动视为撤回的问题，而是由申请人或专利权人选择放弃其一；在后申请的提出时间以在先申请未公开为限；尚未规定申请人的声明义务。根据上述分析，济宁无压锅炉厂提出将重复授权理解为“同样发明创造不能同时有两项或者两项以上处于有效状态的授权专利存在”将会削弱我国专利法规定的本国优先权制度的主张，理由并不充分。申请人可以自由选择其认为最为有利的制度或者做法，不能因为有本国优先权制度的存在，而否定允许同一申请人就同样的发明创造既申请实用新型专利又申请发明专利这一做法存在的意义。[1]

### 三、禁止重复授权制度的制度原理分析

下面对于禁止重复授权制度的基础法理加以分析，主要包括状态说、行为说等。

---

[1] 参见专利复审委员会第3209号无效宣告请求审查决定、北京市第一中级人民法院（2001）一中知初字第195号行政判决书、北京市高级人民法院（2002）高民终字第33号行政判决书以及最高人民法院（2007）行提字第4号行政判决书。

（一）状态说

按照状态说，重复授权是指发明专利权和实用新型专利权同时存在。我国专利法及其实施细则均没有禁止同一申请人同时或先后就同样的发明创造分别提出发明申请和实用新型申请。原中国专利局1995年9月28日发布的《审查指南公报》第6号规定坚持了禁止重复授权的原则，符合我国实际需要，符合立法本意。本案由于发明专利授权时，已授权的实用新型专利权的期限经续展后届满，不存在选择的问题，因此发明专利权的授予不违反1992年《专利法实施细则》第12条第1款的规定。解决重复授权的方式并不是当然地将授权在后的专利宣告无效，也就是说先后两次的授权行为并不是构成重复授权的充分必要条件；解决重复授权的方式是放弃其中的一项专利权，也就是说构成重复授权的标准是有效专利的共同存在。

状态说符合我国以前存在的发明专利审查周期较长的国情。在以前审查资源较少、审查周期较长的国情下，状态说允许专利申请人使用实用新型专利权对技术方案先加以保护。但是，上述观点也会导致一些问题："潜水艇"情形。也就是说，当实用新型专利已经到期或者放弃的情况下，社会公众会认为该技术方案成为自由公知技术，无法预见到可能随后得到授权的发明专利权。这一问题在舒学章案中得到集中体现。

（二）行为说

重复授权是指同样的发明创造被授予两次专利权，基于同样的发明创造的两项专利权同时存在并不是构成重复授权的必要条件。按照行为说，可以部分解决上述状态说所存在的问题，但是使得专利申请人不能选择使用同时申请实用新型专利权和发明专利权的方式，在发明专利权得以授权之前对技术方案加以保护。

行为说能够较好地解决上述"潜水艇"专利的情形，但是不符合我国国情的需要，无法使得专利申请人兼得实用新型专利制度和发明专利制度的优点充分保护其发明创造。

### 四、《专利法》第三次修改后的解读

第三次修改后的2008年《专利法》第9条规定："同样的发明创造只能授予一项专利权。但是，同一申请人同日对同样的发明创造既申请实用新型专利又申请发明专利，先获得的实用新型专利权尚未终止，且申请人声明放弃该实用新型专利权的，可以授予发明专利权。"

根据上述规定，既可以通过同时申请实用新型专利权和发明专利权的方式，在发明专利权得以授权之前对技术方案加以保护；同时可以通过放弃声明的方式，防止对社会公众行为预期的误导。

另外，2008年《专利法》拓展了抵触申请的范围，亦即根据2008年《专利法》第22条第2款"新颖性，是指该发明或者实用新型不属于现有技术；也没有任何单位或者个人就同样的发明或者实用新型在申请日以前向国务院专利行政部门提出过申请，并记载在申请日以后公布的专利申请文件或者公告的专利文件中"的规定，抵触申请拓展为"任何单位或者个人"的同样的发明或者实用新型。从而，上述制度设计禁止就同样的发明或者实用新型在不同申请日先后提出专利申请。亦即，无论专利申请人是否相同，就同样的发明或者实用新型在后申请不能获得授权。

### 五、案例回顾

针对"一种高效节能双层炉排反烧锅炉"案中的情形，如果在现行专利法适用的背景下，既可以通过同时申请实用新型专利权和发明专利权的方式，在发明专利权得以授权之前对技术方案加以保护，也可以通过放弃声明的方式，防止对社会公众行为预期的误导。

## 第七节　专利法意义上公开的认定

专利法意义上公开的理解是一个专利法理论、证据法理论交织

的问题。在理论界和实务界普遍存在争议。

## 一、引言

专利权产生的实质条件中，最为重要的即为新颖性、创造性和实用性。其中，新颖性和创造性的判断，都是以现有技术作为参照系的。[1] 亦即，新颖性和创造性的判断中需要判断涉案专利（或者专利申请）与现有技术之间的差别。根据《专利法》第 22 条第 5 款的规定，所谓现有技术，是指申请日以前在国内外为公众所知的技术。可见，判断一项技术是否属于现有技术，关键在于判断该技术内容是否在某一特定时间之前公开。而上述“专利法意义上的公开”具有独特的法律含义，下面加以分析。

## 二、审查实践及司法实践的解读

**【案例 22】**在“清洁器吸棉管废棉截留装置”实用新型专利无效纠纷一案中，如皋市爱吉科纺织机械有限公司认为本专利权的授予不符合《专利法》第 22 条第 2、3 款的规定，于 2001 年 4 月 4 日向专利复审委员会提出无效宣告请求，其提出的证据 5 是江苏昌升集团如皋市纺织机械制造厂于 1998 年 7 月 1 日发布，7 月 10 日实施的《AJQ 型系列吹吸清洁机》的企业标准 - Q/320682KC01 - 1998，爱吉科公司在口头审理时提交了原件，其中记载了有关 AJQ - II 型吹吸清洁机的技术参数和附图。其附图 2 与本专利权利要求 10 相同。该企业标准已在如皋市技术监督局进行了备案，在爱吉科公司提交的该复印件上有如皋标准备案注册章，注明 867 号 - 1998 - J 及 2001 年 7 月字样。

无效决定认为，证据 5 是企业内部标准（下称“1998 标准”），不是公开出版物，即没有处于公众中任何人想得知就能得知的状态。

一审判决认为：“从爱吉科公司提交的证据 5 江苏昌升集团如

[1] 刘春田．知识产权法［M］．3 版．北京：中国人民大学出版社，2007：265.

皋市纺织机械制造厂于1998年7月1日发布，7月10日实施的《AJQ型系列吹吸清洁机》的企业标准－Q/320682KC01－1998看，该企业标准确已在如皋市技术监督局进行了备案，在爱吉科公司提交的该复印件上有如皋标准备案注册章。但是，证据5不能证明该企业标准在如皋市技术监督局进行备案的时间以及该时间系在本专利申请日之前，故不足以证明证据5所载明的内容已在本专利申请日前已为公众所得知或处于公众可得知的状态，故专利复审委员会对证据5不予采信是正确的。”

二审判决认为，根据《中华人民共和国标准化法》和《中华人民共和国标准化法实施条例》的有关规定，企业生产的产品，没有国家标准、行业标准和地方标准的，应当制定相应的企业标准，作为组织生产、销售和监督检查的依据；企业生产执行国家标准、行业标准、地方标准或企业标准，应当在产品或其说明书、包装物上标注所执行标准的代号、编号、名称。企业的产品标准须在规定的时间内、按规定的要求报当地政府标准化行政主管部门和有关行政主管部门备案。因此，作为交货依据的企业标准在规定的时间、在规定的部门备案本身就意味着公众可以根据该标准备案的时间、通过相关的部门获知该企业标准的备案信息。本案所涉及的企业标准系江苏昌升集团如皋市纺织机械制造厂在如皋市技术监督局备案的企业标准。根据《江苏省标准监督管理办法》的有关规定，企业产品标准应当在发布后30日内，按照规定报当地标准化行政主管部门和有关行政主管部门备案。而前述企业标准的发布时间是1998年7月1日，在本专利申请日之前。故证据5可以作为评判本专利新颖性的对比文件。由于该证据已经公开了本专利权利要求10的全部技术特征，因此，本专利不具备新颖性。原审判决关于证据5不能证明其所示企业标准在如皋市技术监督局的备案时间的认定是错误的，本院应予纠正。被诉关于证据5是企业内部标准，不是公开出版物的认定也是错误的。

经专利复审委员会申诉，最高人民法院提审此案。最高人民法院认为，关于企业标准的备案是否当然构成专利法意义上的公开，一般涉及是否构成专利法上的出版物公开。对此问题，要从我国对于企业标准备案管理制度的有关规定和实践操作两个层面入手，审查企业标准在备案后是否处于公众中的任何人想要得知就能够得知的状态。……结合现有法律规定和实践操作情况，企业标准的备案并不意味着标准的具体内容要向社会公开发布，企业标准的备案也不意味着公众中任何人即可以自由查阅和获得，企业标准并不因备案行为本身而构成专利法意义上的公开。本案中无效请求人并无证据证明争议企业标准的全部内容已经实际由备案管理机关对外公告。其在二审期间提交的南通市如皋质量技术监督局 2004 年 3 月 16 日出具的证明本身不能作为新的证据在本案中使用，但即使认可该证据的使用，也只能证明该企业标准的具体备案时间，而不能证明该企业标准的具体内容已经实际对外公告。而且，其所提交的证据 5 实际上是其自己提交备案并经备案管理机关加盖标准备案专用章后退还于其的企业标准，并非是能够代表社会公众的第三人从公开渠道自由取得，因此，不能用于证明该企业标准已经处于社会公众中任何人想要得知就能够得知的状态。此外，对于企业标准是否因产品销售等交易行为而导致被公开，属于专利法上的使用公开问题。根据标准化法及其实施条例的规定，制定企业标准的目的在于，在企业生产的产品没有国家标准、行业标准和地方标准时作为组织生产的依据。也就是说，除合同另有规定的外，企业产品标准应当是交货所依据的标准，当然也是监督检查所依据的标准。《标准化法实施条例》第 24 条规定："企业生产执行国家标准、行业标准、地方标准或企业标准，应当在产品或其说明书、包装物上标注所执行标准的代号、编号、名称。"这一规定属于行政管理措施，目的在于便于执法机关监督检查和便于解决产品质量纠纷，社会公众据此只能获知有关产品所执行的标准代号、编号、名称，并不能据此当然获知标准的具体内容。法律既不要求将企业产品标准具体内容向社会公开，也未强制要求向交易相对人公开，交易相对人能否获知企业产品标准的具体内容取决于当事人的约定和实际的履约行为。即使交易相对人获知了企业产品标准，包括在解决有关争议的执法程序中获知，其对标准中包含的有关技术秘密也依法负有相应的保密义务。因此，有关企业标准是否因产品买卖等交易行为导致为交易相对人所知进而导致构成专利法上的使用公开，当事人首先必须提供证据证明已经实际为他人所知，其次至少还要证明知悉该企业标准内容的人并不负有任何法定或者约定的保密义务。显然，本案中无效请求人并未完成此种举证责任。综上，本案中证据5所涉企业标准的具体内容并未构成专利法意义上的公开，不能作为评价本专利新颖性和创造性的依据。二审法院关于“作为交货依据的企业标准在规定的时间、在规定的部门备案本身就意味着公众可以根据该标准备案的时间、通过相关的部门获知该企业标准的备案信息”的认定，既无明确的法律依据，也与主管部门的实践操作不符，属于认定事实错误。二审法院在此基础上所作关于本专利丧失新颖性的判断亦属错误。[1]

**【案例23】**在“立式眼镜阀”实用新型专利无效纠纷一案中，无效宣告请求人提交的证据1~2为（2005）京石证字第398号公证书，该公证书所附的《一九九四年机械科合同》中的合同编号为94京4-14-1的工矿产品购销合同表明供方石家庄市阀门一厂与需方首钢设备处于1994年4月14日就“敞开式手动液压插板阀”签订了购销合同；而填制编号为8-291的《首钢设备款借付单（代付款凭证）》上所记载的合同号为94京4-14-1，设备名称型号为SCZ244X-0.5，规格为DN2200mm；该公证书所附的《首都钢铁公司97年度元月份会计凭证-转账凭证》中的《首钢设备处设备入库单》上所记载的设备名称为插板阀，型号为SCZ244X-0.5，规格为

[1] 参见国家知识产权局专利复审委员会第4988号无效宣告请求审查决定以及北京市第一中级人民法院（2003）一中行初字第522号行政判决书、北京市高级人民法院（2004）高行终字第95号行政判决书和最高人民法院（2007）行提字第3号行政裁定书。

DN2200mm，合同号为94京4－14－1，时间为1996年4月；此外，该公证书还附有1996年1月30日出具的编号为No.1935244、No.1935245、No.1935246、No.1935247、No.1935248和No.1935250的河北省增值税专用发票，其上附有合同编号94京4－14－1。

专利复审委员会认为，上述证据证明了石家庄市阀门一厂曾在本专利的申请日之前（即1996年1月30日）向首钢设备处销售过多台型号为SCZ244X－0.5、规格为DN2200mm的敞开式手动液压插板阀的事实；证据1～3为（2005）京石证字第562号公证书，该公证书所附的照片反映出型号为SCZ244X－0.5、规格为DN2200mm的敞开式手动液压插板阀的某些外部结构特征。由此，可以确定证据1～2与证据1～3已经证明具有证据1～3所附照片示出的外部结构特征的型号为SCZ244X－0.5、规格为DN2200mm的敞开式手动液压插板阀在本专利的申请日前已经在国内处于公开使用状态下，因此，应将这种敞开式手动液压插板阀的结构认定为申请日前的现有技术，其可以用来评价本专利的创造性。但证据1～3所附的照片并没有给出该敞开式手动液压插板阀的全部结构，对此请求人向专利复审委员会提出书面请求，说明由于设备特别高大，不可能照到该设备的全貌，也不能拍到断面，故请求专利复审委员会到现场勘验。

对于请求人的请求，专利复审委员会认为：对于本案中可以明确认定为现有技术的公证书所涉及的实物，请求人主张其取证受到限制，专利复审委员会有职责对该实物进行现场勘验。经现场勘验，型号为SCZ244X－0.5、规格为DN2200mm的敞开式手动液压插板阀包括左右阀体、阀板、底座支架，其中左阀体又分为右侧、左侧两部分，这两部分之间用波纹管连接在一起，右侧部分带有夹紧松开机构，阀板带有升降机构，阀板的数量为两个，分别为通孔阀板和盲孔阀板；该敞开式手动液压插板阀与本专利权利要求1所限定的技术方案相比，区别仅在于：本专利权利要求1的两个阀板分别带有各自的升降机构，而型号为SCZ244X－0.5、规格为

DN2200mm 的敞开式手动液压插板阀的两个阀板共用一个升降机构（见现场勘验记录表）。

针对本专利权利要求 1，根据现场勘验记录，作为现有技术的敞开式手动液压插板阀与本专利权利要求 1 所限定的技术方案相比，区别仅在于本专利权利要求 1 的两个阀板分别带有各自的升降机构，而型号为 SCZ244X－0.5、规格为 DN2200mm 的敞开式手动液压插板阀的两个阀板共用一个升降机构。而该区别技术特征是本领域技术人员的一种常规设计选择，在上述现有技术的基础上，本领域技术人员可在其设计能力范围内根据实际需要很容易地为两个阀板分别设置一个升降机构，无需付出创造性的劳动，而且本专利的说明书中也未说明设置两个升降机构能够解决什么技术问题、带来何种技术效果，本领域技术人员也无法得知该区别技术特征能否为本专利权利要求 1 所限定的技术方案带来有益的技术效果。此外，证据 2 公开了一种炉阀装置，该炉阀装置设置有隔热板（17，17e）、阀板（13，13e）、隔热门（18）及隔热板升降机构（23，23e）、阀板升降机构（22，22e）、隔热门升降机构（24）（参见证据 2 的中文译文及说明书附图）。由此，证据 2 已经给出了可以为若干个可上下移动的部件分别设置升降机构的现有技术阀门，且证据 2 与本专利属于相同的技术领域，升降机构的设置解决了相同的技术问题，本领域技术人员基于证据 1 所涉及的现有技术和证据 2 给出的技术启示可以很容易地得到本专利权利要求 1 所限定的技术方案，无需付出创造性的劳动，故本专利权利要求 1 所限定的技术方案不具备实质性特点和进步。[1]

## 三、专利法意义上公开的制度原理分析

下面从公众获知的途径以及保密义务两个方面加以分析。

---

[1] 参见国家知识产权局专利复审委员会第 8470 号无效宣告请求审查决定以及北京市第一中级人民法院（2006）一中行初字第 1103 号行政判决书。

（一）从公众获知途径的角度

构成专利法意义上的公开，需要判断是否处于任何人想得知即可得知的状态。上述状态判断的首要条件在于，公众是否具有获知技术方案的途径。企业标准备案后，备案材料归档，形成标准档案。《中华人民共和国档案法实施办法》第26条规定："利用、公布档案，不得违反国家有关知识产权保护的法律规定。"《标准档案管理办法》第16条规定："管理标准档案的机构，应当建立健全标准档案借阅制度。标准档案一般不外借。特殊情况需要外借时，应当经主管领导批准，并限期归还。"第17条规定："任何个人不得将标准档案占为私有，凡损坏、隐匿、丢失或泄密的，应当追究有关人员的责任。"

根据上述规定，对于备案的企业标准，公众并不是想查阅就能查阅，因此，企业标准备案不能视为专利法意义上的公开。

通常情况下卖方只向买方提供产品说明书、质量检验合格证等资料，其中含有产品标准号以及产品的规格、等级以及必要的技术参数，但是并不提供含有技术解决方案的企业标准的文本，法律也没有规定卖方有提供的义务。如果发生质量纠纷，当事人可能通过协商或者调解解决，也可能向质量监督部门投诉、申请仲裁或直接向法院起诉。无论采取哪种方式解决，都需要委托法定的或约定的质量检验机构进行检验并以检验机构的检验数据为准。检验机构作为中介机构，即使能够获得企业标准全文，根据法律的规定，仍然负有保密义务。因此，备案的企业标准虽然没有公开，但是公众仍然可以对企业产品质量是否符合企业标准进行监督。也就是说，监督产品质量或者处理产品质量争议并不是以公开或向买方提供企业标准为前提。

在"立式眼镜阀"实用新型专利无效纠纷一案中，石家庄市阀门一厂曾在本专利的申请日之前（即1996年1月30日）向首钢设备处销售过多台型号为SCZ244X－0.5、规格为DN2200mm的敞开式手动液压插板阀的事实；证据1～3为（2005）京石证字第562

号公证书，该公证书所附的照片反映出型号为 SCZ244X－0.5、规格为 DN2200mm 的敞开式手动液压插板阀的某些外部结构特征。可见，公众具有获知上述型号的敞开式手动液压插板阀的途径。

（二）从保密义务的角度

构成专利法意义上的公开，需要判断是否处于任何人想得知即可得知的状态。除了判断公众是否具有获知技术方案的途径之外，还需要判断是否存在保密义务。

企业标准备案是为了接受技术质量部门的监督和检查，监督、检查包括两个方面：一方面是检查企业标准是否与国家法律、行政法规相抵触；另一方面是监督、检查企业是否按照该标准组织生产。除此之外，技术监督部门没有泄露和扩散企业标准的任何权利。

一些地方法规、规章明确规定的上述保密义务。如《上海市企业产品标准备案管理办法》第 9 条规定："受理备案部门未经制定单位同意，不得泄露或扩散标准的内容或文本。"《山西省企业标准管理办法》第 11 条规定："未经制定单位同意，受理备案部门不得把企业备案的标准提供给任何与执行此标准无关的单位与个人。"

一些地方法规、规章虽然没有直接的字面上的规定，但是从其内容可以毫无疑义地推知备案部门负有保密义务。如《河北省标准化监督管理条例》第 10 条规定："企业标准可以有偿转让。"可以推知，备案后的企业标准并没有成为公有技术。与之类似，《广西壮族自治区企业产品标准管理办法》第 16 条规定：企业产品标准属科技成果，企业可按有关规定进行技术转让。《江苏省产品质量监督管理办法》第 17 条规定："产品质量监督管理部门及其行政执法人员和产品质量检验人员，应当为当事人保守技术秘密和商业秘密。"从该条规定可以推知，在企业标准备案时，备案部门也应当保守技术秘密，否则，在监督检查标准实施的过程中要求保守秘密已经没有任何意义。《江苏省实施〈中华人民共和国反不正当竞争法〉办法》第 11 条规定："任何组织和个人不得侵犯他人商业秘密。前款所称商业秘密，是指不为公众所知悉、能为权利人带来经济利益、具有实用性并经权利人采取保密措施的产品配方、工艺流程、技术秘诀、设计图纸、产销策略、客户名单、价格情报、货源情报等技术信息和经营信息。”

值得注意的是，在考察地方法规、规章是否存在关于备案部门对企业标准负有保密义务时，要全面了解该地方关于标准化管理和产品质量监督的所有法规和规章。例如，四川省虽然在《四川省企业产品标准备案管理办法》中没有涉及企业标准的保密问题，但是《四川省标准化监督管理条例》却有相应规定：“技术监督行政主管部门在进行标准实施情况监督检查时，可以查阅、复制有关实施标准的文件、原始资料。技术监督行政主管部门及其工作人员对被检查者的技术秘密和商业秘密应予保密。”

虽然有关企业标准化的法律、法规没有明文规定“接受企业标准备案的标准化行政主管部门和有关行政主管部门及其工作人员不得披露企业标准”，但是由于企业标准中通常包含技术秘密，因此将受到技术秘密（商业秘密）相关法律规范的保护。

## 四、案例回顾

对于企业标准是否构成专利法意义上的公开而言，要从我国对于企业标准备案管理制度的有关规定和实践操作两个层面入手，审查企业标准在备案后是否处于公众中的任何人想要得知就能够得知的状态。在“清洁器吸棉管废棉截留装置”一案中，无效请求人并无证据证明争议企业标准的全部内容已经实际由备案管理机关对外公告。请求人所提交的证据5实际上是其自己提交备案并经备案管理机关加盖标准备案专用章后退还于其的企业标准，并非是能够代表社会公众的第三人从公开渠道自由取得，因此，不能用于证明该企业标准已经处于社会公众中任何人想要得知就能够得知的状态。

## 第八节 修改超范围的认定与判断[1]

对于《专利法》第33条的法律适用，应当从《专利法》第33条的立法本意出发，而非从“直接、毫无疑义地确定”的含义出发。也就是说，应当从立法论的角度，探究《专利法》第33条的立法本意，而非仅从解释论的角度分析。本文首先探究禁止反悔原则在授权和确权程序的适用问题，然后结合先申请原则探讨《专利法》第33条的立法本意，最后得出《专利法》第33条判断标准方面的建议。

### 一、引言

《专利法》第33条规定，申请人可以对其专利申请文件进行修改，但是，对发明和实用新型专利申请文件的修改不得超出原说明书和权利要求书记载的范围，对外观设计专利申请文件的修改不得超出原图片或者照片表示的范围。

《专利法》第33条的立法主旨在于，保障先申请原则的实现。但是，在法律实践中应当如何把握修改超范围的判断标准，实务把握中是否应当考虑修改的动机和修改的时机，都值得深入思考。

### 二、审查实践和司法实践的解读

**【案例24】**在“墨盒”发明专利无效纠纷一案中，该分案申请授权文本中权利要求1和权利要求40中的“存储装置”均由专利权人在提出分案申请时主动修改而来，除了说明书背景技术中记载的“这是因为，打印设备必需带到厂家，并且记录控制数据的存储装置必须更换”以及“其中在一个墨盒上设置了半导体存储装置和

[1] 部分研究成果载于：崔峥，张鹏.《专利法》第33条的立法本意与法律适用探析——以先申请原则和禁止反悔原则为支点［J］. 知识产权，2011（4）：27-32.

连接到存储装置的一个电极”之外，原说明书和权利要求书中并没有关于“存储装置”的记载。并且，结合专利申请文件整体可以得知，在上述并非描述本专利申请技术方案的背景技术部分中，“存储装置”应当是对“半导体存储装置”的简称。

专利复审委员会认为，本专利包括实施例在内的整个原说明书及权利要求书都始终是针对半导体存储装置来描述发明的。“存储装置”是用于保存信息数据的装置，除半导体存储装置外，其还包括磁泡存储装置、铁电存储装置等多种不同的类型。原说明书和权利要求书中均不涉及其他类型的存储装置，也不能直接且毫无疑义地得出墨盒装有其他类型的存储装置。因此，“存储装置”并非确定无疑就是原说明书和权利要求书中记载的“半导体存储装置”，此种修改是超范围的，不符合《专利法》第 33 条的规定。北京市第一中级人民法院一审判决维持上述无效决定。

北京市高级人民法院二审判决认为，首先，技术术语及特征的理解应当以本领域技术人员的角度，考虑到该技术术语或特征所使用的特定语境。本专利原始文本中相关权利要求记载有“半导体存储装置”及“存储装置”的内容。其次，本专利权利人在实审阶段答复通知书的意见陈述书中对“存储装置”作出明确限定。还有，原说明书中记载“其中在一个墨盒上设置了半导体存储装置和连接到存储装置的一个电板”，表明“存储装置”为“半导体存储装置”的简称。因此，将“半导体存储装置”修改为“存储装置”并未形成新的技术方案不超范围。

本案凸显了授权和确权程序中的禁止反悔原则，也就是说，能否将禁止反悔原则和先申请原则作为《专利法》第 33 条的逻辑基础，以此作为判断是否构成修改超范围的判断标准。也就是说，如何分析在授权程序中的修改对于无效程序的影响，授权程序中的修改是否能够在无效程序中适用禁止反悔，甚至在授权程序的不同阶段适用禁止反悔。在授权程序中，专利申请人将“半导体存储装置”主动修改为“存储装置”，体现了其具有“半导体存储装置”和“存储装置”二者含义不同的意思表示，否则上述修改缺乏实际意义。然而，专利权人在无效程序中主张“半导体存储装置”与“存储装置”保护范围一致，从而主张上述修改符合《专利法》第33条的规定。上述情形是否具有禁止反悔原则的适用空间，值得深入讨论。[1]

## 三、国外立法例的比较研究

对于修改不得超范围的立法宗旨，《欧洲专利局专利审查指南》和日本特许厅《发明和实用新型审查基准》均进行了细致的阐述，我国的《专利审查指南（2010）》没有明确规定。下面对于欧洲、日本和美国对于立法宗旨的阐释加以分析。

### （一）欧洲立法例及判定实践

《欧洲专利局专利审查指南》规定，《欧洲专利公约》第123条第（2）项的法律内涵是，不允许专利申请人通过加入未在原始申请文件中记载的主题来完善其发明，否则将赋予申请人不正当的权利，并且也会损害对原申请文件有所依赖的第三方的利益。如果申请内容的所有变化（通过增加、改变或删除）导致本领域技术人员看到的信息不能从原申请的信息中直接和毫无疑义地导出，即使考虑了对本领域技术人员来说隐含公开的内容也不能导出，那么应当认为该修改引入了超出原始申请内容的主题，因此不允许。

在判定实践中，欧洲专利局逐步确立了新颖性判定法、修正的新颖性判断法、必要技术特征判定法等。其中，新颖性判定法的思路在于，修改超范围的判断即判断修改的文本相对于原文本是否具有新颖性。[2]修正的新颖性判断法，则是将修改内容分离（修改的权利要求扣除原权利要求的保护范围之后的剩余的内容），然后判

---

[1] 参见国家知识产权局专利复审委员会第11291号无效宣告请求审查决定以及北京市第一中级人民法院（2008）一中行初字第1030号行政判决书和北京市高级人民法院（2009）高行终字第327号行政判决书。另外，专利复审委员会不服该二审判决，向最高人民法院提起申诉，目前该案已被最高人民法院提审。

[2] 参见《欧洲专利局专利审查指南》第四部分第7.2节的规定。

断该修改内容相对于原申请文件是否具备新颖性。[1] 必要技术特征判定法则需要判断替换或删除的技术特征是否是解决技术问题必不可少的技术特征，如果构成必不可少的技术特征，则判断是否构成实质性改变。

（二）日本立法例及判定实践

日本《发明和实用新型审查基准》在“修改限制制度的主旨”部分规定，为了顺利进行各项程序，希望最初就能提交完整内容的说明书等文件，如果申请时说明书、权利要求书及附图（以下称“说明书等”）很完整，就没必要对说明书等进行补正，但实际上，最初无法期望得到完整的申请文件的情况也不少，即说明书等的记载往往有不明确之处，往往达不到正确理解发明的程度，且常常有误记、错记现象，因此，在申请之初往往很难提交完整、准确无误的说明书等。即使在申请之初提交的文件很全面、很完整，如果审查结果认为发明内容是现有技术或是已经申请的内容，就要对权利要求进行缩减，即需要对说明书等进行补正。此外，为确保说明书等作为技术文献的质量也应该承认补正程序。因此，需要在一定的修改范围的限制下承认或认可说明书等的修改。可是，在专利申请以后，如果允许在随请求书最初提交的说明书、权利要求或附图中所记载事项的范围以外进行修改的话，由于修改的效果追溯及申请之时，相信最初说明书等记载内容的第三人就会蒙受各种难以预测的不利之处。也就是说，对申请说明书等进行补正时如果将申请时说明书等中没有记载的发明内容也补进去而得到专利时就违反了先申请原则，因而应对补正的内容和时间加以限制。总之，为了调整、平衡申请人与第三人的利益关系，修改必须在最初说明书等记载的事项的范围内进行。

（三）美国立法例及判定实践

美国专利法第132条规定，任何修改都不能在发明的披露中引

---

[1] 参见欧洲申诉委员会T194/84决定。

入新主题。在判断修改是否引入新主题时，有字面判断法和概念判断法两种方法。字面判断法主要在于，判断修改的内容与原始申请记载的字面解释是否相吻合；概念判断法主要在于，判断修改是否引入任何新的发明概念。

美国对于修改超范围立法宗旨的考虑，很大程度上亦是建构在保障和鼓励先申请的政策取向上。强制申请人对相关的但属于不同构思的发明提出另外一件申请，不仅可以保持不同专利具有可区别的构思，而且也是基于从美国专利商标局的财政收入上考虑。专利申请日的确定也是关键的因素。[1]

**四、禁止反悔原则的法理分析**

下面首先讨论禁止反悔原则的立法本意，探讨禁止反悔原则是否具有在专利授权和确权阶段适用的空间，从而分析是否可以禁止反悔原则和先申请原则作为《专利法》第33条的逻辑基础。

（一）从实然法的角度分析

《最高人民法院关于审理侵犯专利权纠纷案件应用法律若干问题的解释》第6条规定，专利申请人、专利权人在专利授权或者无效宣告程序中，通过对权利要求、说明书的修改或者意见陈述而放弃的技术方案，权利人在侵犯专利权纠纷案件中又将其纳入专利权保护范围的，人民法院不予支持。从而确立了专利侵权案件审理中的禁止反悔原则，但这并未涉及专利授权和确权程序。对于授权程序和确权程序中是否可以适用禁止反悔原则，《专利审查指南(2010)》亦没有规定。

然而，实然法的选择并不必然构成适合法律逻辑的应然法律体系状态。

（二）从应然法的角度分析

传统观点认为，禁止专利权人将其在审批过程中通过修改或者

[1] THOMAS K. LANDRY. *Constitutional Invention: A Patent Perspective* [J]. 25 Rutgers Law Journal 67.

意见陈述所表明的不属于其专利权保护范围之内的内容重新囊括到其专利权保护范围之中，这就是禁止反悔原则[1]。也就是说，禁止反悔原则包括禁止修改导致的反悔和禁止意见陈述导致的反悔，其所界定的是授权和确权过程中的修改和陈述对于侵权程序的约束作用。下面对于禁止反悔原则在专利授权和确权阶段的适用问题加以讨论。

1. 禁止反悔原则的历史逻辑

禁止反悔原则是一项基于衡平法允诺禁反言原则（doctrine of estoppel）的根植于美国专利制度的原则，最初是作为一种权利要求解释的一般规则发展而来的。[2]

禁止反悔原则起源自专利授权程序本身。专利禁止反悔的概念最初与弃权（disclaimer）的概念有关。从禁止反悔原则的起源来看，弃权理论曾经是禁止反悔原则最初的雏形。在1836年美国专利法中，专利权人可以通过再公告修改其专利———允许专利权人修改专利申请以使专利权人在发现潜在的、导致其专利无效的问题时来挽救其专利权。[3] 在1879年Leggett v. Avery案[4]中，美国联邦最高法院坚持主张专利权人一旦明确放弃某项权利要求主题后，就不能在后续的权利要求续展中扩大权利要求范围重新获得已经放弃的权利。最高法院对专利权人采用与其放弃的权利要求相似的权利要求获得的再公告专利表示了强烈反对，认为这无异于欺诈行为[5]，因此，最高法院认为该再公告专利无效，宣布这种对先前已放弃的

---

[1] 尹新天. 专利权的保护［M］. 2版. 北京：知识产权出版社，2005：449.

[2] DONALD S. CHISUM. Chisum on Patents. M. Bender，2007：§18. 02.

[3] WAGNER，R. P.. *Reconsidering Estoppel：Patent Administration and the Failure of Festo*［J］. University of Pennsylvania Law Review，2002，151：181.

[4] LEGGETT v. AVERY，101 U. S. 256，259 -60.

[5] ALEXANDER，J.. Cabining the Doctrine of Equivalents in Festo：a Historical Perspective on the Relationship between the Doctrine of Equivalents and Prosecution History Estoppel［J］. American University Law Review，2002，51：569.

权利要求授予专利是一件对公众有巨大欺骗性的事件。[1] 可见，作为禁止反悔原则的雏形，Leggett v. Avery 案在专利授权程序以及授权司法审查程序亦可以适用。

禁止反悔原则的发展进程亦没有排除在专利授权程序和专利确权程序中的适用。Sergeant v. Hall Safe & Lock Co. 案[2]判决指出，在专利申请被拒绝后，发明人将技术特征和限制性条款加入到专利申请中，该技术特征和限制性条款必须视同为弃权，以对发明人不利、对社会公众有利的方式严格解释。并且，在《美国专利审查指南》中亦明确规定，专利申请文件的修改也适用“禁止反悔”原则，即在先程序中放弃的主题不能通过后续程序中进行修改而重新取回[3]。

可见，就禁止反悔原则的历史逻辑而言，禁止反悔原则理应约束专利授权程序本身、专利确权程序本身以及专利授权和确权程序之间。

2. 禁止反悔原则的概念逻辑

专利禁止反悔作为一项传统的衡平法原则，经常在民事诉讼中被作为抗辩理由来加以使用。专利禁止反悔原则可以分为专利审查历史禁止反悔原则（prosecution history estoppel）、专利转让人禁止反悔原则（assignor estoppel）、专利被许可人禁止反悔原则（licensee estoppel）。[4] 其中，专利审查历史禁止反悔原则没有排除在专利授权程序和专利确权程序适用的可能性[5]，理应理解为可以适用于专利授权程序和专利确权程序中。

---

[1] 布拉德·谢尔曼，莱昂内尔·本特利．现代知识产权法的演进：英国的历程（1760－1911）［M］．金海军，译．北京：北京大学出版社，2006：121.

[2] SERGEANT V. HALL SAFE & LOCK CO.，114 U.S. 63，86.

[3] 参见《美国专利审查指南》第1412.02章。

[4] 郑成思．知识产权论［M］．修订版．北京：法律出版社，2001：79－82.

[5] JANICE M. MUELLER. *An Introduction to Patent Law* ［M］. CITIC Pubulishing House，2003：247－248.

上述观点在欧洲似乎亦有所支持。《欧洲专利公约》2000 年修订时，《欧洲专利公约修改基本建议》原本在《议定书》中新增加了第 3 条对禁止反悔原则加以规范，亦即“在确定专利的保护范围时，应该适当考虑专利申请人或专利所有人在授权或无效程序中所作出的、明确限定保护范围的任何陈述，特别是在答复对在先技术的引用时所作出的限定陈述”。❶ 由于对于禁止反悔原则规定的必要性存在较大争议，所以未能取得一致结论并且未能加入《欧洲专利公约》中。但是，从草案本身分析，对禁止反悔原则在授权和确权阶段的适用亦无异议。

（三）禁止反悔原则的法律属性

从上述有关禁止反悔原则的历史逻辑和概念逻辑的分析，可以得知：

首先，禁止反悔原则理应包括授权程序中的禁止反悔、确权程序中的禁止反悔和授权与确权程序之间的禁止反悔。

其次，禁止反悔原则属于裁判者查明的范畴，亦即即使当事人并未主张，裁判者亦应当对是否存在禁止反悔的情形加以查明。禁止反悔原则并不是一个需要当事人主张并且举证的积极抗辩，这一观点与美国的司法实践一致。❷

还有，禁止反悔原则不适用于实质审查部门作出的审查意见以及专利复审委员会作出的决定。也就是说，对于实质审查意见、复审决定和无效决定中所认定的权利要求保护范围解释情况，应当属于《最高人民法院关于民事诉讼证据的若干规定》第 9 条所规定的预决事实。美国司法实践亦如此，对于双方复审程序中认定的事实在侵权诉讼中的适用，需要遵从间接禁止反悔规则（Collateral

---

❶ 欧洲专利组织［EB/OL］.［2011 - 04 - 20］. http：//docu2ments1epo1org/projects/babylon/eponet1nsf/0/43f40380331ce97cc125727a0039243c/ $ file /00002a_en. pdf.

❷ Cf. Advanced Cardiovascular Systems Inc. v. Medtron Inc. , 41 USPQ 2d 1770, 1774. “Prosecution history estoppel is not an affirmative defense. . . . Accordingly, the Court strikes with prejudice.”

Estoppel)❶，该规则类似于我国的既判力理论。❷

## 五、从先申请原则和禁止反悔原则的角度解读立法宗旨

下面从先申请原则和禁止反悔原则两个角度解读《专利法》第33条的立法宗旨。

### （一）从先申请原则的角度解读

关于《专利法》第33条的立法本意，“之所以规定修改不得超出原说明书和权利要求书记载的范围，是因为我国专利制度采用的是先申请原则。如果允许申请人对申请文件修改超出原始提交的说明书和权利要求书记载的范围，就会违背先申请原则，造成对其他申请人来说不公平的后果。”❸

进一步而言，设立《专利法》第33条有两方面的目的，第一是防止申请人以未完成的发明创造申请专利，并在申请日以后通过修改专利申请文件来完成发明创造，从而获得不正当的利益；第二是防止申请人不重视申请文件的撰写，使得公众不能清楚准确地理解发明。众所周知，申请专利的发明创造应当为在申请日之前已经完成的发明创造；一项发明尚未完成就申请专利，要求较早的申请日来获得专利保护，是对公共利益的侵犯，不利于鼓励真正的发明创造。❹

可见，与日本、欧洲和美国的比较法经验一致，我国《专利法》第33条亦是出于先申请原则的角度出发。

### （二）从禁止反悔原则的角度解读

在进行修改超范围判断时，理应主动查明是否构成专利法意义

---

❶ HERBERT F. SCHWARTZ. *Patent Law and Practice* [M]. Fourth Edition. BNA Books 2003: 187-189.

❷ 何怀文．辨析中国专利制度中的禁止反悔规则——《最高人民法院关于审理侵犯专利权纠纷案件应用法律若干问题的解释［J］．中国专利与商标，2010（1）：3-17.

❸ 国家知识产权局条法司．新专利法详解［M］．北京：知识产权出版社，2001：228-229.

❹ 金泽俭．专利申请文件修改的限制［J］．知识产权，2002年增刊：203-205.

上的反悔。也就是说，以原始申请文本为基础，结合专利申请人的意见陈述以及修改情况，调整判断是否存在专利法意义上的反悔，是《专利法》第33条的立法宗旨之一；如果构成专利法意义上的反悔，那么不符合《专利法》第33条的规定。

一方面，从解释选择的角度而言，正如本文第三部分所述，禁止反悔原则理应包括授权程序中的禁止反悔、确权程序中的禁止反悔和授权与确权程序之间的禁止反悔，从而，授权确权程序中的禁止反悔亦应当规范上述程序中对于专利申请文件作出的修改。并且，上述禁止反悔属于裁判者查明的范畴，也就是说，裁判者在判断专利申请文件的修改是否符合《专利法》第33条的规定时，需要主动查明上述修改是否构成专利法意义上的反悔。

另一方面，从价值判断的角度衡量，禁止反悔原则所体现的禁止两头获利（getting a second bit at the apple）的价值判断规则，显然在《专利法》第33条的适用中亦应当予以考虑。也就是说，在判断专利申请文件的修改是否符合《专利法》第33条的规定时，需要判断上述修改是否使得专利申请人两头获利，是否使得专利申请人既通过调整解释获得授权，又加以反悔将保护范围扩大，或者既通过调整解释获得较大的保护范围，又加以反悔使专利权得以维持。

例如某案件中，权利要求1涉及“导向器（6）作为凸起（6.1，6.2）做在两个金属带（3.1，3.2）上”，其中“做在”显然可以具体体现为通过焊接、粘接、插接等方式将导向器固定在金属带上，也可以表现为通过冲压、滚压、铸造等方式将导向器与金属带直接加工成一体。专利权人在无效程序中主张“做在”应根据说明书解释为“直接加工成一体”，则属于既通过调整解释获得较大保护范围又加以反悔使专利权得以维持的情形。[1]

再如，在“积木地板”发明侵权纠纷案中，权利要求中多次出

---

[1] 参见国家知识产权局专利复审委员会第10054号无效宣告请求审查决定。

现“积木”一词。对此，北京市第二中级人民法院认为，正确的做法应当是按照说明书中的文字限定权利要求中的某些必要技术特征，对权利要求字面所限定的技术方案的保护范围作出公平的缩小的解释，以使权利要求得到说明书及附图的支持。[1] 北京市高级人民法院维持了上述判决。[2] 上述有关权利要求保护范围解释的方法是否合适，可以进一步讨论，但是其体现了防止既通过调整解释获得授权又加以反悔将保护范围扩大的思路。

还如案例24中，专利申请人将“半导体存储装置”主动修改为“存储装置”，体现了其具有“半导体存储装置”和“存储装置”二者含义不同的意思表示，然而专利权人在无效程序中主张“半导体存储装置”与“存储装置”保护范围一致，如果允许那么必然构成两头获利。

综上所述，禁止反悔原则亦构成《专利法》第33条的逻辑支点之一。在《专利法》第33条的法律适用中，应当主动查明并加以适用。

### 六、从立法宗旨解读《专利法》第33条的适用

将先申请原则和禁止反悔原则作为《专利法》第33条的立法宗旨，那么可以得出《专利法》第33条的判断规则如下：以修正的新颖性判定方法为判断基准，结合禁止反悔原则加以修正。

以修正的新颖性判定方法为基础。将修改文本与原始文本相比，找出修改文本增加内容的地方及所增加的内容，判断修改的文本相对于原文本是否具有新颖性，如果具有新颖性，则修改超出原始记载的范围，不能被允许；如果不具备新颖性，则可以认为修改没有超出原始记载的范围，修改可以被允许。归纳成步骤如下：首先，将修改后的申请与原始申请比较，找出所有增加的内容；其

[1] 参见北京市第二中级人民法院（2004）二中民初字第6988号民事判决书。

[2] 参见北京市高级人民法院（2005）高民终字第172号民事判决书。

次，研究每一项增加的内容，并与其替换的段落相比，找出新特征或者新信息；最后，核对原始申请，看其中是否直接或者隐含公开了这些新特征或者新信息。如果是，则修改是允许的；如果不是，则修改是不允许的。针对扩大权利要求保护范围的修改，则需要将申请被改变的内容分离出来，然后判断该改变的内容相对于原申请文件是否具备新颖性。

以原始申请文本为基础判断是否存在专利法意义上的反悔。首先区分专利申请文件修改的情形，然后分别判断禁止反悔原则的法律适用。

（一）修改情形的分类

专利申请文件的修改情形，根据修改动机区分为主动修改和被动修改，根据修改内容区分为澄清性修改和调整性修改。也就是说，并非针对审查意见通知书的要求所进行的修改，称为主动修改；针对审查意见通知书的要求进行的修改，称为被动修改；只是针对审查意见对原始申请文件的内容进一步澄清而进行的修改，称为澄清性修改；为了获得授权而针对审查意见调整专利权保护范围而进行的修改，称为调整性修改。

澄清性修改和调整性修改的必要性。一项发明的“文字肖像”通常是为了满足专利法的要求而事后撰写出来的，这种从实际机器到文字的转化常常会留下难以填补的间隙[1]，所以存在澄清性修改。并且，专利审查的过程，亦是专利申请人获得与其贡献相适应的专利保护范围的过程，所以存在调整性修改。

由于澄清性修改所具有的针对审查意见通知书进行修改的特点，被动修改可以体现为澄清性修改和调整性修改，而主动修改仅体现为调整性修改。

---

[1] 155 USPQ 697（1967）. 转引自尹新天. 专利权的保护［M］. 2版. 北京：知识产权出版社，2005：308.

（二）调整性修改的修改超范围审查

结合修改时机和修改内容的判断，针对调整性修改，需要结合原始申请文件所体现的专利申请人的意思表示以及专利申请人在意见陈述书等方面体现出的意思表示，确定修改内容是否构成专利法意义上的反悔。

如果构成专利法意义上的反悔，那么不符合《专利法》第33条的规定；反之亦然。回归到本文“审查实践和司法实践介绍”部分所引用的案例24，在授权程序中，专利申请人将“半导体存储装置”主动修改为“存储装置”，体现了其具有“半导体存储装置”和“存储装置”二者含义不同的意思表示，否则上述修改缺乏实际意义；然而，专利权人在无效程序中主张“半导体存储装置”与“存储装置”保护范围一致，可见，修改的过程反映出反悔的存在，那么应当认定将“半导体存储装置”修改为“存储装置”的情形属于反悔，不符合《专利法》第33条的规定。

（三）澄清性修改的修改超范围审查

结合修改时机和修改内容的判断，针对澄清性修改的情形，需要在《专利法》第33条的法律适用中慎重考虑。

一方面，无效程序中针对澄清性修改的修改超范围审查。专利申请人针对审查意见对原始申请文件的内容进一步澄清而进行的修改，尤其是专利申请人在意见陈述书中明确表明其修改系为了进一步澄清并没有改变保护范围的情形，在无效程序中应当慎重适用《专利法》第33条。

另一方面，实质审查程序中针对澄清性修改的修改超范围审查。在实质审查程序的《专利法》第33条的法律适用中，不应当过于苛刻以致对澄清性修改一概不予接受。尤其是，不应当既认为权利要求不清楚又不接受任何澄清性修改，使得专利申请人的权利无法得到保障。

《专利法》第33条的立法本意，需要以先申请原则和禁止反悔原则为逻辑基础。从历史逻辑和概念逻辑角度而言，禁止反悔原则理应包括授权程序中的禁止反悔、确权程序中的禁止反悔和授权与确权程序之间的禁止反悔。因此，可以从先申请原则和禁止反悔原则两大逻辑指出分析《专利法》第33条的立法本意。从而就《专利法》第33条的法律适用而言，应当以修正的新颖性判定方法为判断基准，对于修改的内容区分澄清性修改和调整性修改，并结合修改动机等因素对调整性修改内容进行禁止反悔判断。

### 七、案例回顾

在“墨盒”一案中，在授权程序中，专利申请人将“半导体存储装置”主动修改为“存储装置”，体现了其具有“半导体存储装置”和“存储装置”二者含义不同的意思表示，否则上述修改缺乏实际意义；然而，专利权人在无效程序中主张“半导体存储装置”与“存储装置”保护范围一致，可见，修改的过程反映出反悔的存在，那么应当认定将“半导体存储装置”修改为“存储装置”的情形属于反悔，不符合《专利法》第33条的规定。

## 第九节 说明书和权利要求书实质性撰写缺陷的判定

根据公开换取垄断的专利法本质，除了上述专利授权确权的实质条件之外，通常还要求专利说明书充分公开、权利要求清楚完整、权利要求得到说明书支持。也就是说，在公开换取垄断的专利制度中，首先要求说明书充分公开以作为获得合法垄断权的对价，其次要求权利要求书清楚完整地界定专利权作为合法垄断权的权利边界，最后要求权利要求请求保护的技术方案获得说明书的支持。

### 一、引言

《专利法》第26条第3款规定：“说明书应当对发明或者实用新型作出清楚、完整的说明，以所属技术领域的技术人员能够实现为准；必要的时候，应当有附图。摘要应当简要说明发明或者实用新型的技术要点。”《专利法》第26条第4款规定：“权利要求书应当以说明书为依据，清楚、简要地限定要求专利保护的范围。”《专利法实施细则》第20条第2款规定：“独立权利要求应当从整体上反映发明或者实用新型的技术方案，记载解决技术问题的必要技术特征。”以上法条界定了说明书充分公开、权利要求清楚完整和权利要求得到说明书支持的实质性撰写条件。

## 二、审查实践和司法实践的解读

**【案例25】**在“深型离心式抽油烟机”实用新型专利无效纠纷一案中，涉案专利权利要求1和2为：

“1. 一种深型离心式抽油烟机，包括有左右侧板及后板的壳体，可拆卸地装在机壳前的前盖板、立板，由电机、叶轮和蜗壳组成的风机，出风口和控制开关，风机安装在机壳内，其特征在于机壳（1）内安装有带一抽风口（46）的流线型曲面导风板（4），曲面导风板（4）的二侧固定在机壳（1）的左右侧板上，曲面导风板（4）具有一沿垂直方向延伸的上部（41）和一大倾角向后倾斜的流线型下部（42），所述上部（41）和所述下部（42）的邻接部分为大圆弧过渡面（43）。

2. 根据权利要求1所述的深型离心式抽油烟机，其特征在于曲面导风板（4）的所述下部（42）邻近所述抽风口（46）的部分有一凹曲面（44），该凹曲面（44）与所述上部（41）和所述下部（42）和所述的邻接部分分别为大圆弧过渡面（43）和（45）。”

无效宣告请求人认为，该专利说明书没有对本专利权利要求2和3进行清楚、完整的说明，因此不符合《专利法》第26条第3款的规定，其理由是说明书没有对权利要求2中的“凹曲面44”作出清楚、完整的说明，本领域技术人员无法实现其技术方案，请求人认为从说明书附图中可以看出，标号44表示的是凸曲面，而不是凹曲面。

专利复审委员会认为，判断一项专利是否符合《专利法》第26条第3款的规定，应当以本领域技术人员在阅读了该专利说明书之后，根据已有技术能否理解和实施该专利为判断标准。根据该判断标准，对请求人所提出的上述理由进行了审查和判断，认为在该专利的说明书中描述的是“在曲面导风板4的所述下部42邻近所述抽风口46的部分有一凹曲面44，该凹曲面与所述上部41和所述下部42和所述邻接部分分别为大圆弧过渡面43和45”，从说明书的上述描述可知该曲面44应当为凹曲面，其目的在于最大限度地利用集烟空间，专利权人在口头审理中也强调，设置该凹曲面的目的是为了部分容纳风机的蜗壳，以尽量见效封闭壳体的空间，扩大集烟空间。但是从该专利说明书附图6来看，该曲面44却为凸曲面，可见该专利的文字描述与说明书附图显然不一致，本领域技术人员在说明书公开的内容的基础上，并不能唯一地实施该专利，即该曲面44可以朝向至少两个方向来进行凹凸。因此，该专利说明书并没有对权利要求2作出清楚、完整的说明。

北京市第一中级人民法院一审判决认为，各方当事人争议的焦点在于“权利要求2中‘凹曲面’的理解”，众所周知，凹和凸是相对的，在理解其含义时应考虑到凹和凸的具体参照对象，否则就有可能得出不同的结论。原告认为“凹曲面”是相对于大圆弧过渡面（45）而言的，而被告和第三人则是“从固定了的曲面导风板看过去”，认为“凹曲面”在说明书附图中实际上是“凸曲面”。造成上述不同认识的原因在于各方当事人在理解“凹曲面”时所选择的具体参照对象不同，使得从权利要求书的字面理解“凹曲面”时所选择的具体参照对象不同，使得从权利要求书的字面理解，对该曲面（44）的凹凸朝向可能产生两种选择。但是本领域的技术人员从说明书附图3和图6中，可以清楚地看出曲面（44）凹凸朝向，从而唯一地实施本案专利，并不会对该曲面（44）的凹凸朝向产生其他的选择。即说明书已经给权利要求作出了清楚完整的说明，无效宣告请求审查决定有误，应予撤销。

北京市高级人民法院认为，权利要求书及说明书对于技术特征的文字描述，与说明书附图的观察角度应当是一致的，即只能是从同一个方向观察，本案说明书附图中抽油烟机导风板处于竖向安装状态，而说明者或称观察者是以正视方向进行说明，也就是“从固定了的曲面导风板看过去”，要么是凸，要么是凹，不存在“凹凸”的相对性问题。因此，权利要求 2 及说明书所称“凹曲面”也应当是正视方向，即远离说明者为“凹”，而不是相反方向。而附图 6 曲面 44 则是靠近说明者为“凸”，因此，本案专利权利要求 2 中“凹曲面 44”这一技术特征，在说明书文字部分有同样的描述，而在说明书附图 6 中“从固定了的曲面导风板看过去”，该曲面为凸曲面，故文字描述与附图不一致。本领域技术人员在说明书公开内容的基础上，并不能唯一地实施本案专利，因此，权利要求 2 不符合《专利法》第 26 条第 3 款的规定。遂撤销一审判决，维持专利复审委员会决定。❶

**【案例 26】** 在“医用腔道内支架 ”实用新型专利无效纠纷一案中，专利复审委员会认为，由于在口头审理中原告已经指出只有高分子材料制成的膜才有超弹性、耐腐蚀性，因此本领域的技术人员在阅读本专利的说明书之后完全能够得出本专利的内膜管应当是高分子材料制成的，由此可以得出本专利符合《专利法》第 26 条第 3 款、第 22 条第 4 款；《专利法实施细则》第 21 条第 2 款的规定。

无效宣告请求人不服上述无效宣告审查决定，主要理由为，“生物膜”是医学、生物领域的基础概念术语，其定义是明确和唯一的，它指“细胞、细胞器和其环境接界的所有膜结构”。专利复审委员会以“本领域技术人员”的现有知识为由将生物膜解释为膜

---

❶ 参见国家知识产权局专利复审委员会第 5012 号无效宣告请求审查决定、北京市第一中级人民法院（2003）一中行初字第 538 号行政判决书和北京市高级人民法院（2004）高行终字第 25 号行政判决书。

生物材料，进而推出说明书中所述的“透明、透气的生物膜”应当是“高分子生物材料制成的膜”，在说明书找不到依据。

北京市第一中级人民法院和北京市高级人民法院认为，由本专利说明书记载可知，本专利中的“生物膜”具有透明透气、超弹性、耐腐蚀的特性，并且本案原告和被告均认可“细胞、细胞器和其环境接界的所有膜结构”的“生物膜”无法实现上述的特性，只有高分子材料制成膜才具有上述特性。由此可见，本领域普通技术人员在阅读本专利说明书时不会将本专利的“生物膜”局限到细胞、细胞器和其环境接界的所有膜结构，而会在其所掌握的普通技术知识的范围内作出该“生物膜”是高分子材料制成的膜的理解。因此本专利可以实现，符合《专利法》第26条第3款的规定。[1]

**【案例27】**在“记忆卡的讯号转接器”实用新型专利无效纠纷一案中，涉案专利权利要求1为：“一个记忆卡的讯号转接器，包括一板型基座及固定于基座上、下两面的基板，其特征在于：基座从记忆卡插入端的一侧沿水平方向至另一侧加以延伸，并利用空间交互重叠的方式形成复数个可以容纳不同形式、尺寸的记忆卡的槽位。”无效宣告请求人认为，权利要求1没有明确空间交互重叠的方式形成复数个可以容纳不同形式、尺寸的记忆卡的槽位之间的结构和位置的技术特征；权利要求1没有限定有关记忆卡与读取装置等之间进行电性连接的导通元件的特征；由于没有导通元件和记忆卡的槽位的技术特征，所以自然也就缺少导通元件与槽位之间的对应的结构关系的技术特征。从而，权利要求1缺少必要技术特征。

专利复审委员会认为，本专利的发明目的是，如说明书所述的，节省空间，而用以容纳多种不同形式的记忆卡插用，不必再重复购买读卡机等，在使用上提供便利，省下金钱上的花费。本专利

---

[1] 参见国家知识产权局专利复审委员会第6280号无效宣告请求审查决定、北京市第一中级人民法院（2004）一中行初字第772号行政判决书和北京市高级人民法院（2005）高行终字第135号行政判决书。

的权利要求1中限定了基座从记忆卡插入端的一侧沿水平方向至另一侧加以延伸，并利用空间交互重叠的方式形成复数个可以容纳不同形式、尺寸的记忆卡的槽位的技术特征，通过这样，容纳不同形式的记忆卡所利用的插槽是交互重叠的，通过该基座在空间利用上的变化的技术手段，就能够实现本发明的发明目的。1）对于槽位之间的结构和位置特征，本发明的发明目的是通过“交互重叠”的方式来实现的，其解决了一机可以使用多卡的技术问题，而具体的槽位之间的结构、位置等，即槽位之间是如何具体进行交互重叠等，则没有必要具体地进行描述；2）对于使得该连接器连接的两个不同装置电性导通的导电元件，无论其是否在本专利的权利要求1记载，其都是起到结合转接作用的讯号转接器必然具备的特征，同时，该技术特征与达到本专利发明目的也并无直接关系；3）结合上述本发明发明目的可知，导通元件与槽位之间对应的结构特征与达到本专利发明目的并无直接关系，并且作为记忆卡的讯号转接器，其槽位导电元件的结构关系必然是与所使用的记忆卡有关，因而该结构关系必然是与已知的记忆卡的结构相对应的。所以，上述特征并不是达到发明目的的必要技术特征。

北京市第一中级人民法院一审判决和北京市高级人民法院二审判决均维持上述无效宣告请求审查决定。❶

**【案例28】**在“印楝素混配农药制剂及其制备方法”发明专利无效纠纷一案中，涉案专利权利要求1为：“一种印楝素与阿维菌素混配乳油制剂，其特征在于按重量计含有0.1%~80%印楝素，0.05%~2%阿维菌素，以及余量的助剂。”无效宣告请求人主张，权利要求1中关于印楝素的含量范围过宽，而说明书根本没有一个支持权利要求的数据，也没有相应的实施例及有益效果的数据；由

❶ 参见国家知识产权局专利复审委员会第7997号无效宣告请求审查决定、北京市第一中级人民法院（2006）一中行初字第476号行政判决书和北京市高级人民法院（2007）高行终字第168号行政判决书。

权利要求 2～14 可知，助剂是构成本专利的一个必要技术特征，而说明书中却未披露一个相关的数据来支持，因此权利要求 1～14 均不能得到说明书的支持。

专利复审委员会认为，本专利权利要求 1 请求保护乳油制剂，其中印楝素和阿维菌素按重量计分别为 0.1%～80% 和 0.05%～2%。本发明的目的是提供一种高效、低毒、无污染、害虫难以产生抗药性的印楝素混配农药。由本专利说明书可知，其关键在于印楝素与阿维菌素可以混配，并能在实际中应用。在说明书第 2 页记载了印楝素与阿维菌素混配乳油制剂的成分范围，其中，印楝素含量为 0.1%～80%，阿维菌素含量为 0.05%～2%，并对助剂的选择作了说明；说明书第 3 页记载了印楝素含量为 0.3%～15%，阿维菌素含量为 0.1%～0.5% 的乳油制剂；说明书第 3 页最后一段描述了如何配制印楝素与阿维菌素的乳油制剂；说明书实施例一和二分别公开了两种具体配比的印楝素和阿维菌素混配乳油制剂。在说明书中明确表述了本专利的预期效果即混配制剂是高效、低毒、无污染的，且害虫难以产生抗药性，尤其提到对蔬菜害虫小菜蛾防治效果特别显著。因此，本领域技术人员根据说明书提供的信息，不需要付出创造性劳动就能实施本专利的技术方案，获得说明书中所述的预期效果。

在本专利的实质审查过程中，专利申请人也提交了实验效果数据表明印楝素和阿维菌素混配针对蔬菜害虫小菜蛾的防治确实具有增效作用，实审部门也基于该佐证认可本发明的技术效果。在本案口头审理中，专利申请人将其作为反证 2 提交，在请求人表示对该证据真实性无异议的情况下，由于该证据是针对在本专利说明书中已主张过的关于印楝素和阿维菌素混配针对小菜蛾的防治具有增效作用而提交的佐证，因此，在本案审理中予以采信。在此基础上，请求人认为说明书没有提供支持权利要求 1 的技术方案的效果数据导致权利要求 1 不符合《专利法》第 26 条第 4 款规定的主张不能成立。此外，在说明书中提供实施例公开了印楝素和阿维菌素具体配比的情况下，本领域技术人员可以理解对其配比范围进行适当扩大而仍然能够实现发明目的。而且，请求人提供的证据14已经教导了如何配制农药乳油制剂，如选择助剂并确定用量，如何确定活性成分的用量，因此本领域技术人员能够在说明书的实施例的基础上，制备适当配比范围的本发明乳油制剂。此外，尽管请求人认为权利要求1限定的印楝素含量范围十分宽，但并没有提供证据表明权利要求1限定的配比范围内，具有不可实施的范围，故不能认为权利要求1的概括不适当；因此，请求人提出本专利权利要求1不符合《专利法》第26条第4款规定的主张不能成立。

权利要求2～14是权利要求1的直接或间接从属权利要求，都是对助剂进行的限定。首先，如上所述，本专利说明书对助剂的选择作了明确的描述。其次，本专利的关键在于印楝素和阿维菌素之间的混配而不在于助剂的选择，即混配药剂的效果取决于这两种活性成分。助剂作为配制农药的辅助成分，本领域技术人员根据所掌握知识能够选择出合适的助剂，通常并不影响活性成分的药效，这一点在证据14中也有教导。在这种情况下，无需对助剂组合进行实验验证，其最终混配药剂的效果仍然可以预期得到。因此，请求人提出的本专利权利要求2～14不符合《专利法》第26条第4款规定的主张也不成立。

北京市第一中级人民法院一审判决认为，根据《审查指南(2006)》的规定，当权利要求涉及较宽的数值范围时，应当给出两端值附近的实施例和至少一个中间值的实施例。本案中说明书实施例只给出了印楝素含量为较小数值端附近的数值，因此说明书不能支持权利要求，撤销上述无效宣告请求审查决定。

北京市高级人民法院二审判决认为，本案的发明点在于两种成分印楝素和阿维菌素的混配以达到增效的作用，本领域技术人员根据说明书记载的信息可以得出权利要求1要求保护的技术方案。反证2证明了本专利的技术效果，被上诉人关于反证2未记载实验时间故不具有关联性的主张没有法律依据。因此，权利要求1～14能

够得到说明书支持。撤销一审判决，维持上述无效宣告请求审查决定。❶

**【案例 29】**在“一种钢管束内外壁防腐方法”一案中，涉案专利权利要求 1 为“一种对冷却器、换热器设备钢管束的内外壁进行防腐的方法，即为使冷却器、换热器钢管束内外壁表面先形成磷化层，然后再进行涂料涂装，其特征在于完成这一过程是采用（a）把冷却器、换热器金属钢管束、泵、阀组、溶液槽通过胶管和铁管按工艺流程联接形成闭路循环体系；（b）整个工艺流程中用于处理冷却器、换热器金属钢管束内、外壁表面的各种处理液（碱液、酸液、磷化液）处于连续而不简（间）断地循环流动状态。”

专利复审委员会认为，根据该专利说明书的记载，本发明的构思是在石油、化工行业的大型复杂结构设备管束内外壁经过喷砂，去掉氧化皮后，借助泵、阀、管路、溶液槽按工艺流程联接操作使管束内外壁首先形成磷化层，然后根据不同的介质要求，不同的温度要求，选用不同的物理化学性质的特性涂料涂装。该专利说明书实施例描述了冷却器管内壁的防腐处理方法，该方法主要包括这样的步骤：喷砂、酸洗、水洗、中和、磷化、水洗、烘干、涂装，其中酸洗、磷化步骤是采用泵打循环的方式进行的，实施例中还描述了系统的连接、所采用的工艺条件以及物料量等。在该专利的实施例中还描述了冷却器的管外壁的防腐处理方法，该方法主要包括碱洗、水洗、酸洗、水洗、中和、磷化、水洗、烘干、涂装步骤，实施例中指出了内外壁防腐处理方法的区别，还说明除了所述区别以外，外壁的工艺过程、原理、步骤、配方均与内壁方式相同。所述区别在于这样四个方面（参照说明书第 3 栏）：（1）使壳程入口、出口与有关管路相连，这是由处理管外壁（而不是管内壁）决定

❶　参见国家知识产权局专利复审委员会第 7884 号无效宣告请求审查决定、北京市第一中级人民法院（2006）一中行初字第 478 号行政判决书和北京市高级人民法院（2006）高行终字第 526 号行政判决书。

的；（2）通过碱洗化学除油，并记载了碱洗时间和碱液温度，这一步骤是在处理管内壁时没有的；（3）碱洗后水洗，并记载了水洗时间和先后使用热、冷水进行水洗，而管内壁处理没有碱洗步骤，也没有碱洗后的水洗步骤；（4）烘干，由冷却器管程出口进蒸气进行，而处理管内壁时，是由冷却器壳程出口进蒸气进行烘干。由上述可见，该专利说明书记载了管内壁的处理方法和管外壁的处理方法两种方法，这两种方法包括步骤有其不同之处。该专利权利要求1的技术方案没有在说明书中直接记载，该方案是对其说明书实施例的概括。该权利要求1将换热器钢管束内、外壁的防腐方法概括成为一种方法，该方法包括“使钢管束内外壁表面先形成磷化层，然后再进行涂料涂装”这样的特征，这与说明书的描述是一致的，管内、外壁的处理都是这样进行的，该方法还包括“（a）把冷却器、换热器金属钢管束、泵、阀组、溶液槽通过胶管和铁管按工艺流程联接形成闭路循环体系；（b）整个工艺流程中用于处理冷却器、换热器金属钢管束内、外壁表面的各种处理液（碱液、酸液、磷化液）处于连续而不间断地循环流动状态”这样的特征，然而，根据该专利的说明书，在管内壁处理方法中没有采用处理外壁时所用的碱洗步骤，也就是说，在处理管内壁表面时，没有使用碱处理液，本领域的普通技术人员在阅读说明书后，又难以预先确定和评价在处理管内壁时使用碱处理液的效果。此外，还删去了喷砂、中和、烘干工艺步骤。对外壁而言，删去了处理碱液的温度和时间、热水洗和烘干步骤，对外壁也是一个不完整的、概括不适当的技术方案。所以，该专利权利要求1将说明书实施例所述的针对管内壁的方法和针对管壁的方法概括成管内外壁的处理方法是不恰当的。该权利要求没有以说明书为依据。北京市第一中级人民法院一审判决和北京市高级人民法院二审判决均维持上述无效宣告请求审查决定。

最高人民法院再审判决认为，判断权利要求书是否以说明书为依据，主要应当考察权利要求书中每一项权利要求所要求保护的技术方案，是否为所属技术领域的技术人员能够从说明书中公开的内容直接获得或者概括得出的技术方案，以及权利要求的范围是否超出说明书记载的内容。就本案专利来说，其独立权利要求所要求保护的技术方案为三项技术特征的集合，即（1）使冷却器、换热器钢管束内外壁表面先形成磷化层，然后再进行涂料涂装，即与现有技术共有的特征；（2）把冷却器、换热器金属钢管束、泵、阀组、溶液槽通过胶管和铁管按工艺流程联接形成闭路循环体系，即特征（a）；（3）整个工艺流程中用于处理冷却器、换热器金属钢管束内、外壁表面的各种处理液（碱液、酸洗和磷化液）处于连续不间断地循环流动状态，即特征（b）。要判断权利要求1是否得到说明书的支持，关键要看上述三项技术特征是否能够从说明书中公开的内容直接获得或者概括得出。根据说明书记载，技术特征（1）在说明书第四段中有直接描述，即“本发明的构思是……使钢管束内外壁首先形成磷化层，然后……选用……涂料……涂装”。对此，被诉的无效宣告请求审查决定理由4第2段已经予以确认。因此，技术特征（1）是所属技术领域的技术人员能够从说明书中公开的内容直接获得的。技术特征（a）和（b）在说明书中没有直接描述，但是，根据说明书中公开的内容，所属技术领域的技术人员能够从中概括得出。具体说，技术特征（a）可以从说明书第4、6、7段和附图中概括得出。说明书第4段记载：“借助泵、阀、管路、溶液槽按着工艺流程联接操作”；第6段记载了附图说明；第7段分别记载了管内、外壁防腐处理方法的实施例；说明书附图对钢管束、泵、阀组、溶液槽通过胶管、铁管按工艺流程联接进行了图示。通过说明书公开的上述内容，本领域技术人员完全可以概括得出：酸液槽A、阀2、阀1、胶管JG、泵、G1、冷却器、G2、JG、盐酸槽入口a、酸液槽A构成酸洗步骤的闭路循环体系；关阀5开阀6和阀7，……移胶管与槽E引出管e相接，磷化液槽E、阀7、阀6、阀1、JG、泵、G1、冷却器、G2、JG、磷化液槽入口b、磷化液槽E构成磷化步骤闭路循环体系；碱液槽B、阀3、阀1、JG、碱液槽入口 b、碱液槽 B 构成碱洗步骤的闭路循环体系。将上述碱洗、酸洗、磷化三个闭路循环体系概括起来，就可以得出区别特征（a）所述的“把冷却器、换热器金属钢管束、泵、阀组、溶液槽通过胶管和铁管按工艺流程联接形成闭路循环体系”这一技术特征。技术特征（b）可以由说明书第 7 段描述的内外壁处理过程概括得出。例如，由酸洗闭路循环体系，可以知道酸液是按照酸洗步骤的闭路循环体系处于连续而不间断循环流动状态；由磷化闭路循环体系，可以知道磷化液按照磷化步骤闭路循环体系处于连续而不间断循环流动状态；由碱洗液闭路循环体系，可以知道碱液是按照碱洗步骤闭路循环体系处于连续而不间断循环流动状态。由此可见，本案发明专利权利要求 1 技术特征（1）已经在说明书中直接描述，技术特征（a）和（b），所属领域技术人员能够从说明书公开的内容概括得出，这三个技术特征集合在一起，恰好公开了权利要求 1 所要求保护的技术方案，并且未超出说明书记载的内容。因此，权利要求 1 得到说明书的支持。

被诉的无效宣告请求审查决定认为本案权利要求没有以说明书为依据的主要理由是，说明书实施例记载的管内壁处理方法与管外壁处理方法不是同一技术方案，权利要求 1 将其概括成一个技术方案不恰当，因而得不到说明书支持。但是该理由难以成立。依据《审查指南（1993）》第二部分第二章第 2.2.5 规定，本案说明书实施例记载的管内壁与外壁处理方法的共性特征为三个技术特征（1）~（3）。因此，说明书实施例记载的管内壁处理方法和管外壁处理方法，从专利法意义上讲，属于相同的技术方案，而不是两种不同的技术方案。权利要求 1 将说明书实施例所述的针对管内壁的处理方法与针对管外壁的处理方法，概括为管内、外壁的处理方法，并无不当。

本专利权利要求书以及说明书的撰写存在一定缺陷，主要是每项权利要求所要求保护的技术方案在说明书中没有直接的记载；权利要求 1 中的特征（b）文字表述不够清楚，如“各种处理液”“连续不间断地循环流动状态”等表述，容易产生歧义，当事人就本案权利要求能否得到说明书支持的争议也是由于上述原因造成的。但是，本领域技术人员仔细阅读说明书和借助现有技术知识，是可以克服的，前述缺陷尚未严重到权利要求得不到说明书支持，从而导致权利要求无效。最高人民法院不愿意看到更多以此为理由宣告专利权无效的趋向，有关各方应当尽心协力提高专利申请授权水平。[1]

## 三、说明书公开公分判断的比较研究

美国立法例及判定实践。美国专利法第 112 条第 1 款规定：“说明书应该对发明、制作与使用该项发明物的方式和工艺过程，用完整、清楚、简要而确切的词句加以叙述，使任何熟悉该项发明所属或该项发明密切相关的技艺的人都能制作及使用该项发明。说明书还应该提出发明人所拟定的实施其发明的最好方式。”也就是说，美国专利法对专利说明书的要求可以概括为“完整、清楚、简要和确切”，以使得本领域技术人员能够再现本发明。

按照美国专利法对充分公开的解释，能够实现要求的终极目的是将公众放于“拥有”发明的位置，通过给所属技术的普通技术人员详细描述怎样制造和使用发明，一旦专利权期满，这些普通技术人员应当处于不必经过“过度试验”便可制造和使用发明的位置。因此，《美国专利审查指南》规定从过度实验、可预测的或不可预测的发明和实施例三个角度探讨如何判断。

过度试验。本领域普通技术人员为制造和使用发明可能会不得不进行一些试验，这不是问题的关键；只有当试验的程度变得过

---

[1] 参见国家知识产权局专利复审委员会第 1372 号无效宣告请求审查决定、北京市第一中级人民法院（1999）一中知初字第 127 号行政判决书、北京市高级人民法院（2000）高知终字第 72 号行政判决书和最高人民法院（2005）民三提字第 2 号行政判决书。该案系我国首例最高人民法院提审的专利行政案件。

分，专利申请才不满足能够实现的要求。所需试验的复杂并不意味着过度，只要本领域通常进行这样的试验。能够实施的试验并不要确定试验是否必要，而是要确定必要的试验是否是过度的。当确定是否不符合能够实施的公开要求和是否必须的试验是“过度”的时候，需要考虑多方面的因素，这些因素包括但不限于：权利要求的宽窄，发明的性质，现有技术状况，本领域普通技术人员的水平，所属领域的可预测性，发明人提供的教导的数量，实施例的多少，根据公开的内容制造和使用发明所需要进行的试验的数量。仅仅分析上述某一个因素而忽略其他一个或多个因素就得出公开不能满足能够实施要求的结论是不正确的，对“过度试验”的判断不是一个单一的简单的事实认定，而是在考虑所有上述事实因素基础上经过权衡的结论。

可预测的或不可预测的发明。“可预测的或不可预测的”是指本领域技术人员能够从公开的或已知的结果推及整个要求保护发明的能力。如果本领域技术人员很容易就能够预测从所述主题向要求保护发明进行变化后的效果，那么所述领域有可预测性。要求公开的能够实施的范围与所述领域有可预测性成反比，但是即使在可预测性低的技术领域，也不需要公开每一个可实施方案，当考虑到可预测性因素时，一个具体的实施方案可能足以说明宽范围的能够实施性，例如机械和电学领域。通常而言，机械和电学领域的发明被认为是可预测的。基于通常公知的物理学、动力学定律和其他基本科学原理，如果发明的一个实施方案被充分描述，则人们可以相当容易地预测属于发明范围内的其他实施方案可以制造和使用。但是对结果不可预料的技术领域如化学或生物领域，单一实施例的公开通常不足以支持概括的权利要求，在存在不可预测性因素的领域如多数化学反应和生理活性，可能需要更多信息。这是因为根据公开的种类推断其他种类是否能够实施不是显而易见的。在化学和生物领域中，至少某些方面通常认为是不可预测的，分子或化合物物理结构的一个小的变化，可以导致性能和概念的大的改变。为能够实现，涉及这些发明类型的申请就必须提供相应更多程度的怎样制造和怎样使用的信息。

实施例。实施例通常包括在专利申请中是为帮助满足能够实现的要求，不是法律所必须要求的。专利中出现的实施例只是怎样制造和/或使用发明的具体化、举例说明性的方式，在相对简单的发明中可以不出现。“只要不需要过分的试验使本领域普通技术人员能够实施发明，说明书可以不包括实施例。”“但是，在发明所属技术领域不可预料和处于发展中时实施例的缺乏成为特别需要考虑的因素。但是只需要达到“能够实施”的公开，不需要公开所有技术方案。”当其他考虑因素都指向“能够实施”时，没有实施例这一点本身并不能导致发明不能实施。

在 Amgen，Inc. v. Chugai Pharmaceutical Co.，Ltd. 一案[1]中，美国联邦巡回上诉法院明确了如何在实践中使用上述条款。该案件涉及有关红细胞生长激素（EPO）与化合物纯化的方法，以及发明人在专利中公开的逆向高解析液态色层分析仪（RP-HPLC）技术。EPO 是 165 个氨基酸所构成的蛋白质，可以刺激红细胞的生长。EPO 生产的过程，通常是由含有高度 EPO 之健康生物体的尿液集中与纯化而产生。重组 DNA 技术是一种新的生产技术，利用基因工程所制造含有 EPO 基因的带菌生物，再制造 EPO。联邦巡回上诉法院认为：该专利中，有关每单位至少有 160 000IU/AU（国际单位）特定活性的 EPO 之权利要求是不可实施的。在该专利中，专利权人并未对该项权利要求提出活体实验的结果证据，而该权利要求所要求保护的 EPO，是发明人利用专利说明书中所披露的 RP-HPLC 技术，将已经部分纯化物质进一步精炼制造出来的。该权利要求中限制条件是，在发明人能够使用生物分析方法推论出此一定数量信息前，就已经从理论上计算所得。根据实际的资料指出，在发明人递交的 FDA 活体生物分析报告中，从尿液中萃取的尿 uEPO

---

[1] 927 F. 2d 1200 59 U. S. P. Q. 2d 1016.

(urinary EPO) 的特性活性每吸收单位只有 109 000IU/AU (国际单位), 此数值与其他研究人员使用 RP-HPLC 纯化 uEPO 所得的结果相符。根据上述事实, 联邦巡回上诉法院认为, 要制造出所请求高纯度 EPO 是不可实施的, 因为在实际操作中所得或得知纯度仅有权利要求所宣称的 65% , 该专利说明书不符合美国专利法第 112 条第 1 款的规定, 其不具有可实施性。[1]

欧洲立法例及判定实践。《欧洲专利公约》第 83 条规定: 欧洲专利申请必须以充分清楚和完整的方式公开发明以使所属技术领域的技术人员能够实现该发明。由此可见,《欧洲专利公约》对专利信息披露的要求与我国基本相同, 要求专利说明书必须"充分、清楚和完整"地公开, 以本领域技术人员能够再现本发明。在 Biogen 案判决中[2], 英国上议院认为: 披露应涵盖权利要求主张的整个范围, 而不是权利要求中的个别范例。只充分描述了专利申请中的部分范例也属于披露不完全。

日本立法例及判定实践。日本专利法第 36 条第 4 项规定:"发明的详细说明, 必须符合以下各项的规定: 一、必须依经济产业省令之规定、说明明确且充分使具有该发明所属技术领域的一般知识者能够实施; 二、如果发明是文献公开的发明, 欲获得专利者必须说明其在专利申请之时已经知晓的文献公开发明所刊登的刊物名称以及其他与文献公开发明有关的信息的出处。"[3]

《日本发明和实用新型审查基准》进一步细化规定为:"当发明是产品时意味着可以制造和使用该产品, 当发明是方法时意味着可以应用该方法, 当发明是一种产品的制造方法时也意味着可以利用这种方法制造产品。"

---

[1] 国家知识产权局专利复审委员会. 专利行政诉讼概论与案例精解 [M]. 北京: 知识产权出版社, 2011: 193-194.

[2] 关于欧洲专利的常见问题 [EB/OL]. [2011-08-11]. http: //www.walkermorris.cn.

[3] 日本专利法 [M]. 杜颖, 译, 易继明, 校. 北京: 经济科学出版社, 2009: 12-13.

对于产品专利而言，产品的充分公开应当可以使得本领域普通技术人员制造和使用该产品。要求产品发明得到清楚描述，并且“可被制造”和“可以使用”。如果本领域普通技术人员根据权利要求的表述可以识别一项产品（即可以确认所要求保护的发明）和根据说明书的内容可以理解一项产品，那么该产品发明已经清楚描述。对于产品发明，说明书还应当公开到使得本领域普通技术人员能够制备该产品，因此说明书应当具体描述产品的制备方法，除非根据说明书和附图的描述以及申请日时的公知常识，所属领域的技术人员能够制造该产品。产品的申请应当充分公开该产品的用途使得本领域普通技术人员能够使用。应当公开具体用途，除非本领域普通技术人员不需参考说明书（不包括权利要求）和附图，以及申请日时公知常识也可以使用。

对于方法专利而言，应当可以使得本领域普通技术人员使用该方法。如果本领域普通技术人员根据权利要求的表述可以识别一项方法（即可以确认所要求保护的发明）和根据说明书的内容可以理解一项方法，那么该方法发明已经清楚描述。除了产品的制造方法（纯方法）外，存在多种类型的方法如使用方法、测量方法和控制方法等。不论何种方法，申请应当充分公开使得本领域普通技术人员根据说明书和附图公开的内容，参照申请日时的公知常识，能够使用所述方法。产品可以通过所述方法制备，也即应当可以使得本领域普通技术人员制造该产品。要求：(1）制造产品的方法发明得到清楚描述：如果本领域普通技术人员根据权利要求的表述可以识别一项制造产品的方法（即可以确认所要求保护的发明）和根据说明书的内容可以理解，那么该制造产品的方法发明已经清楚描述。(2）“产品可以通过所述方法制造”：存在多种对于制造产品的方法发明，均有三要素：材料（materials)、方法和最后产品。对于制造产品的方法发明，说明书应当公开到使得本领域普通技术人员能够通过所述方法制备该产品。

说明书应当具体描述的程度表现为，当有必要通过具体技术方案和实施例解释发明使得本领域普通技术人员能够实施发明时，应当采用具体技术方案和实施例来说明“发明实施方式”，当有附图时，引用附图说明。具体技术方案和实施例具体说明如何实现发明（例如，产品发明具体说明如何制备、是何结构、如何使用等）。如果有可能通过解释使得本领域普通技术人员能够实施发明时，具体技术方案和实施例就不是必要的。如果产品发明没有采用如结构这样的特征进行限定，而是采用功能或特性参数限定，说明书中应当清楚描述可以实现该功能或获得该特性参数的特定的技术手段，除非本领域普通技术人员不需参考说明书（不包括权利要求）和附图，以及申请日时公知常识也可以理解。在仅仅根据结构推知其制备和应用有困难的技术领域（例如化学物质），通常应当提供一个或多个具体实施方案和实施例。而且，在用途发明中用于支持这一用途的实施例也是需要的。

## 四、权利要求清楚完整判断的比较研究

欧洲立法例及判定实践。《欧洲专利局专利审查指南》第三章第4.2节规定：“读解权利要求时，其用词的含义和范围应当认定为相关领域通常具有的，除非说明书以清楚的定义或其他方式对该用词赋予了特殊含义。而且，若这种特殊含义适用，审查员应尽可能要求修改权利要求，使得权利要求单独看上去含义即清楚。”

美国立法例及判定实践。《美国专利审查指南》规定：在权利要求中使用的术语可以在说明书中给出一个特殊的含义，但不允许给术语一个和常规含义不同的含义。当在权利要求中出现相对程度术语时，应首先判断说明书是否提供了某些测量该程度的标准。如果没有，则应进一步判断根据现有技术能否合理地告知本领域普通技术人员所要求保护的范围。

日本立法例及判定实践。《日本发明和实用新型审查基准》不仅规定了专利申请中对术语的定义应与所属技术领域该术语的通常含义相一致，而且特别强调了权利要求中的术语与其说明书对该术

语定义的一致性。其中规定："权利要求自身的陈述可视为清楚时，审查员应审查权利要求所用的术语在说明书（包括权利要求）和附图中是否有定义或解释，再评判该定义或解释（若有的话）是否导致权利要求的陈述不清楚。例如，如果在发明的详细描述中存在对权利要求所用术语的清楚定义，该术语严重违背或不同于其常规含义，这种定义则使发明不清楚。因为尽管确认发明主要基于权利要求的陈述，在结合考虑说明书、附图和相应于申请日时的公知常识后对要求保护的发明进行确认时，这样的定义会在解释该术语时产生混乱。"

《专利法实施细则》第 20 条第 2 款有关权利要求完整的规定，是我国特有的条款。独立权利要求缺少解决技术问题的必要技术特征，在欧洲及美国归于权利要求"不清楚"。

欧洲立法例及判定实践。《欧洲专利局专利审查指南》第二部分第三章第 4.4 节中规定：独立权利要求应当具体明确用来定义发明的全部必要技术特征，除非这些特征以通用术语表述，如：关于"自行车"的权利要求无需提及车轮的存在。如果权利要求的发明在于制作产品的方法，权利要求方法的运行应是所属领域技术人员看来是合理的，含有必要的作为最终结果的具体产物；否则，因存在自身的矛盾而造成权利要求不清楚。对于产品权利要求，如果产物属公知种类且发明在于变换产品的某特定方面，权利要求能清楚确认该产品并具体描述改进变换所在以及所采用的方式就足够了。类似的做法适用于装置权利要求。当可专利性取决于技术效果时，权利要求的撰写应当包括对产生该技术效果是必需的全部技术特征。

美国立法例及判定实践。《美国专利审查指南》规定，如果在说明书指出该特征是必要技术特征，但是在权利要求并未包括时，可以不能实施驳回该权利要求。在确定一个未在权利要求中包括的技术特征是否是必要技术特征时，应当在整个公开的基础上考虑。仅仅是优选的技术特征不认为是必要的技术特征。在没有限定性的现有技术的情况下要求申请人在权利要求中限定到优选的内容并不能实现宪法促进科学技术进步的目的，因此，以权利要求缺乏必要技术特征为理由的驳回只有在说明书中明确说明了该特征是实现所述功能所必要的技术特征的情况下方可。如果在主要公开的内容包括摘要中，发现省略了所称的必要技术特征，可以利用这一点反驳上述反对意见。

### 五、权利要求得到说明书支持判断的比较研究

欧洲立法例及判定实践。《欧洲专利局专利审查指南》规定，权利要求应当得到说明书的支持。这是指在说明书中对每一权利要求的主题内容应当有依据，且权利要求的范围不应当比说明书和附图给出的合理程度以及比对已有技术的贡献更宽。多数权利要求是由一个或多个具体实施例概括而成。对每一申请，审查员应当结合相关已有技术来判断概括程度可否被允许。一项全新技术领域的开拓性发明比起已知技术领域的改进发明，允许有更宽的概括范围。一项概括恰当的权利要求既不应宽到超出发明本身，也不应窄到损害申请人公开其发明而应获得的正当权益。应当允许申请人覆盖其所述说明书公开内容的所有明显等同变换。特别是，如果可以合理预测被权利要求覆盖的所有变型具备申请人在说明书中赋予的性能或用途，应当允许这样概括权利要求。

美国立法例及实践。美国专利法没有权利要求以说明书为依据的专门条款，因此《美国专利审查指南》中没有专门的章节讨论以说明书为依据的内容。“权利要求的范围与能够实施的关系，唯一关系在于：根据说明书公开本领域技术人员能够实施的范围是否与权利要求要求保护的范围相对应。在依据权利要求的范围相对于公开能够实施范围作出合适的驳回决定时，应当实行两步法：1）确定权利要求的范围相对于公开能够实施范围的关系 – 考虑整个权利要求；2）确定本领域技术人员是否不需要‘过度试验’就可以实施要求保护范围内的所有发明。”美国亦意识到说明书支持审查过于宽松产生的不良影响，于 2011 年 2 月 9 日发布了《涉及美国专

利法第112条的补充审查指南》，其中强化了关于说明书支持的审查要求。

日本立法例及实践。《日本发明和实用新型审查基准》中在涉及说明书充分公开时，讨论了权利要求与说明书公开的关系。对要求保护的发明应当公开至少一种实施方式，并非要求保护的发明中所有的方案如何实施均必须在说明书中有描述。但是，如果本领域普通技术人员有充分理由确信，从说明书公开的具体实施方案无法扩展到（extend）要求保护发明的整个范围时，审查员可以判断发明没有清楚、完整公开发明使得所属技术领域的技术人员能够实现。例如，要求保护上位概念，说明书公开具体下位概念，如果所属技术领域的技术人员有具体理由确信，依据说明书公开的具体实施方式并不能获得所述上位概念涵盖的另一个具体下位概念，审查员可以判断发明没有清楚、完整公开发明使得所属技术领域的技术人员能够实现。

《日本发明和实用新型审查基准》列举的权利要求不能得到说明书支持的情况：（1）权利要求要求保护上位概念，说明书仅仅公开具体下位概念可以实施，如果所属技术领域的技术人员有具体理由确信，即使考虑公知技术，依据说明书公开的具体实施方式并不能获得所述上位概念涵盖的另一个具体下位概念；（2）权利要求采用马库什通式采用可选技术方案的形式进行定义，但是在说明书只公开了某些技术方案可以实施，如果所属技术领域的技术人员有具体理由认为，即使参考公知常识，也不能由某些特定的方案扩展到所有要求保护的方案，审查员可以判断发明没有清楚、完整公开发明使得所属技术领域的技术人员能够实现；（3）在说明书公开的实施方式是以使能够方式的，但是，在要求保护的发明的范围内，某一特定的实施方式是特殊的，因此所属技术领域的技术人员有充分理由认为，即使参考公知常识，也不能由某些优选方案扩展到所有其他要求保护的方案，审查员可以判断发明没有清楚、完整公开发明使得所属技术领域的技术人员能够实现；（4）如果权利要求包括用所要达到的效果进行限定的产品，说明书中只公开了具体实施方式，因此所属技术领域的技术人员有充分理由认为，即使参考公知常识，也不能由某一特定的方案扩展到所有要求保护的方案。

## 六、说明书和权利要求书撰写实质条件的制度原理分析

探讨说明书和权利要求书撰写实质条件的法律适用，需要立足于说明书和权利要求书的作用。

说明书的作用包括三个方面，将发明或者实用新型的技术方案清楚、完整地公开出来，使所属领域的技术人员能够理解并实施该发明或者实用新型，从而为社会公众提供新的有用技术信息；说明书提供发明或者实用新型的所属技术领域、背景技术、要解决的技术问题、解决其技术问题采取的技术方案、技术方案所能达到的有益效果等各方面的详细信息，是国家知识产权局对专利申请进行审查，判断是否能够授予专利权的基础；说明书是权利要求书的基础和依据，在专利权被授予后，特别是在发生专利侵权纠纷时，说明书及其附图可以用于解释权利要求书，以便更为正确地确定发明或者实用新型专利权的保护范围。上述三个方面中，第一个方面的作用最为重要。[1]

权利要求书的作用包括两个方面，申请人在申请发明或者实用新型专利时应当提交权利要求书，以表明申请人希望在多大范围的法律保护；在专利申请被授予专利权之后，专利文件的权利要求书是确定该发明或者实用新型专利权保护范围的依据。[2]

正是基于上述有关权利要求书和说明书的作用，对于权利要求书和说明书的撰写具有一些实质性的要求，主要包括权利要求清楚完整、说明书公开充分和权利要求得到说明书支持。从公开换取垄断的专利法基础理论角度而言，说明书公开充分是专利申请人向社会公众支付的对价，合法垄断权是社会公众向专利申请人支付的对

---

[1][2] 尹新天．中国专利法详解［M］．北京：知识产权出版社，2011：357.

价，因此，合法垄断权的界限必须清楚，并且必须与专利申请人充分公开的说明书表现出的技术贡献相匹配。鉴于专利权乃至知识产权属于“与有形对象十分疏远的权利形式”[1]，客体的非物质性是其本质特征[2]。在这种情况下，专利授权过程中需要判断说明书是否充分公开使得本领域普通技术人员能够实施该技术方案；权利要求是否清楚完整，明确地划定专利权的范围；权利要求是否能够得到说明书的支持，使得权利要求设定的合法垄断权的范围与说明书体现的技术贡献相匹配。

（一）说明书公开充分的判断

下面分析说明书公开充分判断的相关法律问题。

1. 说明书公开充分判断的总体思路

说明书对发明或者实用新型作出的清楚、完整的说明，应当达到所属技术领域的技术人员能够实现的程度。也就是说，说明书应当满足充分公开发明或者实用新型的要求。所属技术领域的技术人员能够实现，是指所属技术领域的技术人员按照说明书记载的内容，就能够实现该发明或者实用新型的技术方案，解决其技术问题，并且产生预期的技术效果。

说明书应当清楚地记载发明或者实用新型的技术方案，详细地描述实现发明或者实用新型的具体实施方式，完整地公开对于理解和实现发明或者实用新型必不可少的技术内容，达到所属技术领域的技术人员能够实现该发明或者实用新型的程度。审查员如果有合理的理由质疑发明或者实用新型没有达到充分公开的要求，则应当要求申请人予以澄清。

2. 说明书公开不充分的典型情形

通常而言，以下各种情况由于缺乏解决技术问题的技术手段而

---

[1] 格雷．论财产权的解体［J］．经济社会体制比较，1994（5）．吴汉东．知识产权基本问题研究（总论）［M］．2版．北京：中国人民大学出版社，2009：11.

[2] 吴汉东．知识产权基本问题研究（总论）［M］．2版．北京：中国人民大学出版社，2009：21.

被认为无法实现：

（1）说明书中只给出任务和/或设想，或者只表明一种愿望和/或结果，而未给出任何使所属技术领域的技术人员能够实施的技术手段；（2）说明书中给出了技术手段，但对所属技术领域的技术人员来说，该手段是含糊不清的，根据说明书记载的内容无法具体实施；（3）说明书中给出了技术手段，但所属技术领域的技术人员采用该手段并不能解决发明或者实用新型所要解决的技术问题；（4）申请的主题为由多个技术手段构成的技术方案，对于其中一个技术手段，所属技术领域的技术人员按照说明书记载的内容并不能实现；（5）说明书中给出了具体的技术方案，但未给出实验证据，而该方案又必须依赖实验结果加以证实才能成立。例如，对于已知化合物的新用途发明，通常情况下，需要在说明书中给出实验证据来证实其所述的用途以及效果，否则将无法达到能够实现的要求。

3. 说明书公开充分与现有技术的关系

除了开拓性发明之外，发明创造需要在现有技术方案的基础上作出改进后得到。即使开拓性发明本身，其属于在技术史上未曾有过先例的全新的技术方案，亦需要借鉴现有技术中的其他技术领域的技术思路。因此，在审查实践和司法实践中经常需要讨论说明书公开充分与现有技术之间的关系。也就是说，对于属于现有技术的技术方案，是否全部需要在本专利说明书中加以引述，需要在本专利说明书中多大程度上加以引述。

说明书公开充分的判断与现有技术之间的关系，需要立足本领域普通技术人员的含义加以解读。本领域普通技术人员，是一种假设的“人”，假定他知晓申请日或者优先权日之前发明所属技术领域所有的普通技术知识，能够获知该领域中所有的现有技术，并且具有应用该日期之前常规实验手段的能力，但他不具有创造能力。如果所要解决的技术问题能够促使本领域的技术人员在其他技术领域寻找技术手段，他也应具有从该其他技术领域中获知该申请日或优先权日之前的相关现有技术、普通技术知识和常规实验手段的能力。在上述表述中可以得知，本领域普通技术人员对于本领域的普通技术知识（即公知常识）和现有技术的了解程度是不同的：本领域普通技术人员知晓申请日或者优先权日之前发明所属技术领域所有的普通技术知识，本领域技术人员能够获知该领域中所有的现有技术。“能够获知”与“知晓”之间存在不同：能够获知是指在一定的启示下可以知晓，而知晓则是客观地了解。由此可见，说明书公开充分，不需要在说明书中记载该技术方案所使用到的本领域普通技术知识，但是对于需要借助例如在先公开专利的其他现有技术的情况，说明书中应当给出获取上述其他现有技术的引导。亦即，对于需要借助例如在先公开专利的其他现有技术的情况，需要在说明书中通过给出在先公开专利的专利号等方式使得本领域普通技术人员能够获知上述现有技术。

4. 说明书公开充分的证明责任

对于说明书公开充分判断中如何分配证明责任的问题，需要立足证据法基本原理加以分析。“消极事实无法证明”是证据法领域的一个基本理念。应用到说明书公开充分的判断中，说明书公开不充分通常是难以证明的。因此，通常而言，说明书公开不充分的判断，需要给出说明书存在公开不充分情形的合理怀疑，典型的合理怀疑如“说明书公开不充分的典型情形”部分所述。然后，证明责任转移给专利申请人或者专利权人，由其证明实现发明目的必不可少的技术手段在说明书中得以公开，或者属于本领域普通技术人员知晓或能够获知的内容。

（二）权利要求清楚完整的判断

下面分析权利要求清楚完整判断的相关法律问题。

1. 权利要求清楚判断的总体思路

权利要求清楚的含义。权利要求清楚的外延，一是指每一项权利要求应当清楚，二是指构成权利要求书的所有权利要求作为一个整体也应当清楚。权利要求清楚的内涵，一是指权利要求类型清楚，二是指权利要求确定的保护范围清楚。

首先，每项权利要求的类型应当清楚。权利要求的主题名称应当能够清楚地表明该权利要求的类型是产品权利要求还是方法权利要求，不允许采用模糊不清的主题名称。另一方面，权利要求的主题名称还应当与权利要求的技术内容相适应。产品权利要求适用于产品发明或者实用新型，通常应当用产品的结构特征来描述。特殊情况下，当产品权利要求中的一个或多个技术特征无法用结构特征予以清楚地表征时，允许借助物理或化学参数表征；当无法用结构特征并且也不能用参数特征予以清楚地表征时，允许借助于方法特征表征。使用参数表征时，所使用的参数必须是所属技术领域的技术人员根据说明书的教导或通过所属技术领域的惯用手段可以清楚而可靠地加以确定的。方法权利要求适用于方法发明，通常应当用工艺过程、操作条件、步骤或者流程等技术特征来描述。用途权利要求属于方法权利要求。但应当注意从权利要求的撰写措词上区分用途权利要求和产品权利要求。区分权利要求的类型，具有十分重要的法律意义：首先，可以用于判断实用新型专利的保护客体；其次，便于确定证明责任。因为，根据《专利法》第 61 条的规定，专利侵权纠纷涉及新产品制造方法的发明专利的，制造同样产品的单位或者个人应当提供其产品制造方法不同于专利方法的证明。当然，产品或者制造产品的技术方案在专利申请日以前为国内外公众所知的，应当认定该产品不属于专利法规定的新产品。在认定新产品时应考虑该产品与专利申请日之前已有的同类产品相比，在产品的组分、结构或者其质量、性能、功能方面有明显区别。笔者认为，是否属于新产品，应由权利人举证证明。

其次，每项权利要求所确定的保护范围应当清楚。权利要求的保护范围应当根据其所用词语的含义来理解。一般情况下，权利要求中的用词应当理解为相关技术领域通常具有的含义。在特定情况下，如果说明书中指明了某词具有特定的含义，并且使用了该词的权利要求的保护范围由于说明书中对该词的说明而被限定得足够清楚，这种情况也是允许的。但此时也应要求申请人尽可能修改权利要求，使得根据权利要求的表述即可明确其含义。

2. 权利要求完整的判断思路

独立权利要求应当从整体上反映发明或者实用新型的技术方案，记载解决技术问题的必要技术特征。必要技术特征是指，发明或者实用新型为解决其技术问题所不可缺少的技术特征，其总和足以构成发明或者实用新型的技术方案，使之区别于背景技术中所述的其他技术方案。

由此可见，判断某一技术特征是否为必要技术特征，应当从所要解决的技术问题出发并考虑说明书描述的整体内容，不应简单地将实施例中的技术特征直接认定为必要技术特征。

3. 权利要求清楚与权利要求的解释

在审查实践和司法实践中的重要问题在于，当权利要求中术语含义需要确定的时候，是应当认定为权利要求不清楚，还是应当使用说明书对权利要求的保护范围加以解释。

笔者认为，正如本书第一章第四节所述，权利要求保护范围的解释应当是积极和主动的，但是，不能使用说明书对于权利要求书的保护范围加以限制。在权利要求的术语存在特定含义，或者权利要求的术语存在多种含义，或者说明书明确放弃某些技术方案等情况下，应当借助说明书对于权利要求加以解释。亦即，在权利要求的术语存在特定含义或者权利要求的术语存在多种含义的情况下，通常需要结合说明书对于权利要求中的术语加以解释。在其他情形下，如果权利要求中部分术语含义不明确，那么应当认定为权利要求保护范围不清楚。

（三）权利要求得到说明书支持的判断

下面分析权利要求得到说明书支持判断的相关法律问题。

1. 权利要求得到说明书支持判断的总体思路

权利要求通常由说明书记载的一个或者多个实施方式或实施例概括而成。权利要求的概括应当不超出说明书公开的范围。如果所属技术领域的技术人员可以合理预测说明书给出的实施方式的所有等同替代方式或明显变型方式都具备相同的性能或用途，则应当允许申请人将权利要求的保护范围概括至覆盖其所有的等同替代或明显变型的方式。对于权利要求概括得是否恰当，审查员应当参照与之相关的现有技术进行判断。众所周知，我国等同侵权中的“等同”，是指以基本相同的手段、实现基本相同的功能、产生基本相同的效果，本领域技术人员无需付出创造性劳动就能够联想到的技术特征。笔者认为，上述“等同替代”的含义与等同侵权中的“等同”的含义是相同的。

就权利要求得到说明书支持的角度而言，开拓性发明可以比改进性发明有更宽的概括范围。同理，在开拓性发明适用等同侵权的时候，相对于改进性发明而言可以适当放宽，获得更大的保护范围。

2. 说明书与权利要求书不一致的处理

在审查实践和司法实践中，经常遇到这样的情形：说明书对于技术方案的描述和权利要求对于技术方案的概括不一致甚至是矛盾，例如说明书中记载部件A位于部件B的侧下方，权利要求中记载部件A位于部件B的正下方。这种情形的处理在审查实践和司法实践中存在争论。

笔者认为，这种情况下需要区分情形加以处理：如果说明书中的记载有误，那么可能构成说明书公开不充分。如果权利要求中的记载有误，那么通常构成权利要求得不到说明书的支持，例外的情况为权利要求中记载的、除了说明书中技术方案之外的其他情形无法实现（例如说明书中记载部件A位于部件B的侧下方，权利要求中记载部件A位于部件B的下方，而“部件A位于部件B的正下方”这一技术方案无法实现），这一情况下通常应当通过权利要求解释的方式加以解决。实践中还存在这样的情形，无法判断说明书中记载有误还是权利要求中记载有误，这种情况下通常应当认定说明书公开不充分或者权利要求得不到说明书的支持。

3. 上位概念的理解及与相关概念的关系

对于用上位概念概括或用并列选择方式概括的权利要求，应当审查这种概括是否得到说明书的支持。如果权利要求的概括包含申请人推测的内容，而其效果又难于预先确定和评价，应当认为这种概括超出了说明书公开的范围。如果权利要求的概括使所属技术领域的技术人员有理由怀疑该上位概括或并列概括所包含的一种或多种下位概念或选择方式不能解决发明或者实用新型所要解决的技术问题，并达到相同的技术效果，则应当认为该权利要求没有得到说明书的支持。对于这些情况，审查员应当根据《专利法》第26条第4款的规定，以权利要求得不到说明书的支持为理由，要求申请人修改权利要求。

在审查实践和司法实践中，有观点将上位概念与其他概念相混淆。例如，将功能性限定认定为上位概念等。笔者认为，随着技术发展，人们对于本领域的某些部件加以概括形成上位概念。有时在上述概括中，不同部件的共同点就在于功能，从而利用其功能上的共同点进行了概括。例如，变压器、恒温箱、整流器等均属于上述情况。如果将这些上位概念的概括与功能性限定相混淆，那么导致包含这些概念的权利要求保护范围无法确定。因此，正如笔者在本书第一章第五节所述，功能性限定技术特征的认定规则中应当明确功能性限定技术特征不包含本领域的公知术语。

## 七、案例回顾

在"深型离心式抽油烟机"实用新型专利无效纠纷一案中，本案专利权利要求2中"凹曲面44"这一技术特征，在说明书文字部分有同样的描述，而在说明书附图6中"从固定了的曲面导风板看过去"，该曲面为凸曲面，故文字描述与附图不一致。因此，本案术语说明书和权利要求不一致并且无法确定说明书存在错误还是权利要求存在错误的情况，通常应当认定其不符合《专利法》第26条第3款的规定。

在“医用腔道内支架”实用新型专利无效纠纷一案中，由本专利说明书记载可知，本专利中的“生物膜”具有透明透气、超弹性、耐腐蚀的特性，并且本案原告和被告均认可“细胞、细胞器和其环境接界的所有膜结构”的“生物膜”无法实现上述的特性，只有高分子材料制成的膜才具有上述特性。由此可见，本领域普通技术人员在阅读本专利说明书时不会将本专利的“生物膜”局限到细胞、细胞器和其环境接界的所有膜结构，而会在其所掌握的普通技术知识的范围内作出该“生物膜”是高分子材料制成的膜的理解。因此，本案中的“生物膜”属于权利要求的术语存在特定含义的情况，并且属于权利要求中记载的、除了说明书中技术方案之外的其他情形无法实现的情况。亦即，除高分子材料制成的膜之外的其他情形无法实现，从而应当通过权利要求解释的方式加以解决，而不应当认定涉案专利不符合《专利法》第26条第3款、第4款的规定。

在“记忆卡的讯号转接器”实用新型专利无效纠纷一案中，需要结合发明目的判断权利要求是否缺少必要技术特征。本专利的发明目的是，如说明书所述的，节省空间，而用以容纳多种不同形式的记忆卡插用，不必再重复购买读卡机等，在使用上提供便利，省下金钱上的花费。本专利的权利要求1中限定了基座从记忆卡插入端的一侧沿水平方向至另一侧加以延伸，并利用空间交互重叠的方式形成复数个可以容纳不同形式、尺寸的记忆卡的槽位的技术特征，通过这样，容纳不同形式的记忆卡所利用的插槽是交互重叠的，通过该基座在空间利用上的变化的技术手段，就能够实现本发明的发明目的。至于导通元件与槽位之间对应的结构特征与达到本专利发明目的并无直接关系，并且作为记忆卡的讯号转接器，其槽位导电元件的结构关系必然与所使用的记忆卡有关，因而该结构关系必然是与已知的记忆卡的结构相对应的。所以，上述特征并不是达到发明目的的必要技术特征。

在“印楝素混配农药制剂及其制备方法”发明专利无效纠纷一

案中，本案的发明点在于两种成分印楝素和阿维菌素的混配以达到增效的作用，本领域技术人员根据说明书记载的信息可以得出权利要求1要求保护的技术方案。如果所属技术领域的技术人员可以合理预测说明书给出的实施方式的所有等同替代方式或明显变型方式都具备相同的性能或用途，则应当允许申请人将权利要求的保护范围概括至覆盖其所有的等同替代或明显变型的方式。

在“一种钢管束内外壁防腐方法”一案中，说明书实施例记载的管内壁处理方法和管外壁处理方法，二者属于发明目的相同的技术方案。权利要求1将说明书实施例所述的针对管内壁的处理方法与针对管外壁的处理方法加以概括，能够得到说明书的支持。并且在说明书支持的判断中，需要与权利要求保护范围的解释加以区分。

# 第二章　程序论：专利授权与确权实务的程序法解读

我国专利法兼具有实体法规范和程序法规范，并且通常借鉴民事诉讼制度的相关程序法规范。然而，专利授权确权制度（尤其是包含专利无效宣告程序和专利行政诉讼程序在内的专利确权制度）中，具有独特的程序法问题，需要立足我国专利授权确权制度的相关法学原理从程序法视角加以分析。本章主要探讨专利无效宣告程序的代理制度、理由制度、证明标准、基本模式与证明责任、电子证据和域外证据的认定，以及专利行政诉讼的主体判定、客体判定、合法性审查范围以及撤销后案件的审理等问题。

## 第一节　专利无效宣告程序的代理制度[1]

由于专利授权与确权程序的专业性，当事人在专利授权与确权程序中经常需要委托专利代理人或者专利律师。专利无效宣告程序代理制度的完善值得深入探讨。

### 一、引言

根据《专利法实施细则》第 15 条第 3 款、第 4 款的规定："申请人委托专利代理机构向国务院专利行政部门申请专利和办理其他专利事务的，应当同时提交委托书，写明委托权限。申请人有 2 人

---

[1] 张鹏．浅析代理权授予行为的独立性和无因性——兼论专利无效宣告程序中代理制度的完善［C］//中华全国专利代理人协会．专利代理行业发展与创新型国家建设——中华全国专利代理人协会成立 20 周年优秀论文集．北京：知识产权出版社，2009：237－244. 本文获得"全国专利代理行业发展与创新型国家建设征文"优秀论文奖。

以上且未委托专利代理机构的，除请求书中另有声明的外，以请求书中指明的第一申请人为代表人。”本节对于无效程序中委托代理人代理权限的审查加以分析，探讨无效程序中代理制度的完善。

## 二、审查实践及司法实践的解读

**【案例30】**某无效案件中，请求人委托公民代理，并且在授权委托书中载明了受委托人的工作单位为某专利代理机构。口头审理时查证该受委托人是该专利代理机构的专利代理人。专利权人明确表示对请求人的出庭人员的身份、资格没有异议。

对于该案件的处理有两种观点。一种观点认为，上述授权委托书表明了请求人授予代理人代理权的意思表示，并且对方当事人对其没有异议，因此该授权行为有效，该公民代理人享有代理权。另一种观点认为，由国务院颁布的行政法规《专利代理条例》第17条规定，专利代理人必须承办专利代理机构委派的专利代理工作，不得自行接受委托。因此，请求人与该代理人之间的委托合同违反行政法规的规定。《合同法》第52条第5项规定，违反行政法规的强制性规定的合同无效。而合同无效是自始、绝对、当然地无效❶，也就是说自合同成立之初，绝对地当然地不产生法律效力。因此，本案中请求人与该代理人之间的委托合同自始不发生法律效力，该代理人属于无权代理。该无效案件的上述争论主要涉及代理权授予行为与委托合同等基础关系之间的关系问题，也就是代理权授予行为是否具有独立性和无因性的问题。

另外，《专利审查指南（2010）》第四部分第三章第3.6节规定，公民代理的权限仅限于在口头审理中陈述意见和接收当庭转送的文件。因此，专利代理人在无效宣告程序中可以享有非常广泛的代理权：代为放弃无效宣告请求，代为和解，接收法律文件等。而作为代理人的公民、律师只能享有在口头审理中陈述意见和接收当

❶ 参见：崔建远．合同法［M］．北京：法律出版社，2003：72.

庭转送的文件的权利。

因此，本部分对于代理权产生的原因以及相应的法律关系进行研究，以期对无效案件中代理权限的审查以及《专利审查指南(2010)》相关规定的完善有所促进。

## 三、代理制度的比较法研究

代理制度是一项非常悠久的民事制度。自罗马法伊始，世界各国民法均作出相应的规定予以规范。下面详细介绍。

罗马法、法国民法典、荷兰民法典和奥地利民法。罗马法中，对代理关系和基础关系不加区分。代理只是基础关系的外部效力，独立的授权行为是不存在的。法国民法典、荷兰民法典和奥地利民法等继承了这一思想，不承认代理是一项独立的法律制度，有关内容在委托合同中加以规定。委托代理关系的法律效果是委托合同关系的附属性法律效果。法国民法典第1984条规定："委任或代理，为一方授权他方以委任人的名义，为委任人处理事务的行为。"荷兰民法典第1829条规定："委任是受托人根据委托人的授权，以委托人的名义，为委托人执行事务的合同。"奥地利民法也采用了这一立法例，没有对委托合同和代理加以区别。[1]

德国等大陆法系国家的民法。德国民法学者拉邦德（Laband）在《代理权授予及其基础关系》一文中，主张严格区分委任合同与代理权的授予，这一观点被誉为"法学上的伟大发现之一"。[2] 这一理论被称为"抽象性理论"或"区分论"，对大陆法系立法影响很大。德国、日本、瑞士、意大利、荷兰、中国台湾地区都采用了该理论。在这些国家或地区，代理关系和基础关系被严格区分，也就是说，代理权的授予行为具有独立性。这些国家或地区，在"总

[1] 参见：梁慧星．民法总论［M］．北京：法律出版社，2001：244.

[2] 参见：徐海燕．英美代理法研究［M］．北京：法律出版社，2000：350.

则”中规定代理或代理权，另外在“债编”中规定委托合同。[1] 比如，德国民法典第 167 条规定：“代理权的授予应向代理人或代理人对之为代理行为的第三人以意思表示为之。”该条规定将授权行为看做本人的单独行为，并将授权行为与基础关系分开。

中国台湾地区“民法”。中国台湾地区“民法”第 167 条的规定也体现了代理权授予行为的独立性。中国台湾地区“民法”第 167 条规定：“代理权系以法律行为授予者，其授予应向代理人或向代理人对之为代理行为之第三人以意思表示为之。”其立法理由书中指出：“查民律第 221 条理由谓授予意定代理权之行为，是有相对人之单独行为，非委任，亦非他种契约也。”[2] 可见，中国台湾地区“民法”也采用了代理权授予行为独立性的理论。对于代理权授予行为是否无因，我国台湾地区民法学者并未达成一致观点。他们有的基于“民法”第 108 条第 1 项“代理权之消灭，依其所由授予之法律关系定之”的规定，认为代理权授予行为不具有无因性；有的基于“民法”第 104 条“代理人所为或所受意思表示之效力，不因其为限制行为能力人而受影响”的规定，认为代理人为限制行为能力人时，在没有得到监护人的允许的情况下，委托合同或其他基础关系无效或可撤销，而代理权的取得仍为有效，所以，代理权授予行为具有无因性。

日本民法。日本民法典第 111 条规定：“因委任而产生代理权，因委任终止而消灭。”可见，日本认可代理权授予行为的独立性，但是在代理权授予行为与委托合同等基础关系之间的关系方面，采用绝对有因说。

英美法。英国法及美国法虽然也区别代理权授予行为及基础关系，但是尚未能贯彻拉邦德所提出的代理权授予行为无因性的理论。[3]

---

[1] 参见：徐海燕．英美代理法研究［M］．北京：法律出版社，2000：355.

[2] 参见：王泽鉴．民法总则［M］．北京：中国政法大学出版社，2001：465.

[3] 参见：王泽鉴．法学上之发现［C］//王泽鉴．民法学说与判例研究·第 4 册．北京：中国政法大学出版社，1998：8.

综上所述，多数大陆法系国家和英美法系国家对代理权授予行为和委托合同等基础关系加以区分，并且认可代理权授予行为相对于基础关系具有独立性。大陆法系国家和英美法系国家对于代理权授予行为是否具有无因性并未达成一致观点。

## 四、我国相关民事制度研究

我国《民法通则》第56条第2款规定："委托代理的授权委托书应当载明代理人的姓名或名称、代理事项、权限和期限，并由委托人签名或者盖章。"根据这一条规定的反面解释，授权委托书不需要受托人签名或者盖章（即不需要受托人同意）。也就是说，代理权授予行为仅仅是委托人单方的意思表示，是独立于委托合同的单方行为，基于此代理权授予行为具有独立性。[1] 另外，我国将委托合同和代理制度分别规定在合同法和民法通则中，这一编排体例与德国类似。综上所述，我国在立法上采纳了代理权的授予行为独立性理论。中国民法通则对于代理权授予行为与基础关系的关系问题，也就是代理权授予行为是否具有无因性的问题，没有规定。

学术界普遍认可代理权授予行为的独立性。代理权授予行为是一种单方法律行为，不是基础关系的外部效力。代理权授予行为的单方性质决定了代理权授予行为即使伴有基础法律关系并成为基础法律关系的组成部分，其仍是单方行为。[2] 并且，代理权授予行为是有相对人的单方行为，于相对人了解（对话）或到达相对人（非对话）时发生效力，不以相对人承诺为必要。[3] 只要委托人作出授权的意思表示，就能产生代理人获得代理权的法律后果，授权的意思表示具有对外设权的效果。至于被授权人是否愿意行使代理权，则对代理权的产生不发生影响，委托人可以在授权之后随时撤

---

❶ 梁慧星．民法总论［M］．北京：法律出版社，2001：247.

❷ 李锡鹤．民事代理理论的几个问题［C］//梁慧星．民商法论丛·第10卷．北京：法律出版社，1998：91.

❸ 王泽鉴．民法总则［M］．北京：中国政法大学出版社，2001：460.

回其授权。❶ 而基础关系（以委托合同为代表）是一种双方法律关系。所以，授权行为与基础关系性质不同，从而授权行为具有独立性。

但是，对于代理权授予行为的无因性，学术界存在争论。其主要观点如下：

代理权授予行为不具有无因性的观点。代理权授予行为与基础关系的法律效果有区别。委托合同的法律效果是产生了受托人的一般事务处理权，受托人依据此事务处理权可以代委托人处理不涉及意思表示的事务，如保管、照看、收取租金等行为。而代理权授予行为的法律效果是使受托人获得代理权，可以据以代委托人为意思表示或者受意思表示，并使其所为的民事法律行为的效力归于委托人。在涉及意思表示的事务委托中，须另外授予代理权，委托合同是基础关系，代理是对外关系。❷《民事诉讼法》第58条、第59条以及《最高人民法院关于适用〈中华人民共和国民事诉讼法〉若干问题的意见》第68条、第69条规定了民事诉讼中的代理制度，其中律师和公民均可以担任诉讼代理人，并且代理权限由被代理人授权。代理权授予行为与基础关系不可分离。基础关系归于无效或可撤销时，代理权授予行为亦因之无效。代理权授予行为如果是无因行为，那么第三人即使是恶意也会受到保护。另外，代理权授予行为的有因性有利于简化民事法律关系。

代理权授予行为具有无因性的观点。从利益衡量角度，肯定代理权授予行为的独立性和无因性并不违反被代理人的意思，也无害于代理人。因为被代理人有授予代理权的意思。在肯定代理权授予行为的独立性和无因性的条件下，代理人不因代理行为而负有义务，所以无害于代理人。如果采用有因说，基础关系无效或被撤销时，代理权应同时归于消灭，倘若没有构成表见代理，则代理人自

---

❶ 刘凯湘．民法学［M］．北京：中国法制出版社，2000：176.

❷ 参见：梁慧星．民法总论［M］．北京：法律出版社，2001：247.

始欠缺代理权，应负无权代理人的民事责任，对代理人不公平。

## 五、专利无效宣告程序中代理制度的制度原理分析

笔者从代理权授予行为的性质着手，对于代理权授予行为的独立性和无因性进行分析。

### （一）代理权授予行为的性质

要对代理权授予行为的性质有正确的认识，必须对代理权的性质加以认识。对于代理权的性质学术界有4种观点：资格说❶、能力说❷、民事权利说、权力说等。笔者认为权力说更为合理，即代理权本质上是一种权力❸，代理是一种“权力—责任关系”。代理权是私法上的公权力，在当事人之间形成管理与被管理、服从与被服从的关系。首先，代理权是一种法律上之力。凭借此法律上之力，代理人可以改变本人与第三人之间的关系，而本人必须承受法律后果。其次，代理权具有强大的法律效力。这种法律效力首先体现在对本人的拘束力，本人必须承担代理人在代理权限内所实施的民事法律行为的后果；并且体现在凭借代理权代理人可以改变本人与其他人的法律关系。还有，代理权是由法律授予的。代理权这一权力并不是由本人授予的而是由法律授予的。只是本人的行为（即代理权授予行为）使法律规则发生作用，其结果是代理人获得了这一权力。综上所述，代理权是私法上的公权力。代理人与被代理人之间的法律关系符合民法的相关规定后，无论被代理人是否有授权的意思，代理权都当然产生。从权力说出发，代理权授予的意思并不构成民法上的意思表示，代理权授予行为应解释为不以意思表示为要件的事实行为，而不应解释为民事法律行为。

下面再从意思表示角度论述上述观点的合理性。对于意思表示

❶ 参见：王泽鉴．民法总则［M］．北京：中国政法大学出版社，2001：449.

❷ 参见：胡长清．中国民法总论［M］．北京：中国政法大学出版社，1997：303.

❸ 参见：梁慧星．民法总论［M］．北京：法律出版社，2001：241.

的构成要素民法学界有许多不同的。德国和中国台湾地区民法学界的通说认为，意思表示由行为意思、表示意识、效果意思和表示行为四项要素构成。[1] 行为意思是表意人自觉从事某种行为，表示意识是行为人认识其行为具有某种民事法律行为的意义，效果意思是行为人欲依其表示发生特定法律效果的意思，表示行为是表示某种意思的行为。委托合同关系、雇佣合同关系、合伙合同关系等基础关系的意思表示中的效果意思包括授予代理权。也就是说，授予代理权是委托合同、雇佣合同、合伙合同等基础关系追求的一个效果。所以，授予代理权的意思只是基础关系的意思表示中不可或缺的一部分。授予代理权的意思并不构成民法上独立的意思表示。从而，代理权授予行为只是独立的事实行为。

（二）代理权授予行为的无因性

首先，代理权授予行为无因性理论符合制度协调的需要。如上所述，代理权授予行为是独立的事实行为，而委托合同等基础关系是双方法律行为，二者性质截然不同。代理权授予行为的无因性理论能够实现与代理权授予行为的独立性理论的协调，并且避免代理权授予行为的有因性理论对于代理权授予行为的独立性理论造成的干扰。[2]

其次，代理权授予行为无因性理论具有保护交易安全的价值。第一，代理权授予行为有效、基础关系无效而第三人不知的情形。这种情形下，依据代理权授予行为的无因性理论能够保护第三人利益。由于例如委托合同的基础关系具有相对性，仅对基础关系的当事人产生约束力，所以该基础关系是否有效不应当影响第三人的利益，这也是交易安全的需要。因为民法是发展之法，基于效率原则

---

[1] 对于意思表示的构成要素我国民法学界有不同的认识。王利明教授认为，意思表示的构成要素包括目的意思、效果意思和表示行为。梁慧星教授认为，意思表示的构成要素包括效果意思、表示意思和表示行为。但以德国的通说最为权威。参见：王泽鉴．民法总则［M］．北京：中国政法大学出版社，2001.

[2] 参见：范李瑛．论代理权授予行为的独立性和无因性［J］．烟台大学学报，哲学社会科学版，2003（2）：167.

要促进交易频繁发生，从而促进市场经济发展。正是基于这一点，民法并不要求只有在信息充分的前提下才能进行交往。其实，民法在制度设计上是以信息不充分作为民事交往的常态。所以，民法要设计制度保护交易安全。为了保障交易安全，有必要采纳代理权授予行为无因性理论。第二，代理权授予行为有效、基础关系无效而第三人明知的情形。这一情形下第三人为恶意，没有保护的必要。根据《民法通则》第 66 条第 3 款的规定，代理人和第三人串通，损害被代理人的利益的，由代理人和第三人负连带责任。根据上述规定，在采纳代理权授予行为的无因性理论的情况下，不会对恶意第三人进行保护。第三，基础关系有效而代理权授予无效的情形。这一情形下，如果第三人为善意，依照代理权授予行为无因性理论无法对其加以保护。但是，根据《合同法》第 49 条规定，行为人没有代理权、超越代理权或代理权终止后以被代理人的名义订立合同，相对人有理由相信行为人有代理权的，该代理行为有效。也就是说，《合同法》第 49 条所规定的表见代理制度与代理权授予行为无因性理论配合可以实现对善意第三人的保护。

综上所述，从制度价值角度而言，代理权授予行为无因性理论和表见代理制度相互配合，能够有效地保护交易安全。

## 六、专利无效宣告程序中代理权的审查

基于上述分析，代理权授予行为相对委托合同等基础关系具有独立性和无因性，其法律效力不受基础关系的法律效力的影响。在本文所讨论的案例中，虽然委托合同因为违反行政法规而无效，但是代理权授予行为仍然有效，该代理人仍然具有代理权。

在无效宣告请求程序中，代理人的代理权来源于本人的代理权授予行为。如上所述，基础关系的意思表示中的效果意思包括授予代理权，所以授予代理权的意思只是基础关系的意思表示中不可或缺的一部分，授予代理权的意思并不构成民法上独立的意思表示。在这种情况下，《专利审查指南（2010）》对于该授予代理权的意

思加以规制，要求委托公民代理的时候代理权限仅限于口头审理中陈述意见和接收当庭转送的文件，缺乏逻辑基础。并且，在我国并未实行律师强制代理的国情下，在《民事诉讼法》以及相关规范性法律文件从未对于公民代理的代理权进行限制的前提下，《专利审查指南（2010）》的上述规定似有不妥。

### 七、案例回顾

综上所述，笔者认为代理权授予行为是独立的事实行为，《专利审查指南》没有必要对于公民代理的情况限定代理权授予行为的内容，并且在无效宣告程序中只需要对于代理权授予行为本身的合法性进行审查。

## 第二节　专利无效宣告程序的无效理由解析[1]

对无效宣告请求理由的理解是理论界和实务界关注的热点法律问题之一。无效程序是在审核认定证据以及查明能够采信的证据，按照一定的证据规则由裁判人员形成心证来确定一定事实，并在此事实的基础之上，适用专利法具体规定的过程。

### 一、引言

由于在证据认定、审理方式、期限以及程序进程的诸多层面，无效宣告请求的审查程序与民事诉讼程序比较类似，实际上也参考和借鉴了民事诉讼领域的具体制度和做法，例如《专利审查指南（2010）》第四部分第三章和第八章关于证据、举证期限等规定。可以说，无效宣告制度的程序法部分类似于民事诉讼中的“诉”。基于此，对于无效请求“理由”的理解，应当从诉与诉权的基本理

[1] 部分研究成果载于：张鹏，郭鹏鹏．论无效宣告的理由［J］．科技与法律，2009（4）：79－82.

论出发，结合相关规定，探究其法理本质。无效宣告理由应当是法律依据、主观认识和事实理由的集合，约束了一个无效宣告请求的审理范围和审查内容。

## 二、审查实践及司法实践的解读

**【案例31】**在“一种导线连接器”实用新型专利无效纠纷一案中，请求人于提出无效宣告请求时的无效理由是权利要求1、4不具备新颖性、创造性。提出无效宣告请求之日起1个月内，请求人增加新理由，认为涉案专利的权利要求2、3不具备创造性。专利复审委员会针对请求人的全部理由进行了审理。

北京市第一中级人民法院和北京市高级人民法院认为，根据《专利法实施细则》第65条的规定，无效宣告请求书应当结合提交的所有证据，具体说明无效宣告请求的理由，并指明每项无效宣告请求所依据的证据；根据《专利法实施细则》第67条的规定，专利复审委员会受理无效宣告请求后，请求人可以在提出无效宣告请求之日起1个月内增加理由或补充证据；本案中请求人在专利复审委员会受理无效宣告请求后及口头审理中提出的权利要求2、3不具备创造性的主张，系扩大了无效宣告请求的范围[1]；专利复审委员会无权针对请求人扩大后的范围进行审理，不应当对于权利要求2、3的创造性进行审查。[2]

---

[1] 参见《专利审查指南（2010）》第四部分第三章第2.2节规定，请求人可以放弃全部或者部分无效宣告请求的范围、理由及证据。对于请求人放弃的无效宣告请求的范围、理由和证据，专利复审委员会通常不再审查。《专利审查指南（2010）》第四部分第三章第3.3节规定，无效宣告请求书中应当明确无效宣告请求范围。《专利审查指南（2010）》第四部分第三章第4.1节规定，在无效宣告程序中，专利复审委员会通常仅针对当事人提出的无效宣告请求的范围、理由和提交的证据进行审查，不承担全面审查专利有效性的义务。

[2] 参见国家知识产权局专利复审委员会第8573号无效宣告请求审查决定以及北京市第一中级人民法院（2006）一中行初字第1151号行政判决书和北京市高级人民法院（2007）高行终字第329号行政判决书。

上述对无效宣告请求的“理由”这一概念的理解值得商榷。[1]无效宣告程序是一个由行政相对人启动的由该启动人（请求人）与专利权人双方当事人参加、针对争议专利的授权后审查程序，按照目前《专利法实施细则》和现行指南的架构，双方当事人在这一程序中地位平等，专利复审委员会并不承担全面审查专利有效性的义务，主要针对当事人之间的争议进行审理，主要依据当事人提供的证据和理由进行审查，也就是说审查程序主要围绕当事人对已经被授权专利的具体争议展开并推进。究其实质，无效宣告程序是在审核认定证据以及查明能够采信的证据，按照一定的证据规则由裁判人员形成心证来确定一定事实，并在此事实的基础之上，适用专利法具体规定的过程。由于在参加人的相互关系、证据认定、审理方式、期限以及程序进程的诸多层面，无效宣告请求的审查程序与民事诉讼程序比较类似，也正基于此，设置无效宣告请求的审查在诸多方面参考和借鉴了民事诉讼领域的具体制度和做法。[2]可以说，无效宣告制度的程序法部分类似于民事诉讼中的“诉”。基于此，对于无效请求“理由”的理解，需要从诉与诉权的基本理论出发，结合相关规定，探究其法理本质。

### 三、诉与诉讼标的的理论研究

大陆法系的民事诉讼理论中，诉指当事人依照法律规定，向人

---

[1] 根据《专利法实施细则》第65条第2款的规定：“前款所称无效宣告请求的理由，是指被授予专利的发明创造不符合专利法第2条、第20条第1款、第22条、第23条、第26条第3款、第4款、第27条第2款、第33条或者本细则第20条第2款、第43条第1款的规定，或者属于专利法第5条、第25条的规定，或者依照专利法第9条规定不能取得专利权。”。该判决显然仅从字面含义理解这一条款，将无效宣告请求的“理由”的内涵和外延限定于该条款所列明的“法律条文”，从而得出，按照《专利法实施细则》第67条的规定增加“理由”仅能增加法律条文，而不能针对无效宣告请求时未涉及的权利要求这样的结论。

[2] 例如，关于证据、举证期限等的规定参见《专利审查指南（2010）》第四部分第三章和第八章。

民法院提出的保护其合法权益的请求。[1] 民事诉讼由主观要素和客观要素组成，主观要素指当事人，客观要素即指诉讼标的。[2] 一般认为，适格的诉应该由主体（诉讼当事人）、诉讼标的（又称“诉的标的”）、诉的理由三个要素组成。[3]

诉讼标的作为诉的要素之一，是民事诉讼的基本和核心的问题[4]，因为其“决定了法院是否受理原告起诉、应当选择何种程序、法院的判决的既判力的时间和范围等问题，是法院审理裁判的对象决定着法院在一个特定的诉讼中审理的范围等问题，离开了审判对象，诉讼程序也就无从谈起，成了空中楼阁。”[5]

界定诉讼标的的意义在于：（1）诉讼标的是法院审理裁判的对象[6]；（2）有利于当事人攻击、防御；（3）有利于法院划分诉讼管辖、正确适用诉讼程序；（4）判断是否属于重复起诉的标准[7]；（5）判断诉的合并、分离、追加和变更的根据[8]。

诉讼标的这一概念经历了相当长的历程，前后提出了旧实体法说、诉讼法说、新实体法说等理论。我国主流观点将之概括为“诉讼标的是指当事人之间争议的、原告请求法院裁判的实体权利或者

---

[1] 常怡．民事诉讼法学［M］．修订版．北京：中国政法大学出版社，2002：87.

[2] 李龙．民事诉讼标的理论研究［M］．北京：法律出版社，2003：3－5.

[3] 常怡．民事诉讼法学［M］．修订版．北京：中国政法大学出版社，2002：89.

[4] 法院在适用民事实体法规范之前，首先必须弄清楚原告主张的权利或法律关系是什么或向法院提出的裁判要求是什么，原告提出的诉讼请求根据民事实体法应该属于什么种类，在这些问题之后，法院才能弄清审理和裁判的对象和范围，才能谈得上正确适用法律的问题。

[5] 李龙．民事诉讼标的理论研究［M］．北京：法律出版社，2003：19.

[6] 民事诉讼所针对的是当事人私权的争执，民事裁判的目的是在解决当事人之间的争执，因此法院只需在当事人争执的并提交法院的裁判的范围予以裁判，如果法院的裁判超过这个限度即为无诉之判，就会违背裁判的公正性和经济性。引自：李龙．民事诉讼标的理论研究［M］．北京：法律出版社，2003：17－18.

[7] 诉讼标的的范围确定审理的范围，进而决定一事不再理的范围。

[8] 就一个特定的民事诉讼而言，诉讼标的不能变更，因为诉讼标的的变更就意味着诉的变更，实际上是一个新的案件。

法律关系的主张或者要求（声明）”。[1]

例如，以常见的给付之诉为例，在一个房屋买卖纠纷中，原告请求被告实际过户该房屋，诉讼标的为争议的房屋买卖关系本身以及在该法律关系中原告所主张的其享有实体法上的请求权；原告将房屋的买卖合同纠纷变成房屋租赁合同纠纷，这种变更就不能允许；而对于具体诉讼请求的变更则允许，例如，原告将要求被告过户房屋的请求，可以变为请求被告返回已支付的房款及利息，因为这种请求上的变更，没有改变原诉讼的性质。

可见，在民事诉讼中，诉讼标的理论用于固定具体的诉的内容和范围。诉讼标的用于区分此诉与彼诉，使诉特定化，并且决定法院审理以及生效判决既判力的范围。“诉的合并、诉的变更、二重起诉及既判力的客观范围，是诉讼标的的概念的四块试金石。”[2]

## 四、无效宣告理由的内涵解读

法律解释的方法主要有文义解释、体系解释、比较法解释和目的解释等。[3] 这里主要结合上述解释方法，探究理由的内在含义。

就文义解释而言，无效程序中的“理由”这一概念，意在约束一个无效宣告请求审查程序中的审查内容。根据《专利法》《专利法实施细则》及《专利审查指南（2010）》的相关规定，请求人在提出无效宣告请求时需要明确“理由”及“每项理由所依据的证据”。[4]

---

[1] 李龙. 民事诉讼标的理论研究［M］. 北京：法律出版社，2003：15.

[2] 井上治典. 新民事诉讼［M］. 日本评论社，1987：66. 转引自：李龙. 民事诉讼标的理论研究［M］. 北京：法律出版社，2003：177.

[3] 王泽鉴. 民法总则［M］. 北京：中国政法大学出版社，2001：51.

[4] 《专利法实施细则》第65条规定，依照《专利法》第45条的规定，请求宣告专利权无效或者部分无效的，应当向专利复审委员会提交专利权无效宣告请求书和必要的证据一式两份。无效宣告请求书应当结合提交的所有证据，具体说明无效宣告请求的理由，并指明每项理由所依据的证据。前款所称无效宣告请求的理由，是指被授予专利的发明创造不符合《专利法》第22条、第23条、第26条第3款、第4款、第33条或者《专利法实施细则》第2条、第13条第1款、第20条第1款、第21条第2款的规定，或者属于《专利法》第5条、第25条的规定，或者依照《专利法》第9条规定不能取得专利权。

《专利审查指南（2010）》第四部分第三章第4.1节中明确规定，“在无效宣告程序中，专利复审委员会通常仅针对当事人提出的无效宣告请求的范围、理由和提交的证据进行审查，不承担全面审查专利有效性的义务。”按照上述规定，在依行政相对人的请求而启动的无效宣告审查程序中，专利复审委员会并不对已经被推定有效的专利权的专利性进行全面审查❶，而仅对当事人争议的部分和明显实质性缺陷❷进行审查；也就是说，无效宣告程序中的“理由”这一概念，意在约束一个无效宣告请求审查程序中的审查内容。

就体系解释而言，无效宣告程序的实体法依据是《专利法》第45条的规定，该条创设无效宣告程序，规定无效宣告程序的提出时机以及受理机关，且赋予了民事主体无效宣告请求权。在《专利法实施细则》第65条至第72条对无效程序的法律依据等作了进一步规定。《专利审查指南（2010）》第四部分对无效宣告请求的审理加以具体规定。

根据《专利法》第45条的规定，无效宣告请求权是法律赋予所有人对于一个已经授权的专利的可专利性与专利性的质疑权。而当事人提出的一个具体的无效宣告请求，实质上是请求人基于实体法上规定的可被授予专利的实质条件，针对某个特定的专利权提出的该专利权不符合所述条件的主张。基于这种主张❸，无效宣告程序得以启动，并且由有权的机关（专利复审委员会）根据请求人主

---

❶ 至于不进行全面审查的理由，笔者认为，无效宣告程序作为一个授权后的审查程序，其针对的是已经经过审查并被推定有效的专利权。由于任何一个适用法律得出结论的法定程序，就查明事实的部分而言，进入程序的事实不可能达到客观真实的程度，例如，对于某一技术方案的专利性而言，任何程序都不可能查明所有的“现有技术”，将审查程序重复多次亦不可能达到在客观上完全穷尽现有技术的程度。所以，重复多次全面审查并不能克服上述由于程序本身带来的问题，而对于价值取向偏于效率的行政程序而言，更没有必要牺牲效率去追求不能达到的目标。因此，作为授权后的程序，无效宣告程序不必也不可能进行全面审查。

❷ 参见《专利审查指南（2010）》第四部分第三章第4.1节。

❸ 假设这一主张是一合法的即符合受理条件的主张。

张的内容，对其针对的对象进行审查。《专利法实施细则》第65条和第66条分别从正面和反面，对于一个具体的无效宣告请求的条件进行了规范，第65条规定了合法的请求必须由“理由”和“证据”两个要素构成，第66条则规定了不予受理的情况。

对于《专利法实施细则》第65条中的“证据”这一概念，没有多大分歧。[1] 而对于第65条中的“理由”，是否可以如前述判决那样，将“理由”简单地理解为具体的法律条文，值得深入思考。

我国是成文法系国家，每一个法律规则都有严密的逻辑结构，均是由假定、处理、制裁三部分构成，其中的假定是法律规则中指出适用这一规则的前提、条件或情况的部分。[2] 实体法实质上是一些抽象的事实的判断，法律适用就是查明事实、适用民事实体法对案件进行实体判断的过程，法律推理形式是三段论式的演绎推理过程，即以法律规则为大前提，以具体的案件事实为小前提，从而推导出裁判结果；其中法律规则得以适用于具体的案件事实的连接点在于，具体的案件事实符合法律规则中的假定部分的抽象事实。

基于此，一个合法之诉的客观部分，不能仅仅是案件事实，也不能是法律条文的罗列，而必须是一个合格的主张，由“案由”“事实与理由”和“诉讼请求”等构成。概括来说，诉的理由应该包括：事实理由、法律根据和主观认识三个方面。[3]

正如同适格的诉一样，当事人提出的无效宣告的“理由”，不能仅是具体事实的陈述，或者仅是法律条文的罗列[4]，必须包括法律依据、主观认识和事实理由三个方面。例如，《专利审查指南

---

[1] 虽然对于证据、证据材料等概念不同的人也有不同的界定方式，但是在具体的案件中，一般没有歧义。

[2] 张文显．法理学［M］．北京：高等教育出版社，北京大学出版社，2002：70.

[3] 常怡．民事诉讼法学［M］．北京：中国政法大学出版社，2002：93.

[4] 请求人提出一个无效宣告请求时，并不能仅就某专利不清楚提出质疑，而需要具体明确该专利文件的哪一部分（权利要求中的某个术语或者是说明书中的哪一部分）、由于何种原因致使其认为该专利文件不符合《专利法实施细则》第20条第1款的规定。

(2010)》规定的“具体说明”[1] 就是当事人的一种主观认识；而该请求究竟涉及哪些权利要求或者说明书的具体哪部分，以及权利要求或说明书中的哪些限定导致请求人认为其不符合所援引的法律条文，这些构成了请求人主张的案情事实。这些内容进一步与证据事实相结合，构成一个完整的主张。即，请求人提出的不能是一个笼统的请求，必须指明其“针对权利要求（或说明书）的哪一部分”“具体的法律依据（是《专利法实施细则》第65条中所指的哪一条）”“依据的相关证据”和“适当的具体说明”，只有这几个方面齐备时，才能成为适格的“理由”，这些方面的结合才应当是《专利法实施细则》第65条中的“理由”。

综上所述，结合文义解释、体系解释等方面，可以得出“理由”是法律依据、主观认识和事实理由的集合，其约束了一个无效宣告请求的审理范围和审查内容。

### 五、无效宣告请求理由与相关制度的关系

对于“理由”这一概念的理解，除了文义解释、体系解释和历史解释等方面之外，还需要从诉和诉权的本质出发，从该法律概念与相关制度的关系的角度，研究对“理由”这一概念实际起到的作用。

如前所述“理由”的概念目的是为了约束一个无效宣告请求的审查内容，明确在无效宣告请求中“不承担全面审查专利有效性的义务。”现行审查指南中相应的规定是“在无效宣告程序中，专利复审委员会通常仅针对当事人提出的无效宣告请求的范围、理由和提交的证据进行审查，不承担全面审查专利有效性的义务”。

目前司法实践和审查实践中所存在的误读在于，“理由”这一术语系指具体的法律条文，比如请求人在提出无效宣告请求时，在

---

[1] 《专利审查指南（2010）》第四部分第三章第3.3节规定：“请求人应当具体说明无效宣告理由，提交有证据的，应当结合提交的所有证据具体说明。”

规范的请求书表格中会明确填写使用哪一法条；❶ 对应地，“范围”这一术语，系指具体的权利要求，比如请求人在提出无效宣告请求时，在规范的请求书表格中会明确填写针对的是哪个或哪几个权利要求。前述判决亦作此理解。

诉讼标的对民事诉讼的内容的固定，主要体现在其在审理内容和既判力的客观范围以及诉的变更、合并等方面的约束。无效宣告程序的“理由”这一概念起到相同的作用，而并非仅为前述理解中的“法律条文”，原因在于：

第一，就事实而言，一份发明虽然可以由不同的权利要求要求保护不同的技术方案❷，但是一份专利文件内在有着天然的逻辑联系，是基于一个发明构思下的逻辑上互相呼应的整体。对于案件事实的解读，不可能抛开发明整体仅就某一“范围”来理解案情。

第二，请求人的“理由”是无效宣告程序中审理的内容，实际约束着一个无效案件的全过程，而“范围”无法实现这一功能。在一个具体的无效宣告请求案件审理过程中，不承担全面审查义务的体现方式是围绕着请求人提出的理由和证据进行审查，而并不是针对特定的权利要求进行全面审理。例如，请求人针对某个权利要求中的某个术语提出了不清楚的主张；对于这一主张，按照上述判决的理解，“范围”即为该权利要求，“理由”即为《专利法实施细则》第20条第1款；但是，实际上此时并不意味着专利复审委员会必然对该权利要求的全部内容是否清楚进行审查，通常，根据请求原则，专利复审委员会仅就该术语的使用是否导致该权利要求不清楚作出判断和决定❸。也就是说，实质上该无效请求的审查针对请求人提出的法律依据、主观认识以及事实理由展开。由此可以看

❶ 造成这一理解的原因在于，现行《专利法实施细则》第65条第2款中的规定用词为：“……前款无效宣告请求的理由，是指……”

❷ 本文以发明为例加以说明，实用新型或者外观设计与之类似。

❸ 排除在明显实质性缺陷下，合议组按照审查指南依职权引入新的理由进行审查的情况。

出，“范围”根本不能单独成立，必须与“法律依据”、“证据”以及“具体说明”相结合，这几个部分共同构成了《专利法实施细则》第64条中的“理由”。

第三，“理由”是判断一事不再理[1]的标准。当在先生效决定已经进行过评价后，只有请求人以同样的证据中的相同部分再次向相同的权利（或说明书的相同部分）要求时，才受“一事不再理”的原则约束。由于无效请求的“理由”这一概念是无效请求审理的内容，所以其进一步成为判断“一事不再理”的标准。如果以“范围”为标准按照“一事不再理”原则拒绝依照未使用过的证据对评价过的权利要求或者说明书进行审理，这显然亦违反了立法本意。

第四，“范围”不是合并审理的标准。出于对行政效率的考虑和方便当事人的原因，根据现行《专利审查指南（2010）》的规定，不同无效案件合并审理有两种情况，分别是（1）针对同一专利权的不同无效宣告请求，和（2）全部或部分当事人相同且案件事实相互关联的情况。实践中以第（1）种情况更为常见。可见，无效请求的“范围”不是案件合并审理的标准，合并审理的标准是基于“发明是一个整体”的事实。

第五，无效理由的变更导致整个无效程序审查内容的彻底变化，即导致无效程序的整体变更[2]，此时，专利复审委员会审理的

---

[1] 《专利法实施细则》第66条第2款规定“对已作出审查决定的无效宣告案件涉及的专利权，以同样的理由和证据再次提出无效宣告请求的，不予受理”。《专利审查指南（2010）》第四部分第三章第2.1节进一步规定，对已作出审查决定的无效宣告案件涉及的专利权，以同样的理由和证据再次提出无效宣告请求的，不予受理和审理。

[2] 按《专利审查指南（2010）》第四部分第三章第4.1节规定：“专利复审委员会在下列情形下可以依职权进行审查：……（2）专利权存在请求人未提及的缺陷而导致无法针对请求人提出的无效宣告理由进行审查的，专利复审委员会可以依职权针对专利权的上述缺陷引入相关无效宣告理由进行审查。例如，无效宣告理由为独立权利要求1不具备创造性，但该权利要求因不清楚而无法确定其保护范围，从而不存在审查创造性的基础的情形下，专利复审委员会可以引入涉及专利法实施细则第20条第1款的无效宣告理由并进行审查。”

内容将与原理由完全不同，而不仅仅是与原来的法律依据不同；这与民事诉讼中的诉讼标的的变更类似。[1] 而当事人对“法律条文”的错误认识，由专利复审委员会行使释明权并允许其变更为相应法条[2]，此时无效程序审理的基本内容并没有变化。

可见，无效宣告程序中“理由”这一概念实质上，类似诉讼标的那样，起到对一个无效宣告请求案件的识别、区分和约束作用。

## 六、案例回顾

在“一种导线连接器”实用新型专利无效纠纷一案中，鉴于《专利法实施细则》第 67 条规定了当事人在 1 个月内可以增加理由或补充证据，应当允许其变更请求范围。这一规定，至少有以下原因：一是在符合公平的条件下，发挥行政权主动性的优势，遵从行政行为追求高效的属性，在不会给专利权人造成突袭的情况下，尽可能地在一个程序中解决更多的问题，避免专利权有效与否的问题拖沓时间过长；二是一份专利文件本身作为一个完整的整体，内在有着天然的逻辑联系，是一个逻辑上互相呼应的整体，这本身就要

---

[1] 按现行《最高人民法院关于民事诉讼证据的若干规定》第 35 条：“诉讼过程中，当事人主张的法律关系的性质或者民事行为的效力与人民法院根据案件事实作出的认定不一的，不受本规定第 34 条规定的限制，人民法院应当告知当事人可以变更诉讼请求。”按此条规定，实际上导致了诉讼标的的变更，审理内容变更。

[2] 按《专利审查指南（2010）》第四部分第三章第 4.1 节规定：请求人提交的证据为同一专利权人在专利申请日前申请并在专利申请日后公开的中国发明专利文件，而无效宣告理由为不符合《专利法》第 9 条第 1 款的，专利复审委员会可以告知请求人《专利法》第 9 条第 1 款和第 22 条第 2 款的含义，允许其将无效宣告理由变更为该专利不符合《专利法》第 22 条第 2 款，或者依职权将无效宣告理由变更为该专利不符合《专利法》第 22 条第 2 款。按此处的规定，显然是在当事人法律认识错误时，合议组行使释明权，给其明确相关条文含义，从而允许请求人在不引入新的事实和主张下，改变其主张的法律依据。此处指南用词或有不妥，但结合前后语境可明确该“理由”实际上是“法律依据”。在这种情况下，当事人关于本专利与其提交的证据相同相近似这一基本主张是没有变化的，只是纠正了其错误的法律认识，所以审理内容基本没有改变。这与前述合议组依职权直接引入新的理由的情况，性质完全不同。

求在可能的条件下在一个程序中解决；三是从有利于当事人的角度出发，避免给专利权人和请求人造成不得不参加多个程序的诉累，节约当事人的时间、精力和金钱；四是从执法统一性的角度出发，在一个程序中解决，在法律适用和查明事实上更利于执法标准的统一；五是从节约行政资源和司法资源的角度出发，避免浪费有限的行政资源和司法资源。由于“理由”这一概念必然包括法律依据、主观认识和事实理由三个方面，当事人增加新的理由时，就必然会导致对新的权利要求，或者已经涉及的权利要求的新的部分，或者未提及的说明书其他内容提出质疑。这是因为上述均是为案件事实，均是“理由”这一概念的内涵的一部分。

综上，无效宣告制度的“理由”是法律依据、主观认识和事实理由的集合，不能简单理解为法律条文。而造成前述判决中错误理解的原因在于，现行《专利法实施细则》第 65 条的行文容易引起歧义，值得推敲和进一步修改。

## 第三节　专利无效宣告程序的证明标准

专利无效宣告程序中证明标准的适用问题，是无效程序法律适用的难点之一。

### 一、引言

通过证据链证明使用公开时证明标准的适用问题，尤其是通过证据链证明进口行为和销售行为构成使用公开时证明标准的适用问题一直是学术界和实务界普遍关注的法律问题。

### 二、审查实践及司法实践的解读

**【案例 32】** 在“台灯（瀑布）”外观设计专利无效纠纷一案中，无效宣告请求人提交如下证据，用于证明与本专利一致的外观设计在本专利申请日之前已经公开销售。无效宣告请求人提交的证据包括：

证据3为订货单，用于证明上高县经贸委的赵斯进于2003年10月20日从中山市古镇玖鼎灯饰厂定购型号为A81（绿）产品（即在先设计）3个；

证据4和证据5为玖鼎灯饰出货单，用于证明赵斯进在中山市古镇玖鼎灯饰厂自行提货，其所记载的商品名称、数量、交易金额、交易经办人等事项与上述附件3的内容相同，但未记载出货时间；

证据6为收据，证明赵斯进于2003年10月20日支付灯具款；

证据7为上高县经贸委出具的证明，该证明附有A81（绿）产品（即在先设计）的照片；

证据8为中山市古镇国鑫玻璃灯罩门市部出具的第702250号送货单，证明该门市部于2003年9月29日向中山市古镇玖鼎灯饰厂提供A81灯罩（绿）和A81灯筒（白）产品；

证据9为中山市古镇国鑫玻璃灯罩门市部出具的第702260号送货单，证明该门市部于2008年7月25日向中山市古镇玖鼎灯饰厂提供A81灯罩（绿）和A81灯筒（白）产品；

证据15为中山市古镇玖鼎灯饰厂出具的证明，其中记载：兹证明图片所示的A81（绿）产品为我厂生产的产品，所示产品及编号与我厂与2003年10月20日出售给上高县经贸委赵斯进的产品及编号一致。

专利复审委员会认为，作为经济管理部门的上高县经济贸易委员会出具的证明应当具有一定的可信度，证据3、4、5、6、7、15显示供销双方票据往来清晰，证言并无矛盾之处，订货单、送货单手续齐全，形成完成的证明销售的证据链。根据证据的盖然性判断，在无相反证据的情况下，可以认定销售事实的成立。

北京市第一中级人民法院一审判决和北京市高级人民法院认为，虽然根据无效宣告请求人的主张，证据8和证据9不是上述无效决定认定销售事实的根据，但是其与证据1至证据7密切联系。

证据 8 的销售单为第 702250 号，证据 9 的销售单为第 702260 号，在相隔 5 年的时间内，送货单编号仅相差 10 号。无效宣告请求人在行政诉讼程序中声称不同版本的送货单可能存在相同或者相似编号，或者同一版本的送货单可能因未连续使用导致二者编号较为接近，虽然上述解释具有一定合理性，但是考虑到无效宣告请求人未能提供送货单底单原件等因素，并鉴于上高县经贸委出具的附件 7 的证明内容与其职责并无直接关联性，有关上述证据已经形成完整证据链足以证明本专利在申请日前已经公开使用过的认定依据不足。❶

**【案例 33】**在“顺位主从同步控制电路装置”实用新型专利无效纠纷一案中，无效宣告请求人提交如下证据：

附件 4 为黑龙江省哈尔滨市公证处（2009）哈证内经字第 149 号公证书，其中包括公证书封面 1 页、公证书内容 1 页、与公证书相粘连的 18 章数码照片复印件共 3 页，该公证书所附的《中标合同书》复印件 3 页（其中包括投标分项报价表 1 页），以及该公证书所附的信息中心于 2009 年 1 月 12 日出具的证明复印件 1 页。该公证书载明，公证人员从信息中心的一楼交换机房中的模块化不间断电源系统上提取了伽玛不间断电源设备以及《中标合同书》。《中标合同书》签订于 2006 年 7 月，合同中的需求方为信息中心，采购商品清单中包括伽玛不间断电源设备。信息中心于 2009 年 1 月 12 日出具的证明中载明，哈尔滨工业大学于 2006 年 6 月采购了伽玛不间断电源设备，将其提供给实华公司，供专利复审委员会检测使用。

附件 5 为哈尔滨市公证处封装实物照片 2 张，封装实物为第 149 号公证书中所述提取的伽玛不间断电源模块。

---

❶ 参见国家知识产权局专利复审委员会第 13440 号无效宣告请求审查决定、北京市第一中级人民法院（2009）一中行初字第 1734 号行政判决书和北京市高级人民法院（2010）高行终字第 605 号行政判决书。

附件6为哈尔滨市公证处封装实物照片2张，封装实物为第149号公证书中所述现场所拍摄的摄像带复制的DVD光盘1张。

附件7为以色列伽玛创力有限公司北京代表处于2008年12月15日开具的证明复印件1页以及部分用户清单复印件8页。证明载明该公司从2004年3月1日就开始在中国销售伽玛不间断电源设备，附表中记载了信息中心于2006年采购了上述产品。

附件8为伽玛不间断电源设备与本专利相关的部分电路原理图的复印件1页。

专利复审委员会认为，附件4能够证明公证机关于2009年1月12日在信息中心一楼交换机房从模块化不间断电源系统上提取了伽玛不间断电源设备。附件5是从第149号公证书中所提取的伽玛不间断电源设备实物及其封装后的照片。无效宣告请求人当庭提交了附件5带有封装的实物，并当庭打开封装，拆开实物外壳，露出内部结构。专利权人认可无效宣告请求人当庭提交的附件5的实物是公证处封存的实物。由于在拆除实物外壳的过程中对实物的外壳以及内部结构均无破坏，没有留下明显痕迹。上述证据无法确认无效宣告请求人提交的附件5实物内部的插接电路板是否更换过，即该内部电路板的公开时间与该实物整体的销售时间不能唯一对应。而无效宣告请求人提交的附件4、6、7均是为了证明附件5的实物整体销售时间，并不涉及其中内部电路板的公开时间，因此，无论该实物整体销售时间的证明是否成立，均不能证明该内部电路板的公开时间在本专利申请日之前。附件8是无效宣告请求人对伽玛不间断电源设备与本专利相关的部分所绘制的电路原理图的复印件，其不涉及该模块化不间断电源设备的公开时间和该内部电路板的公开时间。因此，附件4～8没有构成完整的证据链，不能证明该实物内部可更换电路板的公开时间，也不能证明在本专利申请日之前已有与之类似的电路板结构存在。

北京市第一中级人民法院认为，附件4至8体现了从哈尔滨工业大学信息中心公证调取以色列伽玛创力POWER+型号的模块化不间断电源设备实物（即伽玛不间断电源设备）的过程，根据所附《中标合同》以及信息中心等出具的证明可知，在本专利申请日之前，伽玛不间断电源设备就已经公开销售并使用。专利复审委员会虽然怀疑该设备部件进行过更换，但是并未要求无效宣告请求人进一步补充证据，无效宣告请求审查决定关于伽玛不间断电源设备存在更换可能的认定，缺乏事实和法律依据。

北京市高级人民法院认为，由于在拆除实物外壳的过程中对实物的外壳以及内部结构均无破坏，没有留下明显痕迹。上述证据无法确认无效宣告请求人提交的附件5实物内部的插接电路板是否更换过，即该内部电路板的公开时间与该实物整体的销售时间不能唯一对应。因此，撤销一审判决，维持无效宣告请求审查决定。❶

**【案例34】** 在“一种高分断小型断路器”实用新型专利无效纠纷一案中，无效宣告请求人提交两组证据证明销售行为和进口行为使得涉案专利的技术方案构成专利法意义上的公开。

请求人提交的第五组证据包括证据19、20、24、25。请求人用第五组证据说明C60系列断路器在国内公开使用。证据19证明了中国机床总公司从施耐德香港分公司进口了C60系列产品，并且证明中国机床总公司向神龙公司销售了C60系列产品，销售和进口行为都是在1996年之前。其中的进口行为使用证人证言、机电产品登记表、申请表、中国机床总公司从施耐德香港分公司进口断路器产品的装箱单和发票及施耐德公司销售的电子存储记录来证明，中国机床总公司与神龙公司之间的销售行为用以下证据证明：中国机床总公司与神龙公司之间的往来明细账、记账凭证、发票、进账单、电汇补充报单、从银行汇款的票据、中国机床总公司与神龙公司之间两份合同95DCAC/SN230和95DCAC/SN351及其各自的附

---

❶ 参见国家知识产权局专利复审委员会第13697号无效宣告请求审查决定、北京市第一中级人民法院（2009）一中行初字第2499号行政判决书和北京市高级人民法院（2010）高行终字第396号行政判决书。

件。证据19总体证明C60系列产品在中国公开使用；第五组证据中没有反映C60系列产品的结构，借助证据11及证据16，第五组证据里提到了C60N和C60L，这两个型号产品的结构可以使用证据11中显示的C60N的结构以及证据16中显示的C60系列产品的结构，证据16中提到了C60N、C60H、C60L。

请求人在口头审理中仅就证据19中的如下证据所能证明的事实进行了具体陈述：即两份合同（即证据19－2.3、证据19－2.4）中的两份委托书，证言（即证据19－1），25张照片（即证据19－2.17），神龙汽车公司的往来明细5张（即证据19－2.16），编号为0049机床总公司的记账凭证、编号为0646的记账凭证、编号为2607292的补充报单、编号为0220的记账凭证、与0220号记账凭证对应一个没有编号的进账单、编号为2864860的发票、编号为0222的记账凭证、与编号为0222的记账凭证对应的一个没有编号的进账单、编号为0824的记账凭证、与编号为0824的记账凭证对应的一个补充报单、编号为2864509的专用发票、编号为0247的记账凭证、编号为0289454的专用发票（上述证据均是证据19－2.14中的证据），证据19－2.5，证据19－2.6，证据19－2.7，证据19－2.8，177790号装箱单（即证据19.10）及其中文译文，第177790号发票及第168445至168449号发票（即证据19－2.13）；上述证据证明中国机床总公司从施耐德香港分公司进口了上述C60系列产品。

无效决定认定，本案涉及证明进口行为的证据和证明销售行为的证据，下面分别加以分析。

1）关于证明进口行为的证据

请求人使用证人证言、机电产品登记表、申请表、中国机床总公司从施耐德香港分公司进口断路器产品的装箱单和发票、施耐德公司销售的电子存储记录来证明C60N、C60H、C60L被进口到国内，即证明进口行为的这组证据包括证据19－1、19－2.5、19－2.6、19－2.7、19－2.8、19.10、19－2.13、证据25。

首先，第五组证据中缺少证明进口行为的报关单、进口代理合同等必要的有关进口行为的手续证明，无法证明所述产品已经办结海关手续，因此不能通过证明进口行为导致进口产品在国内公开使用。

其次，上述证据的真实性也不能确定。证据 19－1 为（2006）京海民证字第 3560 号公证书，该公证书证明了与其相粘连的公证处接谈笔录复印件与原件相符，原件上中国机床总公司之印鉴及周秉智本人签名属实，该公证书并没有对公证处接谈笔录中周秉智所陈述事实的真实性及周秉智证言中所述内容的真实性作出评述，因此，接谈笔录中周秉智所述的事实的真实性及周秉智证言中所述内容的真实性均需要其他证据进行佐证。

在该组证据中，证据 19－2.5 的机电产品进口登记表、证据 19－2.6、证据 19－2.7、证据 19－2.8 中并没有涉及 C60 系列的型号，仅在证据 19－2.7 中“型号规格”一栏中有“C＊＊＊H/N”，与该型号对应的产品名称是断路器，而证据 19－2.8 第 3 页左侧表格与商品名称“空开”对应的商品编号是“MG15306”。第 177790 号发票中与型号 24198－C 对应的规格是 C60N 2P 3A C，第 168446 号发票中与型号 24198 对应的规格是 MULTI，第 168447 号发票中与型号 24198 对应的规格是 C60N，第 168448 号发票中与型号 24198 对应的规格是 MG。在口头审理中专利权人用请求人提交的证据 19－2.10 作为反证来证明型号与规格不一一对应。专利复审委员会经审查发现，上述证据中存在型号与规格不一致的问题。如在证据 19－2.10 中，没有 24198 这一型号，与规格 C60N 2P 3A C 对应的型号是 24333；证据 25（即香港施耐德公司销售断路器的存储记录）中施耐德公司保留的销售记录中没有第 177790 号发票；又如，证据 25 中与第 168448 号发票对应的规格、编号分别是 24198、C60N 2P 3A MCB，而在第 168448 号发票中与 24198 对应的规格是 MG；除了第 177790 号发票上盖有公章外，其余发票上均无正式的公章；装箱单（即证据 19.10）中的编号与证据 19－2.13

中的第177790号发票中的编号不一致等。这些足以表明，该组证据前后矛盾，存在瑕疵，无法确定其真实性。

在该组证据中既没有证据能够证明所述产品已经办结海关手续，例如进口报关单、进口代理合同等必要的手续证明，也没有证据能够证明证据19－1的接谈笔录中周秉智所述事实的真实性及周秉智证言中所述内容的真实性，因此该组证据不能被采信。

2）关于证明中国机床总公司与神龙汽车公司之间的销售行为的证据

请求人用以下一组证据证明中国机床总公司与神龙公司之间的销售行为及所销售产品的结构：证据19－2.3、证据19－2.4、证据19－2.14、证据19－2.16、19－2.17、证据24。

在该组证据中只有以下位置出现了C60系列产品的型号：证据19－2.3（即95DCAC/SN230合同）所附的材料清单中出现了C60N、C60L、C60L 4P 20AC，另外，在其所附的无名称的8页表格中出现了C60L 2P6 A2、C60L 4P 10A2、C60L 4P 20A2、C60L 4P 40A2；证据19－2.4（即95DCAC/SN351合同）所附的材料清单中出现了C60L 2P6 A2、C60L 4P 10A2、C60L 4P 20A2、C60L 4P 40A2。

但是，证据19－2.3与证据19－2.4的附件都不完整，并且所附附件的名称与合同目录中标明的名称不一致，各个附件与合同目录以及其他附件之间还有多处相互矛盾之处，不能认定所附附件是否为这两个合同目录中标明的附件。例如，在证据19－2.3的合同目录中标明的附件总共有8项，除了第1、3、4项能在证据19－2.3中明确找到以外，其余都无法确认；证据19－2.3所附的材料清单以及无名称的8页表格在合同目录中标明的附件中都没有这两项记录；其附件1的表格中提到了“备件、易损件费见附件二、四”，而在手写“附件2”的材料清单中并没有出现备件或者易损件费；材料清单中第1页的页码是机器打印的，而第2～6页的页码均为手写，前后不一致；无名称的8页表格的第1页签有

"27/07－95"，表示的是1995年7月27日，而该合同的签字时间为1995年3月28日，表明该附件不是该合同签订前完成的；TE电器（亚太）公司提供的质保书是针对95DC/AC351的产品，并非证据19－2.3的95DCAC/SN230合同或者合同目录中标明的94DCAC/SN051。同样的，证据19－2.4的合同目录中标明的附件总共也有8项，除了第1、5项能在证据19－2.4中找到以外，其余都无法确认；证据19－2.4所附的材料清单在合同目录中标明的附件中并没有这项记录；且该材料清单的"编制""校核"和"审查"栏均没有签名，该材料清单的格式与证据19－2.3所附的材料清单的格式又完全不同。

专利复审委员会认为，如果公证书所附合同中的附件明显与该合同不对应，则该合同的附件不能作为定案的依据。上述事实足以表明，证据19－2.3与证据19－2.4前后矛盾，存在瑕疵，因此不能认定材料清单或无名称的8页表格为95DCAC/SN230合同和95DCAC/SN351合同中标明的附件，也不能确定这两份合同与C60系列产品具有关联性。进而，由于涉及上述两份合同的证据19－2.14（即记账凭证、电划贷方补充报单第三联、资金往来专用发票以及进账单）和证据19－2.16（即单位往来明细表单）中均没有产品型号，因此证据19－2.14和证据19－2.16与C60系列产品的关联性均不能确定。可见，不能通过证据19－2.3、证据19－2.4、证据19－2.14、证据19－2.16来证明C60系列产品的销售事实。

证据19－2.17的25张照片是对周秉智提供的C60N、C60L、C60H产品拆解前后的产品现状所拍摄的。（2006）京海民证字第3561号公证书（即证据19－2）公证了照片内容与实际情况相符。公证书所公证的是产品现状的结构。而这些产品的公开时间无法确定，因此，这25张照片不能作为定案的依据。

证据24是放大的神龙汽车有限公司门牌照片以及产品照片复印件共12页，为了证明该证据的真实性，请求人在提出无效宣告请求人之日起1个月内提交了证据24－1、证据24－2。证据24－1

和24－2的是两份公证书，都是北京市海淀第二公证处在武汉神龙汽车有限公司进行的取证，该公证机构没有在核定的执业区域内受理公证业务，违反了《公证法》第25条和《公证机构执业管理办法》第10条的规定，因此证据24－1和24－2失去了公证书应有的效力，不能被采信。证据24在无其他证据对其真实性进行佐证的情况下，也不能被采信。

在该组证据中，证据19－2.3、证据19－2.4、证据19－2.14、证据19－2.16与C60系列产品的关联性均不能确定，而能够显示产品结构的证据19－2.17和证据24均不能作为定案的依据，因此无法证明所销售产品与该专利的关联性，也不能证明所销售产品的结构，更无法与该专利进行比较从而得出该专利不具有新颖性和创造性的结论。

关于证据20。证据20是C65系列和C60系列订货号对照说明表复印件，请求人并没有具体陈述该证据的出处以及如何使用该证据，且专利权人也对该证据的真实性提出了异议，请求人没有提供其他的证据对其真实性进行佐证，因此，证据20在无其他证据对其真实性进行佐证的情况下也不能被采信。综上所述，第五组证据不能作为评价本专利新颖性或创造性的证据。

北京市第一中级人民法院一审判决和北京市高级人民法院二审判决均维持上述无效宣告请求审查决定。[1]

### 三、自由心证制度下的证明标准

下面首先分析自由心证制度下的证明标准，然后解读证明标准与相关制度的关系。

自由心证制度是现代各国普遍采用的证据制度，其指法律不限

[1] 参见国家知识产权局专利复审委员会第9744号无效宣告请求审查决定、北京市第一中级人民法院（2007）一中行初字第999号行政判决和北京市高级人民法院（2009）高行终字第116号行政判决。

定证据的证据能力，也不对证据力加以限制，将证据力的判断全部委任于裁判者的证据评价原则。[1] 由于客观的（任何人都具备的）知识是不存在的，再加之法律不可能规定由一个理性的普通人通过表决、问题设置等方式来获得心证，这样的评判之人是事实上根本找不到的，因此，必须由裁判者自由地获得心证。[2] 可以说，自由心证构成证据认定的理论基础。

但是，到今天，关于自由心证原则内容的解释一般都不忽视其客观的方面，且在理论和实践上出现了更加注重自由心证原则客观基础的明显趋向。[3] 证明标准就是对于裁判者自由心证进行规范的有效手段之一，证明标准目前日趋客观化和具体化。

证明标准的设置与证明责任和诉讼模式等紧密相关。

首先，证明标准与证明责任如影随形。证明标准，是指卸除证明责任必须达到的范围或者程度，证明标准和证明责任本质上是一物二面的概念，它们是从不同角度就同一诉讼现象进行观察所得出的不同概念。[4] 证明责任是从诉讼主体的角度贯彻的证明标准，实质上是证明标准的主体化；证明标准是从诉讼客体的角度观察证明标准，实质上是证明责任的客观化；二者互相配合，形影相随。[5]

其次，证明标准和诉讼模式相辅相成。在不同诉讼模式下所采用的证明标准有所区别。在以英美为代表的当事人主义诉讼模式下，采取盖然性优势证据标准，证明标准实质上被界定为两个点：一是提供证据责任点，证明程度达到 10% 即可；二是证明责任点，

---

[1] 何家弘. 证据法学研究［M］. 北京：中国人民大学出版社，2007：168 - 169.

[2] 汉斯·普维庭. 现代证明责任问题［M］. 吴越，译. 北京：法律出版社，2000：97.

[3] 王亚新. 刑事诉讼中发现案件真相与抑制主观随意性的问题［J］. 比较法研究，1993（2）.

[4] 江伟. 证据法学［M］. 北京：法律出版社，1999：121.

[5] 汤维建，陈开欣. 试论英美证据法上的刑事证明标准［J］. 政法论坛，1993（4）.

证明程度要达到51%。[1] 然而，在大陆法系的职权主义诉讼模式下，采取高度盖然性标准，亦即通常人们日常生活中不怀疑并达到作为其行动基础的程度。例如德国民事诉讼中所采用的证明标准相当于在刑事诉讼程序中将被告定罪所必须达到的证明标准，而且可以被理解为几乎相当于英美法系中之“超越合理的怀疑”的证明标准。[2]

## 四、美国专利无效宣告程序证明标准比较法研究

美国联邦最高法院于2011年6月9日针对广受关注的Microsoft Corp. 诉 i4i Ltd. Partnership专利侵权纠纷案作出判决。上述案件反映出的专利无效的证明标准问题被瑞士《知识产权观察》杂志称为“2011年美国最值得关注的知识产权问题”[3]，不仅对于专利无效宣告程序的证据认定具有重要价值，而且对于专利实质审查程序中对比文件的引用具有一定意义。

### （一）美国证据法中的证明标准概论

下面首先分析美国证明标准与诉讼模式，探讨证明标准的认知基础与逻辑体系，并且解读优势证据证明与清晰可信证明之间的区别，最后立足概率论的基本理论探讨证明标准的盖然性基础。

1. 美国证明标准的认知基础与逻辑体系

证明标准的基本含义。证明标准，又称为证明度、证明程度、证明要求，在证据领域一直是一个聚讼纷纭的问题。[4] 墨菲指出，证明标准，是指履行举证责任必须达到的范围或程度……是证据必须在事实裁判者头脑中造成的确定性或者盖然性的程度，是承担举

---

[1] 张卫平．外国民事诉讼证据制度研究［M］．北京：清华大学出版社，2003：437.

[2] Juliane Kokott. The Burden of Proof in Comparative and International Human Rights Law. 1998.

[3] 李丽娜．2011年美国最值得关注的知识产权问题［J］．中国发明与专利，2011(3)：100－101.

[4] 易延友．证据法的体系与精神——以英美法为特别参照［M］．北京：北京大学出版社，2010：308.

证责任的当事人在有权赢得诉讼之前使事实裁判者形成确信的标准，从证明责任的履行而言，证明标准是证据质量和证明力的测试仪。[1]“如果说证明评价仅限于检测证明是否成功，即法官可以否认个案中的某个事实已经被证明，那么证明标准则是一把尺子，衡量什么时候证明成功了；证明标准也决定对某个具体内容的法官心证，它决定着法官必须凭什么才算得到了心证。”[2]

美国证明标准的认知基础。从认知心理学的角度而言，人类确信的程度可以分为不同等级。美国证据法学者认为上述确信程度可以分为九个等级：第一等级为无线索，也就是没有任何根据，确信度为零，不足以采取任何法律行动；第二等级为怀疑，即轻微的相信；第三等级为合理怀疑（reasonable doubt），或称为有理由的怀疑；第四等级为合理的相信（reasonable belief）；第五等级为合理根据，也就是可以成立的理由；第六等级为优势证据，通常适用于民事诉讼的判决和刑事诉讼中认可辩护的理由；第七等级为清晰可信的证据，对于特定案件的证明需要达到这种要求；第八等级为排除合理怀疑，通常为刑事诉讼中定罪的要求；第九等级为绝对确定，理论上通常认为这一要求无法实现，因此无论基于何种法律目的均不宜提出此等要求。[3]

美国证明标准的逻辑体系。基于上述人类确信程度的描述，美国证据法学界将其中的三种表述（优势证据证明、清晰可信证明、排除合理怀疑地证明）作为证明标准的表述，将其余六种表述作为采取特定法律行动需要的内心确信程度。鉴于专利无效纠纷所涉及

---

[1] Peter Murphy. Murphy on Evidenc [M]. 7th Edition. Blackstone Press Limited, 2000: 119. 转引自：卞建林. 刑事证明理论 [M]. 北京：中国人民公安大学出版社，2004: 236.

[2] 汉斯·普维庭. 现代证明责任问题 [M]. 吴越，译. 北京：法律出版社，2000: 91.

[3] 卞建林. 美国刑事诉讼简介 [C] //徐波. 美国联邦刑事诉讼规则和证据规则. 北京：中国政法大学出版社，1996.

的证明标准仅仅包括优势证据证明和清晰可信证明，因此这里仅对上述两种证明标准进行分析。

2. 优势证据证明与清晰可信证明

优势证据证明的基本含义。优势证据证明（preponderance of evidence）适用于大多数民事诉讼[1]，是民事案件原则上所要求的证明度[2]。优势证据证明，是指承担证明责任的一方当事人应当将其主张的证明至优势证据的程度，也就是必须说服裁判者相信，其主张所对应的事实存在的可能性大于不存在的可能性。也就是说，在裁判者在评价证据、衡量事实的时候，并不是在原告方主张的事实更有可能还是被告方主张的事实更有可能之间进行衡量，而是在原告的主张更有可能为真还是更不可能为真之间进行衡量，[3] 可以说，对原告关于事实的主张应当通过一个客观的盖然性标准加以衡量。

优势证据证明的概率论基础。优势证据证明建构在两种错误所产生的成本相同的逻辑基础之上，亦即命令被告所错误给付的每一块钱其错误的程度系相同于由原告所错误负担的每一块钱。使用优势证据证明的理由在于，该标准将错误判决的总体成本降至最低。[4] 也就是说，真实的发现是一个盖然性问题，误判予原告胜利之不利益等同于误判予被告胜利之不利益。

清晰可信证明的基本含义。清晰可信证明（clear and

---

[1] DAVID P. LEONARD, VICTOR J. GOLD. *Evidence: A Structured Approach* [M]. New York: Aspen Publishers, 2004: 603.

[2] *Clermont. Procedure's Magical Number Three: Psychological Bases for Standards of Decision* [J]. 72 Cornell L. Rev. 1115, 1119 - 1120 (1987). 转引自：黄国昌. 民事诉讼理论之新开展 [M]. 北京：北京大学出版社, 2008: 86 - 87.

[3] PETER MURPHY. *Murphy on Evidence* [M]. 7th Edition. Blackstone Press Limited, 2000: 107. 转引自：易延友. 证据法的体系与精神——以英美法为特别参照 [M]. 北京：北京大学出版社, 2010: 311.

[4] KAYE. *The Limits of the Preponderance of the Evidence Standard: Justifiably Naked Statistical Evidence and Multiple Causation*, 1982 Am. B. Found. Res. J. 487, 496 - 497. 转引自：黄国昌. 民事诉讼理论之新开展 [M]. 北京：北京大学出版社, 2008: 86 - 87.

convincing evidence）介于优势证据证明和排除合理怀疑证明之间，是指某事实的发生较其不发生有非常高的可能性（much more likely than not）。❶“清晰可信证明”的标准仅适用于特定类型的案件，并且该标准的逻辑正当性建构于特定的政策需要。

（二）美国专利无效纠纷的证明标准

下面探析 Microsoft v. i4i 专利纠纷案的基本情况，然后探讨美国联邦最高法院对于专利无效纠纷证明标准的主要观点。

1. Microsoft v. i4i 专利纠纷案基本情况介绍

美国 i4i 公司所享有的 5787449 号专利是一项可用于处理电子文档的方法和系统，可将标记语言文件的结构与内容分开处理，可特别用于对数据的标识和转换。电子文档中的结构性信息有时以“元代码”的形式出现。标准计算机语言可识别元代码，并由此使计算机理解用户在文档中所插入文本的信息。上述标准计算机语言包括标准通用标记语言（以下简称“SGML”）及扩展性标识语言（以下简称“XML”）。

美国 i4i 公司主张，美国微软公司生产和销售的 OFFICE 办公软件中的 Microsoft Word 2003、2007 和 2010 软件侵犯上述专利权。美国微软公司在 i4i 公司提起专利侵权诉讼之后主张，涉案专利因在先销售而不具备新颖性。也就是说，美国微软公司认为，该发明在美国已经公开销售，并且在专利申请日之前的公开销售达 1 年以上。❷ 美国 i4i 公司和美国微软公司均认可，专利申请日 1 年以前，美国 i4i 公司已经在美国销售一款名为 S4 的计算机软件。但是，双方当事人的争议点在于，该 S4 计算机软件是否实现了 i4i 公司 449

---

❶ CLERMONT. *Procedure's Magical Number Three: Psychological Bases for Standards of Decision* [J]. 72 Cornell L. Rev. 1115, 1119 - 1120 (1987). 转引自黄国昌. 民事诉讼理论之新开展 [M]. 北京：北京大学出版社，2008：86 - 87.

❷ A person shall be entitled to a patent unless... (b) the invention was patented or described in a printed publication in this or a foreign country or in public use or on sale in this country, more than one year prior to the date of the application for patent in the United States.

号专利的技术方案。由于S4计算机软件的源代码已经在诉讼出现之前数年的时候被销毁，因此上述事实争议主要依靠S4计算机软件两位发明人的证人证言加以证明。在i4i公司提出专利申请之后不久，发明人之一的Michel Vulpe向加拿大政府宣传该专利技术，声称“原始实施方案嵌入到S4产品中”以及“在i4i的旗舰产品S4中实现”。Scott Young作证证明，Vulpe说449号发明专利申请被提交以覆盖S4计算机软件。在诉讼中，Michel Vulpe声称其之前的陈述是为了获得金融投资而作出的谎言。[1] 需要强调的是，上述用于证明涉案专利无效的证据在实质审查中并未出现过。

美国得克萨斯州东区地方法院法官Leonard Davis指示陪审团按照清晰可信证明标准判断专利是否有效。判决认定微软公司所主张的涉案专利不具备新颖性的无效理由不能成立，微软公司因故意侵害i4i公司所享有的第5787449号专利而应作出赔偿。美国微软公司上诉至联邦巡回上诉法院。

2009年12月22日，美国联邦巡回上诉法院作出判决，维持美国得克萨斯州东区地方法院的判决，判定微软公司应向i4i公司支付赔偿金2.9亿美元。[2] 美国微软公司以美国联邦巡回上诉法院在专利无效判定中采用清晰可信证明标准不当为由向美国联邦最高法院提起申诉。之后，美国IBM公司、苹果公司、谷歌公司、美国专利权人协会等分别向美国联邦最高法院提交“法庭之友”辩辞。

2011年6月9日，美国联邦最高法院作出判决，维持美国联邦巡回上诉法院的判决，从实然法和应然法两个角度阐述了美国专利法第282条规定界定了美国专利无效纠纷应当采取高于普通民事案件的优势证据证明的清晰可信证明标准。除了多数意见之外，美国联邦最高法院首席大法官Roberts没有参加本案评议，Breyer大法官基于无效程序的本质支持上述结论，Thomas大法官基于历史判

---

[1] It's an exaggeration, and as I said, it could be said to be a lie.

[2] I4I L. P. V. MICROSOFT CORP., 93 U. S. P. Q. 2d 1161 (Fed. Cir. 2009).

例支持上述结论，但是并不认为美国专利法第282条规定本身界定了美国专利无效纠纷应当采取高于普通民事案件的优势证据证明的清晰可信证明标准。

美国专利法第282条规定，“专利权应当推定有效……主张专利权全部无效或者部分无效，应当由提出上述主张的一方当事人负举证责任。”❶ 本案的争议焦点在于，上述法律规定是否可以得出主张专利权无效的当事人应当达到高于优势证据证明标准的清晰可信证明标准。

美国微软公司认为，美国专利法第282条的条文和立法目的并未界定应当采取更高的证明标准；美国专利法的判例中并未体现应当采取更高的证明标准；美国专利商标局的授权并不意味着应当采取更高的授权标准，尤其是针对美国专利商标局在实质审查过程中并未引用的对比文件。

第一，美国专利法第282条的条文和立法目的并未界定应当采取更高的证明标准。普通民事案件的证明标准是优势证据证明标准，在专利无效案件中采取不同于普通民事案件的证明标准没有任何依据。美国联邦最高法院的判例表明，其他民事案件采取的程序法规则应当适用于专利案件。❷

第二，美国专利法的判例中并未体现应当采取更高的证明标准。首先，结合美国1952年之前的专利法判例以及条文本身的文

---

❶ A patent shall be presumed valid. Each claim of a patent (whether in independent, dependent, or multiple dependent form) shall be presumed valid independently of the validity of other claims; dependent or multiple dependent claims shall be presumed valid even though dependent upon an invalid claim. Notwithstanding the preceding sentence, if a claim to a composition of matter is held invalid and that claim was the basis of a determination of nonobviousness under section 103(b)(1), the process shall no longer be considered nonobvious solely on the basis of section 103 (b) (1). The burden of establishing invalidity of a patent or any claim thereof shall rest on the party asserting such invalidity.

❷ 参见 MEDIMMUNE INC. v. GENENTECH, INC., 549 U.S. 118, 132&n.11 (2007).

字含义，美国专利法第 282 条所规定的“专利权应当推定有效”对于证明标准没有界定。其次，美国联邦最高法院采用清晰可信证明标准的专利无效案件均为用于证明涉案专利无效的证据在美国专利商标局的实质审查程序或者第三方复审程序中出现过的证据。[1]

第三，针对美国专利商标局在实质审查过程中并未引用的对比文件，采取更高的授权标准缺乏逻辑基础。即使美国专利法第 282 条能够解读出在某些案件中应当适用较高的证明标准，但是对于美国专利商标局从未考虑过的对比文件不应当提高证明标准。1952 年之前美国上诉法院绝对多数认为“专利权的授予并不意味着该专利能够相对于专利局没有考虑到的相关现有技术得以授权”，并且上述观点在 1952 年美国专利法引入第 282 条之后亦未改变。也就是说，美国专利商标局的实质审查和授权并不意味着专利无效证明标准的提高，并且即使美国专利商标局的实质审查和授权意味着专利无效证明标准的提高，那么也仅适用于美国专利商标局实质审查中引用的对比文件。

2. 美国专利无效纠纷的证明标准分析

美国联邦最高法院判决从实然法和应然法两个角度对于美国专利无效证明标准这一法律问题进行阐释。

（1）实然法角度：美国专利法第 282 条的解读

美国联邦最高法院从文义解释、历史解释、逻辑解释和法理解释等多个角度对于美国专利法第 282 条的法律含义进行阐释。

就文义解释而言，美国专利法第 282 条所规定的“专利权应当推定有效”不仅用于说明证明责任，并且用于加重证明标准。首先，从美国普通法法律术语含义的角度，“推定有效”绝对不意味着，因为没有再次强调从而导致较高证明标准的降低。亦即，“推定”这一普通法法律术语本身对于证明标准给出了明确的指示，其

---

[1] 参见 RADIO CORP. OF AM. V. RADIO ENG'G LABS., INC., 293 U.S. 1, 9 (1934).

表明美国国会试图引入较高的证明标准。其次，采取普通法法律术语的一般含义，“推定有效”不仅仅意味着证明责任的转移。

就历史解释而言，美国专利法的在先判例亦体现了上述观点，并未约束仅仅适用于美国专利商标局在审查中已经使用过的证据。

就逻辑解释而言，如果美国专利法第282条所规定的“专利权应当推定有效”仅仅意味着证明责任的转移，那么美国专利法第282条完全没有必要再进一步规定“主张专利权全部无效或者部分无效，应当由提出上述主张的一方当事人负举证责任”。

就法理解释而言，采取清晰可信的证明标准，是为了保护信赖利益。尤其是为了保护专利权而需要强化的专利权人的信赖利益。即使对于没有被美国专利商标局考虑过的证据，上述信赖利益的保护仍然是非常必要的。并且，从操作层面而言，专利审查员没有责任引用其考虑过的所有对比文件。

（2）应然法角度：授权比率与交易成本之间的政策博弈

美国微软公司主张，采取较高的专利无效证明标准使得不应当被授予的专利权（“bad patent”）得以大量存在从而使得创新成本增加，阻碍真正的技术创新。随着国会对美国专利商标局自身费用结构和资金供应进行的改革，美国专利商标局逐步转变成为一个服务机构，其运营支出由它的客户（专利申请人）支付的费用提供。[1]基于此，专利授权数量大幅度提高。并且，非常高的无效比率说明专利局不当授权的存在。美国i4i公司则主张，其不同意美国专利授权比率过高的观点，并且专利无效案件中较高的证明标准是促进专利交易、降低交易成本的必要条件。

美国联邦最高法院认为，近30年来，美国国会经常修改专利法第282条以促进专利制度激励创新的作用。并且，美国国会已经修改专利法以应对不应当被授予的专利权（bad patent）对创新的

[1] 亚当·杰夫，乔希·勒纳. 创新及其不满：专利体系对创新与进步的危害及对策［M］. 罗建平，兰花，译. 北京：中国人民大学出版社，2007：2－3.

阻碍，美国国会的上述法律修改包括扩大复审程序的使用，提供第三方复审程序等，但是同时美国国会并未在专利法第282条的修改中试图改变上述专利无效的证明标准。由此可见，在授权比率与交易成本之间的政策博弈中，美国国会结合美国经济发展的情况已经作出了选择。

## 五、我国专利无效宣告程序中的证明标准

《专利审查指南（2010）》第四部分第八章“无效宣告程序中有关证据问题的规定”基本上借鉴了民事诉讼程序中的事实查明模式、证明标准和证据认定规则。[1]

然而，一般而言，民事诉讼中的诉，指当事人依照法律规定，向人民法院提出的保护其合法权益的请求。[2] 从而，无效程序和普通民事诉讼程序存在本质不同：首先，无效宣告程序的设置基础，在于法律上将专利授予这一判断即专利权的确定，设置为一种由行政机关行使的行政权力。其次，就程序目的而言，无效宣告程序本身是解决某个特定专利有效性的程序。民事诉讼的审理范围在于当事人的权利义务关系，并对争议裁决后，对该权利义务关系进行判断。再次，就当事人制度而言，无效程序中无“正当当事人”或“适格当事人”这一概念。而在民事诉讼程序中，由于审理对象是处于争议中的法律关系，要求对声称并进入程序中的当事人是否可主张该法律关系进行判断。最后，就程序架构而言，无效程序中请求人和专利权人只是将各自意见向决定专利是否有效的行政机关陈述意见，而民事诉讼程序中当事人之间具有直接相关的程序法律关系。

笔者认为，虽然我国专利无效宣告程序的设置与美国专利无效

---

[1] 《专利审查指南（2010）》第四部分第八章第1节规定，“无效宣告程序中有关证据的各种问题，适用本指南的规定，本指南没有规定的，可参照人民法院民事诉讼中的相关规定。”

[2] 常怡．民事诉讼法学［M］．修订版．北京：中国政法大学出版社，2002：87.

反诉的设置存在根本区别❶，美国联邦最高法院对于专利无效证明标准的上述阐释，尤其是立足利益平衡分析的政策博弈对于我国专利无效宣告程序的证明标准制度的完善亦有所启发。

我国目前的民事诉讼采用“事实清楚，证据确实充分”作为证明标准。但是我国学术界普遍认为上述证明标准有所不当，应当按照案件性质设置尺度不等的证明标准❷，该问题的讨论亦已经成为我国民事诉讼法修改的重要问题。笔者认为，专利实质审查程序和专利初步审查程序的法律价值在于，使得专利权推定有效。我国专利法的相关规定亦体现了上述观点。我国《专利法》第 47 条第 2 款规定：“宣告专利权无效的决定，对在宣告专利权无效前人民法院作出并已执行的专利侵权的判决、调解书，已经履行或者强制执行的专利侵权纠纷处理决定，以及已经履行的专利实施许可合同和专利权转让合同，不具有追溯力。但是因专利权人的恶意给他人造成的损失，应当给予赔偿。”之所以这样规定，是因为“如果认为宣告专利权无效的决定对于已经执行的判决统统具有追溯力，……那么导致专利权人长期处于一种忐忑不安的境地，不知道其依法获得的损害赔偿是否有朝一日还要返还给侵权人……，这势必大大影响专利权人行使其专利权的信心。”❸

笔者认为，《专利审查指南（2010）》第四部分第五章规定：“无效宣告程序中有关证据的各种问题，适用本指南的规定，本指南没有规定的，可参照人民法院民事诉讼中的相关规定。”然而，专利无效宣告制度中的程序法问题在基本模式方面与致力于解决当

❶ 参见：张鹏．现有技术抗辩制度本质论［J］．科技与法律，2010（1）．

❷ 参见：李浩．民事举证责任研究［M］．北京：中国政法大学出版社，1993：223－232．高家伟．行政诉讼证据的理论与实践［M］．北京：工商出版社，1998：172－174．毕玉谦．民事证明责任研究［M］．北京：法律出版社，2007：181．伍操．论大陆法系诉讼证明责任理论的共通性——以波普尔“证伪主义”理论为视角［J］．理论界，2011（2）．毕玉谦．“一强多元”模式下的证明责任学说——以克服“规范说”局限性为重心［J］．政法论坛，2011（2）．

❸ 参见：尹新天．中国专利法详解［M］．北京：知识产权出版社，2011：487．

事人之间私权纠纷的民事诉讼程序存在非常大的差别，专利无效宣告程序应当采用客观证明责任与主观证明责任相分离的模式❶，无论从诉讼认识论的角度还是从裁判盖然性的角度而言，专利无效宣告程序的证明标准均应当高于民事诉讼的证明标准，应当对于专利无效宣告程序的证明标准全面重构。❷

即使考虑到授权比率与交易成本之间的政策博弈，需要考虑“采取较高的专利无效证明标准使得不应当被授予的专利权得以大量存在阻碍真正的技术创新”与“专利无效案件中较高的证明标准是促进专利交易、降低交易成本的必要条件”之间的平衡，笔者亦认为，对于我国当前国情下的选择，后者更为突出。

下面结合具体案例讨论笔者观点的法律适用。某无效纠纷案中，无效宣告请求人为主张某一茶几产品已经在涉案专利的申请日之前公开销售，举出了请求人公司在三个不同城市销售收款收据、用户访问表、某家具专卖店出具的书面声明和销货凭证，还提供了请求人与某广告公司签订的印刷合同复印件。请求人用上述证据以证明其主张。经过庭审质证，专利复审委员会认定：“……附件 1 是杭州市公证处出具的‘（2006）杭证民字第 5330 号’公证书、盖有杭州东方家私市场金海豹家私专卖店发票专用章的收款收据、涉及茶几产品的照片；该公证书中附有 2006 年 7 月 24 日分别针对两位不同用户的‘广州市金海豹家具有限公司用户访问表’两张，其记载用户购买的产品为 C76 型秋千长几，购买时间为 2001 年，及其他有关产品质量、使用、价格情况的调查，公证书证明被调查用

---

❶ 民事诉讼模式包括当事人主义模式、纠问主义模式和混合模式等，对于专利无效宣告程序的程序模式问题，尤其是对于当事人主义模式与纠问主义模式之间的选择，以及辩论主义原则在专利无效宣告程序中的法律适用问题，专利无效宣告程序与民事诉讼程序的制度价值存在根本不同，民事诉讼的制度价值仅仅在于定纷止争，而专利无效宣告程序远非如此。

❷ 证明标准将对于证明责任的分配产生直接影响，对于专利无效宣告程序中证明责任的问题，专利无效宣告程序中主观证明责任与客观证明责任应当分离，辩论主义原则应当有限适用。

户在上述‘广州市金海豹家具有限公司用户访问表’上签名。请求人提交的附件 4 是杭州东方家私市场浩轩家具专卖店出具的声明书，其所述法人代表梁耀雄出庭作证，其证明该专卖店‘于 2001 年 6 月开始在杭州销售金海豹公司所生产的秋千长几’。”专利复审委员会认为：上述公证书的证明内容仅涉及所附用户访问表的用户签名，而不涉及该用户访问表所记载的销售事实；该用户访问表为 2006 年 7 月作出，属事后证明，同样附件 4 所述声明及证人出庭作证属证人证言作事后证明，上述收款收据虽为原始证据但属企业自制的单据材料，其证明力较低，故这些事后证明的事实缺乏充分的原始证据相印证，其与所述收款收据相结合也不足以证明请求人主张的有关销售事实；同时，附件 1 中照片所示茶几产品除证人作证明外，并无其他可证明所示产品与用户访问表、收款收据等其他证据具有必然联系，故上述证据亦不足以形成的完整的证据链证明照片所示茶几产品已在先销售。因此，请求人提交的附件 1、附件 4 相结合不足以证明其主张的有关产品已在本专利申请日之前在先销售的事实。……附件 3 是昆明市西山区公证处出具的“（2006）昆西证字第 6140 号”、“（2006）昆西证字第 5762 号”公证书、昆明宝丽家具订货单。公证书中分别附有李贵林的《声明》、公证人员对李贵林家中摆放的长几和方几产品进行证据保全的现场拍摄照片和《现场工作记录》，公证书证明李贵林在《声明》上签名属实，《现场工作记录》为公证员现场制作，其钱磊、李贵林签名属实，照片内容与现场实际情况相符；该订货单有客户李贵林签字、经销商签章，订货日期为 2001 年 3 月 14 日。专利复审委员会认为，上述公证书仅能证明有关人员签字属实，公证现场当时情况属实，并不涉及对声明内容所述事实的证明，该《声明》作为证人证言属事后证明，上述订货单虽为原始证据但属企业自制的单据材料，其证明力较低，故《声明》所述事实缺乏充分的原始证据相印证，而现场拍摄的照片本身无法证明所示产品的购买或销售时间，与上述订货单也不具必然联系。因此，上述证据相结合不足以证明请求人主张的有关产品已在本专利申请日之前在先销售的事实。

在该案件的行政诉讼程序中，在相同的证据材料基础上，北京市第一中级人民法院审理认为："……本案中，附件3中的……订货单为原始证据，通过观察，其证据形态完整，无涂改痕迹，其中李贵林签字与……公证书中《声明》的签字字体相同，客户地址与……公证书中《现场工作记录》中记载的地址相符，订货单上记载商品秋千长几、秋千方几各一台与公证书中《声明》中茶几产品的名称相同，订货单上印有金海豹公司名称，附件3中照片亦显示有金海豹公司图标。……对于被告提出的订货单题头盖章单位不符的异议，法院认为，名称不符并未排除对于订货单并非昆明恒际家具公司出具的事实，该证据对于证明昆明恒际家具公司销售行为具有证明力，原告对此问题的解释亦合情合理。因此，附件3中的各个证据已经能够形成完整的证据链，证明李贵林……'购买了'……产品的盖然性明显大于'没有购买'的盖然性……"原告提交的证据虽然并不完整，但能够进一步辅佐证明在先销售的事实。"北京市高级人民法院经审理后，对于附件3一组证据材料的证明力也予以确认，同时针对一审被告和上诉人指出的不同销售行为之间不存在互相印证的关系这一理由，也在判决中指出了附件1、4这两组证据材料均不能证明请求人的事实主张。[1]

由此可见，无效宣告请求审查决定将不同的销售事实分别评述，认为请求人试图证明的几个销售行为，证明每个销售行为的证据材料均缺乏客观原始的互相印证的关系，从而每个单独的销售行为均不能确认；无效决定认为证人证言在没有其他客观的资料相印证的情况下，证明力较低，无法单独达到确认某事实的标准；无效决定认为基于与请求人的利害关系，订货单证明力较低。笔者认

[1] 参见国家知识产权局专利复审委员会第10763号无效宣告请求审查决定以及北京市第一中级人民法院（2008）一中行初字第453号行政判决书和北京市高级人民法院（2008）高行终字第570号行政判决书。

为，鉴于上述因素的存在，上述证据材料未达到高于优势证据的证明标准[1]，不足以证明在先销售行为的存在。

## 六、案例回顾

在“台灯（瀑布）”外观设计专利无效纠纷一案中，无效宣告请求审查决定采取盖然性标准，似有不当。笔者认为，应当采取较之民事诉讼程序更高的证明标准。

在“顺位主从同步控制电路装置”实用新型专利无效纠纷一案中，无效宣告请求审查决定采取了高于盖然性的标准，进一步要求要排除一些非常合理的怀疑，符合专利无效宣告程序制度本质的要求。

在“一种高分断小型断路器”实用新型专利无效纠纷一案中，分析如下：

### （一）进口行为构成公开的举证责任与证明标准

具体到案例 2 而言，施耐德公司以证据 19、证据 25 等证明中国机床总公司从施耐德香港分公司进口 C60 系列产品的主张。

首先，从证明责任的角度而言，第五组证据中缺少证明进口行为的报关单、进口代理合同等必要的有关进口行为的手续证明，无法证明产品已经办结海关手续。从证明标准角度而言，在缺少报关单、进口代理合同等必要的有关进口行为的手续证明的情况下，仅凭证人证言、机电产品登记表、申请表、中国机床总公司从施耐德香港分公司进口断路器产品的装箱单和发票、施耐德公司销售的电子存储记录来证明 C60N、C60H、C60L 被进口到国内，构成进口行为的可能性并不大于不构成进口行为的可能性，从而无法达到高度盖然性标准。其次，就证明责任而言，请求人具有进一步提供报关单、进口代理合同等必要的有关进口行为的手续证明的证明责任，如果未能完成上述证明责任，那么应当承担举证不能的不利诉讼后果。

---

[1] 龙宗智．证据法的理念、制度与方法［M］．北京：法律出版社，2008：16－17.

其次，就高度盖然性标准的把握方面，上述证据中，证据19 - 2.5的机电产品进口登记表、证据19 - 2.6、证据19 - 2.7、证据19 - 2.8中并没有涉及C60系列的型号，仅在证据19 - 2.7中“型号规格”一栏中有“C＊＊＊H/N”，与该型号对应的产品名称是断路器，而证据19 - 2.8第3页左侧表格与商品名称“空开”对应的商品编号是“MG15306”。第177790号发票中与型号24198 - C对应的规格是C60N 2P 3A C，第168446号发票中与型号24198对应的规格是MULTI，第168447号发票中与型号24198对应的规格是C60N，第168448号发票中与型号24198对应的规格是MG.。可见，上述证据中存在型号与规格不一致的问题。如在证据19 - 2.10中，没有24198这一型号，与规格C60N 2P 3A C对应的型号是24333；证据25（即香港施耐德公司销售断路器的存储记录）中施耐德公司保留的销售记录中没有第177790号发票；又如，证据25中与第168448号发票对应的规格、编号分别是24198、C60N 2P 3A MCB，而在第168448号发票中与24198对应的规格是MG；除了第177790号发票上盖有公章外，其余发票上均无正式的公章；装箱单（即证据19.10）中的编号与证据19 - 2.13中的第177790号发票中的编号不一致等。

在存在上述相互矛盾、不对应等问题的情况下，难以使得裁判者之事后主观盖然性认定高于法律所要求之最低证明度盖然性标准。[1] 也就是说，无法形成进口行为得以发生的裁判者内心确信。

（二）销售行为构成公开的举证责任与证明标准

具体到本案而言，施耐德公司以下一组证据证明中国机床总公司与神龙公司之间的销售行为及所销售产品的结构：证据19 - 2.3、证据19 - 2.4、证据19 - 2.14、证据19 - 2.16、19 - 2.17、证据24。

---

[1] 参见大陆法系普遍遵循的“贝氏决定理论”，引自：黄国昌．民事诉讼理论之新开展［M］．北京：北京大学出版社，2008：61 - 64.

就证明责任而言，证据 20 是 C65 系列和 C60 系列订货号对照说明表复印件，请求人并没有具体陈述该证据的出处以及如何使用该证据，且专利权人也对该证据的真实性提出了异议，请求人没有提供其他的证据对其真实性进行佐证，因此，证据 20 在无其他证据对其真实性进行佐证的情况下也不能被采信。也就是说，当事人具有说明或者证明证据来源的证明责任，在未能完成上述证明责任的情况下应当承担不利的诉讼后果。

就证明标准而言，证据 19 – 2. 3 与证据 19 – 2. 4 前后矛盾，存在瑕疵，因此不能认定材料清单或无名称的 8 页表格为 95DCAC/SN230 合同和 95DCAC/SN351 合同中标明的附件，也不能确定这两份合同与 C60 系列产品具有关联性。进而，由于涉及上述两份合同的证据 19 – 2. 14（即记账凭证、电划贷方补充报单第三联、资金往来专用发票以及进账单）和证据 19 – 2. 16（即单位往来明细表单）中均没有产品型号，因此证据 19 – 2. 14 和证据 19 – 2. 16 与 C60 系列产品的关联性均不能确定。也就是说，如果公证书所附合同中的附件明显与该合同不对应，并且尚未形成销售行为之完整证据链，那么不能使得裁判者形成内心确信认定销售行为的成立，尚不能达到高度盖然性之标准要求。

## 第四节　专利无效宣告程序的证明责任

证明责任理论的历史几乎与民事诉讼法的历史一样长，证明责任制度被德国诉讼法学家罗森贝克称为“诉讼法的脊梁”[1]，深入而广泛地研究证明责任具有重大的法律意义。[2] 对于专利无效程序而言，证明责任问题的研究同样具有突出的意义。

---

[1] 莱奥·罗森贝克．证明责任论——以德国民法典和民事诉讼法典为基础撰写［M］. 4 版．庄敬华，译．北京：中国法制出版社，2002：64.

[2] 汤维建．民事证据立法的理论立场［M］．北京：北京大学出版社，2008：67.

## 一、引言

专利无效程序中证明责任的问题，在审查实践和司法实践中存在广泛争议。本节立足职权探知主义与当事人主义之区分，阐释专利无效宣告程序应当立足于职权探知主义；并且在职权探知主义模式下，主观证明责任与客观证明责任之间应当分离。基于上述理论分析，进一步探讨专利无效程序中证明责任制度的完善，以期对审查实践和司法实践有所帮助。

## 二、审查实践及司法实践的解读

**【案例35】**在“仪表”外观设计无效纠纷一案中，无效宣告请求人提交附件16证明现有设计的情况。附件16是（2009）津南开证经字第90号公证书，系《SM－1000系列监控计量装置使用说明书》的证据保全过程。公证书的内容为，公证人员对有关人员通过网络下载并打印《SM－1000系列监控计量装置使用说明书》的全过程的公证。专利权人认为，公证书首页显示的网址信息与实际网址信息不符。

专利复审委员会认为，附件16是由天津市南开区公证处出具的有效公证文书，在没有相反证据足以推翻的情况下不能否定该有效公证文书的真实性。根据公证书记录的网页打开过程，公证人员输入网址后打开的网页中记载有“启用新域名www.col88.com”的信息，网站更换域名一般会同时使用原域名和新域名以便不了解网站更换域名的使用者使用，同时还会通过在网页上发布信息告知其使用者网站将更换域名，仅凭附件16公证书首页记载的网址信息和网页中记载的网址信息不一致，不能否定该公证书的真实性。此外，专利权人还认为《SM－1000系列监控计量装置使用说明书》中的封面、封底和“编写说明”没有独立页码，封面中的名称与目录页中的名称不一致，不能证明是同一份文件。对此，专利复审委员会认为，根据生活常识可知，书籍的封面和封底均无页码标记，并且“编写说明”不属于书籍的正文内容，故通常情况下也无页码标记；该说明书封面与目录页中的名称表达虽然稍有差别，但是其内容相同，均为 SM－1000 系列监控计量装置使用说明书，其来源于信誉度较高的网易公司的网站，并且通过公证人员的公证所取得。故无相反证据证明不能否定该使用说明书的真实性。

北京市第一中级人民法院认为，从附件 16（2009）津南开证经字第 90 号公证书的内容可知，“co. 163. com”网站为网易电子样本发布平台，任何企业或者个人均可注册登录并发布电子样本。该公证书虽然载明北京清华紫光测控有限公司系该网站的普通企业会员，但是并未载明成为普通企业会员的条件以及网站审核程序，也并未载明《SM－1000 系列监控计量装置使用说明书》的上传时间，因此，现有证据并不能证明《SM－1000 系列监控计量装置使用说明书》的确系北京清华紫光测控有限公司上传的，也不能证明该使用说明书的上传时间。专利复审委员会根据《SM－1000 系列监控计量装置使用说明书》的编写时间推定 SM－1000 系列监控计量装置公开销售时间在本专利申请日之前，缺乏事实和法律依据。上诉人针对上述一审判决提出上诉后，撤回上诉请求。[1]

在本案中，争议焦点在于证明责任的分配。专利复审委员会认为，鉴于网页来源于信誉度较高的网易公司的网站，并且通过公证人员的公证所取得，所以证明责任转由专利权人承担，由其证明网页内容经过了修改。北京市第一中级人民法院认为，无效宣告请求人并未完成证明责任，证明《SM－1000 系列监控计量装置使用说明书》的确系北京清华紫光测控有限公司上传和证明该使用说明书的上传时间属于无效宣告请求人的证明责任。

[1] 参见专利复审委员会第 14097 号无效宣告请求审查决定、北京市第一中级人民法院（2010）一中行初字第 840 号行政判决书和北京市高级人民法院（2010）高行终字第 977 号行政裁定书。

## 三、无效宣告程序的基本模式：立足职权探知主义的构建

无效宣告程序是一个复杂的专利不当授权纠错的体系和系统，该系统包含了若干程序制度，例如请求制度[1]、举证制度[2]、口头审理制度[3]、合并审理制度[4]、程序中止与终止制度[5]等。

所谓无效宣告程序体制，是指一种特定的、相对稳定的程序结构。[6] 该程序结构本身是相对比较抽象、概括和宏观的，其内在于整体专利无效宣告程序中。无效宣告程序体制不是一个具体制度，但是具体制度的逻辑起点。作为整个专利无效宣告程序制度的核心，无效宣告程序体制是结构性的，决定了整个专利无效宣告程序制度的运作，对其他具体制度的运行具有制约作用。

一定特征的无效宣告程序体制反映出一定的无效宣告程序基本模式。理性的无效宣告程序基本模式应当采取建构在实质辩论主义基础上的、以当事人为特征的民事诉讼基本模式（亦即大陆法系的当事人主义），还是应当采取职权探知主义，值得深入思考。

### （一）当事人主义和职权探知主义的理性划分

当前世界上具有代表性的民事诉讼体制可以概括为当事人主义和职权探知主义两大基本诉讼模式。[7] 诉讼体制表现为当事人对诉

---

[1] 参见《专利审查指南（2010）》第四部分第三章有关无效宣告请求客体、无效宣告请求人资格、无效宣告请求范围以及理由和证据等的规定。

[2] 参见《专利审查指南（2010）》第四部分第三章有关请求人举证和专利权人举证的规定。

[3] 参见《专利审查指南（2010）》第四部分第三章有关审查方式的规定。

[4] 参见《专利审查指南（2010）》第四部分第三章有关案件的合并审理的规定。

[5] 参见《专利审查指南（2010）》第四部分第三章有关案件的合并审理的规定。

[6] 参见：张卫平．诉讼构架与程式——民事诉讼的法理分析［M］．北京：清华大学出版社，2000：3.

[7] 参见：张卫平．民事诉讼基本模式：转换与选择之根据［J］．现代法学，1996（6）.

讼经营起主导作用的是当事人主义诉讼模式，相反，法院对诉讼经营起主导作用的是职权主义诉讼模式。[1] 不同诉讼模式的诉讼体制差异是一种结构性差异，该结构性差异正是由规范其特点的原则所决定的。

当事人主义，又称辩论主义，我国有学者为了区分我国《民事诉讼法》第12条所规定的辩论原则而称为实质辩论主义[2]，是指主张事实和提供证据是当事人的权能或者责任，裁判机关不得作出异于当事人诉讼上自认的判断。传统当事人主义诉讼模式的基本内涵包括：当事人没有主张的决定实体法律效果的案件事实等，不得作为裁判者裁决的依据，亦即当事人负有主张责任；裁判机关通常只能对当事人提出的证据进行审查判定，亦即当事人负有证明责任；当事人之间无争议的基本事实，裁判机关应当作为判决的根据。[3]

职权探知主义，是指裁判机关不受当事人主张的事实和提供的证据的范围的限制，主动依职权收集事实和调查取得证据。职权探知主义的基本内涵包括：对于当事人没有主张或者已经撤回的决定实体法律效果的事实，裁判机关应当依职权收集并作为判决的依据；裁判机关对当事人提出的证据进行判断和采用之外，还应当依职权收集和采用当事人没有提出的证据；对于当事人之间没有争议的事实，裁判机关得调查其真伪以决定是否采用，即使当事人对案件事实作出自认亦对于裁判机关没有约束力。[4]

### （二）专利无效宣告程序采取职权探知主义的基本理由

笔者认为，我国专利无效宣告程序应当采取职权探知主义。

首先，就当事人主义和职权探知主义的内在逻辑基础而言，

---

[1] 参见：伊东乾．辩论主义［M］．日本：学阳书房，1975：33．转引自：张卫平．民事诉讼：关键词展开［M］．北京：中国人民大学出版社，2005：35．

[2] 参见：张卫平．民事诉讼：关键词展开［M］．北京：中国人民大学出版社，2005：1－15．

[3] 参见：江伟．民事证据法学［M］．北京：中国人民大学出版社，2011：154－155．

[4] 参见：江伟．民事证据法学［M］．北京：中国人民大学出版社，2011：157－161．

我国专利无效宣告程序应当采取职权探知主义。采取当事人主义亦或职权探知主义除了与一国法律体系的历史传统紧密相关以外，主要需要考虑程序客体的基本性和公共性。亦即，职权探知主义适用于包含公共利益的案件等，其中判断公共利益的基本标准在于，基本性和公共性。其中，基本性，是指公共利益是有关国家、社会共同体及其成员生存和发展的基本利益；公共性，是指公共利益的主体包括国家、社会的全体成员或者大多数成员或者不特定人，乃至全人类。[1] 可以说，当事人主义适用于民事私益案件，而职权探知主义主要适用于民事公益案件或者含有公益因素[2]的事项。

其次，就专利无效宣告程序的价值取向而言，对于专利无效宣告程序而言，其立法主旨在不当授权的纠正，而非当事人之间纠纷的解决。亦即，简单的“定纷止争”不是专利无效宣告程序的主要价值取向。《专利法实施细则》第三次修改中，明确规定“专利复审委员会作出决定之前，无效宣告请求人撤回其请求或者其无效宣告请求被视为撤回的，无效宣告请求审查程序终止。但是，专利复审委员会认为根据已进行的审查工作能够作出宣告专利权无效或者部分无效的决定的，不终止审查程序”。上述规定明确了在无效宣告请求人撤回无效宣告请求时，如果专利复审委员会认为根据已进行的审查工作能够作出宣告专利权无效或者部分无效的决定，那么将作出宣告专利权无效或者部分无效的行政决定，而不是终止审查程序。通过这种方式，明确民事诉讼架构下的诉权处分原则在无效宣告程序中并不适用，从而明确无效宣告程

---

[1] 参见：陈新民．德国公法学基础理论［M］．济南：山东人民出版社，2001：181－214．

[2] 有学者针对婚姻纠纷案件，运用实证分析法分析和探讨民事诉讼取证制度的变化对离婚诉讼和婚姻法运作的影响，亦体现了公益案件应当采用的证明标准。参见：黄宗智，巫若枝．取证程序的改革：离婚法的合理与不合理实践［J］．政法论坛，2008（1）．

序并非民事诉讼模式。另外，上述规定强化了专利复审委员会在无效宣告程序中依职权审查原则的适用，明晰了无效宣告程序不当授权纠正的制度价值，从而在一定程度上界定了无效宣告程序行政程序的基本属性。[1] 由此可见，无效宣告程序的主要价值取向仍然立足于公益的维护。

最后，职权探知主义并不与正当程序或者程序公正相对立。也就是说，职权探知主义下“正当程序原则”和“程序参与原则”仍然具有非常突出的法律意义[2]，裁判者在将探知的事实作为裁判根据之前应当经过双方当事人质证辩论或者发表意见，裁判者不得将当事人未发表过的意见或者未进行过质证辩论的证据事实作为裁判根据。

## 四、无效宣告程序的证明责任：主观证明责任与客观证明责任的分离

笔者认为，在无效宣告程序立足职权探知主义基本模式的前提下，应当采取阶段证明责任，实现主观证明责任与客观证明责任之间的分离。通过主观证明责任与客观证明责任之间的分离，实现裁判首位性与辩论主义之间的有效协调。

证明责任制度肇始于古罗马法，古罗马法法谚有云，“法官只知法，事实需证明”[3]。古罗马法下证明责任制度可以概括为两点：“原告不举证，被告即开释”和“举证责任在于肯定主张之人，而不在否定主张之人”[4]，上述两点恰恰分别界定了主观证明责任和客观证明责任。

---

[1] 张鹏．论《专利法实施细则》修改对专利无效宣告制度的完善［J］．知识产权，2010（11）．

[2] 参见：江伟．民事证据法学［M］．北京：中国人民大学出版社，2011：163.

[3] 参见：黄风．罗马法词典［M］．北京：法律出版社，2002：137.

[4] 参见：易延友．证据法的体系与精神——以英美法为特别参照［M］．北京：北京大学出版社，2010：291.

证明责任在传统德国、日本学说的影响下，向来被认为系法院于事实陷于真伪不明时，所据以裁判之基准。从而，将证明责任之概念与传统大陆法系采用的“内心确信”的证明度标准相结合，将诉讼上事实之认定分为“确信存在”“确信不存在”和“真伪不明”三种情形，在第三种情形时，由法官依照证明责任之分配判决。❶ 因此，证明责任是指，为了解决诉讼中争议事实真伪不明的问题，法律对真伪不明的风险在当事人之间所作的分配，亦即对法官应当判决哪一方当事人败诉所作的指示。❷

其中，证明责任包括主观证明责任和客观证明责任。主观证明责任规制当事人在程序进行中之“证据提出责任”，其性质上属于一造当事人之“行为责任”。也就是说，提出“有利于己方的实体要件事实”的当事人，对该事实所享有的提供充足证据加以证明的责任。❸ 客观证明责任性质上属于“结果责任”，仅在于裁判者完成调查证据之程序，进入审理终结前阶段而仍陷于真伪不明始发生作用。❹ 也就是说，客观证明责任主要是利己事实的主张者应当利用证据说服裁判者相信该事实是真实的，否则承担实体法上的不利后果。❺

在当事人主义基本模式下，主观证明责任的履行以客观证明责任的存在为前提，亦即主观证明责任是客观证明责任通过“辩论主义”形成的“投影”（如图 4 所示）。当事人在充分履行主观证明责任的情况下，则卸除了客观证明责任；当事人在未能充分履行主观证明责任的情况下，则现实地承担了客观证明责任；亦即古罗马

---

❶ 参见：黄国昌．民事诉讼理论之新开展［M］．北京：北京大学出版社，2008：115.

❷ 参见：肖建华．民事诉讼法学［M］．厦门：厦门大学出版社，2011：222 – 223.

❸ 参见：江伟．民事证据法学［M］．北京：中国人民大学出版社，2011：168.

❹ 参见：黄国昌．民事诉讼理论之新开展［M］．北京：北京大学出版社，2008：118 – 119.

❺ 参见：江伟．民事证据法学［M］．北京：中国人民大学出版社，2011：169.

法谚所述“证明责任之所在，败诉之所在”。

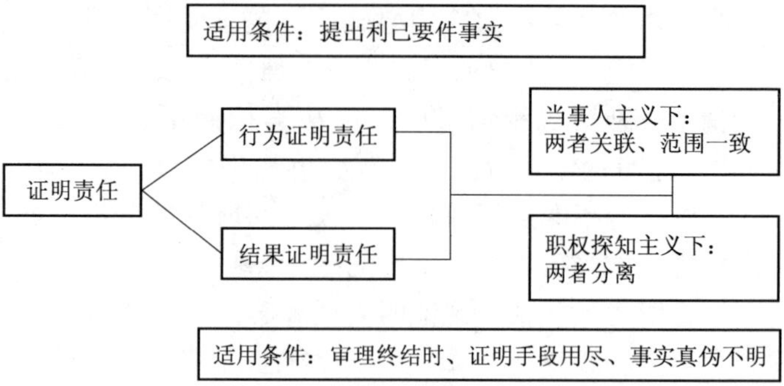


**图4　基本模式与证明责任关系图❶**

在职权探知主义基本模式下，主观证明责任与客观证明责任之间则相互分离。主观证明责任更为接近于“举告”，而客观证明责任与之的分离则要求裁判者不受当事人主张的约束，致力于在纠纷解决之外的“客观真实”查明。

对于无效宣告程序而言，如果建构于“不当授权的纠正”这一基础逻辑起点，那么采取职权探知主义，实现客观证明责任主观证明责任相互分离实属必然。也就是说，无效宣告请求人主要承担“举告”的责任，在无效宣告程序启动之后专利复审委员会依照其职权的需要对于不当授予的专利权宣告无效。这一点恰如在专利复审程序中专利复审委员会对于不当驳回专利申请的纠正具有相同的法律逻辑。

## 五、无效宣告程序基本模式与证明责任的法律适用

如前所述，笔者认为，专利无效宣告程序应当立足于职权探知主义；并且在职权探知主义模式下，主观证明责任与客观证明责任

❶ 参见：江伟．民事证据法学［M］．北京：中国人民大学出版社，2011：167.

之间应当分离。上述观点在专利无效宣告案件的审查中应当如何加以适用，仍值得思考。

无效宣告程序中听证原则的法律适用——以裁判首位性与听证原则之间的有效协调为视角。所谓“裁判首位性”❶，是指专利复审委员会作为专利无效案件的审查部门，对于全面调查证据、正确认定事实有独享的权力。❷ 裁判首位性需要与职权探知主义充分结合，方能发挥其理性的法律价值。“裁判首位性”之概念与“辩论主义”的结合会导致一个怪异的图像：垄断了调查证据权限之裁判者却鲜少搜集证据，而负有举证责任之当事人却未被赋予直接搜集证据的权能❸，使得“裁判者不会、而当事人不能收集所需要的证据”❹，对于原告方赋予过重的负担。在将职权探知主义作为专利无效宣告程序基本模式的前提下，按照裁判首位性的理性要求，专利复审委员会当然附有依职权查明事实的责任，从而听证原则的立法本意并不能要求裁判者的裁判受到当事人辩论内容的实体约束，亦即并不采用实体辩论主义。

无效宣告程序中认知制度的法律适用。在职权探知主义基本模式下，对于职权调查事项，无须当事人提出意见或者抗辩，裁判者就得主动依职权调查并作出处理，并且当事人不得以合议或者放弃抗辩权等方式组织裁判者调查，并且当事人对职权调查事项的陈述不受提出时机的限制。❺ 对于无效宣告请求程序而言，本领域技术

---

❶ 参见：GEOFFREY C. HAZARD, JR. DISCOVERY. *The Rule of the Judge in Civil Law Jurisdictions* [J]. 73 Notre Dame L. Rev. 1017, 1025 – 1028 (1998).

❷ 专利行政诉讼理应秉承案卷排他主义原则，性质上仍属于司法复审的范畴。

❸ 参见：黄国昌. 民事诉讼理论之新开展 [M]. 北京：北京大学出版社，2008：46 – 47.

❹ JAMES BEARDSLEY. *Proof of Fact in French Civil Procedure*, 34 Am. J. Comp. L. 462 (1986).

❺ 参见：江伟. 民事证据法学 [M]. 北京：中国人民大学出版社，2011：164 – 165.

人员所应当知晓的公知常识属于典型的职权调查事项，通常不构成证明对象，不适用辩论主义的约束。需要补充的是，职权探知主义模式下职权调查事项仅仅要求裁判者是调查主体，并不涉及裁判基础资料由谁承担收集提供的责任。❶ 在主观证明责任与客观证明责任分离的前提下，所免除的是客观证明责任而非主观证明责任，因此当事人有责任加以说明。

无效宣告程序中自认制度的法律适用。无效宣告程序中，自认制度如何适用值得深入研究。如果将职权探知主义基本模式作为无效宣告程序举证责任制度的理论基础，那么主观证明责任和客观证明责任二者必然互相分离，从而与采取当事人主义基本模式的民事诉讼举证责任制度不同，不能当然免除对方当事人的证明责任。这一点尚需深入研究。

无效宣告程序中程序事项的证明责任。在职权探知主义基本模式下，对于程序性事项，例如无效宣告程序的受理条件、无效理由与证据的认定、合并口头审理、主体变更等，亦属于职权调查事项，应当由裁判者主动查明。无效宣告程序中实体事项的证明责任，仍属于无效宣告请求人承担。

### 六、案例回顾

在“仪表”外观设计无效纠纷一案中，鉴于“co. 163. com”网站为网易电子样本发布平台，任何企业或者个人均可注册登录并发布电子样本并且并未载明网站普通企业会员资格如何获得，因此对于实体事项的证明责任仍应当由无效宣告请求人承担。

---

❶ 参见：江伟．民事证据法学［M］．北京：中国人民大学出版社，2011：166.

# 第五节　专利无效宣告程序中的电子证据认定[1]

无效程序中涉及的“专利法意义上公开”的判断问题，是无效程序法律适用的难点之一。各种类型证据的证据认定问题，亦是学术界和实务界普遍关注的法律问题。

## 一、引言

随着计算机网络逐步成为人类生活的一部分，在证据法学的理论和实践中，电子证据也日益成为一种重要的证据形式。“人类的证明方法经历了神证时代、人证时代和物证时代，也许即将进入电子证据时代”[2]，与此相应电子证据的审核认定也已成为当前证据法学界的研究热点[3]。在实践性较强的专利法领域同样如此，网络证据和视听资料等电子证据日益成为审查实践和司法实践中普遍遇到的证据形式，但是由于上述证据形式的特点，在证据真实性和公开时间的认定上存在一定困难。对于上述问题我们应当以网络证据和视听资料的特点为逻辑起点，通过对网络证据和视听资料的真实性和公开时间进行审核认定，最终根据专利法的相关规定确认是否构成网络公开。

## 二、审查实践及司法实践的解读

**【案例36】**在“花布”外观设计无效纠纷一案中，无效宣告请

---

[1] 本节内容部分基于由笔者执笔的国家知识产权局学术委员会优秀课题“网络证据的法律适用”的部分研究成果。另外，参见：张鹏．如何利用网络证据证明现有技术——韩国的相关规定与案例介绍［J］．电子知识产权，2008（7）：43－45．张鹏．网络证据公开性及公开时间的认定［J］．电子知识产权，2008（10）：46－48．冯术杰，张鹏．专利无效宣告案件中网络证据的真实性和公开时间的认定［C］//何家弘．证据法论坛．第16卷．北京：法律出版社，2011：204－210.

[2] 何家弘．电子证据法研究［M］．北京：法律出版社，2002：4－5.

[3] 国家知识产权局条法司．《专利法》及《专利法实施细则》第三次修改专题研究报告．上卷［M］．北京：知识产权出版社，2006：246－279.

求人提交了如下证据用于证明涉案专利与现有设计相近似，不符合2000 年《专利法》第 23 条的规定：

证据 2－1：（2008）浙温华证内字第 005825 号公证书，复印件；该公证书及附件第 1、4 页记载了“云南藏风小饰品批发网”的部分网页，该网站持有“滇 ICP 备 05007105 号”许可证，网页上注明的批发地址为“云南省昆明市北京路 212 号易明坊商场 52号商铺”；

证据 2－3：声称为“云购网商城”（www. yn268. com）的部分网页，打印件；

证据 2－4：声称为“新疆饰品网”（www. xjhuo. com）的部分网页，打印件；

证据 2－5：声称为“云贝民族饰品批发网”（www. yunbei. com）的部分网页，打印件；

证据 2－6：声称为“淘淘族”（www. taotaozu. com）的部分网页，打印件；

证据 2－7：载有电视剧《心花放》第 22 集的刻录光盘一张，复制件。

本案的争议焦点在于，如何认定上述网络证据和视听资料的真实性和公开时间。无效决定对于上述网络证据和视听资料的认定如下：

1. 网络证据的认定

（1）关于证据 2－1

就证据 2－1 的表现形式，也即网络证据存在的形态进行审查。首先，虽然网络证据具有数字性，从而网页内容的打印件所反映的网络证据具有非正式或者易变的表现形式，但是该公证书中载明的网页打印件完整地反映了公证当时网页的显示情况；其次，该公证书对于下载过程的记载也能够证明该网络证据的证据来源；再次，上述网页打印件系使用公证处专用计算机访问获得；最后，该公证书能够证明在打印页形成的时刻该打印件与网页相一致。因此，该证据的表现形式并不存在瑕疵。

就证据2－1所属网站的内在管理机制而言，根据证据2－1公证书（下称公证书）及附件第1、4页的记载，证据2－1反映的是"云南藏风小饰品批发网"的部分网页，该网站持有"滇ICP备05007105号"许可证，网页上注明的批发地址为"云南省昆明市北京路212号易明坊商场52号商铺"。可见，该网站属于个体商户或较小规模的私营企业网站，该类网站的审核机制较为宽松，通常不进行严格的审核，其监督机制由网站的系统管理员负责，交互性较强。因此，需进一步考察涉案当事人与网站之间是否具有利害关系。

就证据2－1所属网站与当事人之间的利害关系而言，由于专利权人在法定期限内并未提交意见陈述，因此认为其并未对请求人与"云南藏风小饰品批发网"之间具有利害关系提出主张。在此基础上合议组认为，没有相应证据且没有合理怀疑表明请求人与该网站之间具备利害关系。进一步结合网站的内在管理机制，其网页监督机制由网站的系统管理员负责。从而，就网络证据修改的主观方面而言，"云南藏风小饰品批发网"不存在主动修改网页内容以及上架时间之主观动机。

就证据2－1的形成、存储、传送与接收而言，根据公证书附件第5－21页的记载，该网站部分网页的URL地址中包含"/cat. asp?catid＝4"或者"/product. asp? id＝28"等类似内容，上述URL地址表明该网站采用.NET的网站架构模式。基于.NET标准，用于处理显示逻辑的显示层、用于处理业务逻辑的业务层和用于处理数据逻辑的数据层分离，数据报文的形成、存储、传送与接收均需符合.NET标准。由于.NET与J2EE标准均属于BS（Brower-Server）结构下的典型网站架构模式，具有一定的安全性，通过非法访问方式修改的可能性极小。

就证据2－1的收集以及完整性而言，证据2－1系使用公证处专用计算机访问获得，按照公证程序予以收集，并且根据公证书附件第1~21页的记载，上述网页具有完整性。从网络证据的收集以及完整性的情况判断，排除了从客户端访问过程中制造虚假报文的可能性。

综合上述因素，结合修改动机和修改可能性两个方面的考虑，在专利权人未提交合理反证并且未提出任何合理怀疑、甚至并未对证据的真实性提出异议的情况下，应当认可该网络证据具备真实性。

在使用上述因素认定证据2-1具备真实性的前提下，由于网页上记载的时间通常采用网页进入网站内容发布系统时获得的服务器时间，所以证据2-1附件第16页所示的“上架时间：2005-11-3　15：58：00”能够表明，该网页进入内容发布系统时服务器的时间系2005年11月3日15点58分整，故可认定该网页的公开时间系2005年11月3日。同时，由公证书第2页第五项可知，该网页包括附件第16~18页共3页。因此，证据2-1附件第17页上公开的外观设计构成本专利的在先设计。

如前所述，本专利为一工艺花布，而证据2-1附件第17页所示的提包中部亦具有工艺花布图案，该工艺花布由图案不同的条带交替排列组成，条带大致分为以下几种：（1）均匀分布菱形图案的条带；（2）均匀分布类似箭头图案的条带，其中箭头两两一组；（3）无图案且宽窄不等的条带。在花布上部，无图案且宽窄不等的条带与具有菱形图案的条带交替排列。在花布中下部，以具有菱形图案的条带为中心，向两侧依次对称排列无图案的较宽条带、无图案的较窄条带，两条具有箭头图案的条带排列在无图案的较窄条带之间。各条带明暗交替变化。

将本专利与证据2-1相比，两者设计风格、组成元素基本相同，条带整体排列方式、明暗变化也基本相同，其区别仅在于局部位置条带排列方式的略有不同，但这一细微差别对产品外观设计的整体视觉不产生显著影响。因此，根据整体观察、综合判断的原则，本专利与证据2-1相近似，不符合2000年《专利法》第23

条的规定。

(2) 关于证据2－3、2－4

证据2－3、2－4分别系请求人声称为“云购网商城”(www. yn268. com) 的部分网页打印件、请求人声称为“新疆饰品网”(www. xjhuo. com) 的部分网页打印件。请求人并未提供上述网页的公证件。

合议组认为，就证据的表现形式而言，虽然证据2－3、2－4系网页打印件，就性质而言属于复印件，但是请求人通过当庭演示的方式，排除了从客户端访问过程中制造虚假报文的可能性，因此能够证明该网络证据的证据来源，且请求人采用专利复审委员会的计算机键入相关网站的网址，获得上述网页的显示内容与上述证据的情况完全相符。根据请求人演示的情况，结合网页打印件，可以认定该证据亦具有完整性。

与上述评述证据2－1类似的理由，应当认可证据2－3、2－4具备真实性。

在认定证据2－3、2－4具备真实性的前提下，合议组认定上述网络证据并未经过修改。在此情形下，由于网页上记载的时间通常采用网页进入网站内容发布系统时获得的服务器时间，网络证据2－3、2－4所示的“【上市日期:】2005年7月27日”“上架时间:2005－11－3　16:04:00”能够表明，上述网页进入内容发布系统时服务器的时间分别为2005年7月27日和2005年11月3日，因此，上述网页的公开日期在本专利申请日之前。所以，证据2－3、2－4公开的外观设计构成本专利的在先设计。

证据2－3所示的提包中，主体中间部分具有工艺花布图案，该工艺花布由图案不同的条带交替排列组成，条带大致分为以下几种：(1) 菱形和“×形”图案交替分布的条带；(2) 均匀分布类似箭头图案的条带，其中箭头两两一组；(3) 无图案的条带。从花布整体上看，无图案的条带与菱形和“×形”图案交替分布的条带交替排列，两条具有类似箭头图案的条带排列在无图案的条带之间。各条带明暗交替变化。

将本专利与证据2－3相比，其区别主要在于，（1）本专利为菱形图案条带，证据2－3为菱形和“×形”交替排列图案条带；（2）两者条带排列方式略有不同。然而，在两者设计风格、构成元素大致相同的前提下，上述不同仅为细微差别，对产品外观设计的整体视觉不产生显著影响，因此，根据整体观察、综合判断的原则，本专利与证据2－3构成相近似，本专利不符合2000年《专利法》第23条的规定。

证据2－4所示的提包中，主体中间部分具有工艺花布图案，该工艺花布由图案不同的条带交替排列组成，条带大致分为以下几种：（1）均匀分布菱形图案的条带；（2）均匀分布类似箭头图案的条带，其中箭头两两一组；（3）无图案且宽窄不等的条带。以上三种条带大致以两种方式排列：（1）无图案且宽窄不等的条带与具有菱形图案的条带交替排列；（2）以具有菱形图案的条带为中心，向两侧依次对称排列无图案的较宽条带、无图案的较窄条带，具有箭头图案的条带排列在无图案的较窄条带之间。各条带明暗交替变化。

将本专利与证据2－4相比，两者设计风格、组成元素基本相同，条带整体排列方式也基本相同，其区别仅在于局部位置条带排列方式的略有不同，但这一细微差别对产品外观设计的整体视觉不产生显著影响。因此，根据整体观察、综合判断的原则，本专利与证据2－4相近似，不符合2000年《专利法》第23条的规定。

（3）关于证据2－5、2－6

证据2－5、2－6分别系请求人声称为“云贝民族饰品批发网”（www.yunbei.com）的部分网页、请求人声称为“淘淘族”（www.taotaozu.com）的部分网页。但是，请求人在口头审理之时使用专利复审委员会的计算机并不能访问上述网页。亦即，请求人无法证明证据2－5、2－6的证据来源。参照《最高人民法院关于民事诉讼证据的若干规定》第65条的规定，对于上述证据的真实性不予认可。

2. 视听资料的认定

证据2－7系电视剧《心花放》第22集的光盘，是以光盘这种科技设备储存的音像信息证明案件事实的证据材料，属于视听资料。

视听资料的真实性认定应当从伪造和篡改的可能性、视听资料的完整性等方面综合考虑，存有疑点的视听资料不应当单独作为认定案件事实的根据。当事人一般应当提交视听资料的原件，但是有其他证据佐证并以合法手段取得的、无疑点的视听资料或者与视听资料核对无误的复印件，如果对方当事人没有足以反驳的相反证据，应当确认其证明力。

（1）关于证据2－7的真实性

具体到本案，请求人提交的证据2－7原件为黑龙江文化音像出版社出版，ISRC编号为CN－D17－05－379－00/V. J9的光盘，经核实复制件内容与原件相一致。从光盘本身的物质情况而言，没有伪造或者篡改的痕迹；从光盘的播放情况而言，具有完整性。并且，专利权人对于上述视听资料的真实性并未提出任何异议。综合上述因素，合议组对于证据2－7的真实性予以认可。

（2）关于证据2－7的证明内容

证据2－7系以光盘形式存在的记载有技术内容的独立存在的传播载体。并且，证据2－7的封面记载有“2005年发行”，其播放内容中也显示有“© Television Broadcasts Ltd. 2005”标记。据此，合议组认为，最迟到2005年12月31日为止，该证据2－7记载的内容已被公开。因此，证据2－7的公开日期早于本专利的申请日，可以用于证明本专利是否符合2000年《专利法》第23条之规定。

（3）关于相近似对比

证据2－7第21～25分钟显示的女主人公背包中，主体中间部分具有工艺花布图案，该工艺花布由图案不同的条带交替排列组成，条带大致分为以下三种：（1）均匀分布菱形图案的条带；（2）均匀分布类似箭头图案的条带，其中箭头两两一组；（3）无图案且宽窄不等的条带。从花布整体上看，无图案且宽窄不等的条带与具有菱形图案的条带交替排列。各条带明暗交替变化。

将本专利与证据2－7相比，两者设计风格基本相同，组成元素和条带排列方式也非常接近，其区别仅在于各条带之间的宽窄比例和排列顺序略有不同，但这一细微差别对产品外观设计的整体视觉不产生显著影响。因此，根据整体观察、综合判断的原则，本专利与证据2－7相近似。

综上所述，证据1－1、2－3、2－4、2－7证明与本发明相近似的外观设计已经通过印刷出版物、网络出版物以及光盘出版物的方式得以公开。[1]

**【案例37】**在"电动玩具自行车"外观设计专利无效纠纷一案中，无效宣告请求人的无效理由之一是该专利不符合中国《专利法》第23条的规定。为支持其请求，请求人提交了两组证据材料。其中第一组证据（证据1－8），用以证明该专利在申请日前已在美佳玩具网上公开过。第一组证据中的附件2－4为网络证据，分别如下：

证据2：汕头市公证处于2003年11月12日作出的"（2003）汕市证经字第434号公证书"，内附操作过程和网页打印件两个附件。其上显示，公证员于2003年11月10日登录美佳玩具网：(1) 在玩具搜索的"名称关键字"一栏中键入玩具货号MK0314271，在"发布日期"栏键入326天之内，网页显示"未找到符合查询条件的记录"，而将发布日期改为327天之内时，网页显示找到了符合该货号的名称为"窗盒电动音乐自行车8808"的记录。(2) 返回美佳玩具网主页，在玩具搜索的"名称关键字"一栏中重新键入玩具名称"自行车"，重复上述其他操作，网页显示在"查询结果"中增加了名称为"窗盒电动音乐自行车8808"的记录。

---

[1] 参见国家知识产权局专利复审委员会第8654号复审请求审查决定，上述审查决定被评选为2010年度专利复审委员会优秀审查决定。

证据3：汕头市公证处于2003年11月24日作出的“（2003）汕市证经字第442号公证书”，内附操作过程和网页打印件四个附件。其上显示，公证员于2003年11月17日登录美佳玩具网：（1）在玩具搜索的“名称关键字”一栏中键入玩具货号MK0314271，在“发布日期”栏键入333天之内，网页显示“未找到符合查询条件的记录”，而将发布日期改为334天之内时，网页显示找到了符合该货号的名称为“窗盒电动音乐自行车8808”的记录。（2）返回美佳玩具网主页，在玩具搜索的“名称关键字”一栏中重新键入玩具名称“自行车”，重复上述其他操作，网页显示在“查询结果”中增加了名称为“窗盒电动音乐自行车8808”的记录。（3）返回美佳玩具网主页，在“产品种类”一栏中选择“电动车”，重复上述其他操作，网页显示在“查询结果”中增加了名称为“窗盒电动音乐自行车8808”的记录。

证据4：汕头市公证处于2003年12月15日作出的“（2003）汕市证经字第463号公证书”，内附操作过程和网页打印件两个附件。其上显示，公证员于2003年12月11日登录美佳玩具网：（1）在玩具搜索的“名称关键字”一栏中键入玩具货号MK0314271，在“发布日期”栏键入357天之内，网页显示“未找到符合查询条件的记录”，而将发布日期改为358天之内时，网页显示找到了符合该货号的名称为“窗盒电动音乐自行车8808”的记录，但该记录的图片已被删除。（2）返回美佳玩具网主页，在玩具搜索的“名称关键字”一栏中重新键入玩具名称“自行车”，重复上述其他操作，网页显示在查询结果中增加了名称为“窗盒电动音乐自行车8808”的记录，该记录的图片已被删除。（3）返回美佳玩具网主页，在“产品种类”一栏中选择“电动车”，重复上述其他操作，网页显示在“查询结果”中增加了名称为“窗盒电动音乐自行车8808”的记录，该记录的图片已被删除。

对于上述证据，专利复审委员会认为：证据2－4所示公证书的公证事项均为网络证据保全，虽然通过公证书能够认定公证当时的网络信息资源状态，但由于在实际生活中对网络数据实施变动的可操作性很强，网络信息资源处于极不稳定的状态，且 3 份公证书的公证日期均在该专利申请日后，公证的内容是通过网络追溯以前的事实，因此仅凭公证书不足以确定该专利申请日以前的真实的网络信息资源状态，在没有其他证据的支持下，请求人仅依靠证据 5 中转述的他人证言加以补充，由于转述证言本身未经质证，不能作为有效证据，因此对请求人提出的上述主张不予支持。

北京市第一中级人民法院一审判决与北京市高级人民法院二审判决均认为：证据 2～4 三份公证书及附件是以公证的方式，用书面形式对“美佳玩具网”上的网络内容进行固定，应认定证据 2～4 与原件具有同等的证明效力。另外，美佳玩具网系一家独立经管的网站，在没有相反证据证明附件 2～4 记载的内容不真实的情况下，应认定该网站上载的内容具有真实性。由于证据 2～4 三份公证书记载的操作过程载明，在不同的时间三次登录美佳玩具网网站，在玩具搜索的“名称关键字”一栏中键入玩具货号 MK0314271 或键入玩具名称自行车，或在“产品种类”一栏中选择电动车等三种方式进行查询，网页上均显示了如证据 2、3 图片显示的名称为“窗盒电动音乐自行车 8808”，表明该外观设计已于申请日前（即 2002 年 12 月 19 日）在网络上公开。❶

**【案例 38】**在“一种双彩屏手机”实用新型专利无效纠纷一案中，无效宣告请求人的无效理由为该专利不符合 2000 年《专利法》第 22 条第 2、3 款的规定，其所提交的证据中网络证据为：证据 1：电信设备进网认证的网上服务证书查询网页打印页。其上显示，T6 + 手机进网证的发证日期为 2003 年 8 月 27 日。证据 3：（2004）京崇证内民字第 3738 号公证书，其上载明北京市崇文区公证处根

❶ 参见国家知识产权局专利复审委员会第 6596 号无效宣告请求审查决定以及北京市第一中级人民法院（2006）一中行初字第 1393 号行政判决书、北京市高级人民法院（2006）高行终字第 245 号行政判决书。

据北京广源亿通科贸有限公司的证据保全申请，于2004年9月17、19日通过电话拨号上网的方式，从有关网站中查询并下载T6+手机的相关信息，公证书证明所附的网页页面打印件与公证员在网上看到的内容相符。证据3的网页页面打印件中，有电信设备进网认证的网上服务证书查询信息，内容与证据1相同；此外还有北斗手机网关于T6+手机的广告信息，其中注明上市时间为2003年6月。证据6：（2004）京崇证内民字第4510号公证书，其上载明北京市崇文区公证处根据北京广源亿通科贸有限公司的证据保全申请，于2004年10月20日通过电话拨号上网的方式，从有关网站中查询并下载金鹏A118手机的相关信息，公证书证明所附的网页页面打印件与公证员在网上看到的内容相符。证据6的网页页面打印件中有一页为CNII网站关于A118手机规格参数的信息，其上注明该款手机上市时间为2003年11月。

专利复审委员会认为：证据1为信息产业部电信管理局的证书查询服务网页，可以证实其所查询内容的真实性，即承认该网页上所注明的深圳天时达移动通讯工业发展有限公司的设备型号为T6+ 的GSM双频数字移动电话机的发证日期为2003年8月27日的真实性，证据1可以被采信。对于证据3、6，请求人当庭出示了该公证书的原件，被请求人表示对该证据形式上的真实性没有异议，因而，在以公证单位现场所能证明的内容作为所认定事实的基础上，证据3、6可以被采信。根据证据1和3的内容可知天时达T6+型号的手机于2003年8月27日获得入网许可证的事实，但此时间不是公开销售的时间，由于无法确定T6+型号手机在申请日（2003年11月27日）前公开使用，该手机不能作为现有技术与本专利进行比较。对于证据6，可以从其内容得知金鹏灵羽A118型号的手机曾于公证日期在互联网上出现过广告或简介等的事实，但从以上的证据中既无法得知该产品在该专利申请日之前公开使用，该手机也不构成现有技术，不能用于评价该专利。

北京市第一中级人民法院一审判决与北京市高级人民法院二审

判决均认为：均认为：由于原告及第三人对专利复审委员会认为证据1、3、6可以被采信的意见不持异议，人民法院亦予以确认。根据证据3、6公证书的内容，只能证明公证日时的相关网站的网页上有上述信息内容的记载，但这些信息内容本身的真实性，公证书并未予以公证，在第三人不予认可且无其他有效证据佐证的情况下，该部分信息内容的真实性无法认定。[1]

**【案例39】**在“治疗咳嗽气喘的药物及其制备方法”发明专利无效纠纷一案中，无效宣告请求人提供下述证据：附件1：北京市国信公证处出具的（2005）京国证民字第03177号公证书复印件1份，内附购买现场记录、《国家新药注册数据库（1985～2000）年版》销售合同、光盘检索使用许可、销售发票、及光盘照片复印件共9页，且公证书中记载对上述实物予以封存（实物未提交）；及载明来自“国家新药注册数据”光盘的桂龙咳喘宁胶囊质量标准复印件共1页。

专利复审委员会认为，附件1为《国家新药注册数据库（1985～2000）年版》光盘购买公证书，鉴于请求人当庭提交了公证书原件及经公证处封存的光盘实物，且经核对可以对公证书和光盘的真实性予以认定；由于该数据库光盘所附的“检索光盘使用许可”文件中明确记载的时间为2001年10月，即该数据库从2001年10月起就被出版单位“国家药品监督管理局药品审评中心”允许安装注册，因此可以合理推定该数据库光盘的出版时间为2001年10月，早于该专利的申请日，因此附件1《国家新药注册数据库（1985～2000）年版》光盘可以作为现有技术使用。

专利权人不服上述无效宣告请求审查决定，主要理由在于，被诉无效宣告请求审查决定认定光盘出版时间证据不足，“光盘使用

---

[1] 参见国家知识产权局专利复审委员会第7810号、第7811号无效宣告请求审查决定以及北京市第一中级人民法院（2006）一中行初字第520号、第521号行政判决书、北京市高级人民法院（2006）高行终字第504号、第505号行政判决书。

许可”是著作权使用许可声明，光盘以及封面没有出版日期，封面“版权所有 2001 ~ 2005”仅代表出版单位的出版声明，而不能推定出版日期是 2001 年 12 月。

北京市第一中级人民法院和北京市高级人民法院均认为，纵观光盘所附“检索光盘使用许可”及光盘封面的相关内容，可知该光盘记载内容为 1985 ~ 2000 数据，国家药品监督管理局药品评审中心系光盘制作单位之一，其于 2001 年 10 月允许用户安装注册光盘并标明光盘的序列号，专利复审委员会据此推定光盘的出版时间为 2001 年 10 月并无不当。[1]

### 三、网络证据的特点

上述案件主要涉及网络证据和视听资料的真实性和公开时间的认定，然而网络证据的真实性和公开时间的认定，需要结合网络证据的特点加以分析。网络证据的根本特点在于，数字性使得修改需要通过技术手段加以判断。[2]

---

[1] 参见国家知识产权局专利复审委员会第 8420 号无效宣告请求审查决定、北京市第一中级人民法院（2006）一中行初字第 1205 号行政判决书和北京市高级人民法院（2007）高行终字第 288 号行政判决书。

[2] 对于网络证据的特点，有学者归纳为“易修改性、易逝性和无差别大量复制”，参见：陈文煊．网络著作权纠纷中公证网络电子证据的司法认定［J］．电子知识产权，2008（7）：38. 有学者归纳为“无形性、复合性、客观真实性、脆弱性”，参见：马维克．电子证据与网络保全证据公证［J］．情报杂志，2006（3）：113. 有学者归纳为“客观真实性和易删改性”，参见：卓朝君，张艳斐．网络证据保全的法律探析——以公证为视角［J］．中国公证，2007（3）：40. 笔者认为，上述概括不准确。首先，因为网络证据的修改通常需要具备一定的前提条件，如需要较高的网站管理权限，并且通常需要网站管理人员的配合，所以，与物证、书证、证人证言等证据形式相比，网络证据的修改并不必然更为容易实现。但是，网络证据的修改一旦完成，通常在载体上不留下修改的痕迹。所以易修改性不能准确地概括网络证据的特点，使用“修改不留痕迹”可以更为贴切地概括说明上述问题。其次，无形性通常是指没有外在表现形态，对于网络证据而言，其具备“0”和“1”组成的二进制代码序列的表现形式，并且能够通过下载打印等方式将其内容外在表现出来。所以，网络证据的特点在于表现形式的特殊性，即数字化的表现形式，而非不具备外在表现形态，故使用“数字性”可以更为贴切地概括说明上述问题。

网络证据的数字性。网络接口层将信息转化为逻辑信号 0 和 1 组成的二进制代码序列，网络证据的生成、存储、传送、收集和表现都是围绕着由“0”和“1”组成的二进制代码序列进行，网络证据生成的过程实质上就是计算机将相关信息按照某种规则转换为二进制代码序列的过程，网络证据的存储、传送和收集也就是存储、传送和收集所述的二进制代码序列，网络证据的收集是计算机按照某种规则将二进制代码序列转换为相关信息的过程，而这一点是其他证据形式所不具备的。因此，数字性是网络证据在表现形式上的根本特性，也正是由于该表现形式的特点使得网络证据成为独立的证据种类。❶

网络证据的数字性使得修改需要通过技术手段加以判断。当人为因素或技术故障因素介入时，构成网络证据的二进制代码序列可以被修改和删除。由于网络证据在计算机系统中使用电、光、磁等介质作为信息载体，修改或删除在这些载体上的信息时不会留下任何痕迹。故如果没有有效的技术手段，一般人很难发现对网络证据是否经过修改或删除；但是通过借助有效的技术手段，网络证据修改或删除留下的痕迹能够得以发现。也就是说，相对于物证、书证等传统证据形式而言，网络证据修改或删除同样会留下痕迹，只是上述痕迹需要借助技术手段才能发现。

## 四、网络证据的真实性判断

从网络证据的根本特点出发可以得知，由于网络证据所具有的“数字性使得修改需要通过技术手段加以判断”这一特点，网络证据的真实性问题主要难点在于，判断网络证据是否经过修改。

### （一）网络证据真实性判断的总体思路

对于网络证据是否经过修改的判断，可以从主观和客观两个方

❶ 高家伟，邵明，王万华．证据法原理［M］．北京：中国人民大学出版社，2004：40－41.

面全面考虑，综合分析修改的动机和修改的技术可行性。在具备修改的动机和修改的技术可行性的情况下，可以推定为该网络证据经过了修改，不具备真实性。也就是说，在无效宣告请求人提供网络证据证明涉案专利的技术方案已经构成专利法意义上的公开时，专利权人的举证责任在于，证明请求人具备对作为网络证据载体的网页进行修改的动机和技术可行性。在专利权人完成上述举证责任的情况下，请求人承担证明作为网络证据载体的网页没有经过修改。

其中，对于修改动机而言，主要需要考虑网站与当事人之间的利害关系、网站的管理体制；对于修改可能性而言，应该以网络证据的基本技术作为逻辑起点，综合考虑网络证据的表现形式、网络证据的形成、网络证据的存储、网络证据的传送与接收、网络证据的收集、网络证据的完整性等方面。下面对于上述因素详细分析。

（二）网络证据真实性判断的考虑因素

如上所述，判断网络证据是否经过修改主要考虑修改的动机和技术可行性，而修改动机和修改可行性则需要考虑下述因素加以判断：

1. 网站的管理体制

网站的管理体制，主要是指对网络证据真实性有所影响的、网站本身的属性。网站的管理体制主要取决于以下五个因素：网站的交互性、网站系统的可靠性与稳定性、网站的审核与记录机制、网站的权限管理机制、虚假信息惩戒与识别机制。亦有观点从网站类型（政府网站、商业网站、个人网站等）的层面分析网站管理机制的差异以及对网络证据真实性认定的影响。

网站的交互性，是指网站与网络使用者之间的数据交流情况；静态网站的信息以及动态网站中的静态信息，是由网站的系统管理员或者栏目管理员进行发布操作，网络信息的发布者不需要或很少需要对其已经发布的信息进行修改，网络证据的真实性较强；动态网站的动态信息由网络使用者输入，所以该网站的网络证据的真实性较弱。

网站系统的可靠性与稳定性，是指构成网站系统的硬件、软件与固件的稳定情况以及正常运行的情况。如果网站的硬件系统没有出现过故障或者具有完备的日志系统与备份系统，网站的软件系统运行比较可靠。

网站的审核与记录机制，是指相应的管理员对于网站内容审核的情况以及记录网络使用者的操作的日志系统的情况。如果该网站具有完善的审核机制，由网站的系统管理员或者栏目管理员进行动态信息的审核，并且具有较好的日志系统，日志系统对于网络使用者的每一个操作都加以记录，已发布信息的修改机制较为严格，例如仅有较高级别的管理员才能够对网站数据进行修改并且历次修改均具有日志记录，则该网站的网络证据的真实性较强。

网络的权限管理机制，是指网站中各个不同角色的权限情况，其标志着网站信息的可修改性以及修改的难易程度。如果网站的管理比较严格，具有完善的权限分配机制，则该网站的网络证据的真实性较强。

虚假信息惩戒与识别机制，是指发布虚假信息被发现的风险以及相应的不良后果。如果发布虚假信息被发现的风险较高，很容易被消费者核实，并且一旦被发现对于虚假信息发布者具有很大的不良影响，那么该网络证据的真实性较强。例如在淘宝网上，广告一种产品的形状、大小、颜色等，如果信息虚假，很容易被网络使用者发现，并且网络使用者会采用信誉评分机制对发布虚假信息的商家进行信誉的负评价，从而对该商家的未来经营构成影响。

2. 网站与当事人之间的利害关系

网站与当事人之间的利害关系主要涉及网站与该案件的当事人之间的特殊关系，例如合同关系、技术合作关系、赞助关系等。

如果网站属于独立运营的网站，与无效宣告程序的双方当事人没有任何利害关系，那么该证据的真实性较强；如果无效宣告程序的一方当事人与网站有任何利害关系，例如无效宣告程序的一方当事人与网站具有赞助关系，该当事人系网站的赞助商或者广告商，则该证据的真实性较弱。

3. 网络证据的表现形式

网络证据的表现形式主要是指网络证据存在的形态。网络证据实质上只是存在于磁介质或光介质之中的一些数据，它必须借助于计算机等特定电子设备，才得以一种人所能够感知的形式表现出来，因此必须使用一定形式将无形的网络证据加以固定。

如果网络证据具有正式的并且固化的表现形式，那么该网络证据的真实性较强。如果网络证据具有非正式的或者易变的表现形式，那么该网络证据的真实性较弱。

4. 网络证据的形成

网络证据的形成是指作为证据的报文的形成过程。网络证据的形成部分需要考虑如下三方面因素：报文的原始数据的产生；网络证据所依赖的计算机系统或其他类似设备的可靠性；网络证据的表现形式的制作时间。

报文的原始数据的产生主要考虑报文在规范业务流程中是由计算机程序自动生成，还是由人工录入。网络证据所依赖的计算机系统或其他类似设备的可靠性主要考虑，网络证据所依赖的计算机系统或其他类似设备在主要关键时刻是否处于正常运行状态。如果网络证据所依赖的计算机系统或其他类似设备在关键时刻不处于正常运行状态，则需要考虑该事实是否影响电子记录的真实性。网络证据的表现形式的制作时间主要是网络证据的表现形式是在正常业务中得以制作，还是为无效宣告程序、民事诉讼程序而专门制作。如果网络证据的表现形式在正常业务中得以制作，则该网络证据的真实性较强。

5. 网络证据的存储

网络证据的存储是指作为网络证据的报文的存储情况。网络证据的形成部分需要考虑如下四方面因素：存储方法、存储介质、存储主体和加密措施。

在网络证据的存储方面，首先应当考察存储报文的方法是否科学。其次，应当考察存储报文的介质是否可靠。在永久性存储介质中存储的情况下，网络证据的真实性较强；在易失性存储介质中存储的情况下，网络证据的真实性较弱。另外，还需要考虑存储报文时是否加密。采用较强加密措施的网络证据的真实性较强。

6. 网络证据的传送与接收

网络证据的传送与接收，是指作为证据的报文的传送接收方法以及传送接收过程。网络证据的传送与接收部分需要考虑如下三方面因素：所采用的数据传送手段、所采用的数据加密技术以及服务提供商的状况。

在网络证据的传送与接收方面，需要考虑传递、接收报文时所用的技术手段或方法是否科学、可靠，传递报文的服务提供商等是否公正、独立，报文在传递过程中是否采用科学的加密技术等。

7. 网络证据的收集

在网络证据的收集方面，主要需要考虑网络证据的收集主体以及收集的程序。也就是说，作为证据的报文是由谁来收集的，收集者与该案有无利害关系。

就收集主体而言，如果网络证据的收集者与该案有利害关系，那么其收集的网络证据的真实性较弱；如果是经公证机关获得的网络证据，经公证机关收集的网络证据的真实性较高。

就收集程序而言，主要判断收集网络证据的主体在收集网络证据的过程中是否遵守了法律的有关规定；收集网络证据的主体以秘密方式收集网络证据时是否经过授权，是否符合法定的秘密取证程序；收集网络证据的方法（如备份、打印输出等）是否科学、可靠；收集网络证据的主体在决定对报文进行重组、取舍时，所依据的标准是什么，所采用的方法是否科学、可靠。

8. 网络证据的完整性

在网络证据的完整性方面，主要涉及网络证据内容的完整性。

如果网站负责事务处理和数据处理的计算机的硬件设施符合国家规定的标准，则该网站产生的网络证据的真实性较强。如果网站负责事务处理和数据处理的计算机的硬件设施是劣质品，它保存数据或提取数据时会发生由于硬件的故障而无法存取或必须修改有关的数据才能存取数据。此种情况下，报文的完整性差，从而导致网络证据的完整性较差，从而该网络证据的真实性较弱。

（三）网络证据真实性判断的佐证

如果当事人能够提交网站的日志文件、网站管理人员的证人证言、网页时间戳的证明或者网络爬虫的时间快照等证据，那么可以佐证网络证据的真实性。

网站的日志文件。一般网站中，日志文件记载了网站服务器上进行的所有操作。故，日志文件能够反映网络证据未经修改的事实。如果当事人提交经过公证程序获得的或者经过其他合法途径获得的日志文件，在对方当事人没有提交合理反证的情况下，可以通过网站的日志文件认可网络证据未经修改。

网站管理人员的证人证言。一般情况下，如果当事人提交网络管理人员的证人证言，无论上述证人证言系网站出具的单位证言，还是系网站工作人员个人出具的证言，在没有该网站与该方当事人存在利害关系之证明或者合理怀疑的情况下，可以通过网站管理人员的证人证言证明网络证据未经修改。

网页时间戳的证明。如果网络证据能够表现出网页的时间戳，那么在没有相反证据的情况下，可以认定，该网络证据反映了该时间戳所标识的时间下的网页情况。

网络爬虫的时间快照。通过网络爬虫的时间快照，可以证明网页的真实性和公开时间。例如，通过 Google、Baidu 等知名搜索引擎的搜索，能够判断该网页在第 N 日无法搜索获得，但是在第 N + 1 日可以搜索获得，那么在没有相反证据的情况下，可以认定该网络证据在第 N + 1 天构成公开并且自此未经修改。

（四）当事人调集证据请求的处理

当事人提出的向网站调集证据时，处理方式如下。就当事人提出的向网站调集证据的请求条件而言，在无效宣告请求审查程序中，如果当事人及其代理人确因客观原因不能自行收集用于证明网络证据真实性的证据，那么可以申请专利复审委员会调查收集，专利复审委员会也可以根据需要依职权主动调查收集有关证据。例如该网络证据是国家有关部门的网站，系由国家有关部门管理并须由专利复审委员会依职权调取才能获得的日志文件。

针对当事人提出的向网站调集证据的请求，调查的程序应当为：专利复审委员会收到当事人依职权调查收集证据的书面申请后，合议组应当审核书面申请是否包含有以下事项：被调查人的姓名或者单位名称、住所地等基本情况、所要调查收集的证据的内容、需要由专利复审委员会调查收集证据的原因及所要证明的事实。根据当事人的申请或者案件本身的情况，合议组认为确有必要调查收集证据的，应当报请主任委员或者副主任委员审核批准。专利复审委员会调查收集证据的，一般情况下应当和地方知识产权管理部门联系，并邀请地方知识产权管理部门共同参与。专利复审委员会调查取证应当出具公函，并自行承担差旅费以及其他相关费用。专利复审委员会调查取证时，应当通知无效案件的双方当事人到场。在特殊情况下，专利复审委员会也可以委托地方管理专利工作的部门调查收集证据。专利复审委员会委托地方管理专利工作的部门调查收集证据的，应当发出公函，提出明确的要求。接受委托的地方管理专利工作的部门应当及时、认真地协助调查收集证据，并尽快回复。

（五）网络证据公开性和公开时间的认定

专利法意义上的公开，是指处于能够为公众获知的状态，也就是“公众想得知就可以得知”的状态[1]，这种状态是公众想要知道就能知道的状态，而不是为多少人实际得知的状态[2]。就技术角度

[1] 国家知识产权局专利复审委员会. 专利复审委员会案例诠释——现有技术与新颖性［M］. 北京：知识产权出版社，2004：15－16.

[2] 国家知识产权局条法司. 新专利法详解［M］. 北京：知识产权出版社，2001：134－135.

而言，网络证据所记载的内容构成专利法意义上的公开的条件是，公众能够从该网站的表示层获得网络证据所记载的内容。

1. 网络证据公开性的认定

下述类型的网站发布的信息一般被认为是公众所能得知的，可以构成专利法意义上的公开：

在搜索引擎上加以注册并能进行搜索的网站；

其存在和位置为公众所知的网站（例如，与有关学术团体或者新闻单位的网页链接的网站，以向公众提供信息的方式显示的网站等）；

对于需要输入口令的网站，如果公众中的任何人通过非歧视性的正常途径就能够获得所需口令访问网站，则该网站发布的信息可被认为是公众可以得到的。

对于需要付费的网站，如果公众中的任何人仅仅需要缴纳一定的费用就可以访问，则该信息可被认为是公众可以得到的。

下述类型的网站发布的信息一般不能被认为是公众所能得知的：

其网络资源定位地址没有公开，公众只能偶尔地进行访问的网站；

只有特定机构或者特定的成员才能访问（例如只有雇员才能访问的公司网站），并且其中的信息被作为秘密对待的网站；

网站信息采用了特殊的编码方式，一般公众无法阅读的网站（不包括通过一组付费或者不付费的方法才能公开地得到解码工具的情况）；

信息公开时间过短，不足以让公众进行访问的网站（例如在互联网上短时间公布的信息）。

2. 网络证据公开时间的认定

在充分考虑网络证据的表现形式、网站的资质、网站与当事人之间的利害关系、网络证据的形成、网络证据的存储、网络证据的传送与接收、网络证据的收集、网络证据的完整性等方面，从而认定网络证据真实的情况下，需要进一步判断网络证据的公开时间。

网络证据可能涉及的时间点包括网页的撰稿时间、网页的上传时间、网页的发布时间、网页上记载的时间、服务器上记载的时间、日志文件中记载的时间以及网页中嵌入的Word、PDF等特定文件信息中包含的时间。网页的撰稿时间，是指网页内容的撰稿人完成文件的撰写，并且将文件录入网站的内容管理系统的时间，通常表现为网站的内容管理系统记载的进入系统时间以及网页文件的生成时间。网页的上传时间，是指撰稿生成的网页被上传到网站并且进入网站的数据库的时间。网页的发布时间，是指网页被业务层应用于网站的事务管理中，网站访问者可以看到该网页内容的起始时间，同时也是搜索引擎能够抓取网页的起始时间。

根据上述专利法意义上的公开的理解，可以认定网页的发布时间是网络证据构成专利法意义上的公开的起始时间。

从网络证据表现形式的角度而言，涉及的时间主要包括网页上记载的时间、服务器上记载的时间、日志文件中记载的时间以及网页中嵌入的Word、PDF文件信息中包含的时间。网页上记载的时间是指网页上注明的时间。对调研的情况实证分析可知，网页上记载的时间通常是网页第一次被上传的时间，在此之后，如果网页内容被修改，那么网页上记载的时间仍然是网页第一次被上传的时间，而不是新修改的网页内容的修改时间。因此，在充分考虑网络证据的表现形式、网站的资质、网站与当事人之间的利害关系、网络证据的形成、网络证据的存储、网络证据的传送与接收、网络证据的收集、网络证据的完整性等方面，从而认定网络证据真实的情况下，该时间代表了网页的发布时间。服务器上记载的时间是指网页内容上传到服务器上并得以发布的时间，也就是网页的发布时间。日志文件记载了网站上所有的操作，日志文件中记载的时间包括网页的上传时间、网页的发布时间以及网页内容修改的时间。因此，可以说，日志文件记载的时间非常全面，记载了与网页相关的所有操作的时间，可用于查证网络证据实际公开的时间。网页中嵌入的 Word、PDF 文件信息中包含的时间是指该 Word、PDF 文件的撰稿时间。

综上所述，在充分考虑网络证据的表现形式、网站的资质、网站与当事人之间的利害关系、网络证据的形成、网络证据的存储、网络证据的传送与接收、网络证据的收集、网络证据的完整性等方面，从而认定网络证据真实的情况下，第一，网页的发布时间是网络证据构成专利法意义上的公开的起始时间。第二，服务器上记载的时间代表了网页的发布时间，可以作为网络证据构成专利法意义上的公开的起始时间。第三，网页上记载的时间代表了网页的发布时间，可以作为网络证据构成专利法意义上的公开的起始时间，除非对方当事人能够提供证据证明网页经过修改。第四，日志文件中记载的时间包括网页的上传时间、网页的发布时间以及网页内容修改的时间，能够根据日志文件的记载结合网页的发布时间和网页内容修改的时间，确定网络证据构成专利法意义上的公开的起始时间。第五，网页的撰稿时间、网页的上传时间均不能作为网络证据构成专利法意义上的公开的起始时间，因为在撰稿和上传的时间点上，网页内容尚未达到任何第三人想得知即可得知的状态。第六，网页中嵌入的 Word、PDF 文件信息中包含的时间不能作为网络证据构成专利法意义上的公开的起始时间。

### 五、视听资料真实性和公开时间的认定

视听资料，是指以录音带、录像带、光盘和电脑及其他科学技术设备储存的音像信息证明案件事实的证据。视听资料具有综合、形象、直接、准确等特点。[1]

视听资料的真实性认定应当从伪造和篡改的可能性、视听资料的完整性等方面综合考虑，存有疑点的视听资料不应当单独作为认

---

[1] 高家伟，邵明，王万华．证据法原理［M］．北京：中国人民大学出版社，2004：49－50.

定案件事实的根据。当事人一般应当提交视听资料的原件，但是有其他证据佐证并以合法手段取得的、无疑点的视听资料或者与视听资料核对无误的复印件，如果对方当事人没有足以反驳的相反证据，应当确认其证明力。在视听资料的审查中，应当当庭播放视听资料并且接受当事人质证。[1]

视听资料的公开时间判断，需要结合出版时间和播放时间加以确定。专利法意义上的公开出版物既可以是各种印刷的、打字的纸件，也可以是用电、光、磁、照相等方法制成的视听资料，还可以是以其他方式存在的资料。如果视听资料的载体为音像出版物，可以根据上述音像出版物的出版时间判断其构成专利法意义上公开的时间；如果视听资料的载体不是音像出版物，那么需要结合其他证据判断该视听资料的播放时间以及播放范围，如果上述播放构成任何人想得知即可得知的状态，那么可以认定播放时间即为构成专利法意义上公开的时间。需要指出的是，上述用于结合证明视听资料的播放时间以及播放范围的证据，包括合法民事主体与电视台签订的广告播放合同、电视台的单位证人证言等。

## 六、案例回顾

在“电动玩具自行车”外观设计专利无效纠纷一案中，首先就网络证据的表现形式而言，当事人所提供的公证书记载了网页内容的打印件并且记载了网页的下载过程。虽然网络证据具有间接性和数字性，网页内容的打印件所反映的网络证据具有非正式或者易变的表现形式，但是该打印件完整地反映了公证当时网页的显示情况；另外，该公证书对于下载过程的记载也能够证明该网络证据的证据来源；还有，该公证书能够证明在打印页形成的时刻该打印件与网页相一致。因此，对于该网络证据的真实性可以初步予以认

---

[1] 《最高人民法院关于行政诉讼证据若干问题的规定》第40条第2款规定，视听资料应当当庭播放或者显示，并由当事人进行质证。

定。然后，就网站的资质而言，美佳玩具网属于公司、私立学校的网站，该类网站的审核机制较为宽松，通常不进行严格的审核。由于其不是动态网站，所以其监督机制由网站的系统管理员负责，并且交互性较弱。另外，就网站的基本结构以及介绍而言，该网站的网络证据的存储、传送与接收、收集以及完整性通常由相关制度加以保障，因此在该网站上的网络证据的真实性判断中，需要进一步考虑网站和当事人之间的利害关系。就网站和当事人之间的利害关系而言，美佳玩具网是一家由美佳玩具有限公司设立和维护、独立经营的网站，主要向客户提供玩具查询和订购服务，美佳玩具网与双方当事人均不具有利害关系。就该网络证据的形成、存储与传送接收而言，由于美佳玩具网由美佳玩具有限公司维护，所以该网络证据报文的原始数据由美佳玩具有限公司生成；由美佳玩具网的网站服务器的数据库加以存储，并且采用 TCP/IP 协议所要求的报文形式加以传送和接收。就该网络证据的收集和完整性而言，该网络证据由公证员按照公证程序予以收集，并且具有完整性。综合上述因素，在对方当事人未提交合理反证的情况下，应当认可该网络证据具备真实性。搜索引擎根据一定的策略、运用特定的计算机程序搜集互联网上的信息，在对信息进行组织和处理后，为用户提供检索服务。因此搜索引擎进行了抓取网页、处理网页和提供网络服务的操作过程。由于美佳玩具网能够通过搜索引擎进行搜索，因此其在搜索引擎上被注册，并且美佳玩具网的存在和 URL 位置为公众所知，因此美佳玩具网上的内容具有公开性。就该网络证据的公开时间而言，将发布日期设定为 N 日内（据推算为该专利申请日期前）时，可以通过该网站搜索到名称为“窗盒电动音乐自行车 8808”的记录，也就是说，能够通过网页对于网站服务器中的数据库查询到该记录。而将发布日期设定为 N－1 日内时，就不能通过数据库查询搜索到上述产品记录，也就是说，无法通过网页对于网站服务器中的数据库查询到该记录。因此，第 N 日可以认定为服务器中记录网页的起始时间，也就是网页的发布时间。而网页的发布时间是网络证据构成专利法意义上的公开的起始时间。综上所述，该网络证据具备真实性，并且其公开时间早于该专利申请日，可以用作评价该专利新颖性和创造性的现有技术。

在“一种双彩屏手机”实用新型专利无效纠纷一案中，公证书所记载的图 4 网页 http：//www. cnii. com. cn/jinpenga118/是中国信息产业网（http：//www. cnii. com. cn/）的网页。首先就网络证据的表现形式而言，当事人所提供的公证书记载了中国信息产业网的网页内容的打印件，并且记载了通过 Google 进行搜索获得该网页的过程以及该网页的下载过程。虽然网络证据具有间接性和数字性，网页内容的打印件所反映的网络证据具有非正式或者易变的表现形式，但是该打印件完整地反映了公证当时网页的显示情况；另外，该公证书记载了通过 Google 进行搜索获得该网页的过程以及该网页的下载过程，因此能够证明该网络证据的证据来源；还有，该公证书能够证明在打印页形成的时刻该打印件与中国信息产业网的网页内容相一致。因此，对于该网络证据的真实性可以初步予以认定。就网站的资质而言，笔者对于中国信息产业网中的网站介绍的网页（http：//www. cnii. com. cn/aboutus1/index. htm）进行访问，其记载了：中国信息产业网（www. cnii. com. cn）由信息产业部主管，人民邮电报社报业集团承办，是我国通信行业唯一拥有国务院新闻办授予新闻发布权的新闻网站。并且该网站中的网页均为静态页面，由网站的系统管理员或者栏目管理员发布或者修改信息，社会公众无权发布或者修改信息。网站的可靠性、稳定性、审核记录以及权限管理由人民邮电报社报业集团负责，并且虚假信息的惩戒与识别由人民邮电报社报业集团以及信息产业部内部的行政管理机制负责，相对严格。就网站与当事人之间的利害关系而言，从上述中国信息产业网的基本情况可知，在没有相关证据证明的前提下，应当认定中国信息产业网与双方当事人均不具有利害关系。就该网络证据的形成、存储与传送接收而言，由于中国信息产业网由人民邮电报社报业集团维护，所以该网络证据报文的原始报文数据由人民邮电报社报业集团生成；由中国信息产业网的网站服务器的数据库加以存储，并且采用TCP/IP协议所要求的报文形式加以传送和接收。就该网络证据的收集和完整性而言，该网络证据由公证员使用公证处的电话拨号上网，并按照公证程序予以收集，并且具有完整性。综合上述因素，在对方当事人未提交合理反证的情况下，应当认可该网络证据具备真实性。根据网络证据的非歧视原则，上述证据6中的网页记载的内容可以视同于与双方当事人没有利害关系的、中央国家机关主管的报纸、杂志等纸件记载的内容，与该类报纸、杂志等纸件记载的内容等同处理。

在"花布"外观设计无效纠纷一案中，证据2-7系以光盘形式存在的记载有技术内容的独立存在的传播载体，构成证据法意义上的视听资料。并且，证据2-7的封面记载有"2005年发行"，其播放内容中也显示有"© Television Broadcasts Ltd. 2005"标记，可见其构成音像出版物，而该音像出版物的出版时间即为构成专利法意义上公开的时间。

在"治疗咳嗽气喘的药物及其制备方法"发明专利无效纠纷一案中，尽管光盘及其封面并无出版时间，但依据光盘所附使用许可以及版权声明等内容可以对出版时间作出认定。在没有相反证据和合理怀疑的前提下，可以依据光盘所附使用许可以及版权声明等内容确定其公开时间。

## 第六节　专利无效宣告程序中的域外证据认定[1]

随着国际经济一体化进程的推进，在无效宣告程序中面临着许多域外证据，对于域外证据这一特定证据形式的认定需要加以深入研究。

---

[1] 本节内容部分基于：崔国振，张鹏．台湾地区形成证据的证明手续［N］．中国知识产权报，2009-04-08.

## 一、引言

《专利审查指南（2010）》第四部分第八章规定，域外证据是指在中华人民共和国领域外形成的证据，该证据应当经所在国公证机关予以证明，并经中华人民共和国驻该国使领馆予以认证，或者履行中华人民共和国与该所在国订立的有关条约中规定的证明手续。当事人向专利复审委员会提供的证据是在香港、澳门、台湾地区形成的，应当履行相关的证明手续。

但是在以下三种情况下，对上述两类证据，当事人可以在无效宣告程序中不办理相关的证明手续：（1）该证据是能够从除香港、澳门、台湾地区外的国内公共渠道获得的，如从专利局获得的国外专利文件，或者从公共图书馆获得的国外文献资料。（2）有其他证据足以证明该证据真实性的。（3）对方当事人认可该证据的真实性的。

## 二、审查实践和司法实践的解读

**【案例 40】** 在“滚动轮式脉冲磁疗按摩器”发明专利撤销纠纷一案中，撤销请求人于 1996 年 9 月 3 日提交对比文件 1（出版日期为 1991 年的前南斯拉夫杂志），2000 年专利局撤销审查小组作出撤销审查决定，其间专利权人张力从未对对比文件 1 的真实性提出异议。在提出复审请求以及其后的几次意见陈述中，专利权人陈述意见的焦点也集中在对比文件 1 是否构成出版公开以及其上公开的技术方案能否破坏本专利的创造性，并未针对对比文件的真实性提出异议。只有在其后 2003 年 12 月 16 日进行的口头审理中，专利权人才提出对比文件 1 为域外证据，应当进行公证和认证。被诉行政决定认定该证据具有真实性，而一二审判决均认为域外证据应予公证认证，否则不能认可其真实性。[1]

---

[1] 参见国家知识产权局专利复审委员会第 8802 号复审请求审查决定、北京市第一中级人民法院（2006）一中行初字第 1174 号行政判决书和北京市高级人民法院（2008）高行终字第 340 号行政判决书。

某无效案件中，请求人于2006年5月17日向专利复审委员会提出无效宣告请求，其理由是该专利的权利要求1~5不符合《专利法》第22条第3款有关创造性的规定，并提交了六份证据，其中证据4是台湾轮彦国际有限公司于2003年12月23日出具的声明书及相关材料复印件，该相关材料涉及《台湾自行车产品导览》2000~2001年版（请求人声称其于2000年4月5日出版公开）封面、第40页、第208页、封底及《台湾自行车产品导览》2002~2003年版（请求人声称其于2002年4月8日出版公开）封面、第21页、第242页、第273页、第274页、封底；证据5是广东省深圳市公证处出具的（2003）深证内贰字第9731号公证书复印件。[1]

### 三、域外证据认定的制度原理分析

关于公证认证的制度本质。域外证据和涉港澳台证据的公证认证是对其法定形式或者法定程序的特别要求，没有履行公证认证手续的域外证据和涉港澳台证据实际上不具有证明效力。之所以否定其证明效力，主要是因为这些证据来源的特殊性所决定，不履行这些证明手续，其真实性无从判断。[2] 可见，域外证据和涉港澳台证据的公证认证，是查明证据真实性的需要。证据的真实性，又称证据的客观性，其具体表现为证据来源的真实性、证据内容的真实性和证据关系的真实性。亦即，证据来源是证据真实性判断的重要组成部分，其主要用于判断证据产生的特定时间、空间和主体。由于域外证据和涉港澳台证据形成于我国大陆地区之外，给证据来源的认定带来一定困难，因此域外证据和涉港澳台证据的公证认证制度成为必要。然而，在法律实践中，现实的域外证据和涉港澳台证据公证认证制度在一些情况下并未解决真实性问题（如有些域外证据

---

[1] 参见国家知识产权局专利复审委员会第9616号无效宣告请求审查决定。

[2] 参见：孔祥俊．《最高人民法院关于行政诉讼证据若干问题的规定》的理解与适用［M］．北京：中国人民公安大学出版社，2002：85.

和涉港澳台证据的公证认证文件仅仅证明原件与复印件相符，并未证明原件无伪造和无篡改等），这也对于公证认证的制度本质产生一定冲击。理想化的公证认证制度应当在很大程度上能够解决证据来源的真实性判定问题。

关于法律依据。虽然无效宣告请求审查程序是一种行政程序，但鉴于该程序中有双方当事人对抗，因此《专利审查指南（2010）》第四部分第八章所明确规定的“无效宣告程序中有关证据的各种问题，适用本指南的规定，本指南没有规定的，可参照人民法院民事诉讼中的相关规定”有较强的合理性和现实意义。

基于此，《专利审查指南（2010）》对于香港、澳门、台湾地区形成证据的规定，参照了《最高人民法院关于民事诉讼证据的若干规定》第11条第2款的规定，规定除“（1）该证据是能够从除香港、澳门、台湾地区外的国内公共渠道获得的，如从专利局获得的国外专利文件，或者从公共图书馆获得的国外文献资料；（2）有其他证据足以证明该证据真实性的；（3）对方当事人认可该证据的真实性的”之外，“当事人向专利复审委员会提供的证据是在香港、澳门、台湾地区形成的，应当履行相关的证明手续”。

关于台湾形成证据的证明手续。《专利审查指南（2010）》中并未明确规定台湾形成证据的证明手续，并且在相关司法解释中也没有加以规定。在审查实践中，专利复审委员会参照司法部关于印发《海峡两岸公证书使用查证协议实施办法》的通知（1993年5月11日 司发［1993］006号）、《海峡两岸公证书使用查证协议》及《海峡两岸公证书使用查证协议实施办法》的内容，结合无效宣告请求案件的审查实践，对于当事人提交的在台湾形成的证据的证明手续要求为：对于需要公证的台湾地区形成的证据，公证文书应当经过中国公证员协会或省、自治区、直辖市公证员协会（或公证员协会筹备组）的查证。而对于公证文书上加盖有“中华民国”字样印章或钢印的，则不予采信。

值得探讨的是，最高人民法院2007年1月11日发布的司法政策的适用。《最高人民法院关于全面加强知识产权审判工作为建设创新型国家提供司法保障的意见》（法发［2007］1号）第15条规定："对于域外形成的公开出版物等可以直接初步确认其真实性的证据材料，除非对方当事人对其真实性能够提出有效质疑而举证方又不能有效反驳，无需办理公证认证等证明手续。"虽然，从时间上来看，最高人民法院的上述意见在其颁布的两个关于证据的司法解释及《专利审查指南（2010）》公布之后，其中关于域外形成的公开出版物的规定可以在某种意义上体现我国最高司法机关针对该类证据的最新意见；并且从行文上来看，该条意见不仅降低了对域外形成的公开出版物的证明要求，还简化了域外形成的公开出版物的证明程序，对于快速解决一般的知识产权民事争议、及时有效地保障知识产权所有者的权利有着积极的意义，但上述规定对于专利复审委员会无效宣告请求的审查来说，并不能适用。理由如下：一是就上述意见的法律地位而言，根据《人民法院组织法》第33条的规定，最高人民法院对于审判工作中如何具体应用法律、法令的问题，进行解释。因此，上述意见不属于司法解释。并且，最高人民法院的司法解释以及相关意见仅仅约束司法机关，如《国家工商行政管理总局关于行政机关可否直接适用司法解释问题的批复》（工商标字［2004］第14号）亦体现了上述观点。上述意见仅约束各级地方司法机关和各专门司法机关，规范的是司法机关受理的知识产权民事纠纷，其显然无权约束专利复审委员会对于专利无效宣告请求的审查，也不包括对无效宣告决定不服提起的专利行政诉讼案件。二是就审查实践而言，专利复审委员会在无效宣告请求案件的审查中，采用的证明标准要高于一般的民事案件，实践证明，这样的标准有利于保护发明创造专利权。三是就公平角度而言，如果按照上述意见，在请求人提交了域外形成的公开出版物的初步真实性可以得到证明的情况下，将域外证据的证明责任转移给专利权人，则由于该证据形成于域外，不易于查证，会使得专利权人的举证责任负担过重，这明显不利于鼓励发明创造和专利权的保护，有违专利法的立法目的。

## 四、域外证据认定规则的法律适用

对当事人提交的在台湾形成的证据，应当先由当事人在台湾进行公证，并取得公证书正本，再通过中国公证员协会或有关省、自治区、直辖市公证员协会与台湾海基会寄送的副本进行比对，相互认证后确认其真实性。

不需在无效宣告程序中办理相关证明手续的三种情况为：（1）该证据是能够从除香港、澳门、台湾地区外的国内公共渠道获得的，如从专利局获得的国外专利文件，或者从公共图书馆获得的国外文献资料；（2）有其他证据足以证明该证据真实性的；（3）对方当事人认可该证据的真实性的。

## 五、案例回顾

在“滚动轮式脉冲磁疗按摩器”发明专利撤销纠纷一案中，鉴于对比文件1为未经公证认证的域外证据，不具备真实性。在所述无效案件中，证据4明显不是上述“不需在无效宣告程序中办理相关证明手续的三种情况”的第（1）、（3）两种情况，并且除了证据5之外，请求人也没有其他足以证明证据4真实性的证据。证据5是公证日在本专利申请日之后的网络证据，鉴于网络内容本身的易变性和不稳定性，证据5不能与证据4一起构成完整的证据链，单凭证据5不足以证明证据4的真实性。由于请求人所提供的证据4既没有履行上述相关的证明手续，证据4又不属于不需在无效宣告程序中办理相关证明手续的三种情况，故对该证据4的真实性无法确认，因此，证据4不能作为本案定案的依据。并且，由于证据5是公证日在本专利申请日之后的网络证据，所以证据5所公开的内容不能作为本专利的已有技术使用。

## 第七节　专利行政诉讼主体判定关键问题探析[1]

专利行政诉讼作为行政诉讼的一种，首先需要判断主体合法性、客体合法性以及是否属于人民法院的受案范围。可以说，专利行政诉讼主体判定，是每个专利行政诉讼案件的必经程序，构成专利行政诉讼制度的基础。本节全面梳理专利行政诉讼主体判定中存在的疑难法律问题，以期对专利行政诉讼制度的完善有所帮助。

### 一、引言

行政诉讼法律关系的主体，是指行政诉讼权利和行政诉讼义务的承担者，其包括行政诉讼主体和其他诉讼参加人。其中，行政诉讼主体，是指人民法院和当事人、第三人以及共同诉讼人，不包括行政诉讼参加人。亦即，行政诉讼主体，是指因具体行政行为发生争议，以自己的名义到人民法院起诉、应诉和参加诉讼，并受法律裁判约束的公民、法人或者其他组织以及行政机关。[2]

### 二、审查实践及司法实践的解读

在专利行政诉讼的司法实践中，主体判定的关键法律问题包括与行政行为之间利害关系的判定、个体工商户法律地位的判定以及公司分立中的诉权继承等法律问题。

（一）涉及与行政行为之间利害关系判定的案例简介

**【案例41】**在“一种习字格及其应用”一案中，涉案发明专利申请的申请人系黄小玲，复审请求审查决定中的复审请求人亦系黄小玲。在专利行政诉讼中，黄毅针对上述复审请求审查决定提起行

---

[1] 本节基于由笔者执笔的国家知识产权局学术委员会优秀课题“专利行政诉讼相关问题研究”的部分研究成果。

[2] 参见：张正钊，胡锦光．行政法与行政诉讼法．［M］．4版．北京：中国人民大学出版社，2009：300.

政诉讼。一、二审法院均认定，黄毅不具备行政诉讼主体资格。[1]

（二）涉及个体工商户主体地位的案例简介

**【案例42】**在“一种玻璃门锁”一案中，高要市金利粤中五金制品厂和高要市金利昌华五金厂提出无效宣告请求。在无效宣告程序中将高要市金利粤中五金制品厂和高要市金利昌华五金厂列为无效宣告请求人。在其后针对这一决定的行政诉讼一审和二审程序中两审法院均将高要市金利粤中五金制品厂的业主和高要市金利昌华五金厂的业主列为行政诉讼主体。[2]

（三）涉及公司分立的案例简介

**【案例43】**在“半连续离心纺丝机每锭多离心缸及其控制结构”一案中，无效宣告请求人及行政诉讼一审原告均为九江化纤股份有限公司。在行政诉讼二审程序中，声称继承九江化纤股份有限公司诉讼权利的九江金源化纤有限公司提起上诉。为了证明其具有上诉资格，九江金源化纤有限公司提交关于变更上诉人名义的声明、江西省政府赣府字［2006］52号文件和资产重组协议作为证据。其中，关于变更上诉人名义的声明记载，仁和药业借壳上市，承受九江化纤股份有限公司的“壳”并更名为此名称，九江金源化纤有限公司承受九江化纤股份有限公司除“壳”之外的资产和债务。江西省政府赣府字［2006］52号文件记载，同意九江化纤股份有限公司采取“壳资分离、资产置换”的重组方式资产重组协议。资产重组协议记载，九江金源化纤有限公司从九江化纤股份有限公司获得与化纤行业生产相关的资产、负债、人员等。二审判决认定九江金源化纤有限公司具有诉权，判决维持无效宣告请求审查

---

[1] 参见国家知识产权局专利复审委员会第15330号复审请求审查决定以及北京市第一中级人民法院（2009）一中行初字第1196号行政判决书和北京市高级人民法院（2009）高行终字第1348号行政判决书。

[2] 参见国家知识产权局专利复审委员会第13201号无效宣告请求审查决定以及北京市第一中级人民法院（2009）一中行初字第1889号行政判决书和北京市高级人民法院（2010）高行终字第522号行政判决书。

决定。❶

在“半连续离心纺丝机导丝装置”一案中，无效宣告请求人及行政诉讼一审原告亦均为九江化纤股份有限公司。在行政诉讼二审程序中，声称继承九江化纤股份有限公司诉讼权利的九江金源化纤有限公司提起上诉。为了证明其具有上诉资格，九江金源化纤有限公司提交关于变更上诉人名义的声明、江西省政府赣府字［2006］52 号文件和资产重组协议作为证据。证据材料的内容与“半连续离心纺丝机每锭多离心缸及其控制结构”一案基本相同。二审法院作出裁定，认定出庭的九江金源化纤有限公司不具有行政诉讼主体资格，具有行政诉讼主体资格的九江化纤股份有限公司两次合法传唤都未出庭，因此裁定驳回上诉。❷

## 三、主体判定的制度原理分析

### （一）专利行政诉讼主体的认定

根据《最高人民法院关于执行〈中华人民共和国行政诉讼法〉若干问题的解释》第 12 条的规定，与具体行政行为有法律上利害关系的公民、法人或者其他组织对该行为不服的，可以依法提起诉讼。因此，专利行政诉讼主体适格的主要要求在于，具备诉讼行为能力和具备法律上利害关系。

“诉讼行为能力”的判断，与其他行政诉讼、民事诉讼和刑事诉讼相比并无区别，主要判断当事人能否以自己的行为行使诉讼权利以及承担诉讼义务。“法律上利害关系”的判断，主要判断其是否为审查决定的行政相对人，是否受到行政诉讼法律裁判约束，以

❶　参见国家知识产权局专利复审委员会第 8544 号无效宣告请求审查决定以及北京市第一中级人民法院（2006）一中行初字第 1335 号行政判决书和北京市高级人民法院（2007）高行终字第 308 号行政判决书。

❷　参见国家知识产权局专利复审委员会第 8545 号无效宣告请求审查决定以及北京市第一中级人民法院（2006）一中行初字第 1336 号行政判决书和北京市高级人民法院（2007）高行终字第 237 号行政裁定书。

及是否以自己的名义到人民法院起诉、应诉和参加诉讼。上述三个要件构成“法律上利害关系”的必要条件，亦即需全部具备上述条件方能构成“法律上利害关系”。另外，上述三个要件之间相互支持，相互佐证。

（二）个体工商户主体地位

个体工商户制度是我国法律体系中富有中国特色的法律制度，就其在实体法和程序法上的法律地位，无论在理论研究还是司法实践，均存在争议、混乱甚至矛盾。[1]

1. 个体工商户制度的历史逻辑

随着改革开放的逐步深入，随着党和国家个体经济政策的确立和发展以及观念的不断更新，个体工商户制度逐步建立。

1986 年《民法通则》对于个体工商户的法律地位作出明确规定。《民法通则》第 26 条规定，公民在法律允许的范围内，依法核准登记，从事工商业经营的，为个体工商户。从而赋予个体工商户明确的法律地位，并且将个体工商户制度赋予较大的适用范围。

随着 1999 年《个人独资企业法》的通过，明确将个人独资企业定义为“依照个人独资企业法在中国境内设立，由一个自然人投资，财产为投资人个人所有，投资人以其个人财产对企业债务承担无限责任的经营实体”。从而，从性质上讲，个人独资企业与个体工商户之间并无实质性区别，从规范商法意义上的角度而言，应当统一到个人独资企业这种组织形式中。[2] 在此基础上，当《个人独资企业法》吸收了“由一个自然人投资经营，自担风险，有必要的出资，有固定的生产经营场所和必要的生产经营条件”的个体工商户之后，[3] 属于家庭合伙的个体工商户被吸纳到《合伙企业法》，

---

[1] 李友根．论个体工商户制度的存与废——兼及中国特色制度的理论解读［J］．法律科学，2010（4）：107－118.

[2] 范健，王建文．商法论［M］．北京：高等教育出版社，2003：434－443.

[3] 卞建武．中华人民共和国个人独资企业法释义［M］．北京：法律出版社，2000：27.

从而真正意义上的个体工商户，仅限于没有固定生产经营场所或者只是从事季节性经营的经营者。

2. 个体工商户制度的理论解读

对于个体工商户的法律地位，存在个体商人说、商自然人说和经营行为说等多种不同观点。个体商人说认为，在西方国家，自然人均得从事商业经营，其于经营商业的行为能力是不受限制的，其商法上虽然一直有个体商人的概念，但是并不是要建立特殊的主体资格，而只是可能在行为规范上适用特别法：自然人从事个体商业，并不强求登记，而是依其自愿，未登记者则适用民法，自然人注册商业经营被称为个体商人，其活动将适用商行为法。[1] 商自然人说认为，个体工商户是从事工商业经营活动的自然人在工商登记时所采用的单位名称，其有可能是单个个人，也可能是二人以上的家庭成员。个体工商户如为一人经营，应为从事经营活动的自然人个人（在商法学上成为商自然人），如为三人以上共同经营，其性质应为合伙。[2] 经营行为说认为，凡是经过合法登记注册、拥有固定地址从而相对稳定经营的组织或者个人，都属于企业，法律上对其雇佣多少人员并无硬性要求，个体经营也是企业即个人独资企业。这样，企业就是一个与流动摊贩、业余的制作贩卖、一次性交易等非固定、非稳定的经营行为相对的概念。[3]

综合上述观点，首先，个人经营者的性质和地位仍然只是个人，只是其从事经营活动而已。个体经营者与个人独资企业相比的主要区别在于，其主要从事流动摊贩、业余的制作贩卖、一次性交易等非固定、非稳定的经营行为，亦即没有固定生产经营场所或者只是从事季节性经营的经营者。因此，就当事人地位角度而言，个人经营者对于民事权利和民事义务不具有独立的承担能力。其次，

---

[1] 龙卫球．民法总论［M］．北京：中国法制出版社，2001：351.

[2] 梁慧星．中国民法典草案建议稿附理由·总则篇［M］．北京：法律出版社，2004：21.

[3] 史际春．企业和公司法［M］．北京：中国人民大学出版社，2001：3.

虽然专利法将无效宣告请求权的提出主体定义为包括专利权人在内的任何人（以外观设计专利权与在先合法权利冲突为理由提出无效宣告请求的情况除外），并且就无效宣告制度的内涵而言，并不以请求人与专利权人之间的民事法律关系作为必要前提，不需要有任何民事义务或者责任承担上的考虑，请求人仅仅需要提出适格的“质疑”，该质疑在很大程度上固定了专利无效宣告程序的审查范围，但是考虑到法律意义上主体应当是适格的民事主体，将专利法作为私法的组成部分立足民事法律的基本属性加以分析，因此，专利法中述及的“任何人”应当是适格的民事诉讼主体。最后，考虑到行政行为的要求，无论是科以行政责任还是以行政法律关系主体的身份进入行政程序，无论是否实际上会承担责任或者享有权利，均应该有相应的主体资格。因此，个体工商户不具有无效宣告程序中的主体地位和诉讼主体地位。现行法的规定亦能够体现这一点。例如《最高人民法院关于适用中华人民共和国民事诉讼法若干问题的意见》第46条规定：“在诉讼中，个体工商户以营业执照上登记的业主为当事人。有字号的，应当在法律文书中注明登记的字号。”

（三）专利行政诉讼的诉讼承担

行政诉讼当事人，是指因具体行政行为发生争议，以自己的名义到人民法院起诉、应诉和参加诉讼，并受法律裁判约束的公民、法人、其他组织以及行政机关。[1] 具体到针对专利无效行政决定的专利行政诉讼而言，专利行政诉讼当事人为无效宣告请求人、专利权人和专利复审委员会。其中，行政相对人所享有的、可以为诉的权利，成为诉权。亦即，诉权是指当事人享有的请求国家给予司法保护的权利，合法权益受到侵害或者法律关系发生争议时，当事人请求人民法院行使司法权保护合法权益或者解决就纠纷的权利。[2]

---

[1] 张正钊，胡锦光．行政法与行政诉讼法［M］．北京：中国人民大学出版社，2009：300.

[2] 江伟．民事诉讼法［M］．4版．北京：中国人民大学出版社，2008：45.

在诉讼程序进行中，当发生一定法律事实的情况下将会出现诉讼承担的问题。具体而言，当诉讼进行之中，一方当事人发生了法定的事由，需要将其诉讼权利转移给另一人，由该人承当原当事人已经开始的诉讼，这就是诉讼承担，也称诉讼权利的承担，或者诉讼权利义务的承担。[1] 日本称之为诉讼承受，德国称之为诉讼承继：德国民事诉讼法第239条关于“由于当事人死亡而中断”、第256条关于“系争物的转让”的规定，都使用了诉讼承继人这个概念；日本民事诉讼法第201条关于“既判力主观范围”、第208~211条关于诉讼中断的规定，都使用了承受人或诉讼受承这个概念。学术界通常认为，诉讼承担有三个前提：一是当事人属于传统意义上的正当当事人；二是诉讼正在进行中；三是出现了特定的事由。新当事人要承受原当事人的诉讼权利。诉讼承担的本质在于当事人诉讼地位的承受，当事人的诉讼权利义务转移给案外人，由案外人作为本案当事人继续诉讼。[2] 产生诉讼承担的法定事由一般都是因当事人实体权利义务发生转移；即实体法规定的权利义务主体的变更决定了诉讼承担有存在的必要性。在民事诉讼中，这些事由主要有：（1）诉讼进行中当事人死亡，由继承人或遗产管理人承担诉讼。德国、日本和我国民事诉讼法都有此规定。（2）诉讼进行中，一方当事人为法人，法人人格消灭，由承受权利义务的主体承担诉讼。（3）在诉讼中当事人转移其实体权利义务，可以引起诉讼承担。

在诉讼系属判断中，大陆法系国家承认当事人一方或他方有转让系争物或移转其所主张的请求权的权利。对于继受人加入原权利义务的当事人（即前事主）的诉讼的态度，有两种不同的立法例，一是当事人恒定主义；一是诉讼继受主义。日本采诉讼继受主义，多数国家采当事人恒定主义。采诉讼继受主义的日本，允许继受人

---

[1] 江伟．中国民事诉讼法教程［M］．北京：中国人民大学出版社，1989：127；杨荣新．民事诉讼法学［M］．北京：中国政法大学出版社，1997：151.

[2] 谭兵．民事诉讼法学［M］．北京：法律出版社，1997：175.

参加前事主的诉讼，判决对前事主发生扩张的效力；承认当事人恒定主义的德国等国家，一般采用判决的效力扩及于继受人的方式，继受人无须参加前事主已经进行的诉讼。[1]

我国诉讼承担制度中采用当事人恒定主义抑或诉讼继受主义存在较大争议，另外有观点认为我国在对待此类诉讼承担既判力问题时应由双方当事人协商决定采纳当事人恒定主义或是诉讼继受主义。[2] 然而，通常意义上而言，在我国民事诉讼中，民事权利义务的主体应同时是诉讼权利义务的主体。如果当事人的民事权利义务转移给案外人，其诉讼权利义务也随之转移给案外人，案外人将取代原民事权利义务主体在诉讼中的地位，承担其权利和义务。[3] 与之相似，专利行政诉讼中，如果与该专利相关的权利义务转移给案外人，其诉讼权利义务也随之转移给案外人，案外人将取代原民事权利义务主体在诉讼中的地位，承担其权利和义务。

## 四、案例回顾

在“一种习字格及其应用”一案中，提起行政诉讼和提起上诉的黄毅并非复审请求人，从而与复审请求审查决定之间并不存在利害关系，不属于因与行政争议存在直接利害关系而参加行政诉讼、并且其诉讼权利和义务受到专利行政诉讼的实体结果影响的情况。

在“一种玻璃门锁”一案中，高要市金利粤中五金制品厂和高要市金利昌华五金厂提出无效宣告请求，应当要求请求人变更为高要市金利粤中五金制品厂的业主和高要市金利昌华五金厂的业主。

在“半连续离心纺丝机每锭多离心缸及其控制结构”一案中，

---

[1] 肖建华．诉权与实体权利主体相分离的类型化分析［EB/OL］．［2011－01－29］．http：//www. civillaw. com. cn/article/default. asp？ id＝9717.

[2] 赵沛沛．诉讼承担之既判力思考——对当事人恒定主义和诉讼继受主义的评析［J］．韶关学院学报，2006（8）：1－9.

[3] 肖建华．诉权与实体权利主体相分离的类型化分析［EB/OL］．［2011－01－29］．http：//www. civillaw. com. cn/article/default. asp？ id＝9717.

随着借壳上市所产生的公司分立，民事权利义务的主体变更为公司派生分立后的民事主体连带承担。从而，诉讼权利义务的主体亦应当包括公司派生分立后的所有民事主体。鉴于如果当事人的民事权利义务转移给派生分立后的所有民事主体，其诉讼权利义务也随之转移给派生分立后的所有民事主体，派生分立后的所有民事主体将取代原民事权利义务主体在诉讼中的地位，承担其权利和义务。因此，九江金源化纤有限公司具有诉讼主体资格，具有诉权。

## 第八节 专利行政诉讼客体判定关键问题探析❶

专利行政诉讼作为行政诉讼的一种，首先需要判断客体合法性、主体合法性以及是否属于人民法院的受案范围。

### 一、引言

专利行政诉讼客体判定，是每个专利行政诉讼案件的必经程序，构成专利行政诉讼制度的基础。本节全面梳理专利行政诉讼客体判定中存在的疑难法律问题，以期对专利行政诉讼制度的完善有所帮助。

### 二、审查实践及司法实践的解读

一般而言，专利行政诉讼的争议对象在于被诉具体行政行为即作出的书面决定是否合法。对于专利行政诉讼的客体制度而言，突出的法律问题在于，在专利无效宣告程序和复审程序中，除了无效宣告请求审查决定和复审请求审查决定之外的决定是否可以作为专利行政诉讼的客体以及既判力理论对于客体判定的影响。

**【案例 44】** 在“一种用于生产石英谐振器基座支架片的框架带”实用新型无效纠纷一案中，无效宣告请求被受理之后，专利复

---

❶ 本节基于由笔者执笔的国家知识产权局学术委员会优秀课题“专利行政诉讼相关问题研究”的部分研究成果。

审委员会发现请求人并未结合证据具体说明无效理由，故发出结案通知书驳回无效请求。请求人提起行政诉讼的主要理由在于，即便不受理，也应当作出不予受理决定，而不应当发出结案通知书。一审法院认为：请求人未具体说明无效理由，不应予以受理。受理后经审查认定不符合受理条件的，作出驳回无效宣告请求的决定。结案通知书是决定的一种方式。[1]

**【案例 45】** 在“钢筋砼用空心管及其制作方法、专用模具”一案中，无效宣告请求人于 2006 年 7 月 7 日提出无效宣告请求，专利复审委员会于 2007 年 12 月 20 日作出第 10837 号无效宣告请求审查决定，宣告该专利权利要求 26～30、32、33、39～42、54、56、73、83、86 无效，在权利要求 1～25、31、34～38、43、53、55、57～72、74～82、84、85 的基础上维持专利权有效。专利权人不服上述无效宣告请求审查决定提起行政诉讼，北京市第一中级人民法院于 2008 年 10 月 18 日作出（2008）一中行初字第 410 号行政判决，维持无效宣告请求审查决定中关于权利要求 56、73、83、86 无效的决定，撤销关于宣告该专利权利要求 26～30、32、33、39～42、54 无效的决定。北京市高级人民法院于 2008 年 12 月 12 日作出（2008）高行终字第 713 号行政判决维持上述一审判决。专利复审委员会重新成立合议组进行审查，并于 2009 年 11 月 13 日作出第 14121 号无效宣告请求审查决定。专利权人仍不服上述无效宣告请求审查决定，以无效宣告请求审查决定认定权利要求 56、73、83、86 不具备创造性属认定事实错误为由提起行政诉讼，北京市第一中级人民法院作出（2010）一中知行初字第 1201 号行政裁定书，认定第 14121 号无效宣告请求审查决定为已经生效的（2008）一中行初字第 410 号行政判决和（2008）高行终字第 713 号行政判决的效力所羁束，故依据《最高人民法院关于执行〈中华人民共和国行政诉讼法〉若干问题的解释》第 44 条第 1 款的规定，驳回原

[1] 参见北京市第一中级人民法院（2008）一中行初字第 1548 号行政判决书。

告的起诉。[1]

## 三、客体判定的制度原理分析

众所周知，行政诉讼的客体为具体行政行为。具体行政行为，是指行政主体针对特定行政相对人所作的行政行为。[2]

### （一）准行政行为的可诉性

对于准行政行为是否具有可诉性的问题，存在较大争议。准行政行为的概念源于欧洲大陆法系的行政法理论，是指符合行政行为的特征，包含行政行为的某些基本要素，但又因欠缺某些或某个要素而不同于一般行政行为的一类行政行为。

在通常情况下，准行政行为包括以下四种行为：受理行为、通知行为、确认行为和证明行为。[3] 其中，针对行政机关接受行政相对人的申请并启动行政程序的行为，属于行政诉讼的受案范围。

对于复审、专利无效宣告程序而言，行政诉讼的客体则为决定。根据《专利法》第41条的规定，专利复审委员会复审后，作出决定。根据《专利法》第46条的规定，专利复审委员会对宣告专利权无效的请求应当及时审查和作出决定。驳回无效宣告请求的结案通知书是程序类行政决定的类型之一，其用于对于已经受理的复审或者无效宣告案件，在审查时认定不符合受理条件的情况加以处理，从法律属性而言类似于对当事人的诉权加以裁决，系对请求人提出的请求是否符合程序法要求的一种具体处理行为，亦是作出的一种行政决定。

---

[1] 参见国家知识产权局专利复审委员会第10837号无效宣告请求审查决定以及北京市第一中级人民法院（2008）一中行初字第410号行政判决书和北京市高级人民法院（2008）高行终字第713号行政判决书，国家知识产权局专利复审委员会第14121号无效宣告请求审查决定以及北京市第一中级人民法院（2010）一中知行初字第1201号行政裁定书。

[2] 参见：姜明安．行政法与行政诉讼法［M］．北京：北京大学出版社，高等教育出版社，1999：144－145.

[3] 参见：江必新．中国行政诉讼制度的完善：行政诉讼法修改问题实务研究［M］．北京：法律出版社，2005：56－65.

（二）既判力理论对客体判定的影响

在行政诉讼客体的认定中，同时需要考虑既判力问题。

1. 判决效力概述

判决的效力，是指人民法院依照法律规定，对争议的法律关系确定下来，变为无争议的法律关系。就所解决的法律关系来说，它具有普遍约束力，不仅案件的当事人受其约束，所有的人都应当遵守。也就是说，判决的法律效力应当是指判决在法律上的约束力，其约束对象是包括当事人在内的所有人。

传统理论认为，判决的效力包括判决的排除性、不可争议性和执行性。[1] 有学者进一步扩展为，判决的效力包括判决的原有效力、判决的附随效力和判决的事实效力，其中判决的原有效力包括判决的既判力、执行力和形成力，判决的附随效力包括法定附随效力和法理附随效力，判决事实效力包括波及效力和证明效力。[2] 其中，判决的执行力，是指判决生效后，在义务人没有履行义务时，权利人可以向人民法院申请强制执行，人民法院依法强制债务人履行其义务的作用；判决的形成力，是指人民法院判决使当事人之间的原有权利义务关系消灭或者发生新的权利义务关系；判决的法定附随效力，是指法律上规定以确定判决作为构成要件而发生一定法律效果的效力，例如中断诉讼时效等；判决的法理附随效力，是指虽然没有法律上的规定，但是学理上主张判决所附带的效力，例如判决对案外第三人的作用（学术界亦称为“反射效力”）等；判决的波及效力和证明效力，是指已经确定的判决在前诉中认定的事实在后诉中具有类似证据的作用，对裁判者在后诉中认定事实方面具有影响法官心证的作用。[3] 下面重点讨论判决的既判力问题。

---

[1] 参见：柴发邦．民事诉讼法教程［M］．北京：法律出版社，1983：343－344.

[2] 参见：张卫平．民事诉讼：关键词展开［M］．北京：中国人民大学出版社，2005：298－299.

[3] 参见：张卫平．民事诉讼：关键词展开［M］．北京：中国人民大学出版社，2005：332－337.

2. 判决既判力理论概述

既判力（Rechtskrart）一词源出于大陆法系，肇始于罗马法关于“诉讼消耗”（又称“诉权消耗”）的法理或者制度，应当说，诉讼消耗制度和理论是既判力理论的先祖。古罗马法诉权消耗制度，在德国普通法中进化为“既济事件的抗辩”，在德国普通法末期演进为确定判决效力的既判力制度。❶ 1781 年《奥地利普通法院法》第 258 条首次使用“既判力”这一法律术语，1877 年《德国民事诉讼法》第 654 条和第 293 条则从形式确定力和实体确定力两个方面界定既判力的概念。

在英美法系中没有与“既判力”完全相对的概念，但在英美法系中有与之含义相近的词，即“res judicata”，中文译为“既决事项”或者“既决案件”。相对来说，大陆法系国家对理论研究更为侧重，英美法系国家则更侧重于解决实践的需要。“res judicata”，美国《布莱克法律词典》将其解释为“已判决的事项或案件，其效力规则是有完全事物管辖权的法院做出的终局判决对当事人及其利害关系人的权利具有决定作用，同时该判决绝对地阻止他们就同一请求及诉因再行起诉”。❷

就我国情况而言，自 2001 年《最高人民法院关于确定精神损害赔偿责任若干问题的解释》第一次明确损害赔偿诉讼中前诉对于后诉的约束作用之后，既判力逐步得以制度化并在规范性法律文件中加以采用。

所谓既判力，一般认为，是指确定的终局判决所裁判的诉讼标的对当事人和法院产生的强制性通用力，其作用主要在于禁止后诉当事人就前诉已经裁判的事项进行重复起诉或者为相异主张以及禁止法院重复审判或者为相矛盾的判断。这种作用主要涉及两方面：

---

❶ 参见：中村中雄．民事诉讼法讲座（3）［M］．有斐阁，1948：29－32．转引自：张卫平．民事诉讼：关键词展开［M］．北京：中国人民大学出版社，2005：301．

❷ BRYAN A. GARNER. *Black's Law Dictionary*［M］. Thomson West，2004：137.

一是前诉确定判决能够在多大范围产生禁止后诉的请求和主张，此即既判力的客观范围（又称“既判力物的界限或物的范围”），二是何种范围内的主体要受到判决既判力的拘束，此即既判力的主观范围（又称“主体范围或人的范围”）。[1]

既判力的性质存在多种学说：第一，实体法既判力学说。其认为，既判力就是拘束法院及当事人，当判决属于与原始的事实判断相符合的正确判决时，那么它的效力仅在于确认诉讼前的诉讼关系；当判决属于与原始的事实判断不相符合的不正确判决时，那么在诉讼前与原始事实相符合的实体关系，因不正确判决导致消减或被创造，因此其有创造权利的效力。[2] 第二，诉讼既判力学说。其认为，既判力的法律效果在于阻止既判事项一再重复审理，亦即强调所谓一事不再理，并进而将一事不再理作为最高理念；从而，前诉判决之所以对后诉判决有拘束力，其原因在于法院不得就同一事项反复审判，因而当事人也不得重复起诉，否则法院就应以诉不合法为理由驳回原告之诉。[3] 第三，综合既判力说。其认为，诉讼是诉讼法和实体法综合作用的“场”，对于既判力的实体确定力，表现在确定判决使作为诉讼标的的法律关系的存在与否的问题得到确定，使抽象的法或者权利转变为具体的、个别的法或者权利；既判力的诉讼法上的确定力，则是前诉的实体确定力对于后诉所产生的程序法上的拘束力，只有当确定判决被实在化的具体权利作为既判力表现出来，其诉讼法上的确定力才有用武之地；既判力尽管表现为程序上的拘束，但其根据则是判决实在化了具体实体法规范的实体确定力。[4] 结合上述学说的分析可以得知，既判力的本质问题，

---

[1] 参见：常廷彬，江伟．民事判决既判力主观范围研究［J］．法学家，2010（2）：167－180.

[2] 参见：陈计男．民事诉讼法论．下卷［M］．台北：台湾三民书局，1994：60.

[3] 参见：杨荣新．民事诉讼法原理［M］．北京：法律出版社，2003：292－293.

[4] 参见：张卫平．程序公正实现中的冲突与衡平［M］．成都：成都出版社，1993：358.

小而言之，关系到确定判决约束当事人和法院不得就判决内容重为争执的效力根据问题；大而言之，涉及诉讼法与实体法的关系问题。[1] 下面以此作为逻辑起点探讨判决既判力理论对于专利行政诉讼客体判定的约束作用。

3. 判决既判力理论对客体判定的影响

既判力的作用，是指既判力制度价值目标得以实现的方式。既判力制度最主要的功能作用就在于通过判决终局性的达成，来帮助在观念上确立一种规范的秩序并使其相对地固定下来，进而诱导社会空间内的秩序形成。[2] 就既判力的作用范围而言，包括主观范围和客观范围，其中主观范围又被称为既判力的主体界限，是指判决既判力对哪些范围的人具有作用力。下面重点分析客观范围。

既判力的客观范围，是既判力理论制度实践和理论中最为重要的问题，是既判力理论的核心问题之一，也是诉讼法学者长期争论的焦点。[3] 既判力的客观范围，又称既判力的客观界限，是指确定判决中的哪些事项具有既判力。大陆法系的传统理论认为，法官在判决主文中作出的判断产生既判力，换言之，既判力的客观范围原则上限于判决主文中的判断。对于具有既判力的判决事项，当事人不得再向法院提起诉讼，也不得在后诉中主张与该判决事项不一致的事项，后诉法院不能受理当事人对已判决事项的起诉，也不能作出与前诉判决事项相矛盾的判断。上述观点亦有比较法研究结论加以支持。例如，日本民事诉讼法第 199 条规定："确定判决，对主文内容有既判力。"由于判决的主文内容是法院关于权利或者法律关系存在与否的裁决，因此既判力客观范围适用的原则限

---

[1] 参见：肖建国．民事诉讼程序价值论［M］．北京：中国人民大学出版社，2000：564.

[2] 参见：王亚新．对抗与判定——日本民事诉讼的基本结构［M］．北京：清华大学出版社，2002：348.

[3] 参见：张卫平．民事诉讼：关键词展开［M］．北京：中国人民大学出版社，2005：311.

于已经裁判的法律关系，反之，未经裁判的法律关系不发生判决的既判力。

既判力的客观范围与专利行政诉讼客体的判定。根据判决既判力的客观范围，可以识别哪些事项已经被判决所决定，因而排除以后的诉讼再次对其进行争论，即经过前诉之后哪些纠纷事实已经不容再行争议，哪些事实则还有要求裁判所作出判断的余地。[1]对包括专利行政诉讼在内的行政诉讼的诉讼目的的认识有保护权利说与解决纠纷说两种对立的观点。[2]保护权利说，更加强调尊重当事人的处分权和辩论权，强调对当事人实体权利和诉讼权利的保护，因而主张采用诉讼既判力学说，对既判力客观范围作限缩解释，既判力的客观范围较小。解决纠纷说，注重纠纷的一次性解决和诉讼经济原则，在诉讼标的确定上，主张以诉的声明为标准，其诉讼标的的范围相对较大，因而既判力的客观范围也就较大。立足综合既判力说，既判力的客观范围应当限于判决主文中的判断，并且限于原告在言词辩论程序中所主张的权利或者法律关系，[3]并且不及于判决的理由。其中，既判力的客观范围不得及于判决理由的依据在于，判决的内容包括被裁判的诉讼标的和裁判的理由，其中裁判的理由涉及裁判者对案件的事实判断和法律判断，上述法律判断并不具有既判力效果，法院对于此案的裁判只限于诉讼标的，既判力只及于该诉讼标的。具体到专利行政诉讼而言，既判力的客观范围及于判决主文对不服行政决定的原告所主张内容的判断。

## 四、案例回顾

在“一种用于生产石英谐振器基座支架片的框架带”实用新型

---

[1] 参见：王亚新．对抗与判定——日本民事诉讼的基本结构［M］．北京：清华大学出版社，2002：367.

[2] 参见：姜明安．行政诉讼法［M］．北京：北京大学出版社，1993：55－58.

[3] 参见：张卫平．民事诉讼：关键词展开［M］．北京：中国人民大学出版社，2005：312.

无效纠纷一案中，驳回无效宣告请求的结案通知书是程序类行政决定的类型之一，其用于对于已经受理的复审或者无效宣告案件，在审查时认定不符合受理条件的情况加以处理，从法律属性而言类似于对当事人的诉权加以裁决，系对请求人提出的请求是否符合程序法要求的一种具体处理行为，亦是作出的一种行政决定。因此，对于上述驳回无效宣告请求的结案通知书提起的行政诉讼中，应当对结案通知书的合法性进行审查。

在“一种用于生产石英谐振器基座支架片的框架带”实用新型无效纠纷一案中，上次专利行政诉讼已经审理和裁判过的相关事实认定和法律适用，属于判决主文对不服行政决定的原告所主张内容的判断，具有既判力。亦即，人民法院针对第10837号无效宣告请求审查决定作出的（2008）一中行初字第410号行政判决和（2008）高行终字第713号行政判决对权利要求56、73、83、86创造性的认定，属于判决主文对不服行政决定的原告所主张内容的判断。对于为生效判决的效力（即既判力）所羁束的诉讼标的，应当属于不予受理的范畴，不应当作为专利行政诉讼的客体。

## 第九节　专利行政诉讼的合法性审查范围

专利行政诉讼的合法性审查范围如何把握，在司法实践中存在一定争议。如何立足专利行政诉讼相对于其他行政诉讼的特点，探讨合法性全面审查原则在司法实践中的把握，值得深入思考。

### 一、引言

《中华人民共和国行政诉讼法》（以下简称《行政诉讼法》）第5条规定，人民法院审理行政案件，对具体行政行为是否合法进行审查。可见，行政诉讼是人民法院通过对具体行政行为的合法性审查，实现司法对行政的一定监督与制约。[1] 专利行政诉讼亦不例外，其审查范围系行政行为的合法性。然而，在纷繁复杂的专利行政诉讼中，如何处理当事人诉讼理由和人民法院全面审查之间的关系，是一个值得深入思考的问题。

## 二、审查实践及司法实践的解读

**【案例 46】**在“高压万向黄油枪”实用新型无效纠纷一案中，针对无效宣告请求人提出的无效宣告请求，专利复审委员会第 5083 号无效宣告请求审查决定认定：涉案专利符合《专利法实施细则》第 2 条第 2 款、第 21 条第 2 款的规定，请求人提供的证据 4 没有任何印刷及公开时间的信息，不能证明涉案专利不具备新颖性和创造性，“证据 13（95243552.7 号中国实用新型专利）用于证明涉案专利不具备新颖性”属于一事不再理的范畴，因此维持专利权有效。无效宣告请求人不服上述决定，向北京市第一中级人民法院提起行政诉讼。原告的诉讼理由包括，（1）证据 4 上印有 1996 年 6 月 4 ~ 7 日字样，能够证明涉案专利不具备新颖性；（2）涉案专利没有给出必要技术特征，套 16 和轴套 17 属于没有记载在独立权利要求中的必要技术特征；（3）涉案专利与证据 13 相比技术领域、所要解决的技术问题、技术方案和预期技术效果相同。一审判决认为，“证据 4 原件中载明了其公开时间，被诉决定有关‘证据 4 没有任何印刷及公开时间的信息，不能证明涉案专利不具备新颖性和创造性’的认定不能成立”，故撤销被诉决定。专利复审委员会经过重新审查，作出第 7849 号无效宣告请求审查决定，根据生效判决纠正了对于证据 4 的认定，同时仍然认定涉案专利符合《专利法实施细则》第 2 条第 2 款和第 21 条第 2 款的规定。无效宣告请求人不服上述决定，再次向北京市第一中级人民法院提起行政诉讼。一审判决以被诉决定对于“涉案专利符合《专利法实施细则》第 21 条

---

[1] 姜明安. 行政诉讼法学［M］. 北京：北京大学出版社，1993：43.

第2款的规定”认定事实错误为由，撤销被诉决定；二审判决维持原判。[1]

## 三、合法性审查的制度原理分析

理论界和实践部门一般均将行政诉讼合法性审查的内容概括为职权依据、法律适用、事实证据、法律程序和执法目的五个方面。较为特殊的是，行政关系与民事关系的交合与合法性审查，是指对那些行政裁决、行政确认、行政登记等以民事关系作为其行为基础和行为内容的行政行为合法性审查，行政管理领域的广泛性使许多行政行为的作出立足于对相关民事争议的裁决或对有关民事关系的确认、变更或撤销，这些行政行为所建立的行政法律关系便涵盖着一定的民事法律关系，民事关系因行政行为而得以稳固，而行政行为则因民事关系的客观表现和证据证明得到合法性方面的保证。[2]复审请求审查决定和无效宣告请求审查决定的合法性审查，具有上述特点。究其制度价值，复审请求审查决定和无效宣告请求审查决定的合法性审查作为行政关系与民事关系交合的合法性审查，不仅具有实现司法对行政的一定监督与制约的制度价值，亦具有吸纳当事人对于行政行为不满的制度价值。基于上述制度价值的分析，专利行政诉讼中合法性审查范围的判断，需要将原告的诉讼理由作为考虑因素之一，对于原告的所有诉讼理由均应当加以审查。亦即，专利行政诉讼的合法性审查范围，不应当小于原告的诉讼理由，并且不应当大于无效宣告请求审查决定的认定。也就是说，原告的诉讼理由和无效宣告请求审查决定的认定界定了专利行政诉讼的合法性审查范围。

---

[1] 参见国家知识产权局专利复审委员会第5083号无效宣告请求审查决定以及北京市第一中级人民法院（2003）一中行初字第627号行政判决书，国家知识产权局专利复审委员会第7849号无效宣告请求审查决定以及北京市第一中级人民法院（2006）一中行初字第593号行政判决书和北京市高级人民法院（2003）高行终字第370号行政判决书。

[2] 吴偕林．行政诉讼合法性审查三题［J］．法学，2002（6）25－29.

循环诉讼的理性分析。有学者认为，循环诉讼，是指专利无效宣告案件经过两审后，法院作出撤销专利复审委员会无效宣告决定的判决，而专利复审委员会则可以不同的理由或者事实再次作出和原被撤销的无效宣告相同的决定，当事人相应地可以再次上诉到法院；并进一步指出，“循环诉讼”的起因是将以专利复审委员会作为被告的诉讼划归为行政诉讼。❶ 上述观点是错误的。就其所述的循环诉讼而言，包括两种情况：专利无效宣告案件经过两审后，法院作出撤销专利复审委员会无效宣告决定的判决，而专利复审委员会以当事人提出的、人民法院生效判决既判力未能约束的无效理由重新作出决定；无效宣告请求人提出新的无效宣告请求理由，专利复审委员会依此作出无效宣告请求审查决定。

对于第一种情况而言，典型案例即为本节所示案例，其中专利复审委员会第 5083 号无效宣告请求审查决定认定：涉案专利符合《专利法实施细则》第 2 条第 2 款、第 21 条第 2 款的规定，请求人提供的证据 4 没有任何印刷及公开时间的信息，不能证明涉案专利不具备新颖性和创造性，“证据 13（95243552.7 号中国实用新型专利）用于证明涉案专利不具备新颖性”属于一事不再理的范畴，因此维持专利权有效；虽然当事人对于证据 4 的认定、涉案专利是否符合《专利法实施细则》第 2 条第 2 款、第 21 条第 2 款的规定均提出异议，但是人民法院判决仅以“证据 4 原件中载明了其公开时间，被诉决定有关‘证据 4 没有任何印刷及公开时间的信息，不能证明涉案专利不具备新颖性和创造性’的认定不能成立”为由撤销被诉决定，对于审查决定的其他内容（涉案专利符合《专利法实施细则》第 2 条第 2 款、第 21 条第 2 款的规定）并未加以审查；专利复审委员会重新作出的第 7849 号无效宣告请求审查决定，根据生效判决纠正了对于证据 4 的认定，同时仍然认定涉案专利符合

❶ 马宁．中国专利无效诉讼制度研究进路反思——兼论法国专利无效诉讼制度[J]．辽宁大学学报．哲学社会科学版，2010（3）：149－152.

《专利法实施细则》第2条第2款、第21条第2款的规定；当事人对于涉案专利是否符合《专利法实施细则》第2条第2款、第21条第2款的规定仍然不服提出行政诉讼。其产生原因在于，第一轮专利行政诉讼中，当事人对于证据4的认定、涉案专利是否符合《专利法实施细则》第2条第2款、第21条第2款的规定均提出异议，而人民法院仅对证据4的认定进行了合法性审查。从而，这一情形的根本解决方案在于，专利行政诉讼的合法性审查范围，不应当小于原告的诉讼理由。

对于第二种情形而言，虽然专利权在权利属性上类似于传统的物权，被认为构成财产权组成部分的无形财产权，但是其在划界、确定和管理上必须采用与传统财产权不同的模式或程序。究其本质而言，由于被授予垄断权的技术方案本质上构成了对于自由竞争和技术自由的威胁，其必然在相关技术领域受到争议，使得专利权的效力处于不断地变化中。由于专利权的垄断性，使其大有“一夫当关万夫莫开”的气概，但为了平衡专利权人与社会公众的权利义务，各国专利法都允许公众挑战专利权。既然允许挑战，也就没有必要限制提出无效请求的次数[1]，此种情形理应不属于循环诉讼的范畴。因此，第二种情形的所谓“循环诉讼”的问题只是专利领域行政管理的特点，本质上是由于专利权自身的特点所造成的，并非行政机关带来的，也并非基于私权纠纷解决机制可以彻底解决的问题。相反，司法程序中的上述做法不仅混淆了行政权和司法权的边界，而且违反了现行行政诉讼法的基本原则，破坏了法律适用的可预期性和预设的法律秩序。

综合上述两种情形的分析，司法审查中以解决所谓“循环诉讼”的问题而片面地强调所谓的“查清事实”，本质上违反了行政诉讼法中的合法性审查原则，也混淆了司法监督和行政权行使之间

---

[1] 魏征．专利循环诉讼的概念与误区——从一起媒体披露的专利案件谈起［J］．中国发明与专利，2010（6）：85－87.

的关系。“循环诉讼”的根本解决途径在于，对于当事人诉讼理由的全面回应，从而对于合法性审查范围给出准确的认定。

### 四、案例回顾

在“高压万向黄油枪”实用新型无效纠纷一案中，在第一次行政诉讼中，虽然当事人对于证据4 的认定、涉案专利是否符合《专利法实施细则》第2 条第2 款、第21 条第2 款的规定均提出异议，但是人民法院判决应当对于审查决定的其他内容（涉案专利符合《专利法实施细则》第2 条第2 款、第21 条第2 款的规定）加以审查。

## 第十节　无效决定被撤销后案件的审理范围和审理方式❶

对于人民法院生效判决撤销行政决定后重新审理的无效案件，其审理程序在《专利审查指南（2010）》中仅有原则性规定，在审查实践中如何把握值得深入思考。

### 一、引言

本部分对于人民法院生效判决撤销行政决定后重新审理的无效案件是否需要重新举行口头审理，前后审查之间应当具有何种关系等，加以探讨。

### 二、审查实践及司法实践的解读

本部分引述的案例与上述［案例46］相同，在本部分不再赘述。

---

❶ 部分研究成果载于：张鹏，等．无效宣告请求审查决定被撤销后案件的审理之探讨［J］．中国发明与专利，2010（4）：102－105.

## 三、撤销行政决定后案件的法律定位

就撤销行政决定后案件的法律定位而言，由于其所针对的诉讼法律关系没有改变，系针对同一无效宣告请求的在原审查基础上的重新审查。换句话说，撤销行政决定后案件是原案件的继续，而非一个新的案件。结合《专利审查指南（2010）》有关“案件的合并审理的案件”，可以得知，一项无效宣告请求确定一个无效宣告案件，换句话说，无效宣告案件系由无效宣告请求加以确定的。

进一步结合大陆法系的传统民事诉讼理论，诉指当事人依照法律规定，向人民法院提出的保护其合法权益的请求。[1] 民事诉讼由主观要素和客观要素组成，主观要素指当事人，客观要素即指诉讼标的。[2] 一般认为，适格的诉应该由主体（诉讼当事人）、诉讼标的（又称“诉的标的”）、诉的理由三个要素组成。[3]诉讼标的作为诉的要素之一，是民事诉讼的基本和核心的问题[4]，因为其“决定了法院是否受理原告起诉、应当选择何种程序、法院的判决的既判力的时间和范围等问题，是法院审理裁判的对象决定着法院在一个特定的诉讼中审理的范围等等问题，离开了审判对象，诉讼程序也就无从谈起，成了空中楼阁”。[5] 诉讼标的这一概念经历了相当长的历程，前后提出了旧实体法说、诉讼法说、新实体法说等理论。我国主流观点将之概括为“诉讼标的是指当事人之间争议的、原告请求法院裁判的实体权利或者法律关系的主张或者要求（声

---

[1] 常怡．民事诉讼法学［M］．修订版．北京：中国政法大学出版社，2002：87.

[2] 李龙．民事诉讼标的理论研究［M］．北京：法律出版社，2003：3－5.

[3] 常怡．民事诉讼法学［M］．修订版．北京：中国政法大学出版社，2002：89.

[4] 法院在适用民事实体法规范之前，首先必须弄清楚原告主张的权利或法律关系是什么或向法院提出的裁判要求是什么，原告提出的诉讼请求根据民事实体法应该属于什么种类，在这些问题之后，法院才能弄清审理和裁判的对象和范围，才能谈得上正确适用法律的问题。

[5] 李龙．民事诉讼标的理论研究［M］．北京：法律出版社，2003：19.

明)”。[1] 界定诉讼标的的意义在于：(1) 诉讼标的是法院审理裁判的对象[2]；(2) 有利于当事人攻击、防御；(3) 有利于法院划分诉讼管辖、正确适用诉讼程序；(4) 判断是否属于重复起诉的标准[3]；(5) 判断诉的合并、分离、追加和变更的根据[4]。可见，诉讼标的用于确定诉讼案件，无效宣告请求所确定的法律关系在无效案件中起到诉讼标的的作用。

## 四、撤销行政决定后案件的审理范围

就发回重审案件的审理范围而言，系由无效宣告请求的范围和生效判决的既判力范围所共同决定。换句话说，就是由无效宣告请求人提出的理由、证据以及法律依据所确定的原无效宣告请求的范围，减去生效判决所约束的既判力范围之后，所得到的范围系撤销行政决定后案件的裁量权范围，从而亦是撤销行政决定后案件的审理范围。

举例而言，某案件中，人民法院生效判决认定，对于开关面板而言，外框和装饰框的不同对消费者的影响远小于指示灯的影响。[5] 专利复审委员会重新作出的无效决定根据涉案外观设计与在先设计在装饰框、指示灯以及按键形状等方面的差异认定二者不相近似。[6] 上述案件中，即由无效宣告请求人提出的理由、证据以及法律依据

[1] 李龙. 民事诉讼标的理论研究 [M]. 北京：法律出版社，2003：15.

[2] 民事诉讼所针对的是当事人私权的争执，民事裁判的目的是解决当事人之间的争执，因此法院只需在当事人争执的并提交法院的裁判的范围予以裁判，如果法院的裁判超过这个限度即为无诉之判，就会违背裁判的公正性和经济性。引自：李龙. 民事诉讼标的理论研究 [M]. 北京：法律出版社，2003：17－18.

[3] 诉讼标的的范围确定审理的范围，进而决定一事不再理的范围。

[4] 就一个特定的民事诉讼而言，诉讼标的不能变更，因为诉讼标的的变更就意味着诉的变更，实际上是一个新的案件。

[5] 参见北京市高级人民法院（2006）高行终字第559号判决书。

[6] 参见国家知识产权局专利复审委员会第11216号无效宣告请求审查决定，该无效决定已被一审和二审行政判决所维持。该案依据《审查指南（2006）》加以审理。

所确定的原无效宣告请求的范围，减去生效判决所约束的既判力范围之后，得到撤销行政决定后案件的裁量权范围。

## 五、撤销行政决定后案件的审理方式

目前，审查实践中存在如下争论：对于撤销行政决定后的案件，是否可以不举行口头审理，仅通过书面审理的方式加以审查。对于撤销行政决定后的案件，建议举行口头审理，除非专利复审委员会并无裁量权范围。[1] 下面从口头审理的目的展开探讨这个问题。

### （一）口头审理的目的

根据《专利审查指南（2010）》的规定，无效宣告请求的审查可以采用口头审理的方式和书面审理的方式。口头审理的意义和目的在于，查清事实，给当事人陈述意见的机会。[2] 下面从三个角度对于口头审理的目的加以分析。

口头审理目的的内涵。如上所述，口头审理的目的包含两个价值取向：查清事实 + 给当事人当庭陈述意见的机会。需要强调的是，查清事实是口头审理最为重要的目的之一，不能忽视。众所周知，民事诉讼、行政诉讼和刑事诉讼均采用辩论原则，亦即未经法庭口头辩论的内容不应当作为裁判的依据，“直接决定法律效果发生或者消灭的必要事实必须在当事人的辩论中体现，没有在当事人的辩论中出现的事实不能作为裁判的依据。”[3] 之所以民事诉讼、行政诉讼和刑事诉讼均采用辩论原则，原因在于，当庭辩论是现今诉讼机制中最为有效的查明事实的方法。

口头审理与听证的关系。需要指出的是，虽然口头审理是保障听证的重要方式之一，但是口头审理不是保障听证的唯一选择，口头审理不是仅仅为了保障听证。首先，口头审理不是保障听证的唯

---

[1] 如人民法院生效判决已经认定，涉案专利与在先设计相近似。

[2] 参见《专利审查指南（2010）》第四部分第四章第1节。

[3] 张卫平．民事诉讼：关键词展开［M］．北京：中国人民大学出版社，2005：9.

一选择，书面审理同样能够保障听证的实现。其次，口头审理不是仅仅为了保障听证，更重要的是，口头审理可以更为高效地查明事实。❶

然而，有观点认为，口头审理只是行政听证程序，其目的仅仅是为了满足听证，所以在在先专利复审委员会已经举行口头审理进行听证的前提下，在后专利复审委员会无需进行口头审理。对此，笔者持不同观点。原因在于，口头审理最重要的意义在于查明事实。在在先专利复审委员会已经举行口头审理的情况下，如果在后专利复审委员会仍然存在裁量权范围，那么对于在后专利复审委员会裁量权范围内的相关内容，在后专利复审委员会宜于通过口头审理的方式听取当事人的辩论，以便于更为高效地查明事实，得出正确的法律认定。

（二）需要口头审理的情形

下述情形下应当举行口头审理：

在先决定违反法定程序或者超越职权，人民法院依据《行政诉讼法》第54条第2项第3、第4目撤销在先决定的情形。但是下述情况除外：因请求人不具有主体资格导致决定被撤销，可以直接作出驳回无效宣告请求审查决定的案件，以及因审查决定的送达有误，导致决定被撤销的案件。例如在先决定审理的范围认定错误、在先决定违反听证原则、在先决定超越职权认定中止等。这种情况下，通过重新举行口头审理的方式，弥补程序性缺陷。

在先决定事实调查不清的情况。如在先决定根据《专利法》第26条第3款宣告专利权无效，而针对涉案专利是否符合《专利法》第26条第4款之规定并未详细调查，双方当事人并未对该理由充分陈述意见。这种情况下，应当举行口头审理对该理由加以调查。

在先无效程序中口头审理记录表记录不详细的情况。在先无效程序虽然对于某无效理由进行了调查，但是口头审理记录表对于上

❶ 目前无效案件多数采用口头审理的审理方式，亦体现了这一点。

述调查的关键事项记录不清，在在后专利复审委员会无法确定相关内容的情况下，应当举行口头审理。例如，在先无效程序中，仅记录请求人主张权利要求1相对于对比文件1和公知常识不具备创造性，并未明确使用对比文件1的哪个实施例，亦未明确哪个技术特征属于公知常识，需要通过口头审理的方式使得当事人进一步明确请求，使得双方当事人进一步辩论。

生效判决认为在先决定证据不足，无法证明案件真实情况，依据《行政诉讼法》第54条第2项第1目之规定撤销在先决定，通常需要再次举行口头审理。亦即，生效判决认为，在先决定认定公开销售行为的存在主要证据不足，当事人可能在符合《专利审查指南（2010）》举证期限规定的前提下补强证据的情形。

（三）无需口头审理的情形

生效判决认为在先决定法律适用错误，人民法院依据《行政诉讼法》第54条第2项第2目之规定撤销在先决定，并且在后专利复审委员会并无裁量权空间。

（四）建议口头审理的情形

在先决定法律适用错误，人民法院依据《行政诉讼法》第54条第2项第2目之规定撤销在先决定，但是尚有裁量权空间。亦即，生效判决认定，在先决定适用法律法规错误，但是仍然存在进一步法律适用的内容。

详言之，在创造性判断中，如果生效判决认定，在先决定对于区别技术特征的认定错误，基于此撤销被诉的在先决定，那么，建议在后专利复审委员会进一步调查上述区别技术特征是否具有技术启示。

再如，在外观设计明显区别判断中，人民法院仅就某些部位的差别相对于其他部位的差别影响较大作出认定，那么，建议专利复审委员会进一步调查上述差别是否具有显著影响。

还如，人民法院仅针对“权利要求某一术语是否清楚”，认定权利要求是否符合《专利法》第26条第4款之规定，建议专利复审委员会针对当事人提出的权利要求其他部分是否清楚的主张进一步调查。

## 六、口头审理的注意事项

在口头审理中，应当注意如下事项：

### （一）确定审理范围

如前所述，就发回重审案件的审理范围而言，系由无效宣告请求的范围和生效判决的既判力范围所共同决定。换句话说，就是由无效宣告请求人提出的理由、证据以及法律依据所确定的原无效宣告请求的范围，减去生效判决所约束的既判力范围之后，所得到的范围系撤销行政决定后案件的裁量权范围，从而亦是撤销行政决定后案件的审理范围。

对于撤销行政决定后案件，建议口头审理之前通过充分的阅卷和合议，明确审理范围，以避免当事人在口头审理时增加或者变更无效宣告请求的理由。

### （二）规范当事人的举证

根据《专利审查指南（2010）》第四部分第三章第4.3节之规定，请求人和专利权人在口头审理辩论终结之前可以提交公知常识性证据或者用于完善证据法定形式的公证书、原件等证据。有观点认为，撤销行政决定后案件，如果举行口头审理，会使得请求人和专利权人能够进一步提交公知常识性证据，有悖于公平。对此，这一点恰恰证明了撤销行政决定后案件举行口头审理的优势。原因在于：

第一个方面，公知常识是本领域技术人员知晓的技术手段。可以说，公知常识之于本领域技术人员，与众所周知的事实之于普通民众，地位相同。因此，公知常识属于行政认知的范畴，从而公知常识的认定本无需予以举证，当事人提交公知常识性证据系用于说明。

第二个方面，如果不举行口头审理，从而不接受当事人提交上述公知常识性证据，那么当事人会选择在行政诉讼程序中提交上述证据。在行政程序中采用“堵”的方式，迫使和促进当事人在司法程序中进一步举证，然而根据行政诉讼的惯例，虽然违背案卷排他主义原则，但是人民法院通常会接纳上述证据。这样有损于行政程序的独立价值。

（三）特殊情况的处理

针对不参加口头审理，亦未提交口头审理回执这一特殊情况的处理，应当考虑如下因素：首先，《专利法实施细则》第 70 条第 3 款规定，无效宣告请求人对专利复审委员会发出的口头审理通知书在指定的期限内未作答复，并且不参加口头审理的，其无效宣告请求视为撤回；专利权人不参加口头审理的，可以缺席审理。

其次，《专利审查指南（2010）》第四部分第一章规定，复审请求或者无效宣告请求审查决定被人民法院的生效判决撤销后，专利复审委员会应当重新作出审查决定。另外，《专利审查指南（2010）》第四部分第一章第 6.2 节规定，审查决定的构成包括著录项目、法律依据、决定要点、案由、决定理由、结论以及附图等。

基于此，上述规定要求对于撤销行政决定后案件，如果请求人不参加口头审理，亦未提交口头审理回执，专利复审委员会仍然需要作出审查决定，不能按照视为撤回处理。

## 七、涉及申诉的特殊情形

如果在后专利复审委员会通过口头审理，发现生效判决认定有误，那么建议通过委内报批手续，通过申诉等方式，启动审判监督程序以纠正在先生效判决所存在的错误。在这种情况下，建议不要重新作出行政决定。

对于人民法院作出生效判决后，专利复审委员会根据该生效判决再次作出审查决定，而后上述人民法院的生效判决被审判监督程序撤销的情形[1]，应当认为，由于专利复审委员会根据该生效判决

[1] 如舒学章案即是如此，参见第二章第三节的相关内容。

再次作出的审查决定系基于生效判决所作出，在该生效判决被撤销的情况下，参照《民事诉讼法》第179条第1款第13项之规定，应当认为专利复审委员会根据该生效判决再次作出的审查决定不具备法律效力。亦即，在《专利审查指南（2010）》第四部分第一章第8节增加规定，“人民法院作出生效判决后，专利复审委员会根据该生效判决再次作出审查决定，而后上述人民法院的生效判决被审判监督程序撤销的，该审查决定的法律效力终止”。同时，应当完善公告程序，在上述情形下公告涉案专利权的法律效力状态。

## 八、案例回顾

在“一种用于生产石英谐振器基座支架片的框架带”实用新型无效纠纷一案中，生效判决判定，“证据4原件中载明了其公开时间，被诉决定有关‘证据4没有任何印刷及公开时间的信息，不能证明涉案专利不具备新颖性和创造性’的认定不能成立”。因此，对于证据4的认定不属于无效决定被撤销后案件的审理范围。同时涉案专利是否符合《专利法实施细则》第2条第2款和第21条第2款的规定，仍属于无效决定被撤销后案件的审理范围。

# 第三章　特别论：外观设计与实用新型授权确权的特殊问题

在我国的专利授权确权案件中，外观设计与实用新型占据较大比例，超过发明专利的比例。因此，本部分对于外观设计与实用新型授权确权制度的特殊问题加以专门研究，主要包括建筑设计的外观设计与实用新型保护，外观设计的授权客体，《专利法》第23条第1、第2款的适用，《专利法》第23条第3款的适用，外观设计合案申请制度，实用新型的授权客体以及实用新型创造性判断等法律问题。

## 第一节　《专利法》第23条第1款、第2款的法律适用❶

2009年2月1日，《专利法实施细则》正式实施，这也标志着第三次《专利法》修改告一段落。回顾本次《专利法》修改，其立法本意在于希望提升中国的专利质量。在诸多修改中，有关外观设计的确权标准修改十分引人注目，而随着《专利法实施细则》和《专利审查指南（2010）》的公布，这一标准的具体适用也渐渐清晰。结合《专利法实施细则》和《专利审查指南（2010）》的修改内容，下面探讨了《专利法》第23条的法律适用，详细解读《专利法》第23条第1、2款中的“不属于现有设计”以及“与现有设计或者现有设计的特征组合相比具有明显区别”的判断规则。

---

❶　部分研究成果参见：钱亦俊，张鹏．新《专利法》中外观设计专利权确权标准的具体适用［J］．知识产权，2010（3）：56－60.

## 一、引言

《专利法》第23条第1款规定：“授予专利权的外观设计，应当不属于现有设计；也没有任何单位或者个人就同样的外观设计在申请日以前向国务院专利行政部门提出过申请，并记载在申请日以后公告的专利文件中。”《专利法》第23条第2款规定：“授予专利权的外观设计与现有设计或者现有设计特征的组合相比，应当具有明显区别。”

**表1 《专利法》《专利法实施细则》修改前的审查实践**

| 法 条 | 制度涵义 | 适用情形 | 适用标准 |
|---|---|---|---|
| 《专利法》第23条 | 相同、相近似的判断 | 与“申请日以前在国内外出版物上公开发表过或者国内公开使用过的外观设计”对比 | 相同和相近似，其中相近似的适用标准是二者的差别对于产品外观设计的整体视觉效果是否具有显著的影响 |
| 《专利法》第9条、《专利法实施细则》第13条 | 禁止重复授权 | 同一专利权人的具有相同或者不同申请日的两项专利权，不同专利权人的具有相同或者不同申请日的两项专利权 | 同样的发明创造，对于外观设计而言包括外观设计相同和相近似，其中相近似的适用标准是二者的差别对于产品外观设计的整体视觉效果是否具有显著的影响 |

如表1所示，在《专利法》第三次修改之前，对于2000年《专利法》第23条以及2000年《专利法》第9条、2002年《专利法实施细则》第13条的法律适用而言，均包括相同和相近似。其中，相近似的判断规则在于，一般消费者经过对被比设计与在先设计的整体观察，判断二者的差别对于产品外观设计的整体视觉效果是否具有显著的影响。其中，一般消费者对被比设计产品的同类或者相近类产品的外观设计状况具有常识性的了解，并且对外观设计产品之间在形状、图案以及色彩上的差别具有一定的分辨力，但不

会注意到产品的形状、图案以及色彩的微小变化。

2000 年《专利法》2002 年《专利法实施细则》以及《审查指南（2006）》将外观设计的确权标准定位于相同和相近似，对于外观设计重复授权制度的适用亦采用相同和相近似的标准❶。2008 年《专利法》2010 年《专利法实施细则》以及《专利审查指南（2010）》在确权标准中不再适用相近似的概念，而是适用“相同”“实质相同”和“不具有明显区别”三个标准。下表较为详细地描述了 2008 年《专利法》2010 年《专利法实施细则》以及《专利审查指南（2010）》修改后的外观设计确权标准的逻辑体系结构。

**表 2 修改后的确权标准的逻辑体系结构**

| 法 条 | 制度涵义 | 适用情形 | 适用标准 |
|---|---|---|---|
| 《专利法》第 9 条 | 禁止重复授权 | 同一专利权人或者不同专利权人具有相同申请日的两项专利权 | 相同、实质相同 |
| 《专利法》第 23 条第 1 款 | 不属于现有设计 | 与现有设计对比 | 相同、实质相同 |
| | 抵触申请 | 与任何单位或者个人在申请日之前申请并在申请日后公告的设计对比（亦即，同一专利权人或者不同专利权人具有不同申请日的两项专利权） | 相同、实质相同 |
| 《专利法》第 23 条第 2 款 | 明显区别 | 与相同或者相近种类现有设计对比 | 二者的差别对于产品外观设计的整体视觉效果不具有显著影响 |
| | 现有设计的转用 | 具有转用手法的启示 | 不具有明显区别 |
| | 现有设计的组合 | 具有组合手法的启示 | 不具有明显区别 |

❶ 在最高人民法院所公布的《2008 年中国知识产权司法保护 50 件典型案件》中，最高人民法院（2008）行提字第 4、5、6、7、8 号行政判决（即科万商标投资有限公司诉专利复审委员会、第三人佛山市顺德区信达染整机械有限公司外观设计专利无效纠纷申请再审系列案）对于上述标准亦予以认同。

## 二、审查实践及司法实践的解读

**【案例 47】** 在“摩托车车轮”外观设计专利无效纠纷一案中，无效宣告请求人使用在先设计证明涉案专利不符合《专利法》第 23 条[1]的规定，其中涉案专利如下图左侧图所示，在先设计如下图右侧图所示。

本专利主视图

在先设计后视图

主视图

**图 5　本专利与在先设计**

专利复审委员会认为，摩托车车轮基本上均由轮辋、辐条、轮毂三部分组成，圆形轮辋应当属于车轮的惯常设计，相对轮辋，辐条的形状设计通常对车轮的整体视觉效果更具有显著的影响。涉案专利与在先设计在辐条表面凹槽和平滑的差异属于细微变化，对整体视觉效果不具有显著影响。因此，涉案专利不符合 2002 年《专

[1] 本案适用 2000 年修正后的《专利法》。

利法》第23条的规定。

北京市第一中级人民法院和北京市高级人民法院均认为，在判断外观设计是否近似时，应当考虑外观方面存在变化空间的大小，对于外观变化空间较小的产品，其设计差异更容易对整体视觉效果产生显著的影响。摩托车车轮均为轮辋、辐条、轮毂组成，受其所设定的功能的限制，外观变化的空间有限。在设计空间有限的车轮产品上，涉案专利与在先设计存在的不同已经对整体视觉效果产生显著的影响。

最高人民法院认为，即使摩托车车轮均由轮辋、辐条、轮毂组成，且受到设定功能限制的情况下，其辐条的设计只要符合受力平衡的要求，仍可以有各种各样的形状，存在较大的设计空间，一、二审判决以摩托车车轮的设计空间有限为前提得出涉案专利与在先设计的区别致使二者不相同也不相近似的结论缺乏事实依据。❶

**【案例48】**在“汽车”外观设计专利无效纠纷一案中，无效宣告请求人使用在先设计证明涉案专利不符合《专利法》第23条❷的规定，其中涉案专利如下图左侧图所示，在先设计如下图右侧图所示。

专利复审委员会认为，涉案专利和在先设计的各组成部分的形状以及相互之间的比例关系基本相同，整体形状和设计风格基本相同，尽管二者在前大灯、保险杠、护板、中间窗玻璃、后组合灯等部位存在区别，但这相对于汽车整体形状和风格来说属于较细微的差别，不足以使普通消费者产生明显不同的视觉效果从而将二者认定为不同款式的产品，而二者的主体部分的相同之处却使普通消费者易于将二者混同，因此，本专利与在先设计属于相近似的外观

❶ 参见国家知识产权局专利复审委员会第13657号无效宣告请求审查决定以及北京市第一中级人民法院（2009）一中知行初字第2719号行政判决书、北京市高级人民法院（2010）高行终字第467号行政判决书和最高人民法院（2010）行提字第5号行政判决书。

❷ 本案适用2000年修正后的《专利法》。

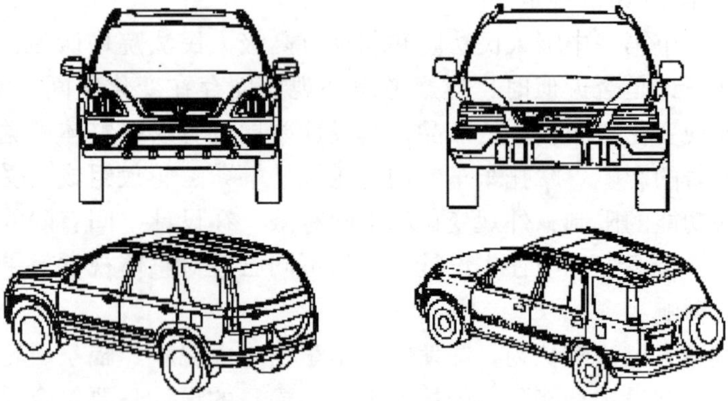

本专利　　　　在先设计

**图6　本专利与在先设计**

设计。

北京市第一中级人民法院认为，本专利和在先设计均为汽车整车外观设计，一般消费者在购买和使用的过程中，对汽车的整体进行观察是实际生活中经常出现的情形，故本专利和在先设计的比较应采用整体观察的方式。本专利和在先设计的外观设计虽存在一定的差别，但对于汽车整体外观设计而言，一般消费者更容易对汽车整体的设计风格、轮廓形状、组成部件的相互比例关系等因素施以更多注意，二者的差别尚不足以使一般消费者对两者整体外观设计产生明显的视觉差异，因此本专利和在先设计相近似。

北京市高级人民法院二审判决认为，本案中，如果一般消费者在对本专利与在先设计进行整体观察后，二者的差别对于产品外观设计的整体视觉效果不具有显著的影响，则本专利与在先设计构成相近似的外观设计。从整体上观察，二者在汽车各个组成部分的形状、相互之间的长、宽、高比例关系、车身整体形状以及设计风格是大致相同的。汽车的整体外形轮廓对一般消费者视觉感受的影响是最为显著的。本田株式会社列举出其他品牌的同类汽车具有相近似的整体外形，用以证明该类汽车设计空间有限。但本田株式会社所列举的同类汽车相近似的整体外形并非是由于其功能所限定的唯一形状，双环公司、新凯公司同时也提供了反证证明存在同类汽车具有不同的整体外形的情况，因此，本田株式会社认为设计空间有限的主张缺乏事实依据。本专利外观设计与在先设计之间的区别属于局部细微差别，因此二者相近似。

最高院作出判决撤销原一、二审判决，撤销专利复审委员会无效宣告请求审查决定。判决认为：所谓“常识性了解”，是指通晓相关产品的外观设计状况而不具备设计的能力，但并非局限于基础性、简单性的了解；所谓“整体”，包括产品可视部分的全部设计特征，而非其中某特定部分；所谓“综合”，是指对能够影响产品外观设计整体视觉效果的所有因素的综合。本案中，诉争类别汽车外观设计的“整体”，不仅包括汽车的基本外形轮廓以及各部分的相互比例关系，还包括汽车的前面、侧面、后面等，应当予以全面观察。在综合判断时，应当根据与诉争类别汽车的特点，权衡各部分对汽车外观设计整体视觉效果的影响。就本案诉争的汽车类别而言，因该类汽车的外形轮廓都比较接近，故该共性设计特征对于此类汽车一般消费者视觉效果的影响比较有限。相反，汽车的前面、侧面、后面等部位的设计特征的变化，则会更多地引起此类汽车一般消费者的注意。本案中，在以上几个方面涉案专利和在先设计的差别较为明显，对于本案诉争类别汽车的一般消费者而言是显而易见的，足以使其将本专利图片所示汽车外观设计与证据1所示汽车外观设计的整体视觉效果区别开来，二者不相近似。决定和一、二审判决实质上只着重于对两外观设计的整体外形轮廓进行比较，并认为汽车的整体外形轮廓对于汽车而非诉争类别汽车的一般消费者视觉感受的影响最为显著，认定二者相近似，是错误的。[1]

[1] 参见国家知识产权局专利复审委员会第8105号无效宣告请求审查决定以及北京市第一中级人民法院（2006）一中行初字第779号行政判决书、北京市高级人民法院（2007）高行终字第274号行政判决书和最高人民法院（2010）行监字3号行政判决书。

【案例 49】在“鼠标”外观设计专利无效纠纷一案中，涉及一件鼠标产品的外观设计专利无效宣告请求，下图左侧系在先设计 1，中侧系在先设计 2，右侧系涉案外观设计。请求人主张在先设计 1、2 分别与涉案专利相比较，二者仅存在局部细微差别。

**图 7 本专利与在先设计**

专利复审委员会认为，评价一项外观设计是否与在先设计相近似，应当基于一般消费者看到该外观设计时是否产生了明显不同于看到现有外观设计时所产生的整体视觉印象。就鼠标而言，一般消费者了解鼠标属于计算机的外部设备，其功能是在界面上实现指针控制、点击和滚动操作，所述功能由按键和滚轮实现。一般消费者所熟悉的鼠标外观设计通常包含两个按键（左、右键）和一个滚轮，以使鼠标可以实现它的功能。

将涉案专利和在先设计 1、2 相比较，其主要相同点在于二者整体形状都是扁平的圆角长方体，都有两个按键；上部都呈略微凸起的曲面。其主要的不同点在于：滚轮的位置不同，在先设计 1、2 的位于两个按键的中间，而涉案专利的滚轮位于鼠标的一侧；在先设计 1、2 的上部分割为 3 个区域，涉案专利的相应部位被分割成 4 个区域；涉案专利鼠标的四角各有两条自上而下的曲线，在先设计 1、2 没有表现出此设计。

专利复审委员会认为，在一般消费者眼中，一款鼠标最基本的设计特征就是拥有左右按键和位于左右键中间的滚轮。由于滚轮是实现鼠标功能的重要组成部分，当一般消费者在观察涉案专利时，首先会寻找本专利设计的滚轮，验证滚轮所能实现的功能。上述过程必须通过视觉实现，所以尽管滚轮在整个鼠标中所占空间比例较小，然而涉案专利滚轮所在位置设计使涉案专利外观设计产生了与现有外观设计明显不同的整体视觉印象，即，其设计的变化对视觉效果具有显著影响，且二者正面的区域分割不同，涉案专利特有的四块区域划分设计导致二者的正面视觉效果明显不同。故涉案专利和在先设计 1、2 不相同也不相近似。基于同样的理由，无效决定认定三项在先设计与涉案专利的差别不属于局部细微差别，相反，均对整体视觉效果具有显著影响，遂维持涉案专利权有效。[1]

【**案例 50**】在“型材”外观设计专利无效纠纷一案中，上图上侧系在先设计，下侧系涉案外观设计。针对涉案专利与在先设计进行比对时，专利复审委员会认为：二者的截面均呈近似梯形的连续凹凸设计，虽然凹凸深浅和具体的梯形形状有所不同，但均为梯形的常规形状，对整体视觉效果不具有显著影响，因此，二者应属于相近似的外观设计。

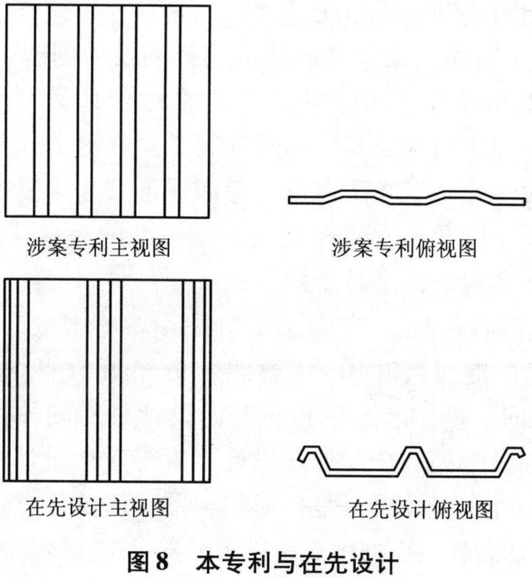


**图 8 本专利与在先设计**

---

❶ 参见专利复审委员会第 15173 号无效宣告请求审查决定。

然而，可以看出的是，涉案专利与在先设计在凹凸深浅和具体的梯形形状存在较大差异，直接认定二者之间的差别对整体视觉效果不具有显著影响，属于局部细微差别，尚欠缺说服力。因专利权人强调二者整体视觉效果差异显著，故不易接受该观点。如果在局部细微差别的判断中考虑“根据现有设计以及对产品的认知判断差别是否容易作出”，方能够使得上述问题的处理符合法律逻辑。亦即，根据对于现有设计的认知，采取近似梯形的连续凹凸设计的型材属于常规设计，在在先设计的基础上通过改变凹凸深浅和具体的梯形形状容易作出涉案专利的外观设计。

## 三、相同和实质相同的具体判断

《专利审查指南（2010）》第四部分第五章第5节规定：“不属于现有设计，是指在现有设计中，既没有与涉案专利相同的外观设计，也没有与涉案专利实质相同的外观设计”，“同样的外观设计是指外观设计相同或者实质相同。”

因此，《专利法》第9条所述的同样的发明创造、第23条第1款所述的“属于现有设计”以及“同样的外观设计”都是对两项外观设计是否构成相同或实质相同的判断。在对上述几个相关概念进行界定时，主要基于立法本意，考虑保证禁止重复授权的外观设计的合理范围，以及与发明和实用新型标准的一致性，尽量使第1款的执行更加客观，标准易于统一。

### （一）相同的判断

《专利审查指南（2010）》第四部分第五章第5.1.1节规定：“外观设计相同，是指涉案专利与对比设计是相同种类产品的外观设计，并且涉案专利的全部外观设计要素与对比设计的相应设计要素相同，其中外观设计要素是指形状、图案以及色彩。”

需要注意的是，在适用《专利法》第23条第1款及第9条判断两项外观设计是否构成“相同”时，其客体的比较范围有所差别。前者是将涉案专利的全部外观设计要素与对比设计的相应设计要素进行比较。而后者是以两项外观设计全部设计要素进行比较，只有全部外观设计要素都相同时才能认定二者相同。外观设计相同概念的外延包括三种情况，即常用材料的替换；仅存在产品功能、内部结构、技术性能的不同；仅存在尺寸的不同。例如，外观设计要素相同的触摸开关和声控开关。关键是不同点未导致产品外观设计整体的变化，二者才能属于相同的外观设计。

关于产品种类相同或相近的判断标准本次指南修订没有变化，仍然沿用以往的标准。还是以用途为准，参考产品的名称、国际外观设计分类以及产品销售时的货架分类位置。

（二）实质相同的判断

《专利审查指南（2010）》第四部分第五章第5.1.2节规定："外观设计实质相同的判断仅限于相同或者相近种类的产品外观设计。""如果一般消费者经过对涉案专利与对比设计的整体观察可以看出，二者的区别仅属于下列情形，则涉案专利与对比设计实质相同：（1）其区别在于施以一般注意力不能察觉到的局部的细微差异，例如，百叶窗的外观设计仅有具体叶片数不同；（2）其区别在于使用时不容易看到或者看不到的部位，但有证据表明在不容易看到部位的特定设计对于一般消费者能够产生引人瞩目的视觉效果的情况除外；（3）其区别在于将某一设计要素整体置换为该类产品的惯常设计的相应设计要素，例如，将带有图案和色彩的饼干桶的形状由正方体置换为长方体；（4）其区别在于将对比设计作为设计单元按照该种类产品的常规排列方式作重复排列或者将其排列的数量作增减变化，例如，将影院座椅成排重复排列或者将其成排座椅的数量作增减；（5）其区别在于互为镜像对称。"

上述规定具有如下涵义：第一，实质相同的判断是整体观察，不是局部观察。第二，实质相同包括五种情形，这五种情形不一定仅有一种情形，可能会有两种情形同时存在于一项外观设计中，尤其是第（1）种情形与其他情形。关于第（1）种情形的差别要远远小于原指南中规定的相近似。而第（3）种情形中的惯常设计的概念在第 2 节中有规定，应是一般消费者所熟知的、只要提到产品名称就能想到的相应设计。

## 四、明显区别的判断实务

修改后的《专利法》第 23 条规定，授予专利权的外观设计与现有设计或者现有设计特征的组合相比，应当具有明显区别。上述规定系新增条文，在审查实践中如何把握值得深入探讨，下面加以介绍。

### （一）单独比对的明显区别判断

《专利审查指南（2010）》第四部分第五章第 6.1 节规定了“不具有明显区别”的第一种情形，即涉案专利与相同或相近种类产品外观设计单独进行比较。该部分内容是对《审查指南（2006）》中“4. 判断原则”部分内容的继承。除了将原有的尺寸的变化、材料的替换以及产品的功能、内部结构以及技术性能等几种情形移入外观设计相同的规定中，其余的情形均归在“明显区别”这种情形。与实质相同的五种情形相比，这部分内容只是给出了几种情形的判断原则，并没有指明结果。而实质相同的五种情形实质上是带有明确结果的情形，如果不是这五种情形，则只能适用第 2 款该部分规定进行判断。与现有设计实质相同的外观设计是明显的对现有设计修修补补而形成的，应当属于明显的不应享有专利权的外观设计。

另外，在该部分对简要说明中设计要点的作用进行了明确，即“外观设计简要说明中设计要点所指设计并不必然对外观设计整体视觉效果具有显著影响，不必然导致涉案专利与现有设计相比具有明显区别”。整体观察、综合判断是外观设计单独对比的总原则，只有当设计要点对整体视觉效果产生显著影响时，才能据以判断得出结论。

### （二）现有设计转用的判断

《专利审查指南（2010）》第四部分第五章第 6.2.2 节规定了

"不具有明显区别"的第二种情形，即涉案专利是由现有设计转用得到的，二者的设计特征相同（包括仅有细微差别）。这里所指的细微差别是指施以一般注意力几乎不能察觉的不同点，二者形态应当是基本相同的。该种情形属于与不相同且不相近种类产品单独比较具有明显区别的情形。应当强调的是，具体的转用手法在相同或者相近种类产品的现有设计中存在启示。但是，某些产品的转用手法已经成为生活中司空见惯的设计方法，因此，在本节列举了四种无需举证的转用情形，即：（1）单纯采用基本几何形状（包括对其仅作细微变化）得到的外观设计；（2）单纯模仿自然物、自然景象的原有形态得到的外观设计；（3）单纯模仿著名建筑物、著名作品的全部或者部分形状、图案、色彩得到的外观设计；（4）由其他种类产品的外观设计转用得到的玩具、装饰品、食品类产品的外观设计。

应当注意的是，转用前后的产品种类应当与给出启示的现有设计种类是相同或相近的。例如现有设计是将篮球造型转用为座椅设计，涉案专利是将键盘按键造型转用为座椅设计，不能视为现有设计给出了启示。因为，篮球和键盘的按键不是相同或相近种类产品。但是，如果现有设计是将篮球造型转用为座椅设计，涉案专利是将橄榄球造型转用为座椅设计，这情形就应该属于有现有设计的启示了。

另外，单纯采用几何形状和模仿自然物、自然景象得到的外观设计的判断，应当是原封不动地模仿造型，如果有创新性设计内容，例如通过对特征的提炼得到造型完全不同于原有形态的外观设计，不属于相应情形。

（三）现有设计及其特征组合的判断

《专利审查指南（2010）》第四部分第五章第 6.2.3 节规定了"不具有明显区别"的第三种情形，即涉案专利是由现有设计或者现有设计特征组合得到的，所述现有设计与涉案专利的相应设计部分相同（包括仅有细微差别）。同样的，这里所指的细微差别是指施以一般注意力几乎不能察觉的不同点，二者形态应当是基本相同的。该节规定，外观设计的组合包括拼合和替换两种类型。

同样，具体的组合手法在相同或者相近种类产品的现有设计中应存在启示，即组合前后的产品种类应当与给出启示的现有设计产品种类是相同或相近的。本节也列举了三种已经公知的组合手法，即：(1) 将相同或者相近种类产品的多项现有设计进行直接拼合；(2) 将产品外观设计的设计特征用另一项相同或者相近种类产品的设计特征替换；(3) 将产品现有的形状设计与现有的图案、色彩或者其结合直接拼合或替换。其中，前两项限于相同或相近种类产品，第 (3) 项则不限产品种类。

针对上述转用和组合的几种情形，在修订后的本章第 6.2.2 及 6.2.3 节均规定了特殊情形，即“上述情形中产生独特视觉效果的除外”。这是指极其特殊的情况下，“涉案专利相对于现有设计产生了预料不到的视觉效果”。外观设计如果具有独特视觉效果，则与现有设计或者现有设计特征的组合相比具有明显区别。

### 五、局部细微差别的判断实务[1]

如前所述，《专利法》第 23 条第 2 款涉及两种情形：与现有设计相比具有明显区别、与现有设计的特征组合具有明显区别[2]。其中，“与现有设计的特征组合具有明显区别”主要涉及转用、组合等情形。

《专利审查指南（2010）》第四部分第五章第 6.1 节对“与现有设计相比具有明显区别”加以规定，即涉案专利与相同或相近种类产品外观设计单独进行比较。该部分内容是对《审查指南

---

[1] 本节内容部分基于由笔者执笔的国家知识产权局学术委员会一般课题“外观设计可专利性审查标准实务研究”的部分研究成果，另外参见：黄玉平，张鹏．外观设计专利审查中局部细微差别判定的客观化 [J]．中国发明与专利，2011 (7) 71－75．

[2] 全国人大常委会法制工作委员会经济法室．《中华人民共和国专利法》释解及实用指南 [M]．北京：中国民主法制出版社，2009：53．

(2006)》中“4. 判断原则”部分内容的继承。除了将原有的尺寸的变化、材料的替换以及产品的功能、内部结构以及技术性能等几种情形移入外观设计相同的规定中，其余的情形均归在“明显区别”这种情形。[1] 然而，《审查指南（2006)》的执行中，“存在相同相近似判断标准比较上位，可操作性差，自由裁量权太大等执法不统一的现象，上述现象对外观设计保护水平和设计质量的提高带来了一定的负面作用。”[2]

上述现象存在的原因之一在于，《审查指南（2006)》规定了“若区别点仅在于局部细微变化，则其对整体视觉效果不足以产生显著影响，二者不具有明显区别。例如，涉案专利与对比设计均为电饭煲，区别点仅在于二者控制按钮的形状不同，且控制按钮在电饭煲中仅为一个局部细微的设计，在整体设计中所占比例很小，其变化不足以对整体视觉效果产生显著影响”，上述规定将所存在的区别在整体设计中所占的比例作为判断是否构成局部细微变化的判断标准，从而使得明显区别的判断相对主观。

本节立足我国审查实践的最新进展着重讨论“与现有设计相比具有明显区别”的判定，结合国外法律规范和审查实践重点讨论涉案专利与相同或相近种类产品外观设计单独进行比较时是否具有明显区别的判断，尤其是区别点是否构成局部细微变化的判断，并在比较借鉴国外审查经验和分析我国实践的基础上给出我国审查实践的法律适用建议，以期使《专利法》第 23 条第 2 款的法律适用更为客观。

### （一）局部细微差别判定的比较法研究

首先，我们对国外相关审查实践和司法实践对于与相同或者相近种类产品现有设计单篇对比的案例加以比较分析。

---

[1] 参见：钱亦俊，张鹏．新《专利法》中外观设计专利权确权标准的具体适用[J]．知识产权，2010 (3)：56－60.

[2] 参见：张跃平．外观设计授权标准法律问题探讨[D]．北京：中国政法大学，2005.

1. 美国相关审查实践

美国的外观设计专利性审查中，在相同或相近种类产品外观设计间进行比较判断，以一篇对比文件评判涉案专利的专利性时，通常在先设计与涉案专利存在差别时，需要从普通观察者所熟悉的现有设计的整体状况去考虑。在先判例 In re Battlet 确定了判断原则，即，当普通观察者认为此新设计是一项不同的、不是在对已有设计进行简单修改基础上作出的新设计时，即可认为此设计与以往设计的不同满足新颖性的标准。以下对根据此原则作出的最新判例进行介绍。

在网球拍案[1]中，图9左侧系涉案外观设计，右侧系在先设计。美国专利商标局抵触与申诉委员会认为，涉案外观设计与在先设计相比，由于采用了与在先设计不同的网球拍材质，并且采用不同的制作工艺，从而实现一体成型。由于涉案外观设计与在先设计在材质和制作工艺上的不同，使得涉案外观设计相对于在先设计产生新的视觉效果——一体成型的视觉效果，普通观察者认为是一项新的设计。

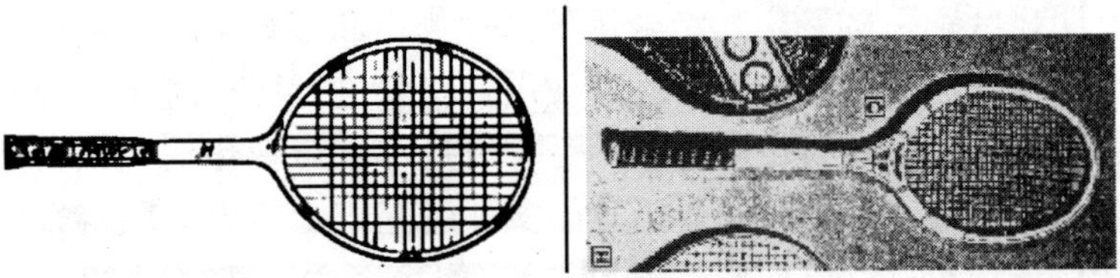

**图9　网球拍案**

在耳机套案[2]中，图10左侧系涉案外观设计，右侧系在先设计。美国专利商标局抵触与申诉委员会认为，上述涉案外观设计与在先设计的区别主要在于，在耳机套中心是否设置孔。由于上述区别点的位置在于耳机套的中心，属于观察者首先关注的部位，因

[1] 参见美国专利商标局抵触与申诉委员会第 D394094 号决定书。

[2] 参见第 D395657 和 D269611 号美国外观设计专利。

此，上述区别点处于视觉关注的部位，使得普通观察者认为是一项新的设计。

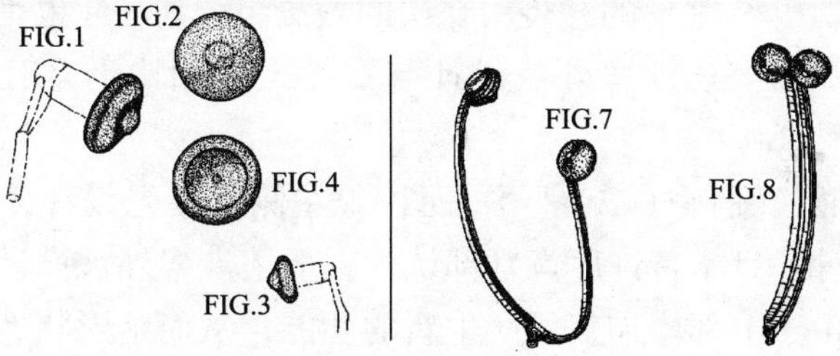


**图 10　耳机套案**

2. 日本相关审查实践

日本在审查实践中亦强调涉案外观设计与现有设计相比设计启示的客观判断，并非仅仅根据涉案外观设计与现有设计之间所存在的差别所占的比例判断差别是否构成局部细微变化。

在包装袋案例（一）[1] 中，图 11 左侧系在先设计，右侧系涉案

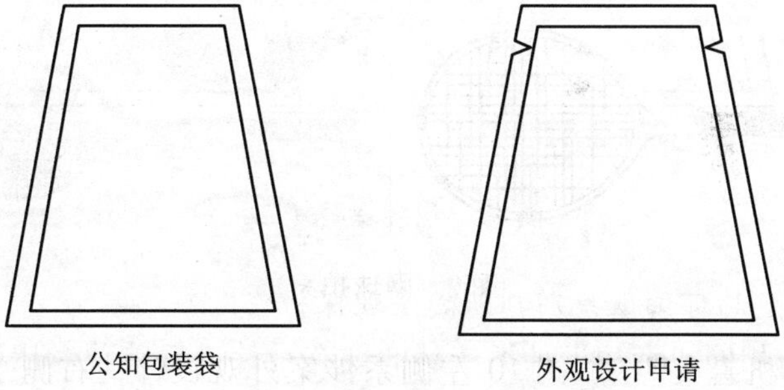


**图 11　包装袋案（一）**

---

[1] 参见日方《为跟进第 5 次外观设计的中日复审会议的意见交流（第 5 回日中審判会合 JPOプレゼン（意匠部分））》讲稿，为了分析解读的需要对于案例作出部分简化。

外观设计。日本特许厅审判部认为，鉴于在包装袋的左右上部切出V字形的开袋用缺口是一种常见的做法，将在表面上添加图案与在左右上部切出V字形的开袋用缺口的做法组合到一起也是一种常见的做法，从而上述涉案外观设计与在先设计相比不具有创作非容易性。

在包装袋案例（二）[1]中，图12左侧系在先设计，右侧系涉案外观设计。日本特许厅审判部认为，上述涉案外观设计与在先设计相比，由于上部增加盖子产生新的功能，从而给形状、图案和色彩造成改变，产生新的视觉效果，因此该外观设计专利申请相对于公知包装袋具有创作非容易性。需要强调的是，即使上述盖子所占比例较小，亦同样相对于公知包装袋并不构成局部细微差别。

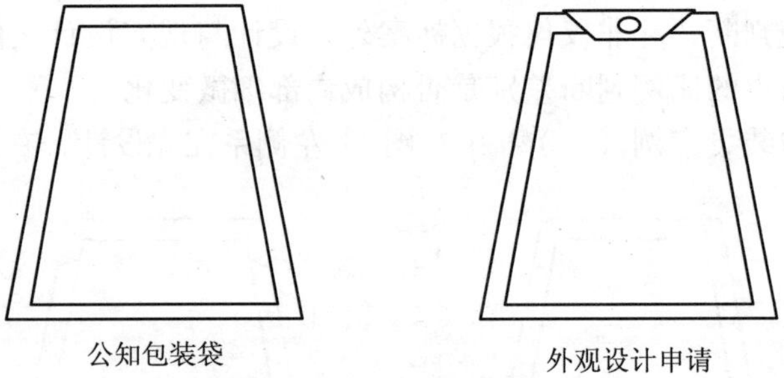


**图12　包装袋案（二）**

（二）局部细微差别判断的法理探析

在与相同或者相近种类产品的现有设计进行单独对比以判断涉案设计是否符合《专利法》第23条第2款的规定时，若区别点仅在于局部细微变化，则其对整体视觉效果通常不足以产生显著影

[1] 参见日方《为跟进第6次外观设计的中日复审会议的意见交流（第6回日中審判会合JPOプレゼン（意匠部分））》讲稿，为了分析解读的需要对于案例作出部分简化。

响，二者通常不具有明显区别。局部细微差别主要根据对于整体视觉效果的影响作出判断，不仅要考虑差别在整体设计中所占的比例，同时需要考虑区别点所处的位置是否为视觉关注、新功能产生的整体视觉效果变化以及材质和制作工艺产生的整体视觉效果变化。

亦即，局部细微差别的判断不仅要考虑差别在整体设计中所占的比例，同时需要考虑区别点所处的位置、新功能产生的整体视觉效果变化以及材质和制作工艺产生的整体视觉效果变化，并分析上述差别是否容易创作，在下述情形下可能对整体视觉效果产生显著影响，应当综合考虑，不能简单地认定其为局部细微差别：

（1）新的功能给形状、图案和色彩带来改变，产生新的视觉效果；

（2）区别点处于视觉关注的部位；

（3）由于不同的材质和制作工艺的变化，产生新的视觉效果；

（4）根据现有设计以及产品认知情况得知差别不容易作出。

需要说明的是，上面所述的“新的视觉效果”也应当同时具有显著的视觉效果。

1. 总体判断思路

“局部细微差别”的判断标准在于，涉案专利与现有设计的差别对于整体视觉效果的影响。也就是说，涉案专利与现有设计的差别对于整体视觉效果的影响，是判断是否构成局部细微差别的核心标准。

需要强调的是，“涉案专利与现有设计的差别在整体设计中所占比例”仅仅是判断上述整体视觉效果需要考虑的一个因素，并非全部因素。在判断涉案专利与现有设计的差别对于整体视觉效果的影响时，除了“涉案专利与现有设计的差别在整体设计中所占比例”之外，还要考虑区别点所处的位置、新功能产生的整体视觉效果变化以及材质和制作工艺产生的整体视觉效果变化。

2. 具体判断因素

局部细微差别主要根据对于整体视觉效果的影响作出判断，不仅要考虑差别在整体设计中所占的比例，同时需要考虑区别点所处的位置、新功能产生的整体视觉效果变化以及材质和制作工艺产生的整体视觉效果变化。也就是说，局部细微差别的具体判断因素包括：由于产生新的功能给形状、图案和色彩造成改变，产生新的视觉效果；区别点处于视觉关注的部位；由于不同的材质和制作工艺的变化，产生新的视觉效果等，从而根据现有设计以及产品认知情况认定差别是属于对现有设计的修改，还是对产品外观设计的创新。

（1）新的功能带来的新的视觉效果

正如日本包装袋案例所示，涉案外观设计与在先设计相比，由于上部增加盖子产生新的功能，且该盖子属于容易关注的部位，从而给形状、图案和色彩造成改变，产生新的视觉效果，因此该外观设计专利申请相对于公知包装袋具有创作非容易性。需要强调的是，即使上述盖子所占比例较小，亦同样相对于公知包装袋并不构成局部细微差别。

（2）区别点处于视觉关注的部位

例如在鼠标案（即案例 49）的审查决定中指出，在一般消费者眼中，一款鼠标最基本的设计特征就是拥有左右按键和位于左右键中间的滚轮。由于滚轮是实现鼠标功能的重要组成部分，当一般消费者在观察本专利时，首先会寻找涉案专利设计的滚轮，验证滚轮所能实现的功能。上述过程必须通过视觉实现，所以尽管滚轮在整个鼠标中所占空间比例较小，然而涉案专利滚轮所在位置设计使涉案专利外观设计产生了与现有外观设计明显不同的整体视觉印象。

又如，在美国耳机套案中，涉案外观设计与在先设计的区别主要在于，在耳机套中心是否设置孔。由于上述区别点的位置在于耳机套的中心，属于观察者首先关注的部位，上述区别对于整体视觉效果影响较大。

(3) 由于不同的材质和制作工艺的变化产生新的视觉效果

如美国网球拍案所述，涉案外观设计与在先设计相比，由于采用了与在先设计不同的材质，并且采用不同的制作工艺，从而实现一体成型。由于涉案外观设计与在先设计在材质和制作工艺上的不同，使得涉案外观设计相对于在先设计产生新的视觉效果，即一体成型的视觉效果。

### (三) 局部细微差别判断的相关立法建议

将《专利审查指南（2010）》第四部分第五章第6.1节的规定，“若区别点仅在于局部细微变化，则其对整体视觉效果不足以产生显著影响，二者不具有明显区别。例如，涉案专利与对比设计均为电饭煲，区别点仅在于二者控制按钮的形状不同，且控制按钮在电饭煲中仅为一个局部细微的设计，在整体设计中所占比例很小，其变化不足以对整体视觉效果产生显著影响”修改为：

“若区别点仅在于局部细微变化，则其对整体视觉效果通常不足以产生显著影响，二者通常不具有明显区别。局部细微差别主要根据对于整体视觉效果的影响作出判断，不仅要考虑差别在整体设计中所占的比例，同时需要考虑区别点所处的位置、新功能产生的整体视觉效果变化以及材质和制作工艺产生的整体视觉效果变化。”

## 六、设计空间的判断实务

在进行外观设计是否与现有设计相同、实质相同或者具有明显区别的判断时，设计空间是经常需要加以考虑的重要因素。

设计空间的基本含义。设计空间，是指外观设计的设计者创作特定产品外观设计时的自由度。具体而言，在产品实用功能、技术条件、现有设计等因素制约下，设计师可进行设计的范围，即允许产品外观发生设计变化的设计内容。决定设计空间的主要因素为产品本身的实用功能和现有设计的状况，但对于具体的产品而言，有时还需要考虑社会因素、法律法规规定的产品设计标准等诸多因素。设计空间随着技术的发展而不断发生变化。

设计空间认定的法律属性。就设计空间的认定而言，属于一种类似于司法认知的行政认知行为，亦即，设计空间之于特定产品的一般消费者，与众所周知的事实之于一般民众，其法律地位实属相同。从而，设计空间的说明性证据与设计空间之间的关系，属于认知关系，而非证明关系。首先，就认知制度的法律渊源而言，行政认知乃至司法认知这一概念或可追溯到罗马法上“显著之事实，无须证明”，或英美法学者所普遍认为的市民法和教会法上的“已经知道的无需证明”[1]。根据《联邦证据规则》201之规定，对于属于裁判性事实范围内的（1）审判法院辖区内众所周知的事实和（2）通过借助某种其准确性不容置疑的来源而能够准确和易于确定的事实，可以进行司法认知。[2] 其次，就认知制度的内在逻辑而言，《最高人民法院关于行政诉讼证据若干问题的规定》第68条第1项和第2项规定的“众所周知的事实”和“自然规律及定理”，均属于司法认知的范畴，在行政程序中也存在类似于司法认知的行政认知，即行政机关直接认定众所周知的事实和根据无可争辩的渊源容易确定的事实，将其作为作出行政裁决的依据。[3]

设计空间的逻辑基础。在产品外观设计的设计过程中，具有两种工业设计思路：功能驱动型创新模式与设计驱动型创新模式。在功能驱动型创新模式下，首先设定产品所需要具备的功能，工业设计的设计人员需要在上述功能的限制下对外观设计进行设计。在设计驱动型创新模式下，首先由设计人员对于工业设计不受约束地加以设计，然后技术人员根据上述工业设计的设计情况实现相关功

[1] 周萃芳．司法认知论［M］．北京：中国人民公安大学出版社，2008：11－12.

[2] 罗纳德·J. 艾伦，理查德·B. 库恩斯，埃莉诺·斯威夫特．证据法——文本、问题和案例［M］．3版．张保生，王进喜，赵滢，译．北京：高等教育出版社，2006：880.

[3] 孔祥俊．审理专利商标复审行政案件适用证据规则的若干问题［J］．法律适用，2005（4）．

能。也就是说，上述功能驱动型创新模式与设计驱动型创新模式分别代表了功能优先和设计优先的设计理念。笔者认为，目前我国工业设计主要采用功能驱动型创新模式，随着我国工业设计产业的发展，未来会逐步采取功能驱动型创新模式与设计驱动型创新模式并行的方式。

设计空间的认定因素。在功能驱动型创新模式下，设计空间在认定过程中，需要考虑如下因素：实用功能和技术实现等对产品外观的限制。也就是说，在设计空间的认定中，确定产品类别之后，需要确定该类别产品所具有的实用功能，以及上述实用功能对于设计自由度的限制。

## 七、案例回顾

在“摩托车车轮”外观设计专利无效纠纷一案中，即使摩托车车轮均由轮辋、辐条、轮毂组成，且受到设定功能限制的情况下，其辐条的设计只要符合受力平衡的要求，仍可以有各种各样的形状，存在较大的设计空间。

在“汽车”外观设计专利无效纠纷一案中，该类汽车的外形轮廓受到功能的限制，故该共性设计特征对于此类汽车一般消费者视觉效果的影响比较有限。

在“鼠标”外观设计专利无效纠纷一案中，在一般消费者眼中，一款鼠标最基本的设计特征就是拥有左右按键和位于左右键中间的滚轮。由于滚轮是实现鼠标功能的重要组成部分，当一般消费者在观察涉案专利时，首先会寻找本专利设计的滚轮，验证滚轮所能实现的功能。上述过程必须通过视觉实现，所以尽管滚轮在整个鼠标中所占空间比例较小，然而涉案专利滚轮所在位置设计使涉案专利外观设计产生了与现有外观设计明显不同的整体视觉印象，即，其设计的变化对视觉效果具有显著影响，且二者正面的区域分割不同，涉案专利特有的四块区域划分设计导致二者的正面视觉效果明显不同。故涉案专利和在先设计 1、2 不相同也不相近似。

在“型材”外观设计专利无效纠纷一案中，根据对于现有设计的认知，采取近似梯形的连续凹凸设计的型材属于常规设计，在在先设计的基础上通过改变凹凸深浅和具体的梯形形状容易作出涉案专利的外观设计。

## 第二节　《专利法》第23条第3款的法律适用[1]

《专利法》第23条第3款规定：“授予专利权的外观设计不得与他人在申请日以前已经取得的合法权利相冲突。”这一条文将外观设计专利制度与其他知识产权制度乃至其他民事权利制度相连接，在实务中如何把握值得深入思考。

### 一、引言

2010年《专利法实施细则》第66条第3款规定，以不符合《专利法》第23条第3款的规定[2]为理由请求宣告外观设计专利权无效，但是未提交能够证明权利冲突的证据的，专利复审委员会不予受理。从而，专利复审委员会审理涉及权利冲突的外观设计无效案件不再以生效处理决定或者判决作为受理的前提条件。相应地，《专利审查指南（2010）》增加了关于外观设计专利权与商标权、著作权等权利冲突的原则性规定。上述这些规定成为专利复审委员会审理此类案件的依据。本部分将对实践中的相关法律适用问题进行分析研究，以期对涉及权利冲突的外观设计无效案件的审理有所帮助。

---

[1] 本节内容部分基于由笔者执笔的国家知识产权局学术委员会一般课题“外观设计权利冲突审查实务研究”的部分研究成果。另外，参见：张鹏，钱亦俊．外观设计权利冲突解决机制及其法律适用［J］．中国专利与商标，2010（2）：41－52.

[2] 《专利法》第23条第3款：授予专利权的外观设计不得与他人在申请日以前已经取得的合法权利相冲突。

## 二、审查实践及司法实践的解读

**【案例51】** 在“手提袋”外观设计专利无效纠纷一案中，专利权人王军的02367907.7号外观设计专利授权后，路易威登公司立即以该外观设计与其拥有的包括“LV”“路易威登”等驰名商标在内的多项在先商标权相冲突为由向专利复审委员会提出无效宣告请求。由于无效宣告请求人无法提供证明权利冲突的生效判决或处理决定，专利复审委员会依据当时的法律规定，最终维持该外观设计有效❶。路易威登公司遂向人民法院提起侵权诉讼。一审法院以王军的外观设计专利中的最主要的设计要素与原告的在先注册商标相同或相近似，该外观设计产品与原告的注册商标指定使用商品为同类商品，一旦投入使用足以造成消费者的误认，判定王军申请该外观设计专利的行为侵犯了原告的商标权。王军上诉后，二审法院以基本相同的理由维持了一审判决❷。

2002年《专利法实施细则》第65条第3款规定，以授予专利权的外观设计与他人在先取得的合法权利相冲突为理由请求宣告外观设计专利权无效，但是未提交生效的能够证明权利冲突的处理决定或者判决的，专利复审委员会不予受理。这一规定的本意是使专利复审委员会在对权利冲突进行认定时有充分的依据，但是，在实践中适用这一规定，实际上造成《专利法》所设置的外观设计权利冲突解决机制几乎完全无法发挥作用。从上述案例可以看出，在2002年《专利法实施细则》修改之前，即使事实上存在权利冲突，在没有生效判决或处理决定的情况下，专利复审委员会也无法作出认定，只能作出维持专利权有效的决定。本次《专利法实施细则》的修改，为外观设计权利冲突解决机制“松绑”。

---

❶ 参见国家知识产权局专利复审委员会第9273号无效宣告请求审查决定本案适用于2000年《专利法》和2002年《专利法实施细则》。

❷ 参见北京市高级人民法院（2008）高民终字第114号民事判决书、北京市第一中级人民法院（2007）一中民初字第4873号民事判决书。

**【案例52】**在“标贴”外观设计专利无效纠纷一案中，涉案专利如下图左侧所示。2010年2月1日，美国扑克牌公司（下称“无效宣告请求人”）以上述外观设计专利与其在先就“Bee”商标（如图13右侧图所示）取得并享有的注册商标专有权相冲突为由向专利复审委员会提出宣告涉案专利无效的请求。无效宣告请求人认为，以相关公众的一般注意力而言，涉案专利与其在先商标极易混淆，已构成相近似，因此涉案专利的实施将会误导相关公众并导致其产生混淆，从而损害商标所有人的相关合法权利，构成权利冲突。而专利权人则认为，涉案专利与在先商标核定使用的产品不同，不能对在先商标跨类保护，并且从“Bee”到“3cc”要进行复杂的变换，请求人关于两者容易混淆的主张具有很强的主观性，涉案专利与在先商标权不相冲突。

**图13　权利冲突案例附图**

专利复审委员会认为，对于中国境内的相关公众而言，会首先将“3cc”和“Bee”这样的外文标识认知为字母、符号的组合标志；其次，“Bee”商标本身具有较强的显著性，而涉案专利使用的“3cc”标识自身缺乏确切含义，其文字字体设计、排列和整体的表现形式也与“Bee”商标非常近似，且涉案专利还使用了蜜蜂作为背景图案。在此情况下，仅凭两个标识在呼叫和含义上的差别难以在整体上将二者明显地区分开来，在相关公众仅施以一般注意力的情况下，易于将涉案专利中的“3cc”标识与在先商标混淆，进而导致对相关产品的来源产生误认。因此，以与在先合法权利相冲突

为由宣告涉案专利无效。❶

**【案例 53】**在“冷补胶包装盒”外观设计无效纠纷一案中，涉案专利外观设计如下图第一行图片所示。无效宣告请求人提交了登记号为 2006 - F - 04607、2006 - F - 04608 的《补胎图》《操作图》的美术作品证明涉案专利与在先合法著作权相冲突。上述美术作品如图 14 第二行和第三行图片所示，其系由营标企业有限公司（中国台湾）于 1986 年 6 月 30 日完成，于 1986 年 7 月 1 日首次发表，并于 2006 年 3 月 17 日取得著作权登记证书。

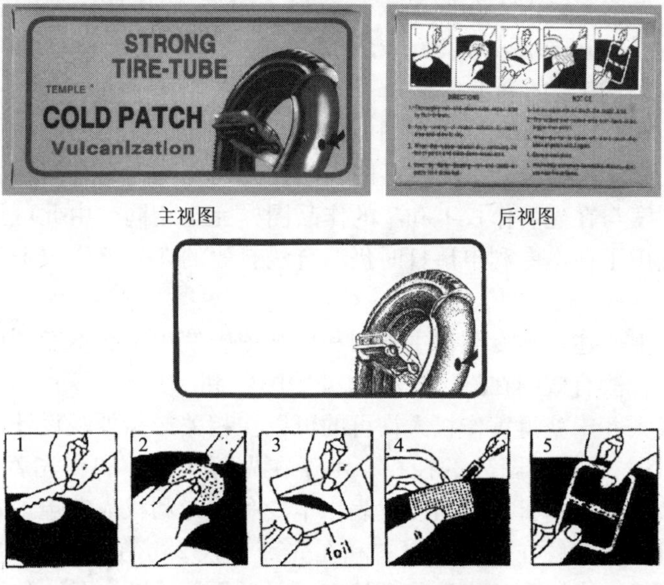


**图 14 权利冲突案例附图**

专利复审委员会认定，首先，关于在先权利合法性。专利权人并未对附件 3、4 中记载的内容真实性提出异议，也未提交证明上述事项不真实的反证，因此在无相反证据可以否认上述登记事项的

❶ 参见国家知识产权局专利复审委员会第 15330 号无效宣告请求审查决定。

真实性的情况下，合议组认定登记号为 2006 - F - 04607 的《补胎图》著作权在本专利申请日 2005 年 11 月 11 日之前已经创作产生并公开发表。

其次，请求人是否构成利害关系人。无效宣告请求人提交的附件 5 是营标企业有限公司授权请求人独占使用著作权的授权证明，根据附件 5 的授权证明，附件 3、4 所涉及的《补胎图》《操作图》的著作权人营标企业有限公司从 2003 年 4 月 1 日授权请求人在中国大陆独占使用附件 3、4 的著作权，授权期至 2036 年 12 月 31 日。由此可见本案请求人在中国大陆获得了附件 3、4 所涉及的著作权《补胎图》《操作图》的独占使用权，构成了具有著作权的《补胎图》《操作图》的利害关系人。

再次，将本专利的主视图中的轮胎图案和后视图的操作图案分别与在先著作权 1 和 2 的作品图样相比，本专利的主视图和后视图中的图案与在先著作权 1 和 2 的作品图样完全相同，由此可见本专利中使用了在本专利申请日时仍然合法有效的在先著作权 1 和 2 中的作品图样。

综上所述，本专利在主视图和后视图中使用了在本专利申请日时仍然合法有效的在先著作权《补胎图》和《操作图》；本专利的专利权人并未获得著作权人许可的可以在相关产品外观设计中使用《补胎图》《操作图》的授权；由于在先著作权 1 和在先著作权 2 已经在本案申请日之前已经发表，本专利的专利权人在申请日之前已经有可能接触在先著作权 1 和在先著作权 2 并在本专利中使用；由此可见，本专利的实施将会损害《补胎图》《操作图》的著作权人及其利害关系人对著作权应享有的权利，因此，本专利与他人在申请日前已经取得的合法有效的著作权相冲突。基于此，宣告涉案专利权全部无效。[1]

---

[1] 参见国家知识产权局专利复审委员会第 15714 号无效宣告请求审查决定。

## 三、在先合法权利冲突制度原理分析

2008年《专利法》第23条第3款规定，授予专利权的外观设计不得与他人在先取得的合法权利相冲突。关于外观设计权利冲突的概念，在学理上始终存在不同观点，概括起来有如下几种学说：侵权说、抵触说、重叠说和即发侵权说。

侵权说。“相冲突”是指与他人在先取得的合法权利相矛盾，即侵犯他人在先权利的行为。违反法律的有关规定，以侵犯他人的专有权利为前提获得外观设计专利保护，则构成权利冲突。[1][2]

抵触说。“相冲突”是指，两个或者两个以上的民事主体基于不同的法律行为和法律规定，对相同或者近似的智力成果分别获取同类或者不同类的知识产权，相互之间在享有和行使权利上产生的抵触。[3][4]

重叠说。“相冲突”是指，不同权利的权利客体彼此重叠交叉，多个权利人能够对包含相同内容的权利客体主张其权利，在行使权利时出现谁的权利优先的问题。

即发侵权说。“相冲突”是指，未经权利人许可，外观设计专利使用了在先合法权利的客体，从而导致专利权的实施将会损害在先权利人的相关合法权利或者权益。基于2008年《专利法》第66条规定了专利侵权的诉前禁令的规定，在允许诉前禁令的前提下，认定构成侵权几乎是必然后果，否则诉前禁令不具有实际意义。所以上述规定的外延可以理解为包括“即将发生的侵权”。

---

[1] 曹新明．论知识产权冲突协调原则［J］．法学研究，1999（3）：1.

[2] 孔祥俊．WTO知识产权协定及其国内适用［M］．北京：法律出版社，2002：353.

[3] 冯晓青．知识产权权利冲突及其解决原则［J］．法学论坛，2001（3）.

[4] 徐清平．论我国工业品外观设计的法律保护［C］//国家知识产权局条法司．专利法研究（2004）．北京：知识产权出版社，2005：172.

## 四、外观设计权利冲突制度的比较研究

下面对于日本、欧盟、美国、德国等国家和地区外观设计权利冲突制度加以比较介绍。

### （一）日本外观设计权利冲突制度

1921年日本外观设计法规定了申请专利权的外观设计不得与商标权相冲突，在1959年修订的《日本外观设计法》第5条规定："有与他人业务相关物品发生混淆之虞的外观设计"不能取得外观设计注册。《日本外观设计法》第26条、《日本商标法》第29条、《日本专利法》第72条中均规定：当在后取得的权利与他人在先取得的合法权利（专利权、注册外观设计权、实用新型权、注册商标权）产生冲突时，权利人、排他许可权人或非排他许可权人都不得在商业上使用该在后取得的权利。日本外观设计权利冲突制度主要适用于外观设计专利权与商标权、著作权之间的冲突。

对于在先权利是驰名商标权或著作权的情况，在后的外观设计不论与在先权利的产品种类是否相同，都可以依据日本外观设计法第5条认定二者相冲突，但在无效程序中或诉讼程序中，在先权利人需要举出大量证据证实自己的在先权利的驰名性。[1]

对于在先权利不是驰名商标权或著作权的情况，如果申请注册的相似的外观设计使用的产品与在先权利涉及的产品是同一类产品，则认定为二者权利相冲突，否则，外观设计申请不能以日本外观设计法第5条为由驳回或宣告无效[2]。

### （二）欧盟外观设计权利冲突制度

《共同体外观设计法》第25条规定，权利冲突为宣告共同体外观设计无效的法定理由。《共同体外观设计法》第84条第2款规

---

[1] 参见日本最高法院9511/1993号判决，关于00866095号注册外观设计权名称为"娃娃"的无效宣告请求案中权利冲突的认定。

[2] 某案中，263261号名称为"衬衫"的注册外观设计与在先的684246号分类在第26组印刷物类的注册商标不构成权利冲突。

定，依照权利冲突的无效理由提起诉讼或者反诉只能由该条规定的人提起该诉讼或者反诉，原告必须是在先权利人或者合法继受人。

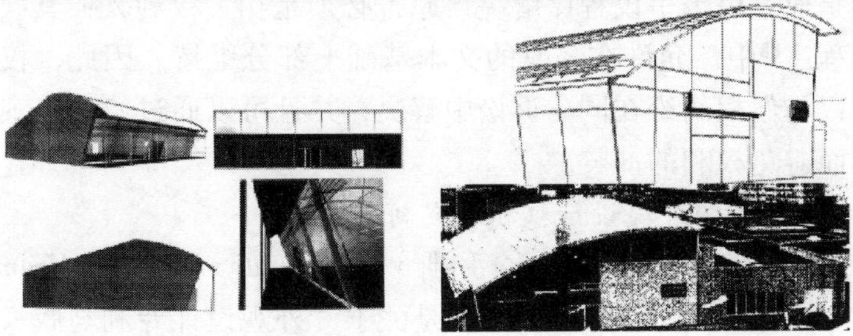

**图 15　OHIM 案例附图**

欧盟内部市场协调局（OHIM）❶ ICD000001014 号无效决定将汽车展厅的外观设计与在先作品进行对比，图 15 左侧系涉案外观设计，图 15 右侧是享有在先著作权的建筑作品。决定认定由于门的朝向及走廊的设计不同，二者相比并非实质性相似，所以并不构成与在先著作权相冲突。

（三）德国外观设计权利冲突制度

《德国外观设计法》第 34 条规定："在下列情形下可以要求同意一项外观设计注销：1. 在后外观设计中使用了一个具有识别力的标识，而该标识的权利人有权禁止该使用；2. 外观设计中包含了一项受著作权保护的作品的不允许的使用；3. 该外观设计落入了一项在先的外观设计的保护范围内，即使该在先外观设计是在在后外观设计申请日后公开的。上述请求只能由相关权利的所有人提出。"《德国外观设计法》第 10c 条第 1 款第 3 项规定，第三人可以在专利商标局请求办理一项外观设计的注销手续。其条件是："根据第三人的请求，该第三人在提出请求的同时应当提交官方证书或经官方公证的文件，其中图案或模型的注册人声明放弃注册或同意

❶ 欧盟负责外观设计注册及无效宣告请求审查的机构。

注销其图案或模型的注册。”

由此可见，对于德国外观设计权利冲突制度而言，首先，权利冲突是通过民事争议程序解决，原告必须是相关权利人；其次，在注销程序[1]中，允许在修改的文本基础上部分维持。因此，权利冲突可以与侵权纠纷在同一诉讼中解决，并且可以通过修改外观设计文本而避免权利的冲突。

（四）美国外观设计权利冲突制度

《美国专利审查程序手册》（Manual of Patent Examining Procedure，MPEP）第1512部分是关于“外观设计专利与版权、商标权之间的关系”的专门规定。

关于版权与专利权的冲突，美国MPEP明确规定：一件装饰性设计既可以作为一件艺术作品受到版权的保护，也可以作为外观设计专利的保护客体[2]。但是，含有版权的外观设计，应在说明书的开始有一个版权声明，即专利文件公开的部分包含有版权，版权持有人对任何人就专利文件的复制没有异议。有关商标权与外观设计专利权的冲突，美国MPEP规定：在一定条件下，申请中可以包含有注册商标，但是，这一使用依据联邦商标法应是合法利用（LEGAL USE）。另外，如果申请外观专利权利要求的一部分是某人在先注册的一个商标，则说明书上必须附有该商标权利人认可的声明及其签名。否则，专利申请应被驳回[3]。由此可见，美国在外观设计专利审查过程中对于是否构成权利冲突加以审查。

（五）韩国外观设计权利冲突制度

《韩国外观设计法》存在外观设计权利冲突制度。《韩国外观设计法》第6条规定：“除了第5条所规定的情况，下面的外观设计同样不允许被注册：（i）外观设计与国家的国旗、国徽、军旗、

---

[1] 类似于我国的专利无效宣告程序。

[2] 参见YARDLEY案和梅泽案。

[3] 参见MPEP 608.01（V）节。

奖章、勋章，或公共组织的标志和奖章，或外国国家的国旗、国徽，或国际组织的特征和标识相同或类似；（ii）外观设计的含义或内容违反公共秩序或道德；（iii）外观设计在与他人业务相关的产品上造成混淆；（iv）外观设计仅包括形状，且该形状仅是与物品功能相关。”

上述第三项中所规定的“在与他人业务相关的产品上造成混淆”实际上涵盖很广，包括所有可能造成权利冲突的合法权利和权益，并不仅仅局限于商标权、著作权等权利。这一条款在初审、实质审查和审判中均可适用。

另外，在《韩国外观设计法》第45条中明确规定，如果外观设计权与在先外观设计权、专利权、实用新型权、商标权、著作权相冲突，则如果不能得到在先权利人的允许，在后外观设计权人不能商业实施其外观设计，但是在后外观设计权人依据韩国外观设计法第70条请求非独占许可并被允许的除外。韩国外观设计法第70条对有关非独占许可权审判进行了规定。非独占许可权审判是韩国知识产权审判院审判业务中的一种，其设立的目的是促进合理利用在先权利、防止技术壁垒。对于有正当理由且不可避免地需要使用在先权利的情况，申请人可以依据此条款请求非独占许可权审判。

从上述内容可以看出，韩国对于权利冲突的情况设立了完整的审查审判体系，而且由于韩国知识产权局同时主管专利、实用新型、外观设计和商标业务，因此其本身有能力和权力解决大多数权利冲突问题，包括是否冲突的判断以及后续的授权、审判等程序。并且，韩国在权利冲突判定中同样遵循以下原则：权利冲突的判定不应当超出在先权利的合法权利范围。

## 五、外观设计专利权与在先合法权利冲突的判断基础

下面对于外观设计专利权与在先合法权利冲突的判断思路、判断步骤、举证责任和主体资格加以解读。

“冲突”的判断。根据《专利审查指南（2010）》第四部分第

五章规定，判断外观设计权利冲突是否成立，以外观设计专利权的行使是否将会侵犯在先权利为准，并不以外观设计专利权的行使作为前提条件，即：不考虑外观设计专利的授予是否实际上侵犯了他人的专有权利，在享有和行使权利上是否产生抵触，也不考虑是否存在不同权利的权利客体彼此重叠交叉。外观设计专利权权利冲突的判断，采用“将会发生的侵权”作为判断标准，亦即即发侵权说，较为准确客观地反映了权利冲突的立法本意，为《专利审查指南（2010）》所采用。

判断步骤。判断外观设计专利权权利冲突，通常采用下述步骤：第一，根据在先权利的相关法律规定对在先权利进行认定，并对在先权利保护客体进行客观描述；第二，根据本专利图片表示的内容，结合简要说明对本专利外观设计进行客观描述；第三，根据在先权利保护范围，将本专利相关设计与在先权利客体进行比较，基于上述比较进行分析判断，得出结论。

举证责任。请求人对于在先权利的有效性负有举证责任，专利权人对于使用在先权利客体的合法权源[1]负有举证责任。也就是说，请求人需要举证证明在先权利的有效性。

主体资格。根据《专利审查指南（2010）》第四部分第三章的规定，以授予专利权的外观设计与他人在申请日以前已经取得的合法权利相冲突为理由请求宣告专利权无效的，请求人限于在先权利人或者利害关系人。其中，在先权利人是享有在先商标权、著作权、企业名称权、知名商品特有包装或者装潢使用权等合法权利或者合法利益的民事主体。

## 六、外观设计专利权与商标权相冲突的判断

外观设计专利权与在先商标权的权利冲突是外观设计权利冲突制度中最为常见的案件类型。下面首先分析外观设计专利权与在先

---

[1] 例如，获得在先权利人许可等。

商标权权利冲突的构成要件，然后解读相同或者相近类别的判断、相同或者相似的判断，最后进一步分析为相关公众广为知晓商标的认定与保护。

（一）构成要件

以“将会发生的侵权”作为判断标准，则外观设计专利权与商标权形成权利冲突的构成要件是，该外观设计专利权一旦行使将会侵犯在先商标权。

相应地，仅当同时满足如下构成要件时，才应当认定专利权与在先商标权相冲突：（1）涉案专利产品与在先商标所使用的商品属于相同或者相近种类；（2）涉案专利中使用了与在先商标相同或者相似的设计；（3）易于造成相关公众将涉案专利设计与在先商标混淆，从而误导相关公众。其中，下述情形均构成混淆：易使相关公众认为本专利权系由商标权人所有；易使相关公众误认为本专利产品的来源与使用在先商标的商品的来源存在特定的联系。[1] 就判断主体而言，上述相关公众，是指与商标所标识的某类商品或者服务有关的消费者和与前述商品或者服务的营销有密切关系的经营者。

（二）相同或者相近类别的判断

商品/服务类别是否相同或者相近，以在商品或者服务中使用相同的商标是否会导致相关公众误认为商品或者服务来自于同一市场主体或者有某种联系的市场主体为判断标准。使用商标的商品与使用外观设计的产品种类是否相近的判断因素[2]包括：商品的功能

[1] 我国《商标法》第52条第1项并未将“混淆”作为商标侵权的构成要件，但是最高人民法院司法解释对于商标法的上述规定加以突破，明确将混淆作为商标侵权的必要条件。并且，我国司法解释和司法实践对于混淆作出广义解释，使其包含商品混淆、来源混淆和关联关系混淆，从而扩张商标权的保护范围。建议在审理外观设计专利权与商标权的权利冲突中，对于“混淆”采用关联关系混淆理论，不能扩展到联想混淆、售后混淆等。

[2] 参见《商标审理基准》《最高人民法院关于审理商标民事纠纷案件适用法律若干问题的解释》中的相关规定。

用途、商品的原材料成分、商品的销售渠道和场所、商品整体与零部件的关系、商品的生产者和消费者、消费习惯和其他因素。[1] 使用商标的服务与使用外观设计的产品种类是否相近的判断因素包括：产品与服务之间联系的密切程度、用途和通常效用上的一致性、用户上的一致性、销售渠道和销售习惯的一致性。

判断类别是否相同或者相近的步骤，第一步：确定该商标的所使用商品或者服务类别；第二步：参考产品的名称、国际外观设计分类以及产品销售时的货架分类位置，确定外观设计产品的种类；第三步：综合考虑商品的功能用途、原材料成分、销售渠道和销售场所、商品与零部件关系、商品的生产者和消费者、消费习惯等因素，主要关注是否会导致相关公众误认为商品或者服务来自于同一市场主体或者有某种联系的市场主体，判断该外观设计产品类别是否属于该商标所使用的商品或者服务的类别范围。

另外，商标分类表的地位与作用在于，以相关公众对商品或者服务的一般认识对相同/相似类别进行综合判断时，可以参考《商标注册用商品和服务国际分类表》和《类似商品和服务区分表》。

（三）相同或者相似的判断

外观设计中所使用的商业性标识与在先商标是否相同或者相似的判断，应当遵循如下规则。

第一，权利客体对比规则。仅就在先商标与外观设计中与商标权客体对应的部分进行对比，并非将在先商标与外观设计整体进行

---

[1] 参见北京市第一中级人民法院（2006）一中民初字第926号判决书。法院认定，原告在第3类商品上注册“海润”文字商标，核定使用商品范围是防皱霜、化妆剂、化妆品等。被告的“纯海水珍珠粉”“纯珍珠粉（胶囊）”和“珍珠祛皱系列”礼盒中的“纯珍珠粉”产品，成分均为纯珍珠粉，使用方式为口服，所以功能用途系医用营养品。由于医用营养品多为口服，化妆品多为外用，并且二者销售柜台亦有所区别。所以，被告商品与使用“海润”商标的化妆品是不相同且不类似种类商品。另参见北京市第一中级人民法院（2006）一中民初字第14892号判决书、国家工商行政管理总局商标评审委员会2007商标异字01933号商标异议裁定书、2007商标异字01908号商标异议裁定书、2007商标异字01922号商标异议裁定书等。

对比。例如，涉案外观设计为饮料杯，该杯体的杯盖部具有商业性标识，那么在外观设计专利权与商标权权利冲突的判断中，应当仅就在先商标与该杯盖部的商业性标识进行对比，不能将在先商标与饮料杯整体进行对比。

第二，整体观察兼顾显著部分对比规则。从商标本身的形、音、义和整体表现形式等方面，以相关公众的一般注意力为标准，进行整体观察；相同与相近似对比时，应重点考虑显著部分；显著部分通常包括文字部分（文字呼叫作用在商品流通中具有重要地位）、首字、占据主要位置和篇幅的图形等。对于该规则的运用，商标侵权与确权的审查经验以及司法经验值得借鉴。

例如，商业性标识由“手图形”和“图形化小写字母 e”构成（如图 16 所示），后者为该商标的识别主体之一，其在字母构成和外观上与异议人商标构成近似❶。可见，相同与相近似对比时，应重点考虑显著部分。

**图 16　在先商标和在后商业性标识**

商业性标识“迪仕尼奴”与在先注册的“华特迪士尼”商标均含有“迪”、“尼”字，但是两字在商标中的排列位置不同，两个商标首字亦不相同，在文字构成、呼叫方面易为消费者区分。❷首字属于显著部分。

---

❶ 国家工商行政管理总局商标评审委员会（2007）商标异字第 01925 号裁定。

❷ 参见国家工商行政管理总局商标评审委员会（2007）商标异字第 01926 号裁定。

又如，在后商业性标识“GREAT WALL 及图形”是图文组合商标，但长城图形是原告商标的主要识别部分，故在对比中亦起到主要作用。[1]

第三，单独对比规则。仅就外观设计中的商标与在先商标进行对比，不能将几个在先商标与外观设计中的商标进行组合对比。例如，涉案商标系“SHEEP 绵羊 + 图形”组合商标，被告在包装盒的不同侧面分别使用了绵羊图形、“SHEEP”和“绵羊”文字，将其分别与原告组合商标进行对比均不近似，未构成混同误认。[2] 将外观设计中的多项商标组合后与在先商标比对的观点，不应予以支持。[3]

第四，客观对比规则。客观比对外观设计相关部分与在先商标，不考虑外观设计申请人的主观恶意。

第五，结合知名度判断规则。鉴于消费者对商标的认知度很大程度上取决于商标的知名度，具有一定知名度的商标更容易出现混淆误认的可能性。[4]

（四）为相关公众广为知晓商标的认定和保护

根据《专利审查指南（2010）》第四部分第五章第 7.1 节的规定，对于在中国境内为相关公众广为知晓的注册商标，在判定权利冲突时可以适当放宽产品种类。基于“将会发生的侵权”的判断标准，首先需要确定在先商标权的保护范围，然后看在后外观设计专利权的行使是否将会侵犯在先商标权。对“在中国境内为相关公众广为知晓的注册商标”的认定，是一项事实认定，是确定在先商标

[1] 参见北京市第一中级人民法院（2007）一中民初字第 1258 号判决书。

[2] 参见北京市第一中级人民法院（1998）一中民初字第 21 号判决书。

[3] 参见北京市第一中级人民法院（2002）一中民初字第 7321 号判决书。

[4] 参见国家工商行政管理总局商标评审委员会 2007 商标异字第 01903 号商标异议裁定书，商标评审委员会认为，被异议商标“猎雕 LIEDIAO”比在先注册商标“雕”仅多一个汉字，鉴于引证商标具有一定知名度，被异议商标的注册和使用容易使消费者发生混淆、误认。

权的保护范围的必需环节。

在无效程序中，专利复审委员会在当事人主张并且举证的情况下，以涉案专利申请日为判断的时间基准判断在先商标是否构成在中国境内为相关公众广为知晓的注册商标，从而判断是否应当适当放宽产品种类进行比对。判断是否构成在中国境内为相关公众广为知晓的注册商标，主要考虑如下因素：相关公众对该商标的知晓程度、该商标使用的持续时间、该商标宣传的持续时间以及地理范围、该商标作为驰名商标受到保护的记录等。专利复审委员会应当根据当事人提供的销售类证据材料、宣传类证据材料、使用与保护类证据材料等加以认定。

回顾第一部分提到的 LV 案，如果商标权利人路易威登公司在 2010 年 2 月 1 日之后提出无效宣告请求并且主体适格，那么鉴于争议外观设计专利在相同、相近产品种类上使用了与在先商标相似的商业性标识“LV”“路易威登”等，构成与在先商标权的权利冲突，适用 2010 年《专利法实施细则》以及《专利审查指南（2010）》的规定，可以认定权利冲突成立，从而宣告外观设计专利权无效。

## 七、外观设计专利权与著作权冲突判断

外观设计专利权与著作权相冲突的判断，需要首先判断在先著作权的合法性，然后判断是否与在先著作权构成冲突。外观设计专利权与著作权的权利冲突的认定，采用如下步骤：（1）判断专利权人是否获得在先权利人的许可；（2）如果未经许可，判断专利权人是否接触或者可能接触过作品；（3）如果能够证明专利权人接触或者可能接触过作品，那么判断在先作品与外观设计相关部分是否相同或者实质性相似。

### （一）在先著作权的合法性

在先著作权合法性的判断，包括主体合法性和客体合法性。

首先，就主体合法性而言，作者和其他根据法律规定能够享有著作权的公民、法人和其他组织是著作权主体。如无相反证明，在作品上署名的公民、法人或者其他组织视为作者。[1] 在先享有著作权的事实可由下列证据材料予以证明：著作权登记证书、在先公开发表该作品的证据、在先创作完成该作品的证据，或者通过继承、转让等方式取得著作权的证据等。对生效裁判文书中确认的当事人在先享有著作权的事实，在没有相反证据足以推翻的情况下，应当予以认可。

其次，就客体合法性而言，作品成为著作权客体的条件在于具备独创性，与专利法规定的新颖性不同，著作权法要求的独创性，仅仅要求作者独立完成而非抄袭。有证据证明涉案专利确系专利权人独立创作完成的，即使涉案专利与享有在先著作权的作品构成实质性相似，也不应当认定为二者权利相冲突。

（二）权利冲突的判断

基于“将会发生的侵权”的判断标准，判断外观设计专利权与著作权冲突，应当采用“接触＋实质性相似”的判断标准。其中，接触，是指有接触作为著作权客体的作品的可能性，例如，作品已经在涉案专利申请日之前展示过。需要指出的是，从平面到立体/从立体到平面仍然可以构成实质性相似。[2]

## 八、外观设计专利权与企业名称权相冲突的判断

外观设计专利权与企业名称权冲突的构成要件是，外观设计中

[1] 参见北京市第一中级人民法院（2006）一中民初字第1497号判决。法院认为，美术作品《蔡官》由原告独立创作完成，并在作品上署名，原告依法享有著作权。另见（2005）一中民初字第5761号判决书，法院认为，《论我国的逻辑教学》等三篇作品署名均为“王路”，在没有相反证据的情况下，应认定上述作品的作者均为王路。

[2] 参见北京市第一中级人民法院（2000）一中知终字第185号判决书。其中认为，北京国际汽车展所设展位侵犯其设计的展位图纸。将平面艺术作品制作成立体的建筑造型并予以再现，属于复制。将建筑作品等立体作品转化为平面设计作品的行为在可以证明唯一对应关系的情况下，亦构成实质性相似。

所涉及的企业名称与在先企业名称权客体构成混淆误认。[1] 判断外观设计上的文字是否构成与他人企业名称混淆，需要考量商业活动习惯，应从消费者或者相关市场需求者的角度，而非从经营者自身角度考虑。在判断中，主要考虑经营场所、消费对象、经营渠道等因素。

## 九、外观设计专利权与知名商品特有名称、包装或者装潢使用权相冲突的判断

外观设计专利权与知名商品特有名称、包装或者装潢使用权冲突的构成要件为：（1）涉及商品是知名商品。认定知名商品通常应当综合考虑商品销售持续的时间、地域范围、相关商品广告的投入及地域、相关公众对商品的知晓程度以及作为知名商品受保护的情况[2]；（2）涉及的内容是该商品特有的名称、包装、装潢。认定中主要考虑该名称、包装、装潢能否体现商品来源[3]；（3）外观设计相关部分与知名商品特有名称、包装、装潢近似，使得一般购买者混淆误认。主要根据主要部分和整体印象是否构成相同或者近似，一般购买者施以普通注意力是否会发生误认等情况综合分析认定。

## 十、外观设计专利权与其他合法权利、权益相冲突的判断

《专利审查指南（2010）》第四部分第五章第7节规定："合法权利，是指依照中华人民共和国法律享有并且在涉案专利申请日仍然有效的权利或者权益。包括商标权、著作权、企业名称权（包括

[1] 参见北京市第一中级人民法院（2006）一中民初字第1865号判决书、北京市高级人民法院（2002）高民终字第441号判决书。

[2] 参见北京市第一中级人民法院（2003）一中民初字第8895号判决对于"《高等数学》"的认定。

[3] 参见北京市第一中级人民法院（2003）一中民初字第7908号判决对于"小肥羊"的认定。

商号权）、肖像权以及知名商品特有包装或者装潢使用权等。”《侵权责任法》第2条规定：“侵害民事权益，应当依照本法承担侵权责任。本法所称民事权益，包括生命权、健康权、姓名权、名誉权、荣誉权、肖像权、隐私权、婚姻自主权、监护权、所有权、用益物权、担保物权、著作权、专利权、商标专用权、发现权、股权、继承权等人身、财产权益。”据此，《侵权责任法》对民事权利和民事利益在保护程度和侵权构成要件上没有作出区分[1]，从而构成与外观设计专利权相冲突的在先权利包括权利和利益。

下面以肖像权以及相关合法利益的区分为例加以探讨。

外观设计专利权与肖像权构成权利冲突是指，未经权利人许可，外观设计专利中含有与专利权人以外的在世自然人肖像相同或近似的肖像，该专利的实施将会导致消费者混淆误认。近似，是指涉案专利中的他人肖像与他人的主要形象特征相同，在社会公众的认知中指向该肖像权人。由于自然人的民事权利能力始于出生、终于死亡[2]，所以只有在世自然人才具有享有民事权利的资格，故外观设计专利权与肖像权的冲突限于在世自然人所享有的肖像权。

对于外观设计专利中含有与专利权人以外的过世自然人肖像相同或近似的肖像的情形，如果涉案专利的实施将会导致消费者混淆误认，从而涉案专利权的行使将会构成对于过世自然人遗族利益的侵犯，可以以与过世自然人遗族的合法利益冲突为由宣告专利权无效。

## 十一、案例回顾

在“手提袋”外观设计专利无效纠纷一案中，如果商标权利人路易威登公司在2010年2月1日之后提出无效宣告请求并且主体

[1] 全国人大常委会法制工作委员会民法室．《中华人民共和国侵权责任法》条文说明、立法理由及相关规定［C］．2010：4－9．

[2] 《民法通则》第9条规定，公民从出生时起到死亡时止，具有民事权利能力，依法享有民事权利，承担民事义务。

适格，那么鉴于争议外观设计专利在相同、相近种类产品上使用了与在先商标相似的商业性标识“LV”“路易威登”等，构成与在先商标权的权利冲突，适用2010年《专利法实施细则》以及《专利审查指南（2010）》的规定，可以认定权利冲突成立，从而宣告外观设计专利权无效。

在“标贴”外观设计专利无效纠纷一案中，仅凭两个标识在呼叫和含义上的差别难以在整体上将二者明显地区分开来，在相关公众仅施以一般注意力的情况下，易于将涉案专利中的“3cc”标识与在先商标混淆，进而导致对相关产品的来源产生误认。因此，涉案外观设计专利与在先合法权利构成权利冲突。

在“冷补胶包装盒”外观设计无效纠纷一案中，涉案专利在主视图和后视图中使用了在涉案专利申请日时仍然合法有效的在先著作权《补胎图》和《操作图》；涉案专利的专利权人并未获得著作权人许可的可以在相关产品外观设计中使用《补胎图》《操作图》的授权；由于在先著作权1和在先著作权2在涉案专利申请日之前已经发表，专利权人在申请日之前已经有可能接触在先著作权1和在先著作权2并在涉案专利中使用；由此可见，涉案专利的实施将会损害《补胎图》《操作图》的著作权人及其利害关系人对著作权应享有的权利，因此，涉案专利与他人在申请日前已经取得的合法有效的著作权相冲突。

## 第三节 外观设计合案申请制度的法律适用

外观设计合案申请制度是我国《专利法》第三次修改中创造性地创设的一项法律制度，通过单一性例外的方式解决同一申请人在同一申请日就多项相似外观设计请求保护的问题。

## 一、引言

《专利法》第 31 条第 2 款规定："一件外观设计专利申请应当限于一项外观设计。同一产品两项以上的相似外观设计，或者用于同一类别并且成套出售或者使用的产品的两项以上外观设计，可以作为一件申请提出。"下面讨论上述规定的缘起以及法律适用。

## 二、审查实践及司法实践的解读

**【案例 54】** 在"染色机"一案中，信达公司以"染色机（J）""染色机（K）""染色机（L）""染色机（M）""染色机（N）"五项外观设计专利不符合《专利法》第 23 条和《专利法实施细则》第 13 条第 1 款的规定为由，向专利复审委员会提出无效宣告请求。无效决定认为窗口数量相近的外观设计专利相互近似，在专利权人未选择放弃本专利或对比专利的情况下，属于重复授权，宣告本专利无效。

北京市第一中级人民法院一审判决认为，2002 年《专利法实施细则》第 13 条第 1 款规定，同样的发明创造只能被授予一项专利。《审查指南（2006）》第一部分第三章第 4. 5. 1 节规定，同样的外观设计是指两项外观设计相同或者相近似。这一规定完全符合 2002 年《专利法实施细则》第 13 条第 1 款的立法目的。科万公司关于同样的外观设计只是指相同的外观设计的主张，是对专利法的曲解，不符合上述立法宗旨。维持被诉决定。

北京市高级人民法院二审判决认为，对于外观设计而言，《审查指南（2006）》规定"同样的外观设计是指两项外观设计相同或者相近似"。当不同主体就同一产品申请两项以上相近似的外观设计，以及同一主体先后就同一产品申请两项以上相近似的外观设计时，《审查指南（2006）》的上述规定并无不妥。但是同一主体就相同产品同日申请了两项以上相近似的外观设计时，则《审查指南（2006）》的上述规定明显与专利法及其实施细则的立法本意不符。

这种情况下，“同样的外观设计”仅应解释为外观设计相同，而不应包括相近似的情况。

经专利复审委员会申诉，最高人民法院提审此案。最高人民法院认为，2002 年《专利法实施细则》第 13 条第 1 款系关于禁止重复授权的规定，即：同样的发明创造只能被授予一项专利。就外观设计而言，为防止外观设计专利权之间的相互冲突，无论是相同的外观设计，还是相近似的外观设计，也不论是否为同一申请人，均应按照上述行政法规的规定授予一项专利权。在本案中，二审判决关于同一主体同日就相同产品申请两项以上近似的外观设计不适用 2002 年《专利法实施细则》第 13 条的认定，没有现行法律的依据。专利复审委员会被诉决定依据 2002 年《专利法实施细则》及《审查指南（2006）》的相关规定，将同样的外观设计解释为两项外观设计相同或者相近似，并无不当。[1]

### 三、外观设计重复授权制度与合案申请制度的演进

在《专利法》第三次修改之前，外观设计重复授权制度的适用如下表所示。外观设计重复授权制度的适用中，同样的发明创造，对于外观设计而言包括外观设计相同和相近似，而同一专利权人的具有相同或者不同申请日的两项专利权，不同专利权人的具有相同或者不同申请日的两项专利权均适用相同和相近似的判断标准。具体适用如表 3 所示。

《专利法》第三次修改通过引入同一产品两项以上的相似外观设计合案申请制度解决上述问题。2010 年《专利法》第 31 条第 2 款规定，一件外观设计专利申请应当限于一项外观设计。同一产品两项以上的相似外观设计，或者用于同一类别并且成套出售或者使

---

[1] 参见专利复审委员会第 7858、7859、7861、7862 号无效宣告请求审查决定以及北京市第一中级人民法院（2006）一中行初字第 540、541、542、543 号行政判决书，北京市高级人民法院（2006）高行终字第 469、470、471、472 号行政判决书和最高人民法院（2008）行提字第 4、5、6、7 号行政判决书。

用的产品的两项以上外观设计，可以作为一件申请提出。

**表3 《专利法》《专利法实施细则》修改前的审查实践**

| 法　条 | 制度涵义 | 适用情形 | 适用标准 |
| --- | --- | --- | --- |
| 《专利法》第9条、《专利法实施细则》第13条 | 禁止重复授权 | 同一专利权人的具有相同或者不同申请日的两项专利权，不同专利权人的具有相同或者不同申请日的两项专利权 | 同样的发明创造，对于外观设计而言包括外观设计相同和相近似 |

对于合案申请制度中相似的判断标准，与“相同”“实质相同”和“明显区别”的判断标准没有直接逻辑关系。根据《专利审查指南（2010）》第一部分第五章的规定，经整体观察，如果其他外观设计和基本外观设计具有相同或者相似的设计特征，并且二者之间的区别点在于局部细微变化、该类产品的惯常设计、设计单元重复排列或者仅色彩要素的变化等情形，则通常认为二者属于相似的外观设计。也就是说，区别点在于局部细微变化、该类产品的惯常设计、设计单元重复排列或者仅色彩要素的变化这四种情形属于明显相似的外观设计，除此之外的其他情形是否构成相似，需要根据相同或者相似的设计特征以及整体设计风格综合判断。如表4所示。

**表4 修改后的重复授权制度**

| | | | |
| --- | --- | --- | --- |
| 《专利法》第9条 | 禁止重复授权 | 同一专利权人或者不同专利权人具有相同申请日的两项专利权 | 相同、实质相同 |
| 《专利法》第23条第1款 | 不属于现有设计 | 与现有设计对比 | 相同、实质相同 |
| | 抵触申请 | 与任何单位或者个人在申请日之前申请并在申请日后公告的设计对比（亦即，同一专利权人或者不同专利权人具有不同申请日的两项专利权） | 相同、实质相同 |

### 四、案例回顾

在“染色机”一案中，如果该案件适用2010年《专利法》，那么专利申请人可以采用外观设计合案申请的方式对于上述外观设计加以保护。

## 第四节　实用新型创造性的判断

《专利法》第22条第3款规定：“创造性，是指与现有技术相比，该发明具有突出的实质性特点和显著的进步，该实用新型具有实质性特点和进步。”

### 一、引言

专利法对于实用新型专利创造性的要求低于专利法对于发明专利创造性的要求。然而，根据《专利审查指南（2010）》的规定，两者在创造性判断标准上的不同，主要体现在现有技术中是否存在“技术启示”。在判断现有技术中是否存在技术启示时，发明专利与实用新型专利存在区别，这种区别体现在下述技术领域和现有技术的数量方面。在审查实践和司法实践中，如何把握上述技术启示的高度，值得深入思考。

### 二、审查实践及司法实践的解读

**【案例55】**在“胶带纸包装结构”实用新型专利无效纠纷一案中，涉案专利权利要求1的内容为：“一种胶带纸包装结构，使用伸缩膜包装，其特征在于：多卷胶带纸整体叠放包装于伸缩膜内，除位于两端的胶带纸外，每两卷胶带纸之间具有伸缩膜形成的皱褶，该皱褶的轴向长度近似等于胶带纸卷环的径向厚度，位于两端的胶带纸卷的外端面被伸缩膜紧缩包覆。”针对上述实用新型专利权，无效宣告请求人向专利复审委员会提出无效宣告请求并提交

US4020617 美国专利说明书复印件及其中文译文（以下简称“附件1”）作为证据。附件1公开了一种热包装机，其中的图1、2及中文译文第3页第2段公开了一种胶带纸包装结构，披露了如下技术特征：使用伸缩膜来包装胶带卷，多卷胶带纸整体叠放包装于伸缩膜内，除位于两端的胶带纸外，每两卷胶带纸之间具有伸缩膜形成的皱褶。另外，从图4也可以看出，伸缩膜延伸到端部的胶带纸卷之外。

专利权人主张，该专利涉及一种胶带纸包装结构，而附件1涉及一种热收缩包装机，二者属于不同的技术领域，因此附件1不能破坏本专利的创造性。

专利复审委员会认为，虽然附件1主要涉及一种热收缩包装机，但该包装机的最终成品也是一种胶带纸包装结构，不存在技术领域不同的问题。附件1中的图1、2及中文译文第3页第2自然段公开了一种胶带纸包装结构，使用伸缩膜包装，多卷胶带纸整体叠放包装于伸缩膜内，除位于两端的胶带纸外，每两卷胶带纸之间具有伸缩膜形成的皱褶。从图4可以看出，伸缩膜延伸到端部的胶带纸卷之外，可以推知在离开热收缩炉后，位于两端的胶带纸卷的外端面被伸缩膜紧缩包覆，并且根据一般生活常识，该结构是使这类包装不会散开所必不可少的。与权利要求1相比，附件1没有公开权利要求1中“该皱褶的轴向长度近似等于胶带纸卷环的径向厚度”这一技术特征。但是根据附件1的背景技术部分及中文译文第3页第9~10行的描述，附件1所公开的包装结构是为了防止胶带卷粘在一起，本领域普通技术人员在此基础上很容易想到这一区别技术特征，故权利要求1不具有创造性。一审判决和二审判决均维持上述无效决定。[1]

---

[1] 参见国家知识产权局专利复审委员会第8161号无效宣告请求审查决定以及北京市第一中级人民法院（2006）一中行初字第804号行政判决书和北京市高级人民法院（2007）高行终字第73号行政判决书。

**【案例 56】** 在“裁剪机磨刀机构中斜齿轮组的保油装置”实用新型专利无效纠纷一案中，权利要求 1 请求保护一种裁剪机磨刀机构中的斜齿轮组的保油装置，包括如下技术特征：在斜齿轮位置（2）和中间齿轮位置（3）的周围位置设有挡油围壁（4）；围壁（4）上留有供其内的中间齿轮与其外的传动齿轮啮合的缺口。附件 5－1 公开了绕线机中的齿轮润滑部分，其中具体公开了如下技术内容：抛油环 160 通过与齿轮 146 匹配驱动，并且通过护罩 200 封闭，其限定了从机油箱 162 获得润滑剂并且反映了润滑剂旋转式喷洒齿轮 146 以及 150，并且因此向上移动。专利复审委员会认为，权利要求 1 的技术方案与附件 5－1 的区别在于，权利要求 1 的技术方案针对裁剪机磨刀机构，附件 5－1 技术方案的应用环境是绕线机；权利要求 1 的技术方案中中间齿轮与外部的传动齿轮啮合，附件 5－1 技术方案中的齿轮 146 与带有螺纹的传动螺杆配合工作。鉴于蜗轮蜗杆传动、圆柱齿轮传动、斜齿轮传动、圆锥齿轮传动等方式均是所述领域的惯用技术手段，裁剪机磨刀机构和绕线机均是机械设备，二者均涉及齿轮组保油润滑的问题。因此，权利要求 1 相对于附件 5－1 而言不具备创造性。

专利权人不服上述无效决定，其认为附件 5－1 与该专利不属于相近或者相关的技术领域。北京市第一中级人民法院认为，本专利和附件 5－1 均是机械设备，均涉及齿轮组保油润滑的问题，即两者都可以解决相同的技术问题，因此属于相同或者相近的技术领域。❶

**【案例 57】** 在“一种在建筑面层下形成空隙的塑料模板”实用新型专利无效纠纷一案中，涉案专利权利要求为：

“1. 一种在建筑面层下形成空隙的模板，其特征是：在塑料薄片上规则排列着柱孔和凹槽。

---

❶ 参见国家知识产权局专利复审委员会第 13216 号无效宣告请求审查决定以及北京市第一中级人民法院（2009）一中行初字第 1326 号行政判决书。

2. 如权利要求1所述的塑料模板，其特征是：柱孔上口与平面转角部位呈圆弧型。”

无效宣告请求人提交的对比文件1为US4840515号美国专利说明书及其中文译文。译文的“文摘”部分载明：“这是一种通过阻隔表面之下的液体流动来保护建筑物结构的地下排水组合，它是由一层基础构件组成的，该构件上具有平行的第一（正面）和第二层（反面）平坦的表面，有规律隔开的不连续的截头圆锥体的突台从第一层平坦的表面向外突出，形成了相互交叉的排水沟层，使得侧面的和垂直方向的流体得以连续地流动和排出；第二层（反面）平坦的表面被粘合到受保护建筑物的表面上，过滤煤质由该突台支撑，以保持一个充分牢固的表面，该表面（在交叉的排水沟槽上）不会妨碍流体的流动。……本发明提出了一种轻薄平板层面，这层平板（物质）上具有一些有规律地隔开的、不连续的截头圆锥体突台（构件），它们从排列过滤器构件处向外突出。这层材料上没有突台（构件）的一侧是平整的，因此很容易将其与受保护结构的表面粘合起来。在突台（构件）一侧的那个层面也是平整的，流体可以在突台（构件）之间进行连续的流动，接近于层流。在安装期间，各个层面之间的接缝可以采用连锁的方式来进行。”

专利复审委员会认为，在对比文件1的启示下结合本领域公知常识得出权利要求1的技术方案，对本领域技术人员来说是显而易见的，因此权利要求1不具备《专利法》第22条第3款规定的创造性。权利要求2的附件技术特征为“柱孔上口与平面转角部位呈圆弧型”，从对比文件1中的附图4中可以清楚地看到柱孔上口与基础底板22的平面转角部位呈圆弧形，同时在对比文件1中的附图1A中也可以得出上述技术特征，并且其所起作用与在本专利中所起作用相同。因此，在其引用的权利要求1不具备创造性的情况下，从属权利要求2也不具备《专利法》第22条第3款规定的创造性。

专利权人不服上述无效宣告请求审查决定，主张本专利与对比文件 1 所属的技术领域不同，解决的技术问题和施工方法均不同，而专利复审委员会认定两者属于相同的技术领域是错误的。

北京市第一中级人民法院和北京市高级人民法院均认为，《国际专利分类表》是为了便于检索及系统地向公众公布或公告专利文献，并非区分是否属于相同技术领域的唯一依据。对比文件与本专利是否属于相同或相近的技术领域，应当从两者的技术方案、技术启示以及所能解决的技术问题等方面综合判断是否属于相同的技术领域。本专利说明书载明，本专利可以作为建筑物面层的底模，实现排水、隔热、穿线等功能。对比文件 1 公开了一种建筑物地下排水系统。两者虽然在《国际专利分类表》最低分类位置不同，但两者应用的领域均包括地下排水，均解决与排水有关的技术问题。因此，专利权人关于本专利与对比文件 1 不属于相同技术领域的主张无事实及法律依据，对此，法院不予支持。

**【案例 58】**在“电子发音书装置”实用新型专利无效纠纷一案中，涉案专利权利要求 1 为：

“一种电子发音书装置，它包括一盒体，盒体内装设有由中央处理模块、存储单元、语音处理单元及电源单元所组成的数据处理电路；所述语音处理单元包括 D/A 转换电路、功率放大电路及安装在盒体内的扬声器；中央处理模块通过总线分别与语音处理单元、存储单元连接；所述电源单元包括容纳电池的电池盒、整流电路及设置在盒体上的电源插孔、电源开关及设置在盒体背面的电池盒盖，其特征在于：它还包括感应信号发射笔、语音数据存储器及语言教材；

所述盒体上表面内侧布设有电子感应坐标阵列，其表面设有控制按键阵列，在盒体内还设有与电子感应坐标阵列、控制按键阵列连接的信号采集模块及放大整形模块；所述信号采集模块的输出端连接放大整形模块输入端；放大整形模块的输出连接中央处理模块；所述盒体表面设有与所述总线连接的数据接口；所述感应信号发射笔为一柱状中空壳体，该中空壳体内一端设有无线信号发射线圈，其中部设有与无线信号发射线圈连接的发射电路，其另一端内设有与发射电路连接的电池，或者设置有伸出该中空壳体的导线，该导线将发射电路的电源端与所述电源单元中设置的电源输出口连接；中空壳体表面还设有与发射电路连接的电源开关；

所述语音数据存储器上设有能够与所述数据接口对应插接的插口，该语音数据存储器中储存有与所述语言教材内容相对应的语音数据；所述语言教材在使用中铺设在盒体的上表面。”

针对无效宣告请求人提出的无效宣告请求，专利复审委员会认为，该专利和证据1.4相比，其区别在于：（1）证据1.4是由第一天线元件发射信号，由探测笔接收信号并通过导线将该信号传送给处理器，而本专利中是由感应信号发射笔发射信号，由电子感应坐标阵列感应信号；（2）证据1.4中未公开本专利中的D/A转换电路、功率放大电路的语音处理单元；（3）证据1.4未公开本专利中的整流电路以及设置在盒体上的电源插孔电源单元；（4）证据1.4未公开本专利中在盒体表面上设置与控制按键阵列连接的信号采集模块。其中，上述区别技术特征（1）在证据1.7中得以公开。就上述区别技术特征（2）~（4）而言，在语音处理部分中，具体适用D/A转换电路、功率放大电路以实现信号的数模转换以及对其进行放大从而提高语音质量的做法属于本领域的常用技术手段；在电源单元中具体使用整流电路以及在电子发音书中设置多个控制按键用来进行功能选择并将这些控制按键阵列与作为信号采集的相应设备相连也属于本领域的常用技术手段。北京市第一中级人民法院在一审判决中维持上述无效宣告请求审查决定。

北京市高级人民法院二审判决撤销上述决定，主要理由在于，该专利属于实用新型专利，涉及包含中央处理模块、存储单元、语音处理单元以及电源单元所组成的数据处理电路以及感应信号发射笔、语音数据存储器及语言教材组成的完整的技术方案。专利复审委员会适用证据1.4、证据1.7以及三篇公知常识共5篇对比文件宣告实用新型专利权无效，标准过于严格，不符合《专利审查指南

(2010)》有关实用新型创造性判断的基本原则。[1]

【案例59】在“闪存盘手表”实用新型专利无效纠纷一案中，权利要求1的内容为：“一种闪存盘手表，包括机芯、字面、指针和表壳，表壳是由底盖、壳身、圈口和玻璃表面组成，其特征是：在表壳内设有闪存盘，闪存盘位于机芯下方，闪存盘的USB接口镶嵌在表壳的侧端。”

无效宣告请求人提交的证据中，附件1公开了一种手表式MP3随身听，可实现时间显示、MP3播放以及内置闪存盘，该闪存盘可以作为微型的移动硬盘使用，第53页公开了在机身的右侧设置USB接口，其上用黄色橡胶盖保护，起防尘作用；附件2公开了一种能无线地访问信息并装备着交互式用户接口的可戴部件、器具(手表)，该手表能够通过无线通信机制从附属附件接受信息，其内置闪存盘；附件3公开了一种个人化产品的更新方法与装置，其中记载了该个人化产品可以为手表，其中的可烧录存储器可为闪存盘；附件4公开了一种荧幕轻触式电子计算手表，其中带有闪存盘。

专利复审委员会认为，从本案专利说明书和权利要求书可以看出，本案专利的闪存盘手表，其中的表依然实现常规的计时功能，闪存盘也仍单独以存储器的方式工作，其总的技术效果是两组合部分效果之总和，二者间无功能上相互作用关系，与《专利审查指南(2010)》所列举的电子表笔的实例完全对应。况且，在精准表业公司提交的附件1、2、3中已经给出了这种将计时功能的表与存储功能的闪存盘组合成一个新产品的技术启示，并且，附件2还公开了将闪存盘组合在手表中的技术方案，该手表的外形、尺寸与传统的手表相同。因此，本案专利权利要求1不具备实质性特点和进

[1] 参见国家知识产权局专利复审委员会第8161号无效宣告请求审查决定以及北京市第一中级人民法院（2009）一中行初字第1655号行政判决书和北京市高级人民法院（2010）高行终字第686号行政判决书。

步，因而不具备创造性。

北京市第一中级人民法院和北京市高级人民法院认为，本案专利为组合性实用新型专利，在对其创造性审查原则和标准没有专门法律规定的情况下，《审查指南（2001）》第四部分第六章第2节规定，可以参考本指南第二部分第四章有关发明创造性的审查原则、审查基准以及不同类型发明的创造性判断的规定。因此，专利复审委员会参照《审查指南（2001）》的相关规定对本案专利的创造性进行评价，程序合法。专利复审委员会在对本案实用新型专利创造性进行审查时，事实上也仅仅是参照了发明专利创造性的审查原则，并未从发明专利创造性的高度评价本案实用新型专利的创造性。根据《专利审查指南》第二部分第四章第4节的规定，组合发明，是指将某些技术方案进行组合，构成一项新的技术解决方案，以解决现有技术客观存在的技术问题。如果组合的各技术特征，在功能上彼此相互支持，并取得了新的技术效果，或者说组合后的技术效果比每个技术特征效果的总和更优越，这种组合具有突出的实质性特点和显著的进步，发明具备创造性。在无效程序中对现有技术的选择，首先是确认其与被请求宣告无效的专利技术是否为同一或相近、相关技术领域，然后是分析已有技术中是否存在能够给予被请求宣告无效的专利技术相关的技术启示。就本案专利而言，其将闪存盘与手表的组合，在精准表业公司提交的几份对比文件（即附件1~4）所公开的技术方案中均已有技术启示。万宝表业厂强调的其将手表和闪存盘两个不同技术领域的技术组合在一起，对该行业的普通技术人员来说是很难想到和做到的，这已经表明了本案专利的创造性。但是，本案专利的这种组合并未在功能上发生相互支持、补充作用，手表和闪存盘仍旧还是各自具有自身原有的单一功能，并无二者组合后的新的技术效果，仅仅解决了携带方便、有利于保管的问题。与已有技术相比，本案专利没有实质性特点和进步。万宝表业厂用本案专利同类产品已经获得了商业成功来证明本案专利具有创造性，但是，就本案专利而言，显然其卖点在于将手表与闪存盘合二为一的组合，小巧而便于携带和保管，并非在于手表和闪存盘组合后具有新的使用功能和更优越的技术效果。万宝表业厂提交的有关此主张的证据，不能证明本案专利具有创造性。❶

**【案例60】**在“塑管砂炮”实用新型专利无效纠纷一案中，权利要求1的内容为，“1. 一种塑管砂炮，它是由壳体（1）和置于壳体内的药砂（2）组成，其特征在于：

A. 所述的壳体（1）为具有颜色的筒状塑料管，所述的塑料管壁厚0.1mm～0.2mm，管截面直径为4mm～8mm，管长为17mm～60mm，所述的具有颜色的筒状塑料管包括红色塑料管、绿色塑料管、白色塑料管、蓝色塑料管、黄色塑料管和紫色塑料管；

B. 所述的塑料管壳体（1）两端面为石膏粉堵头（3）。”

无效宣告请求人提交的在先公开的专利附件1公开了一种砂炮，该说明书中记载了如下技术特征：“砂炮由壳体和置于壳体内的药砂组成，所述壳体呈筒状，筒状壳体的下底面由底板封闭，上底面由封口剂填塞封闭”，“这种筒状的壳体可以设计成便于裁制的长管”，“长管可以大批量机械化卷制和塑制”。

该专利与附件1的技术方案相比，具有如下区别技术特征：（1）该专利的砂炮壳体具有各种颜色，并且该专利规定了砂炮壳体的具体尺寸；（2）该专利的砂炮壳体两端面的堵头明确说明是石膏粉。无效宣告请求人提交的在先公开专利附件2公开了一种“鞭炮湿法生产工艺”，其中记载了在炮筒筒体两端用封口粉封塞的方法，其中使用的封口粉以烧石膏为主要原料。

专利复审委员会认为，用作砂炮壳体塑管的颜色不属于实用新型创造性判断应当考虑的内容，而权利要求1对塑管具体尺寸的限

---

❶ 参见国家知识产权局专利复审委员会第6286号无效宣告请求审查决定、北京市第一中级人民法院（2004）一中行初字第951号行政判决书和北京市高级人民法院（2005）高行终字第234号行政判决书。

定仅仅是在现有技术所包含范围中的一种选择，这种选择完全可以根据使用者对壳体装药量的需要来确定，并未产生任何预料不到的技术效果。而且该专利说明书中也没有关于选择权利要求 1 所限定的、具有一定装药容量范围的塑料壳体会产生意想不到的技术效果的阐述。而用石膏粉作为砂炮壳体封口剂的成分，已经被附件 2 公开，同时选择石膏粉作为封口剂并用其代替壳体底板封口是鞭炮行业的惯用手段，属于公知常识，而且石膏粉的采用并没有带来产品在形状、构造或者其结合上发生变化。根据附件 1 结合附件 2 和公知常识获得权利要求 1 要求保护的技术方案，对于本领域的普通技术人员而言是显而易见的，不存在任何技术上的困难，无需付出创造性的劳动，而且并未带来预料不到的技术效果。因而该专利权利要求 1 的技术方案不具有实质性特点和进步，不具备创造性。❶

### 三、实用新型专利创造性判断的比较研究

日本实用新型专利创造性的立法例与法律实践。在日本，发明的创造性需要以本领域普通技术人员不“容易”想到为条件，而实用新型的创造性则以本领域普通技术人员不是“极其容易”想到为条件。日本曾经将公知文献分为外国刊物和国内刊物，实用新型的创造性评价仅能引用国内刊物。但是，这一标准现在已经废止。日本将实用新型的技术领域分为直接所属领域（下称“直接领域”）和间接所属领域（下称“间接领域”），在直接领域中有新颖性，但在间接领域中无新颖性时，实用新型为无创造性；只有在间接领域中也有新颖性时，实用新型才为有创造性。有些情况可以将引用文献的多少作为判断实用新型有无创造性的一个参考因素，但是，如果实用新型是单纯拼凑的技术方案时，也不能认为其具

❶ 参见国家知识产权局专利复审委员会第 12573 号无效宣告请求审查决定。

有创造性。[1]

德国实用新型专利创造性的立法例与法律实践。德国实用新型法规定实用新型必须满足创造性高度的要求，立法者在此特意采用“创造性高度”的概念以区别于发明创造性中的“创造性活动”。但是，在实用新型法中并没有对“创造性步伐”的概念给出进一步的规定。选择与专利法不同的概念其目的在于，表明实用新型创造性要求较低。首先，德国实用新型法中对现有技术的范围作了较窄的定义，其在某种程度上也可以理解为是对创造性要求的降低。根据德国专利法第3条第1款第2项，在作为申请之日前通过书面描述、口头描述、使用或其他方式使公众可以获知的所有知识都属于已有技术。然而，根据德国实用新型法第3条第1款第2项，在实用新型法意义上的已有技术只包括书面表述及通过在该法所适用的地域（指本国）内的使用而为公众所知的技术。因此，与专利法中的已有技术相比，诸如报告、广播或电视等口头公开、以其他方式公开以及在国外的使用公开都不属于实用新型法中的已有技术。此外，根据德国专利法第3条第2款，在先申请、在后公开的专利申请也被视为已有技术，可以作为判断新颖性而非创造性的基础。但在实用新型法中不包括这种视为已有技术的范围。

## 四、实用新型专利创造性判断的制度原理分析

我国《专利法》第22条第3款规定：“创造性，是指与现有技术相比，该发明具有突出的实质性特点和显著的进步，该实用新型具有实质性特点和进步。”由此可见，我国《专利法》对于发明和实用新型，设定了不同的创造性高度要求，发明的创造性高度为，突出的实质性特点和显著的进步；实用新型的创造性高度为，实质性特点和进步。二者创造性高度的差别主要体现在技术领域和现有

[1] 吉藤幸朔．专利法概论［M］．宋永林，魏启学，译．北京：专利文献出版社，1990：677－678．

技术的数量两个方面。

关于技术领域。对于发明专利而言，不仅要考虑该发明专利所属的技术领域，还要考虑其相近或者相关的技术领域，以及该发明所要解决的技术问题能够促使本领域的技术人员到其中去寻找技术手段的其他技术领域。对于实用新型专利而言，一般着重于考虑该实用新型专利所属的技术领域。但是现有技术中给出明确的启示，例如现有技术中有明确的记载，促使本领域的技术人员到相近或者相关的技术领域寻找有关技术手段的，可以考虑其相近或者相关的技术领域。

关于现有技术的数量。对于发明专利而言，可以引用一项、两项或者多项现有技术评价其创造性。对于实用新型专利而言，一般情况下可以引用一项或者两项现有技术评价其创造性，对于由现有技术通过“简单的叠加”而成的实用新型专利，可以根据情况引用多项现有技术评价其创造性。

具体而言，在审查实践和司法实践中，对于技术领域和现有技术的数量均存在较大争议。

首先，技术领域的确定。对比文件与本专利是否属于相同或相近的技术领域，应当从两者的技术方案、技术启示以及所能解决的技术问题等方面综合判断是否属于相同的技术领域。尤其是，需要判断本专利实际解决的技术问题和对比文件实际解决的技术问题，二者之间的关系对于技术领域的判断尤为重要。如果二者相同或者相近，即使发明主题存在差别，也应当认为属于相同或者相近技术领域。需要补充的是，《国际专利分类表》是为了便于检索及系统地向公众公布或公告专利文献，并非区分是否属于相同技术领域的唯一依据。

其次，现有技术的数量。对于实用新型专利而言，一般情况下可以引用一项或者两项现有技术评价其创造性，对于由现有技术通过“简单的叠加”而成的实用新型专利，可以根据情况引用多项现有技术评价其创造性。可见，在实用新型专利创造性判断中，需要判断其是否属于“简单的叠加”而成的实用新型专利。“简单的叠加”，是指在权利要求所限定的技术方案中，能够相对独立地执行一定的技术功能最小技术单元之间，并无相互配合的关系。亦即，上述最小技术单元各自产生相对独立的技术效果。否则，如果最小技术单元之间存在相互配合、不可或缺的关系，则不应当认定为“简单的叠加”。

对于实用新型权利要求的保护范围而言，在实用新型专利创造性的审查中，应当考虑其技术方案中的所有技术特征，包括材料特征和方法特征。对于含有非形状、构造技术特征的实用新型权利要求，应当按照权利要求的文字限定专利权的保护范围，该非形状、构造技术特征在确定实用新型专利权保护范围时应予考虑。

**五、案例回顾**

在“胶带纸包装结构”实用新型专利无效纠纷一案中，本专利涉及一种胶带纸包装结构，而附件1是一种热收缩包装机，该包装机涉及用中性或不粘热收缩薄膜包装圆形物品如胶带卷、使得物品容易分开的机器。在附件1中同时公开了热收缩薄膜包装的结构以及利用热收缩包装机形成这种结构的过程，可以作为本专利涉及的胶带纸包装结构这一技术领域的现有技术与本专利进行对比。因此，附件1与本专利属于相同技术领域。

在“裁剪机磨刀机构中斜齿轮组的保油装置”实用新型专利无效纠纷一案中，本专利和对比文件均是机械设备，均涉及齿轮组保油润滑的问题，即两者都可以解决相同的技术问题，因此属于相同或者相近的技术领域。

在“一种在建筑面层下形成空隙的塑料模板”实用新型专利无效纠纷一案中，本专利可以作为建筑物面层的底模，实现排水、隔热、穿线等功能。对比文件1公开了一种建筑物地下排水系统。两者虽然在《国际专利分类表》最低分类位置不同，但两者应用的领域均包括地下排水，均解决与排水有关的技术问题。

在“电子发音书装置”实用新型专利无效纠纷一案和“闪存盘手表”实用新型专利无效纠纷一案中，在权利要求所限定的技术方案中，能够相对独立地执行一定的技术功能最小技术单元之间，并无相互配合的关系。各个最小技术单元产生相对独立的技术效果，属于“简单的叠加”产生的技术方案。

在“塑管砂炮”实用新型专利无效纠纷一案中，在实用新型专利创造性的审查中，应当考虑其技术方案中的所有技术特征。因此，用作砂炮壳体塑管的颜色属于实用新型创造性判断应当考虑的内容。同时，权利要求1对塑管具体尺寸的限定仅仅是在现有技术所包含范围中的一种选择，这种选择完全可以根据使用者对壳体装药量的需要来确定，并未产生任何预料不到的技术效果。

## 第五节　建筑设计的外观设计与实用新型保护❶

我国有关建筑设计的侵权案件频频发生，如美国著名咖啡品牌“星巴克”诉上海星巴克咖啡馆仿冒商业外观案、山寨“肯德基”、山寨“麦当劳”等。建筑设计，一般包括建筑的室内外装饰设计，属于建筑装饰行业范畴。在我国的外观设计和实用新型专利申请中，也有不少企业和个人提交有关建筑设计的申请，尤其是一些类似于商业店面设计的申请，但是这类申请在审查实践和司法实践中却产生了很大的分歧。建筑设计是否属于我国外观设计和实用新型专利权的保护客体，以及何种形式的建筑设计可以被授予外观设计和实用新型专利权，值得深入研究。

### 一、建筑设计知识产权保护的比较法研究

下面对于美国、欧盟、德国、法国等对于建筑设计的知识产权

❶ 部分研究成果参见：徐晓雁，张鹏．建筑装饰设计的知识产权保护路径选择［J］．电子知识产权，2010（3）：54－59．

保护立法例加以分析。

## （一）　主要采用外观设计保护的立法例

主要采用外观设计对建筑设计加以保护的国家和地区有欧盟和法国。

### 1. 欧盟的相关立法经验❶

欧盟对于建筑设计通过外观设计制度加以保护。外观设计是由线条、轮廓、色彩、形状、产品自身和/或其装饰物的纹理和/或材料等特征所产生的整个产品或者产品的一部分的外观。产品指任何工业产品或者手工业制品，包括包装、样式、图解符号和印刷字体，还有用以装配成组合物的部件，但是计算机程序除外。其中，上述组合物指由若干能被替代的组件组成的能够拆卸和重新组装的产品，其包括室内设计等建筑设计。

图17系获得外观设计的浴室、卧室、鞋店、房屋的室内外装饰设计，尤其是鞋店室内装饰设计还包含了商品的陈设等，说明共同体外观设计对建筑装饰设计的保护范围非常广泛。

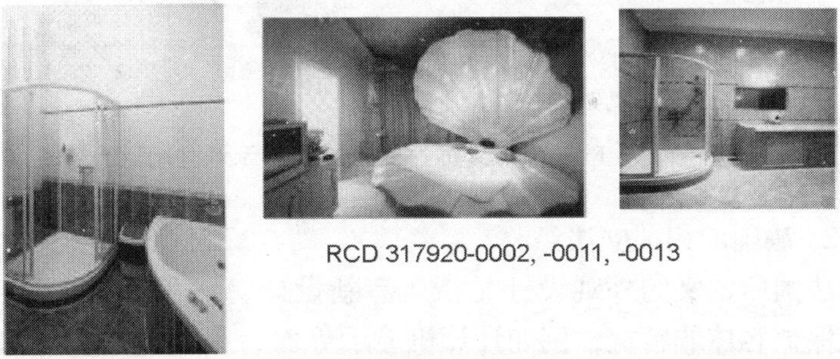

RCD 317920-0002, -0011, -0013

**图17　欧盟建筑装饰外观设计专利示例（a）**

---

❶ 下述有关欧盟观点的介绍，引自负责欧盟成员国外观设计专利申请和商标申请审查的欧共体机构——欧洲内部市场协调局（the Office of Harmonization for the Internal Market，OHIM）的相关案例。欧洲内部市场协调局授权的外观设计专利和商标，在欧盟成员国获得外观设计专利权和商标权的保护。

RCD 483722-0001

RCD 463062-0001

RCD 6879-0002

**图 17　欧盟建筑装饰外观设计专利示例（b）**

2. 法国的相关立法经验

法国所定义的外观设计是指所有新设计、新造型、新工艺品。因此保护客体非常宽，例如计算机显示界面、产品局部的设计、建筑物等均属于外观设计的保护客体。在法国，外观设计不一定要与产品结合，纯粹的设计同样可以获得外观设计权。从法国外观设计定义来看，对建筑类的外观设计保护的范围也较宽，与共同体外观设计保护形式类似。

（二）主要采用商标法保护的立法例

主要采用商标法对建筑设计加以保护的国家包括美国和德国。

1. 美国的相关立法经验

美国采用商标法中的商业外观（trade dress）制度对建筑物的装饰格调及室内设计加以保护。美国1946年制定的联邦商标法（又称兰哈姆法，Lanham Act）第43条第1项规定，任何人，对于商品、服务，或商品之容器，使用任何文字、术语、名称、标志、图案或其组合，或使用任何来源不实表示，或使用任何不实陈述或表征，使得可能造成混淆或错误，或欺骗性地令人与他人的产品或服务产生联系，或者是造成混淆或错误，或欺骗性地令人认为其是他人的产品或服务的来源、赞助商或获得了许可，需对因上述欺骗行为而受损害或可能受损害之人，负民事责任。[1] 从此开始，美国采用商标法对建筑物的装饰格调及室内设计的商业外观加以保护。[2]

在此之后，美国法院逐步扩展了商业外观的客体范围，从最开始的产品包装、产品独特外形逐步扩展到餐厅装饰格调、建筑物的室内设计、产品的颜色、气味、艺术风格等。在1992年Two Pesos, Inc. v. Taco Cabana[3]一案中，美国联邦最高法院宣布，凡是具有内在识别性的商业外观都应如商标一样享受美国兰哈姆法（包括商标法与反不正当竞争法）的保护。在该案中，原告要求得到商标法保护的是一家墨西哥餐馆的室内装潢设计。联邦最高法院虽然并未明确指出这一决定并不限于传统的商业外观，也包括产品外观设计，但采纳了商业外观的较宽定义：即产品的全部视觉效果和总体形象，包括诸如尺寸、形状、颜色或颜色组合、图案，甚至包括具有特点的营销技巧等。从而，明确了建筑装饰设计的商标法保护。

需要补充的是，美国1990年12月1日起施行的《建筑作品著作权保护法》对于对非实用性建筑纪念物以外的建筑物设计给予著

---

[1] 李明德．美国对外观设计及其相关权利的保护［J］．外国法译评，1998（1）：82－83．

[2] 林晓云．美国知识产权法律关于工业品外观设计保护范围的规定（下）［J］．知识产权，2003（6）：55－59．

[3] TWO PESOS, LNC. V. TACO CABANA, 505 U.S. 763, 764 n.1 (1992).

作权保护。亦即，著作权客体包括："以任何有形媒介表达体现的建筑物设计，包括建筑物、建筑方案或者设计图。作品包括设计要素和空间的安排与组合以及全面形式，但不包括个别的标准特征。"

2. 德国的相关立法经验

德国商标法第5条的规定，企业名称和作品标题作为商业标记受到法律保护。企业名称，是指企业登记主管机关依法登记注册以及进行商业适用的企业名称，商号是企业名称的核心部分。在相关交易阶段内被用于将该企业区别于其他企业的商业记号，视同于企业的特殊标记。综上所述，德国法上的商业标记包括五种不同的客体：企业名称；商号；特殊标记；商业记号及其他符号；作品标题。司法实践中，像咖啡壶的特定造型、产品内外的颜色组合、广告用语、餐厅服务员的服饰、企业商务统一用车的外观、连锁店统一的店面装潢均属于"商业记号及其他符号"。建筑装饰设计在德国被视为"商业记号或其他符号"的一种，从而采用商标法加以保护。

（三）主要采用反不正当竞争法保护的立法例

在日本，除版权可以保护一部分具有独创性的建筑设计外，只有当真正涉及不正当竞争行为时，才通过反不正当竞争相关条例进行规范。日本在1994年修改的反不正当竞争法中增加了模仿产品外观的规定，将商业外观纳入不正当竞争法保护的范围。[1]

日本的外观设计的保护客体对建筑物有严格的限制，只有可以移动的建筑物才是保护的客体，房地产建筑物等不予保护。根据日本《外观设计审查基准》规定，产品是指能够在市场上流通的东西，土地及附着在土地上的不动产不保护，但用于工业上生产销售的房屋可以保护。由于这种严格的保护客体的限制，很多建筑设计无法通过外观设计进行保护。

---

[1] 孔祥俊．论商业外观的法律保护［J］．人民司法，2005（4）：45－47．

韩国首尔地方法院在 Oxy Corporation v. Sang Won Co 一案中确认韩国用反不正当竞争法来保护商业外观。[1]

（四）各国立法例的比较与总结

由上述各国的保护现状可知，具有独创性的建筑设计作品可以作为美术作品受版权保护；具有新颖性、工业实用性及美感的建筑设计，可以通过申请外观设计，受专利制度保护；具有显著性、非功能性的三维标志，可以申请注册为立体商标，受商标法的保护；而这些建筑设计尤其是与商业密切相关的商业外观在一定条件下还可以受反不正当竞争法的保护。其中，前两者将建筑设计视作创造性智力成果，赋予权利人一定期限的垄断权利，保护权利人在此期间的专有使用权，但是期限届满后将进入公有领域，允许公众自由复制，以达到鼓励创新、传播文化的目的。后两者则将建筑设计视作识别性商业标志，保护它背后所代表的商业信誉和商业机会，只要权利人不断地维护并培育它的识别性，从理论上讲这种保护就可以无限延长。

## 二、建筑设计的知识产权保护路径选择

就建筑设计的知识产权保护而言，主要包括著作权保护、商标权保护、反不正当竞争法保护、外观设计专利权保护、实用新型专利权保护等多种保护路径。

（一）著作权保护

具有独创性的建筑装饰设计可以作为美术作品受著作权法的保护。美术作品是指绘画、书法或以其他方式构成的有审美意义的平面或立体造型艺术作品。而建筑装饰装潢作品，能够起到为识别与美化作用，只要这种装饰装潢具有独创性，完全可以符合美术作品的构成要件，就可以受著作权法的保护。

---

[1] 曹阳．中国商业外观保护立法模式选择［EB/OL］．［2010－01－15］．http：//article. chinalawinfo. com/Article_Detail. asp？ ArticleId＝39196．

但是，就著作权法而言，主要保护作者的权利，而对于作品本身、经营者、使用者能否得到有效保护还有待于进一步解释，在司法实践中能够通过著作权法有效保护的情况非常少见。

（二）商标权保护

如果符合商标注册的条件，那么建筑装饰类的商业外观还可以立体商标的形式申请注册，获得商标法的保护。[1] 依我国商标法，申请注册的商标必须有合格的主体、适当的商品或服务及恰当的标志，恰当的标志是指该标志应当具有合法性、显著性、非功能性及在先性。

我国《商标法》第12条规定："以三维标志申请注册商标的，仅由商品自身的性质产生的形状、为获得技术效果而需有的商品形状或者使商品具有实质性价值的形状，不得注册。"这是以立体商标形式保护商业外观时所必备的非功能性条件。这些具有功能性的商业外观除非受著作权法或专利法的保护，否则不应为某人所独家垄断，也不应注册为商标，我国现实中多数商业外观不能满足商标注册的条件。

而相对于美国那种历经多年非常成熟的用商标法来保护商业外观的知识产权体系而言，我国商标法制度还没有达到相应的高度，我国商标法对建筑装饰类商业外观的保护是有限的。

（三）反不正当竞争法保护

根据《最高人民法院关于审理不正当竞争民事案件应用法律若干问题的解释》的规定，由经营者营业场所的装饰、营业用具的式样、营业人员的服饰等构成的具有独特风格的整体营业形象，可以认定为《反不正当竞争法》第5条第2项规定的"装潢"。《国家工商行政管理总局关于擅自将他人知名餐饮服务特有的装饰、装修风格作相同或近似适用的行为定性处理问题的答复》中亦指出，对

---

[1] 何祥菊．商业外观的保护——从商标法和反不正当竞争法的角度［J］．电子知识产权，2005（1）：46－49．

服务起到美化和识别作用的装饰设计、装修风格，属于餐饮服务的装潢。因此，商业店面设计这种商业外观在一定条件下还可以受《反不正当竞争法》的保护❶，赋予已经取得市场优势的经营者禁止他人搭便车、抢占市场的权利，以防止和消除相关消费者的误认和混淆，保障市场公平竞争的经济秩序。但是，根据《反不正当竞争法》的规定，商品特有的包装、装潢的保护以构成知名商品作为前提条件，不是知名商品的建筑装饰设计，无法得到充分的知识产权保护。

（四）外观设计专利权保护

我国《著作权法》《商标法》等对于建筑装饰设计的保护相对于其他国家尚有很大的差距，而目前我国外观设计专利制度在立法目的和保护方式等方面都较有优势❷。例如，外观设计专利给予权利人独占的权利，权利范围涵盖相同及相近似的外观设计，未实施过的外观设计同样给予保护，并且在侵权判定上已有丰富的司法实践经验，这多方面的优势使得外观设计专利是其他几种知识产权制度无法替代的。

（五）实用新型专利权保护

《专利法》第2条第3款规定："实用新型，是指对产品的形状、构造或者其结合所提出的适于实用的新的技术方案。"可见，实用新型专利权保护客体需要具备以下要素：产品、形状或构造、适于实用、新的、技术方案，这就是通常所说的"六要素"或者"五要素"。对于建筑设计而言，产品、形状或构造均没有问题，至于"适于实用的"和"新的"条件，在《专利法》第2条第3款的判定中仅仅是一般性的要求，而不能将其作为判断新颖性、创造性、实用性的具体审查标准。可见，建筑设计如果构成专利法意义

---

❶ 钱光文，孙巾淋．我国商业外观的法律保护问题探讨——以《反不正当竞争法》的适用为中心［J］．知识产权，2009（1）：50－54.

❷ 夏路．我国商业外观保护的法律策略［J］．安徽农业大学学报．社会科学版，2009（4）：60－63.

上的“技术方案”，就可以获得实用新型专利权的保护。

## 三、建筑设计的外观设计专利制度保护

下面对于建筑设计的外观设计专利制度保护加以解读，主要分析可以授予专利权的建筑设计类型，以及相应建筑装饰设计的申请要求。

### （一）可以授予专利权的建筑设计类型

《专利法》第2条第4款的规定，外观设计，是指对产品的形状、图案或者其结合以及色彩与形状、图案的结合所作出的富有美感并适于工业应用的新设计。而建筑装饰设计以建筑产品为载体，由一定的形状、图案、色彩的结合所构成，具有美感并且能够重复再现、可以批量生产、完全可以是新设计，符合外观设计的定义，可以授予外观设计专利权。而且《专利审查指南（2010）》第一部分第三章第6.4.3节不给予外观设计专利保护的客体中列举的“取决于特定地理条件、不能重复再现的固定建筑物、桥梁等”，例如，包括特定的山水在内的“山水别墅”。这里被排除的“建筑物”被限定在“取决于特定地理条件、不能重复再现”，那么对于不取决于特定地理条件、能够重复再现的建筑装饰设计产品，是无法排除在外观设计专利保护的客体之外的。

虽然在法律规定层面上并未排除建筑装饰设计可以作为我国外观设计保护客体，但是在审查实践和司法实践中仍然有相当大的分歧。主要观点认为，建筑装饰都必须得依附建筑物存在，是一种表面甚至是内部的装潢设计，通常都是多种装饰手段集合，还可能包含多种类别的其他产品，不是独立完整的产品。首先，建筑装饰设计依附建筑物，与常见的产品外观设计依附产品同样道理，而表面甚至内部装饰，均是多种装饰手段的集合，具备可以受到外观设计专利权保护的条件，因此，不应单纯将建筑装饰设计排除在外观设计保护客体之外。而对于可能包含的其他类别的产品，只要包含的其他类别产品可以与整体设计视为一体，那么就可以保留，将其整

体视为一项独立完整的产品。其次，如前所述，其他知识产权保护类型并不能替代外观设计专利。

下面对于可授权的与建筑装饰设计相关的外观设计进行分析。根据可保护的产品的类型分为平面图纸、建筑单体、建筑构件。

1. 平面图纸类建筑装饰外观设计

平面图纸类产品仅保护图纸的设计，包括图案、布局等等，但对图纸内显示的室内结构设计起不到保护的作用，如下图所示。

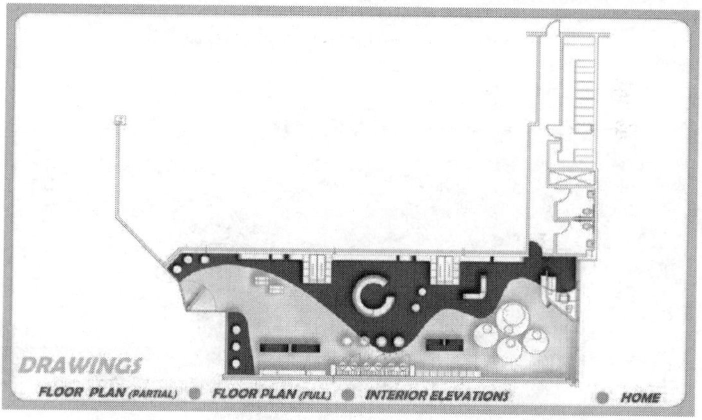


**图 18　平面图纸类外观设计示例——展区图纸**

2. 建筑单体类建筑装饰外观设计

建筑单体类产品外观设计包括可移动的、独立的各种建筑物及建筑模型设计，从大型的住宅楼的设计到小型的展示间的设计，如下图所示。

对于建筑单体，可分为外部装饰设计和内部装饰设计：

外部装饰设计，主要包括商业店面的外立面设计，以及上述各种建筑单体的外部设计，如下图所示。

内部装饰设计，包含室内装饰设计，另外电梯轿厢也属于内部装饰设计的范畴。

住宅楼

城市休闲亭

**图 19　建筑单体类外观设计示例**

**图 20　建筑单体外部装饰设计外观设计示例——展厅**

3. 建筑构件类建筑装饰外观设计

建筑构件类产品外观设计包括大量的门、窗、装饰墙、吊顶、整体设计的楼梯或阳台等等，如下图所示。

以上类型的建筑装饰设计，均符合外观设计的定义，属于外观

**图 21　建筑单体内部装饰设计外观设计示例——店面**

设计专利保护的客体，在审查实践和司法实践中只要提交的视图符合规范，就可以授予外观设计专利权，给予外观设计保护。

（二）建筑装饰外观设计专利的申请

对于建筑装饰设计类外观设计，其提交的视图应符合《专利法》第 27 条第 2 款的规定，即申请人提交的有关图片或者照片应当清楚地显示要求专利保护的产品的外观设计。

以室内外建筑装饰设计为例，其具体标准为：

首先，对于外部建筑装饰设计，应当提交相应的正投影视图及立体图，案例如下：

图 22　建筑构件类外观设计示例——阶梯式花园

图 23　外部建筑装饰设计视图示例

其次，对于室内装饰设计，视图的提交方式建议采用类似于电梯轿厢的提交方式，即应当提交显示内部的正投影视图和立体图，视图的确定以人所处的位置为中心，例如：

主视图

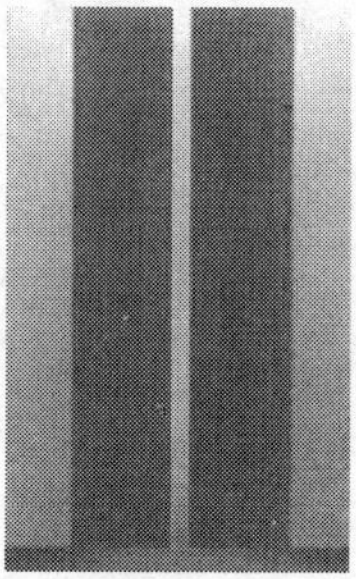
左视图

立体图

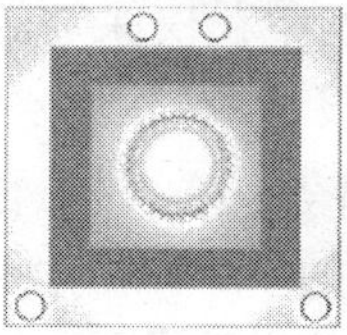
仰视图

俯视图

**图 24　室内装饰设计视图示例**

最后，对于室内装饰设计，如果包含其他类别产品的一些陈设，如果可以视为一个整体的，那么就可不要求删除，如果不能视为一个整体的，应要求申请人删除。

在当前我国外观设计电子申请比率快速提高的背景下，不排除将来使用电子化的设计记载方式，今后也许可以看到用动画手段或动态拍摄手段来记载包括建筑装饰设计的外观设计，对于外观设计的保护也将会有更多拓展的空间。

## 四、建筑设计的实用新型专利制度保护

建筑设计如果构成专利法意义上的“技术方案”，就可以获得实用新型专利权的保护。其中所述的技术方案，是指对要解决的技

术问题所采取的利用了自然规律的技术手段的集合。技术手段通常是由技术特征来体现的。未采用技术手段解决技术问题，以获得符合自然规律的技术效果的方案，不属于实用新型专利保护的客体。产品的形状以及表面的图案、色彩或者其结合的新方案，没有解决技术问题的，不属于实用新型专利保护的客体。产品表面的文字、符号、图表或者其结合的新方案，不属于实用新型专利保护的客体。因此，判断一件建筑设计类专利申请是否属于实用新型的保护客体的标准主要看其要求保护的方案是否为技术方案，也就是说，需要判断该发明创造整体上所要解决的问题是什么，在解决该问题时采用的方案中所依赖的关键手段是否为利用了自然规律的技术手段。

笔者认为，可以获得实用新型专利权保护的建筑设计包括：

（1）建筑体的结构布局方案设计

如果发明点在于户型设计的布局方案利用自然规律组合成新的连接关系，以解决相应的技术问题从而构成技术方案，则属于实用新型保护专利权的客体。否则，如果建筑体的结构布局设计方案不属于利用自然规律组合成新的连接关系，而是人为规定的布局，并未解决技术问题，此乃构成技术方案，则不属于实用新型保护专利权的客体。

例如，某实用新型专利[1]的权利要求1内容为："一种东西朝向的建筑的新型户型，其特征在于：楼呈东西朝向坐落，楼内中间呈连通走廊，走廊东、西向两侧分别布置小户型房间，东西两侧房间的朝向分别向南旋转25°~45°，房间呈相错排列，各户入户门与房间朝向同方向旋转相同角度，与房间朝向保持垂直，户与户之间的采光面呈锯齿状排列，每户阳台的南侧为一段实墙面。"说明书中记载，上述方案的发明目的在于，使东西向建筑住宅户型能得到半天日照并避免西向曝晒，同时还能充分利用所有有效空间，是东西

[1] 参见200320104916.9号中国实用新型专利说明书。

朝向建筑的新型户型。

笔者认为，涉案实用新型专利实现上述发明目的采用了“楼呈东西朝向坐落，楼内中间呈连通走廊，走廊东、西向两侧分别布置小户型房间，东西两侧房间的朝向分别向南旋转25°~45°，房间呈相错排列，各户入户门与房间朝向同方向旋转相同角度，与房间朝向保持垂直，户与户之间的采光面呈锯齿状排列，每户阳台的南侧为一段实墙面”的技术手段，利用了向南旋转可以改善房间的采光，以及相错和锯齿状排列可以增加采光面等自然规律，解决了东西向建筑住宅户型能得到半天日照并避免西向曝晒，同时还能充分利用所有有效空间的技术问题，因此该方案属于实用新型的保护客体。

再如，如果实用新型专利的权利要求1为，一种楼房，其特征是每层楼由三间住房和一间共聚室构成。笔者认为，该方案所要解决的问题是提供便于居民交流的楼房，然而解决上述问题所依赖的关键手段是房间包括共聚室，但是房间包括共聚室是一种人为的规定，并没有对房间作出形状、结构的改变，并不需要利用自然规律，因此该方案不是技术方案，不属于实用新型专利的保护客体。

（2）建筑体的空间布局方案设计

如果发明点在于建筑体的空间布局方案利用自然规律组合成新的连接关系，以解决相应的技术问题从而构成技术方案，则属于实用新型保护专利权的客体。否则，如果建筑体的空间布局设计方案不属于利用自然规律组合成新的连接关系，而是人为规定的布局，并未解决技术问题，此乃构成技术方案，则不属于实用新型保护专利权的客体。

例如，某实用新型专利[1]的权利要求1内容为：“一种地下陵园，其特征在于，它包括：一建在地下的用于摆放骨灰盒的骨灰存放区域，该区域由多层建筑结构组成，每一层分成若干小的存放空

[1] 参见200620038916.7号中国实用新型专利说明书。

间，每一存放空间可以用来存放一位或多位逝者的骨灰；一将所述骨灰存放区域与地面相连接的通道；一对通道和骨灰存放区域进行通风的通风系统，该系统设有若干个排风装置，每一排风装置布置在通道和骨灰存放区域中，可使外界与通道和骨灰存放区域进行空气交换；以及一对通道和骨灰存放区域进行照明的照明系统，该系统设有若干个照明光源，它们布置在通道和骨灰存放区域中，可对通道和骨灰存放区域进行照明。”可见，该方案所要解决的问题是提供存放空间并能安全进出和停留，所采用的手段是将空间分割成多个存放区，并设置相应的通风照明系统。该方案利用了自然规律来解决技术问题，对地下空间进行开发利用，因此该方案属于实用新型专利的保护客体。

（3）建筑体的人文布局设计

如果发明点在于建筑体的人文布局方案利用自然规律组合成新的连接关系，以解决相应的技术问题从而构成技术方案，则属于实用新型保护专利权的客体。否则，如果建筑体的人文布局设计方案不属于利用自然规律组合成新的连接关系，而是人为规定的布局，并未解决技术问题，此乃构成技术方案，则不属于实用新型保护专利权的客体。

例如，某实用新型专利的权利要求 1 内容为：“一种佛教文化陵园建筑，其特征在于沿一中轴线布置的佛教文化陵园建筑群，它主要分为三个区，其中：第一区为生活区或僧伽区，它一般包括两个小区：第一小区为辅助建筑小区，在小区内建有牌坊、停车场和分别布置在其两侧的宾馆、饮食及相应的旅游商业服务设施；第二小区为活动小区，在小区内建有山门、释迦殿、纪念堂、菩萨殿、左右配殿及跨院的僧寮、禅堂和供文化交流用的会堂、内部客堂；第二区为主陵区或菩萨区，它一般包括放生池，架在其上的拱桥，地狱之门，矗立着菩萨像的坛场和护光建筑，其中的菩萨为地藏菩萨、观音菩萨、文殊菩萨或普贤菩萨；第三区为基园区或佛陀区，它一般包括紧接第二区的往生廊、西方极乐世界小区、东方琉璃世界小区、上方兜率净土小区和建在三小区交会处的明王像，其中在西方极乐世界小区内建有以阿弥陀佛为主尊，观世音、大势至二菩萨为胁侍的露天造像，在东方琉璃世界小区内建有以药师佛为主尊，日光、月光二菩萨为胁侍的露天造像，在上方兜率净土小区内建有以弥勒佛为主尊，造交脚弥勒像，作说法相；在上述第二区中的坛场、护光建筑内和第三区中的三个小区内均可藏纳骨灰，分为集中和分散两种形式，如在坛场、护光建筑内部设有存放骨灰盒的盒位，在西方极乐世界小区、东方琉璃世界小区和上方兜率净土小区内开设有埋藏骨灰盒的墓穴。”

笔者认为，该方案所要解决的问题是便于人们旅游观光，又提高土地及空间利用率。该方案所采用的手段是分区布设各种设施，通过分区使得各区域的布设内容符合人们观光活动的需求并且减少了不必要的行程，因此该方案符合技术方案的定义，应当属于实用新型专利的保护客体。

再如，假设某实用新型专利申请权利要求的内容为“一种文化公园，其特征在于，上述文化公园由中华祖先塑像、中华祖先殿堂与中华百家大姓祖先塑像、中华百家大姓祖先殿堂构成”。笔者认为，该方案所要解决的问题是集民族传统教育、爱国主义教育、寻根问祖、学研中史和旅游、观光、休闲度假于一体，解决上述问题所采取的主要手段是布设的对象为特定的文化人物，但文化人物的布设选择属于人为的规定，并没有利用自然规律，因此该方案不符合技术方案的定义，不属于实用新型专利的保护客体。

建筑设计是一种较独特的设计，在法律属性上可以受到多重知识产权制度的保护，这种交叉保护在各国普遍存在，在我国也不例外。而在实践中遇到的相关案例也显示建筑装饰行业开始注重知识产权保护，大量的建筑设计也符合我国外观设计和实用新型的定义，给予外观设计专利和实用新型专利保护并有利于推动该产品类别的设计创新。笔者建议将上述建筑设计的保护方式在审查实践和司法实践中逐步确立。

# 第四章　制度论：专利授权与确权的制度建构

以上主要从解释论的角度探讨专利授权确权制度的实体法规范、程序法规范以及实用新型和外观设计的特殊规范，本章主要从立法论的角度探讨我国未来专利授权与确权制度的理性建构。我国未来专利授权与确权制度的理性建构，既包括确权制度的法律制度完善，亦包括确权制度的政策因素考虑。

## 第一节　我国确权制度的经济结构分析[1]

知识产权作为财产，其法定产权属性主要应从经济学的角度进行解释。这一方面是由于财产是经济学的范畴；另一方面是由于经济学更能从根本上解释知识产权的法定产权属性。[2] 由于传统法学主要从公平、正义、道德[3]、经验[4]乃至社会连带关系[5]中寻求理性

---

[1] 部分研究成果参见：张鹏，崔国振．我国专利授权后程序的经济结构分析——以美国专利授权后程序的演进为视角［C］//国家知识产权局办公室政策研究处．优秀专利调查研究报告集（Ⅵ）．北京：知识产权出版社，2010：370－390. 本文获得“第六届全国知识产权（专利）优秀调研报告暨优秀软科学研究成果”三等奖。

[2] 粟源．知识产权的哲学、经济学和法学分析［J］．知识产权，2008（5）：1－32.

[3] 哈特．法律的概念［M］．张文显，等译．北京：中国大百科全书出版社，1996：181－207.

[4] 霍姆斯．法律的生命在于经验——霍姆斯法学文集［M］．明辉，译．北京：清华大学出版社，2007：1－19.

[5] 罗斯科·庞德．法理学．2卷［M］．邓正来，译．北京：中国政法大学出版社，2007：272－277.

基础，在法律律令的语言学分析[1]和法律理性的价值性分析中寻求发展。专利制度的标准解释在于，它是一种有效方法，使得研究与开发的收益获得了内部化，从而促进了创新和技术进步。[2] 从而，专利制度是一项经济制度。作为专利制度重要组成部分的专利授权后程序，当然也是如此。

## 一、专利授权后程序的经济逻辑

司法行为的经济学理论是解释和分析法律适用的主流理论之一[3]，该理论将裁判者视为理性的效用最大化者，亦即，裁判者采用“效用函数”指导司法行为[4][5]。下面亦从此逻辑着手，分析专利授权后程序的经济效用。

### （一）专利制度的经济学原理分析

专利每年在美国创造450亿美元的价值，在全球创造大约1000亿美元的价值，专利是打开获得收益之门的方法之一。[6] 可以说，目前专利制度具有巨大的经济效益。那么，专利制度的经济效益来自何处，在专利授权后程序的构建中，应当如何发挥专利制度的经济效益，值得深入思考。

财产由边际效用价值度量，与客体的效用和稀缺性成正相关，

---

[1] 约翰·吉本斯．法律语言学导论［M］．程朝阳，等译．北京：法律出版社，2007：1－13.

[2] 威廉·M. 兰德斯，理查德·A. 波斯纳．知识产权法的经济结构［M］．金海军，译．北京：北京大学出版社，2005：294.

[3] 理查德·A. 波斯纳．法官如何思考［M］．苏力，译．北京：北京大学出版社，2009：17－52.

[4] RECHARD A. POSNER. *What Do Judges and Justices Maximize*?（*The Same Thing Everybody Else Does*）［J］. Supreme Court Economic Review 1993（1）：3.

[5] FRIDERICK SCHAUER. *Incentives*，*Reputation*，*and the Inglorious Determinants of Judicial Behavior*［J］. University of Cincinnati Law Review 2000，68：615.

[6] 欧洲专利局．未来知识产权制度的愿景［M］．郭民生，等译．北京：知识产权出版社，2008：19.

两者缺一不可。[1] 对于客体的效用而言，其要求财产必须具有使用价值，由此才能够产生经济效益，例如无法实现的技术方案即无法成为财产；对于客体的稀缺性而言，其要求财产必须是有限的，由此才能够产生经济价值，例如取之不尽、用之不竭的海水即无法成为财产。也就是说，财产价值的保障取决于客体的效用和客体稀缺性的保障。

就专利制度而言，作为客体的智力成果的效用，由实用性和商业价值制度[2]加以保证；作为客体的智力成果的稀缺性，则由新颖性和创造性制度（尤其是创造性）加以保证。由于构成经济稀缺的是知识的支配权，并非知识本身；也就是说，知识的信息传播的特点使得知识只能通过法定的方式实现专有，而无法通过自然的方式实现专有。从经济学角度而言，作为专利制度客体的技术方案或者设计方案能够成为财产，是因为对于上述作为专利制度客体的技术方案或者设计方案的支配权的法定稀缺性保证。也就是说，如果专利制度无法保证作为专利制度客体的技术方案或者设计方案的支配权的法定稀缺性，那么专利制度将无法发挥社会效用。

如图25所示，DD是X的需求曲线，MR是边际收入曲线，MC1是新专利提出之前的供给曲线，MC2是新专利提出之后的供给曲线。从该成本－产量图可以看出，假定许多现有企业都按照MC1生产产品，那么由此产生的专利提出前的均衡结果就是，价格为P1并且产量为X0。当专利提出之后，无论通过低于P1的价格生产整个行业产量X0，还是通过以一个正好低于P1～P2的使用费率许可其他企业使用该技术，该专利权人都可以获得上述图中所示的利润空间。上述利润空间保证了发明创造和技术进步的动力，因为“除非受到专利阻隔，否则竞争者就会被诱惑在一旁闲待着直到

---

[1] 粟源．知识产权的哲学、经济学和法学分析［J］．知识产权，2008（5）：12.

[2] 美国联邦巡回上诉法院曾经有诸多案例，将商业上的成功作为判断专利性的主要因素之一。在我国，基于商业上的成功获得专利权的情况十分鲜见。

该发明被作出来，然后销售其复制品，这样，他们就在发明人的发明成本上搭便车”❶。

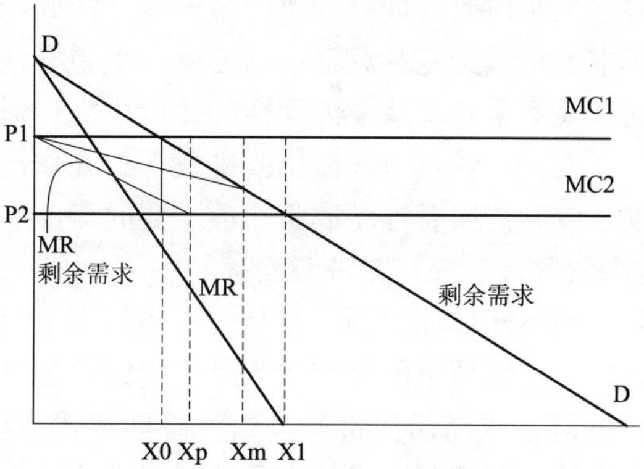


**图 25　专利保护的经济效应❷**

但是，上述利润空间的存在，也使得专利竞赛出现。专利竞赛使得社会效应难以达到上图所示的利润空间。原因在于，为了获得上述利润空间，相互竞争的企业力图最先发现受到专利法保护的技术方案或者设计方案，相互之间存在竞赛关系，这使得社会整体成本增加。例如，假设某专利现值是 1000 万美元，有三个企业参加竞赛，而且每个企业花费 200 万美元，该三个企业都有 33% 的机会成为最先提出专利申请的人，如果社会剩余最大化所需要的投入是每个企业 200 万美元，那么任何一个竞争者可能基于超值利润的驱动进行超规模投入。也就是说，如果任何一个竞争者认为，其在研究与开发上多使用 500 万美元，该竞争者就能成为第一个提出专利申请的人，那么就会产生一种激励，使得任何一个竞争

❶ 威廉·M. 兰德斯，理查德·A. 波斯纳. 知识产权法的经济结构［M］. 金海军，译. 北京：北京大学出版社，2005：387.

❷ 威廉·M. 兰德斯，理查德·A. 波斯纳. 知识产权法的经济结构［M］. 金海军，译. 北京：北京大学出版社，2005：379.

者投入该笔费用。这样，社会整体成本即超过了最优总投入600万美元。[1] 另外，赢得上述竞赛的竞争者，从经济理性的角度出发，会将专利许可给最快捷或者最有效率的生产者，由此产生的许可过程中的交易成本也将成为专利竞赛中的另外一项重要成本。没有赢得上述竞赛的其他竞争者，从经济理性的角度出发，通常会选择放弃该项研究与开发，或者致力于提出改进发明；在作出上述经济理性决断的时候，专利授权后程序成为一项重要的衡量手段。

（二）专利授权后程序的经济模型分析

随着专利量的不断增加，利用专利授权阻碍别人进行创新的现象已经显现。在一个领域里的大量专利所产生的问题（所谓专利权使用费积累）可能造成高昂代价，以致阻碍创新。[2] 这一现象，归根到底是由于上述专利竞赛造成的。理性的民事主体为了获得超值的利润空间，以超过剩余最大化所需投入的投入数值进行研究开发，从而导致社会成本的增加。减少因专利保护所产生的社会成本是上述问题的解决方案。

设立和完善专利授权后程序，正是解决上述问题的重要思路之一。如上所述，为了获得利润空间，相互竞争的企业力图最先发现受到专利法保护的技术方案或者设计方案，从而增加社会有用知识的存量。对于专利竞赛的其他竞争者而言，专利授权后程序，是其作出符合经济理性选择的必要条件。并且，对于社会整体福利而言，专利授权后程序也是保证社会有用知识存量增加的必要手段。

就制度经济学的角度而言，竞争产生效率，降低成本，增加社会福利。[3] 专利制度为了保障作为客体的智力成果的稀缺性，需要

---

[1] 威廉·M. 兰德斯，理查德·A. 波斯纳. 知识产权法的经济结构［M］. 金海军，译. 北京：北京大学出版社，2005：383.

[2] 欧洲专利局. 未来知识产权制度的愿景［M］. 郭民生，等译. 北京：知识产权出版社，2008：19.

[3] 粟源. 知识产权的哲学、经济学和法学分析［J］. 知识产权，2008（5）：14.

设立法定垄断手段限制竞争，亦即专利制度具有巨大的社会成本。为了降低专利制度运行的上述成本，专利授权后程序得以提出。

当然，任何制度均具有制度成本，专利授权后程序亦是如此。专利授权后程序的成本主要包括时间成本和确定性成本。就时间成本的角度而言，从社会性出发，在诸如发明创造这样的风险性事业中，风险逃避将导致投入不足。[1] 对于作为专利制度重要组成部分的专利授权后程序的构建同样如此。在专利授权后程序审级较多的情况下，并不能使得专利授权后程序的法律适用更为准确，而是会增加专利制度效用发挥的时间成本。

就确定性成本而言，在其他各个方面相同的情况下，法律适用的确定性越大，则发生诉讼的可能性越小。亦即，在其他各个方面相同的情况下，法律适用的确定性越大，民事主体对于民事法律行为的行为预期更为明确，在民事法律行为中产生的争端更少，从而降低争端所带来的社会成本。

## 二、我国经济结构与授权后程序的实证分析

下面结合我国经济结构的特点，实证解读我国授权后程序的运行情况，以期于美国授权后程序的运行情况与经济结构特点的互动关系加以比较。

### （一）我国经济结构的特点

改革开放以来，我国的经济结构不断优化，实现了经济增长与结构调整的的良性互动，工业经济结构明显升级，基本实现了从技术含量低、劳动密集程度高、门类单一的结构向劳动密集、技术密集、门类齐全的发展格局转变。[2] 温家宝总理在 2009 年 3 月 5 日第

---

[1] KENNETH J. ARROW. *Economic Welfare and the Allocation of Resources for Invention* [J]. The Rate and Direction of Inventive Activity: Economic and Social Factors 1962, 609: 610-614.

[2] 参见中央人民政府．改革开放30年经济结构在优化升级中实现重大调整［EB/OL］．［2011-04-06］．http://www.gov.cn/gzdt/2008-10/29/content_1134672.htm.

十一届全国人民代表大会第二次会议上作的政府工作报告指出，继续实施科教兴国战略、人才强国战略和知识产权战略，继续推进国家创新体系建设。❶

专利申请量和授权量的情况同样反映了上述特点。2008 年我国受理的专利申请量为 828 328 件，其中发明为 289 838 件，实用新型为 225 586 件，外观设计为 312 904 件。其中，国内申请人提出的发明专利申请为 194 579 件，实用新型为 223 945 件，外观设计为 298 620 件；国外申请人提出的发明专利申请为 95 259 件，实用新型为 1641 件，外观设计为 14 284 件。2008 年我国专利授权量为 411 982 件，发明为 93 706 件，实用新型为 176 675 件，外观设计为 141 601 件。其中，国内申请人提出并得以授权的发明专利为 46 590 件，实用新型为 175 169 件，外观设计为 130 647 件；国外申请人提出并得以授权的发明专利为 47 116 件，实用新型为 1506 件，外观设计为 10 954 件。❷

从上述数据对比而言，虽然，国外申请人提出的发明专利申请数量低于国内申请人提出的发明专利申请数量，但是，国外申请人获得授权的发明专利数量则高于国内申请人获得授权的发明专利数量。并且，国内有关医用、牙科用、梳妆用的配制品专利申请继续保持高速增长，国内的电数字数据处理的申请量增长 33.2%。有关半导体器件仍然是国外来华申请最多的小类，该领域申请仍然是国外占据明显优势。❸

另外，值得注意的是，我国企业存在发展不均衡的特点。以同属通信领域的华为技术有限公司和迈普（四川）通信技术有限公司的情况为例，华为技术有限公司 2008 年国内申请量居全国第一，共提出 4297 件专利申请❹；而作为中国的大企业级 IP 语音解决方

---

❶ 参见温家宝．政府工作报告——2009 年 3 月 5 日在第十一届全国人民代表大会第二次会议上［EB/OL］．［2011－04－06］．http：//www.chinanews.com.cn/gn/news/2009/03－14/1601848.shtml.

❷❸❹ 数据来源于《中国国家知识产权局 2008 年度报告》。

案供应商、中国知名路由器和交换机研发基地的迈普（四川）通信技术有限公司自1993年成立以来，共提出91件发明专利申请、8件实用新型专利申请。❶

（二）我国当前专利授权后程序概述

我国当前专利授权后程序由无效宣告请求审查程序以及针对无效宣告请求审查决定的两级行政诉讼程序（司法审查程序）共同构成。根据《专利法》第45条的规定，无效宣告案件由专利复审委员会主管，根据《专利法》第46条的规定，无效宣告请求人或者专利权人对于专利复审委员会作出的无效宣告请求审查决定不服的，可以自收到通知之日起3个月内向人民法院起诉。根据行政诉讼法中的相关规定以及地域管辖和级别管辖的原则，该类案件的一审由北京市第一中级人民法院管辖，二审由北京市高级人民法院管辖。

1. 我国的无效程序

从我国专利法立法的历史沿革来看，我国在1984年制定的《专利法》中采用了授权前异议制度和无效宣告制度并行的立法模式；在1992年《专利法》修正时废除了授权前异议制度，改为撤销制度和无效宣告制度并行的模式；在2000年再次修正《专利法》时废除了撤销制度，仅保留了无效宣告制度。因此，我国的无效宣告案件数量的计算可以从20世纪的80年代开始，但是一方面由于早期的行政确权案件（包括无效宣告案件和撤销案件）及其后司法确权案件的数量与本课题的研究目的没有直接关系，另一方面准确和精确统计数据也并不易获得。因此本节仅仅对于2000年《专利法》修正实施以后的专利确权案件的数量加以统计和分析，统计数据见表5。❷

❶ 数据来源于国家知识产权局网站。

❷ 数据来源于专利复审委员会。

**表5　2001～2008年无效案件受理及结案数量表**

| 年份 | 2001 | 2002 | 2003 | 2004 | 2005 | 2006 | 2007 | 2008 |
|---|---|---|---|---|---|---|---|---|
| 受理 | 1316 | 1752 | 1813 | 1904 | 2087 | 2468 | 2183 | 2038 |
| 审结 | 1480 | 1402 | 1617 | 1667 | 1643 | 2022 | 2522 | 2727 |

从近8年的无效案件的受理和结案数量来看，专利复审委员会经过多年的努力，案件审查能力逐年提高，并且2007年审结量明显超出了受理量，案件审查状况得到了基本的好转。同时，上述数据表明专利复审委员会目前的审查能力已经足以应付当前的案件量，并且有能力将审查工作进行得更加深入，如加强依职权审查的力度，适当放宽复审、无效程序中的权利要求修改的形式限制等。并且，通过多年的审查实践，专利复审委员会已经培养了大批既有技术专业素养，又具备法律专门知识的审查人才。从另一统计数据来看，截至2008年底，专利复审委员会已经审结了19 408件无效宣告请求。[1] 针对社会上反映的专利无效宣告案件审查周期长的问题，专利复审委员会也通过各方面的努力，将专利无效宣告案件行政阶段的审查周期通过各种途径进行压缩，截至2009年5月，无效案件的审查周期已经基本控制到了5.8个月以内。

就无效程序中本身的情况而言，对无效程序中专利文件的修改具有明确限制。根据《专利审查指南（2010）》第四部分第三章的规定，发明或者实用新型专利文件的修改仅限于权利要求书，其原则是：（1）不得改变原权利要求的主题名称。（2）与授权的权利要求相比，不得扩大原专利的保护范围。（3）不得超出原说明书和权利要求书记载的范围。（4）一般不得增加未包含在授权的权利要求书中的技术特征。外观设计专利的专利权人不得修改其专利文件。也就是说，无效程序中对于专利申请文件的修改具有明确限制。

[1] 数据来源于《中国国家知识产权局2007年度报告》。

2. 司法审查程序

当前，对专利复审委员会作出的无效宣告请求审查决定不服而起诉的案件仍然作为行政诉讼案件进行审理，在专利行政诉讼中，专利复审委员会处于被告地位，承担证明被诉行政决定合法性的义务，并负责向法庭说明无效宣告请求审查决定作出的法律和事实依据。2001～2008 年专利行政诉讼案件的数量及各年的分布见表 6[1]所示。

**表 6 2001～2008 年专利行政诉讼案件的数量及各年的分布**

| 年份 | 2001 | 2002 | 2003 | 2004 | 2005 | 2006 | 2007 | 2008 |
|---|---|---|---|---|---|---|---|---|
| 一审 | 31/10 | 167/116 | 221/223 | 289/310 | 248/240 | 335/296 | 478/345 | 458/390 |
| 二审 | 1/0 | 46/32 | 99/88 | 216/168 | 196/217 | 218/197 | 258/201 | 299/270 |

其中，表格中的数字表示该年度受理和结案的数量，例如第二行第二列的 31/10 表示 2001 年一审受理案件为 31 件，结案量为 10 件。从统计的数据来看，2001～2008 年，专利行政诉讼案件基本呈增加态势，特别是 2002 年增长量尤为明显。其主要原因在于 2000 年修改后的《专利法》对三种专利的无效宣告案件都赋予当事人寻求司法救济的权利。结合无效宣告请求案件的受理和结案数据可以看出，虽然 2005～2008 年专利复审委员会处理的无效宣告请求纠纷每年都有大幅度的增加，但败诉率却呈下降趋势，这在某种意义上来说，专利复审委员会和专利司法确权的两级法院执法一致性方面有所提高。将 2001～2008 年无效案件结案量与行政诉讼的受理量整体考察，可以看出不服专利复审委员会作出的无效宣告请求审查决定的起诉率并不高，约为结案总量的 10%，从最近的统计数据来看，专利复审委员会在此期间解决的无效纠纷占总受理量的

[1] 数据来源于专利复审委员会。

98.0%以上。[1]

根据《专利法》第45条的规定，从理论上来说，针对一项专利权提出无效宣告请求的情形可以分为两种：一是被控侵权人在专利侵权纠纷解决程序中提起，这种情况下，通常在专利复审委员会受理该确权纠纷之后，专利侵权纠纷受理的司法机关或者行政机关会根据当事人的请求和案件的具体情况中止相应的纠纷解决程序。二是在没有侵权纠纷的情况下，社会公众（包括与该专利权存在潜在的利害关系的民事主体）主动提起。在确权纠纷的实践中，第一种情形占绝大多数，而由此产生的一个问题就是，根据当前的立法，涉及无效宣告的专利侵权纠纷往往要经历确权三个程序、侵权两个程序共五个程序才能解决，在个别案件中，还有可能出现所谓的循环诉讼问题，这难免出现专利权人维权艰难的情形。虽然，2008年12月27日通过的修改后的《专利法》确立了现有技术/现有设计抗辩制度和专利权评价报告制度[2]，以立法的方式引入这些制度在某种程度上会减少出现上述问题的案件的数量，但是由于修改后的专利法并没有对专利授权后程序本身进行修改，所以上述问题仍无法避免。

## 三、美国授权后程序演进的经济分析

虽然，美国在成立之初就认识到专利制度对经济发展的巨大作用，并由其制宪精英们在第一部宪法的第一条中写入“为了鼓励科学和有用公益的进步，给予著作家及发明家对其作品和发明享有限

---

[1] 指的是专利复审委员会受理的无效宣告请求案件的数量减去被司法机关撤销的数量，除以总的受理量。

[2] 2008年修改后的《专利法》第62条：“在专利侵权纠纷中，被控侵权人有证据证明其实施的技术或者设计属于现有技术或者现有设计的，不构成侵犯专利权。”第61条第2款：“专利侵权纠纷涉及实用新型专利或者外观设计专利的，人民法院或者管理专利工作的部门可以要求专利权人或者利害关系人出具由国务院专利行政部门对相关实用新型或者外观设计进行检索、分析和评价后作出的专利权评价报告，作为审理、处理专利侵权纠纷的证据。”

定年份的专利权”这一后人称作“版权和专利条款”，从此，美国人以他们对专利制度的独特见解和认识为起点，揭开了美国两百余年的专利制度变革历史。虽然，美国建立了至今为止世界上最成功和最复杂的专利授权制度和授权后制度，并因此获得了知识产权超级大国和工业霸主的地位。但是，其对于专利制度的认识并不是一成不变的，其专利制度的实施也不是一帆风顺的。其原因很多，但经济原因无疑是最重要的原因，毕竟从本质上来讲专利制度是一项经济制度。因此，下文仅以经济的视角对美国专利制度演变历史进行考察。

（一）美国早期的专利制度

在1787年的宪法中写入上述“版权与专利条款”之后的第三年，美国第一部专利法“促进实用技艺进步法案”问世，其中规定了由国务卿（著名的发明家托马斯·杰弗逊）、司法部长、国防部长组成的专利委员会专门负责，严格审查专利申请，其决定具有绝对权威，不得上诉。可见，美国第一部专利法对于专利申请的授权持非常慎重的态度，并未沿袭宗主国中的登记制度，而是设置了当前大多数国家采用的实质审查制度。但实践中，由于这一审查制度耗时太多，而上述高级官员还有其他繁重的事务需要处理，专利法实施的当年仅批准3项专利。美国专利申请人对专利审批缓慢深表不满。因此，1793年改法时采用了专利注册制度代替了专利审查制度，专利委员会被撤销，专利权的授予不再进行新颖性和实用性的审查，只要符合形式要件就可以。这样，专利的有效性就转由地区法院进行审查，地区法院有权启动有可能导致相关专利权被撤销的程序。专利申请注册制度在此后的43年，一直为美国专利制度所采用，直到1836年才重新恢复专利申请的实质审查。申请注册制导致了大量存在质量问题的专利被授权，权利冲突引起的权属不确定比比皆是，以至于后人评价为“其所授予之专利，多数为没有价值、无效以及和他人之专利权相冲突。抄袭、欺诈等竞争案件日增，专利法之立法精神，受到严重打击”❶。这显然不符合立法者及社会公众对于专利法的期待，也不能满足发明创造者对于专利制度的期待。

在各方面的推动下，1836 年美国专利法案出台，其不仅仅成立了联邦专利局，恢复了专利申请的实质审查制度，还赋予了当事人对联邦巡回法院或者地方法院专利诉讼裁决不服上诉至联邦最高法院的权利。经过这次修改，美国专利制度大大激励了发明创造的热情。有数据表明，1850 年至 1860 年的 10 年中，共批准 25，250 项专利权，从 1890 年至 1900 年的 10 年中，增加到 234，956 项专利权。1900 年以后任何一年里获准专利的发明，数量都等于或超过 1860 年以前美国整个历史上所曾有过的专利总数。并且，到 20 世纪 20 年代，这十年内所发出的专利证比美国历史上任何年代都多。技术进步使许多新产品变成了日用品。早些时候已经发明的汽车、拖拉机、收音机、飞机等已被人们普遍使用；新的化学制品和其他产品使居民的生活更加舒适。❷ 可以说，这一阶段的专利制度不仅仅实现了其对技术创新的激励，同时还大大增加了整个社会的福祉，促进了社会民众的生活水平的提高。在此背景下，虽然 1890 年出台了反垄断的谢尔曼法，但其并没有从根本上影响美国专利制度激励起来的热情。

从这个阶段的立法变革可以看出，1790 年的专利法采用实质审查制度，但由于其时间性成本太高而仅仅适用三年便被废弃；1793 年的专利法采用注册制度，虽然大大降低了时间成本，但由于确定性成本过高而不得不再次修改；1836 年的专利法虽然采用了实质审查制度，但由于联邦专利局的出现而解决了时间成本过高度问题，因此备受社会欢迎，并且取得了很高的经济效益。

---

❶ 曾陈明汝．美国专利制度之理论与实践［J］．专利商标法选论．国立台湾大学法学论丛（13），1977：11－12.

❷ 韩蕊．美国专利制度的历史演进及其对技术创新的影响［D］．上海：华东师范大学，2006.

（二）20 世纪 80 年代以来的发展和探索

20 世纪 50 年代以来，随着第一台计算机的问世，微电子技术、新材料技术应潮而生，带来了新一轮的技术革命。但是，由于技术作为一种信息其无法自然地被专有，因此也无法通过占有等手段被保护，而只能依据法律的手段进行法律保护，而专利制度恰恰是为了给工业实用技术提供保护的一种制度。因此，完善专利制度和加强专利权的保护已经成为社会之需要。正如前文所言，虽然美国在 1952 年应需修改了专利法，但是在反垄断的环境下效果并不显著，未能摆脱 60 年代以后经济地位以及其工业品竞争力下降的厄运。就美国的经济而言，其政策上的进一步改革迫在眉睫。

在上述背景之下，20 世纪 80 年代初，美国针对专利制度采取了强有力的改革措施。主要包括：一是在 1982 年成立了联邦巡回上诉法院，统一管辖专利侵权案件以及对专利商标局的决定不服而起诉的案件。有资料表明，该法院成立之后对专利权的保护具有显著的影响，一方面，各个巡回法院在联邦巡回上诉法院创建之前的 30 年中确认了 62% 的地区法院专利侵权裁决结果，然而联邦巡回上诉法院在其最初 8 年中就确认了 90% 的这样的判决；另一方面，当地区法院在认定一项专利无效或未被侵权时，各个巡回法院只推翻了 12% 的案件裁决，而联邦巡回法院在成立后的最初 8 年中，有 28% 的这样的案件裁决被推翻。[1] 二是 1984 年通过了由参议员拜耶和杜尔提出的《拜杜法案》，该法案旨在给予学术机构和非营利性的机构自动保留其从 R&D 中获取资金研发专利的权利，并取得了显著的效果。三是通过司法扩大了可授予专利权客体的范围，随着对生物技术、软件以及商业方法的授权，美国专利制度中的可授权客体范围越来越多，限制越来越少。四是通过 TRIPS 加大专利制度的国际协调和统一，其与美国的贸易政策一起为美国专利权人在境

---

[1] 转引自：亚当·杰夫，乔希·勒纳．创新及其不满：专利体系对创新与进步的危害及对策［M］．罗建平，兰花，译．北京：中国人民大学出版社，2007：96.

外的专利权的保护提供了强有力的支持。得益于上述亲专利因素，美国在20世纪最后的20年的专利申请及授权量大大地增加[1]，2001年，美国的国际发明专利申请量达到40 003件，占当年总量的38.5%。[2]

随着以司法为标杆的授权标准的降低以及强有力的境内外保护，专利申请量和授权量飞速增长。美国专利整体质量无法保证，并且由此产生的专利诉讼也日益增多，在20世纪90年代这十年中，专利诉讼的量增加了两倍多，并且专利侵权诉讼的成本也非常高。[3] 这使得美国不得不探索解决专利质量问题及诉讼成本过高问题的途径，而利用专利商标局的审查资源和社会公众的力量则是一个很好的选择。在此情况下，由美国专利商标局主管的单方复审程序（1981年实施）和双方复审程序（2000年实施）应运而生，上述两个程序的设立目的就是为了在社会公众辅助和支持下对已授权专利是否符合相应的规定以及授予的权利范围是否适当进行再次审查，弥补专利授权机构审查资源和审查能力的不足，以防止不当授予的专利权对自由竞争的消极影响和对技术进步的不当阻碍。但由于各种原因，上述两个程序都未能取得预期效果。进入21世纪之后，美国对其本身的专利制度进行了新的探索，包括：旨在减少地区法院为处理此类诉讼而耗费大量的精力和财力的《专利法改革法案2007》法案等，上述法案建议在美国专利商标局设置授权后异议程序（Post-grant review procedures），借助该程序向美国专利商标局请求专利无效，无需再向法院提起诉讼。对仲裁程序解决专利纠

[1] 就发明专利而言，1980年只有56 618件，1990年达到了88 974件，1999年达到了142 856件。转引自：韩蕊．美国专利制度的历史演进及其对技术创新的影响［D］．上海：华东师范大学，2006.

[2] 胡倬．初探专利制度对世界经济发展的贡献［J］．知识产权，2002（5）.

[3] 大型（风险超过2500万美元）专利侵权诉讼的辩护成本大约为200万～450万美元。对风险低于100万美元的案件来说，成本为30万～75万美元。转引自亚当·杰夫，乔希·勒纳．创新及其不满：专利体系对创新与进步的危害及对策［M］．罗建平，兰花，译．北京：中国人民大学出版社，2007：63－64.

纷的积极探索等。

可以说，20 世纪 80 年代以来美国对授权后程序的探索是非常有意义的。经过 80 年代的变革，亲专利使得专利权的确定性成本降低，制度的经济效益得到了体现。伴随着专利数量激增而来的专利质量降低和诉讼案件使得社会整体的制度成本升高，消耗了图 1 中 MC1 – MC2 产生的部分利润，不利于产业经济的发展，从而授权后程序得以探索和完善。

## 四、我国专利授权后程序的优化与改革

上面分析了美国专利授权后程序演进的情况以及其深层次的经济结构原因，并且分析了我国经济结构的特点以及我国当前专利授权后程序的特点。针对我国经济结构的特点，应当对我国当前专利授权后程序进行如下改革和优化，从而使得我国专利授权后程序符合社会经济成本的要求，成为促进社会整体经济发展和提高的经济制度。

### （一）优化无效程序

无效行政程序的优化可以从两个方面来考虑，一是加强专利复审委员会的依职权审查和依职权调查的力度，二是增加实用新型和外观设计专利权人授权后主动修改的程序，以提高专利权特别是未经实质审查的实用新型和外观设计专利权的确定性。

#### 1. 依职权审查的强化

具体而言，依职权审查的内容可以设置如下：一是针对已经受理的无效宣告请求涉及的专利权，对于不需要证据支持的无效宣告理由[1]，不论请求人是否提出，专利复审委员会一般应该予以审查，而不是仅依据请求原则径行裁判，等待请求人再次提出无效宣告请

[1] 主要指的是《专利法》第 5 条、第 25 条、第 22 条第 4 款，《专利法实施细则》第 2 条第 2 款和第 3 款、第 26 条第 3 款、第 26 条第 4 款和第 20 条第 1 款。对于上述后三个无效宣告理由，如果需要证据支持才能作出判断的，专利复审委员会不应依职权调查。

求再进行审查；二是对于请求人未提出的无效宣告理由[1]，如果专利复审委员会认为根据请求人或者专利权人已经提供的证据能够得出有意义的结论的，也应该继续审查；三是对于请求人撤回无效宣告请求的申请，专利复审委员会通常应当予以审查，如果认为在请求人已经提交的证据的基础上足以作出涉案专利权部分或者全部权利要求无效的，应当继续审查并作出审查决定。

依职权调查可以主要针对以下四种情形：一是对于当事人已经提供了确切线索，确因客观原因无法收集、提供的证据，一般可以依职权调取或核查；二是对于当事人逾期提供的证据，如果引入该证据会对案件的结论产生实质性的影响，则一般可以予以接受；三是对于当事人提供的有瑕疵证据，但可以进一步补正的情况，一般也可以接受；四是一方当事人提交的不利于自己的证据，对方当事人没有明确要求引入的情况，一般也应该引入作为定案依据。

就依职权审查的财产性经济学依据而言，显然，在上述方面强化依职权审查，能够在较短的时间内相对准确地评定专利权的效力，从而降低了无效制度的时间成本和确定性成本。并且，上述依职权审查的强化同样会降低专利侵权程序的时间成本和确定性成本，从而保证 MC2 处于较低的数值，使得 MC1 - MC2 的差值利润获得保持，有利于鼓励发明创造。

2010 年 2 月 1 日起施行的修订后的《专利法实施细则》第 71 条第 2 款规定："专利复审委员会作出决定之前，无效宣告请求人撤回其请求或者其无效宣告请求被视为撤回的，无效宣告请求审查程序终止。但是，专利复审委员会认为根据已进行的审查工作能够作出宣告专利权无效或者部分无效的决定的，不终止审查程序。"《专利法实施细则》的上述规定体现了无效程序依职权审查的强化。

2. 授权后补正程序

实用新型和外观设计专利权人授权后主动修改的程序可以做如

[1] 主要是《专利法》第 22 条第 2 款、第 3 款的无效理由。

下设置，在《专利审查指南（2010）》中规定实用新型和外观设计的授权后补正程序，亦即实用新型和外观设计专利权人在评价报告的基础上，可以向专利复审委员会提出授权后补正，在补正程序中对于专利权加以修改。

在授权后专利文件修改方面，我国的立法与美、日等国家的专利制度明显不同，一方面，我国专利制度中并没有设置单独的专利权人可以自主启动的授权后专利文件修改制度，因此，专利权人对已经获得授权的专利保护范围修改只能在无效宣告程序中进行；另一方面，相对于美、日等国家而言，无效程序中申请文件的修改限制过于严格。

就授权后补正程序的财产性经济学依据而言，虽然，从实现无效宣告制度增加社会秩序稳定性的目的出发，对权利要求的修改进行实质性限制的同时辅以各种形式上的限制有合理之处，但是，在加大公共机构对已经授予的专利权进行再次审查职权主义色彩的同时，应当给予专利权人在不扩大原授权的保护范围的情况下，修改权利要求保护范围的权利。如前所述，技术方案或者设计方案的财产价值由边际效用价值度量，与客体的效用和稀缺性成正相关。在技术方案或者设计方案的效用和稀缺性不改变的前提下，在授权后程序中通过限制权利人修改权利要求保护范围的权利改变财产价值，不符合增加社会整体效益的福祉。

同时，在引入专利权评价报告制度的情况下，有必要增加相应的或者单独的授权后修改程序，否则面对对其不利的专利权评价报告，实用新型专利权的权利人将仅能通过启动无效宣告程序对权利要求中的瑕疵进行修改，而外观设计专利权的权利人则完全没有得到救济的途径，这样的制度设置显然增加了制度运行的时间成本和确定性成本。

因此，需要通过增加单独的授权后修改程序或者赋予专利权人在无效宣告程序中对其专利文件较大的修改权利，以便他们能够通过主动或者被动的修改其专利文件而使其发明创造中对社会作出贡献的部分能够得到保护，以有利于鼓励发明创造。

（二）改革司法审查程序

目前，我国专利授权后程序的关键问题在于，程序冗长导致的高昂的时间成本和确定性成本。如科万案中❶，无效宣告请求人于2005年2月18日提出无效宣告请求，专利复审委员会经过审查认定，科万公司的02333398.7号外观设计专利（即对比设计）与02333399.5号外观设计专利（即本专利）属于相同专利权人于同日提出的同样的外观设计，不符合2002年《专利法实施细则》第13条第1款的规定，一审法院亦持相同的观点。二审法院则认为，就同一主体就相同产品同日申请了两项以上的外观设计而言，“同样的外观设计”仅应解释为外观设计相同，不应包含相近似的情况，故改判一审判决和无效决定。最高人民法院则与专利复审委员会、一审法院的观点相同，于2008年12月25日作出判决。上述案件历时3年，经历了专利复审委员会的行政审查以及三级法院的司法审查，得出与专利复审委员会行政决定相同的最终认定。

首先，繁杂的审级导致程序冗长，从而带来高昂的时间成本❷，并且损害了制度的确定性成本。如上述科万案的二审判决作出后，北京市第一中级人民法院相继作出了（2007）一中行初字第67、68、69、70、71号行政判决等，采用北京市高级人民法院的观点，然而在此之后北京市高级人民法院的上述观点被最高人民法院否定。显然，上述繁杂的审级增加了确定性成本。结合图25考虑这

❶ 参见国家知识产权局专利复审委员会第7860号无效宣告请求审查决定以及北京市第一中级人民法院（2006）一中行初字第540号行政判决书、北京市高级人民法院（2006）高行终字第469号行政判决书和中华人民共和国最高人民法院（2008）行提字第4号行政判决。

❷ 如历时8年的舒学章案，最终最高人民法院支持专利复审委员会和北京市第一中级人民法院的观点，撤销北京市高级人民法院的生效判决。参见国家知识产权局专利复审委员会第3209号无效宣告请求审查决定、北京市第一中级人民法院（2001）一中知初字第195号行政判决、北京市高级人民法院（2002）高民终字第33号行政判决和中华人民共和国最高人民法院（2007）行提字第4号行政判决。

个问题，在我国的司法审查程序中，繁杂的程序产生的确定性成本需要计算在专利实施的成本中，那么必然导致 MC2 上升，从而使得基于专利创新生成的利润 MC1 - MC2 降低，甚至导致专利创新生成的利润被抹杀。并且，对于社会成本而言，由于确定性成本的提高，其他竞争者无法理性地判断是否需要以超过剩余最大化所需投入的投入数值进行研究开发，从而导致部分竞争者决策成本提高，导致社会整体成本的增加。更为可怕的是，风险逃避将导致投入不足❶，亦即上述确定性成本的提高可能抹杀创新的动力。美国的经验亦体现了这一点，如图 26 所示，1982 年美国联邦巡回上诉法院成立之后，提高了法律适用的确定性，从而专利申请的年增长率从 1.5% 增长为 5.7%❷。

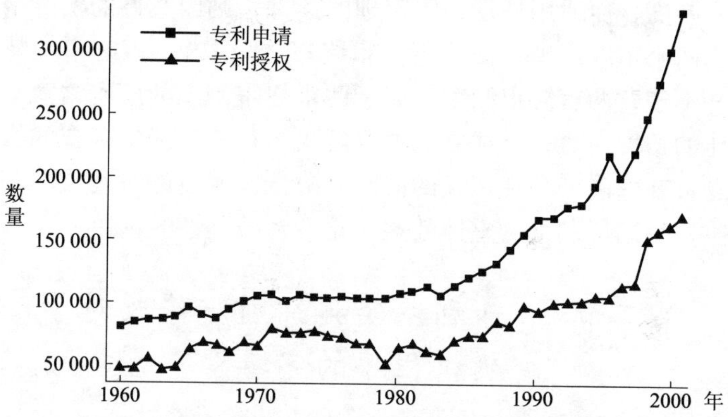


**图 26　美国的专利申请量与专利授权量❸**

❶ KENNETH J. ARROW. *Economic Welfare and the Allocation of Resources for Invention* [J]. The Rate and Direction of Inventive Activity: Economic and Social Factors 1962, 609: 610 - 614.

❷ 威廉·M. 兰德斯，理查德·A. 波斯纳. 知识产权法的经济结构 [M]. 金海军，译. 北京：北京大学出版社，2005：432.

❸ 威廉·M. 兰德斯，理查德·A. 波斯纳. 知识产权法的经济结构 [M]. 金海军，译. 北京：北京大学出版社，2005：379.

其次，繁杂的审级并不能保证公平和正义的实现。法院的认定并不必然因审级的增加而精进[1]，并且上述案例亦体现了所增加的审级并不符合最终结果上的预期。亦即，繁杂的审级并不具有良好的社会效应产出，仅具有高昂的社会成本（包含时间成本和确定性成本）。

综合上述理由，应当减少一个审级，司法审查程序采用一审终审的诉讼诉讼程序。就宪政体制的角度而言，由于从宪政、契约论以及制度特点等多方面分析可以得出无效程序属于行政程序，所以上述立法建议符合宪政体制的要求；就两审终审制的角度而言，上述立法建议不违背两审终审制。民事诉讼法、行政诉讼法中的两审终审制度，理性的含义应当是，一个案件经过两级法院的审判即告终结的制度，而适用特别程序审理的案件，则因案件的实际情况不需适用两个审级审理，而实行一审终审。[2] 引入一审终审的特别程序，并不违背两审终审制度，属于两审终审制度的应有之意。就程序优化的角度而言，上述立法建议解决了司法实践中存在的程序冗长问题，在保障公平和正义的同时，降低了制度的时间成本和确定性成本，提高了制度的整体效益，符合经济理性的选择。

## 第二节 《专利法实施细则》修改对于确权程序的完善[3]

2010年1月9日，《国务院关于修改〈中华人民共和国专利法实施细则〉的决定》公布，并自2010年2月1日起施行。配合2008年12月27日第十一届全国人大常委会第六次会议通过的《关

[1] 郭寿康，李剑．我国知识产权审判组织专门化问题研究——以德国联邦专利法院为视角［J］．法学家，2008（3）：59－65.

[2] 刘家兴．民事诉讼法学教程［M］．北京：北京大学出版社，1994：85－86.

[3] 部分研究成果参见：张鹏．论《专利法实施细则》修改对专利无效宣告制度的完善［J］．知识产权，2010（11）：55－60.

于修改〈中华人民共和国专利法〉的决定》，此次《专利法实施细则》的修改涉及保密审查的程序、重复授权制度、遗传资源来源说明制度、专利权评价报告制度、专利权实施许可制度等。在《专利法》第三次修改过程中，专利无效宣告程序的简化问题一开始就得到了高度重视，在无效宣告程序基本属性方面形成了修改为民事诉讼程序、维持现行行政诉讼模式两种截然对立的观点，同时亦有学者主张人民法院可以适当变更无效决定的意见，后来因为存在法律障碍和分歧而被立法部门放弃。[1]《专利法实施细则》的修改则在这方面有所进展。虽然《专利法》的第三次修改并未涉及专利权无效宣告制度部分，但是此次《专利法实施细则》的修改涉及无效宣告制度的优化，甚至涉及对于无效宣告制度基本属性的探讨。

## 一、修改背景

2002年《专利法实施细则》第71条规定："专利复审委员会对无效宣告的请求作出决定之前，无效宣告请求人可以撤回其请求。无效宣告请求人在专利复审委员会作出决定之前撤回其请求的，无效宣告请求审查程序终止。"作为上述规定的细化，《审查指南（2006）》在第四部分第一章总则中规定了请求原则，亦即"复审程序和无效宣告程序都应当基于当事人的请求启动，请求人在专利复审委员会作出复审或者无效宣告审查决定结论前撤回其请求的，其启动的审查程序终止；但审查决定的结论已宣布或者书面决定已经发出之后撤回的，不影响审查决定的有效性"。根据上述规定，在专利复审委员会针对无效宣告请求作出审查决定之前，无效宣告请求人提出撤回无效宣告请求的，专利复审委员会一般只针对该请求的形式进行审查，只要能够认定该撤回请求的意思表示真实合法、主体适格并且符合法定形式，就予以准许，以结案通知书的

---

[1] 罗东川．《专利法》第三次修改未能解决的专利无效程序简化问题［J］．电子知识产权，2009（6）：16－19.

方式终止无效宣告程序。

就审查实践而言，在无效宣告请求人撤回无效宣告请求的情况下，直接导致一定数量的本不应当授权的专利权继续存在，由于在无效宣告程序中没有代表社会公众利益的主体出现，所以会出现损害公众利益、维持明显授权不当的专利权的情况。例如，无效宣告请求人请求宣告权利要求之间存在引用关系的某些权利要求无效，而未以同样的理由请求宣告其他权利要求无效，不引入该无效理由会得出不合理的审查结论。举例而言，请求人以权利要求1不具备新颖性、从属权利要求2不具备创造性为由请求宣告专利权无效，如果专利复审委员会认定权利要求1具有新颖性，而权利要求2不具备创造性，则如果不依职权对权利要求1的创造性进行审查明显不当。又如，有些案子案情清楚，宣告无效的结论也很明显，专利权依法应宣告无效，但是却在口头审理后，双方达成了和解，请求人撤回无效宣告请求。再如，专利权存在请求人未提及的明显不属于专利保护客体的缺陷，专利复审委员会如果不依职权加以审查亦明显不当。从而，上述规定在审查实践中产生不良影响。

就法理基础而言，2002年《专利法实施细则》第71条的法理依据在于，专利权本质上是私权，无效宣告程序是一种旨在解决无效请求人与专利权人关于专利有效性民事争议的民事诉讼程序。根据民事诉讼中的处分原则，该诉系依照请求人的请求启动，所以请求人有权自由处分其诉权，有权撤回无效宣告请求。上述法理基础是将无效程序定位于民事程序的逻辑结论。然而，上述法理依据和国情依据并不充分。

## 二、法理分析

从宪政、契约论和比较法三个方面分析无效宣告程序的基本属性，可以得知，无效宣告程序的制度价值在于不当授权的纠正，亦即在专利授权这一行政行为不适当的时候，通过行政权力的行使加以纠正。所以无效宣告程序属于行政程序。正是从这一点而言，无效宣告程序和致力于保护第三人可得利益的现有技术抗辩制度[1]具有制度价值上的区别。[2]

从宪政的角度而言，构成宪政的三大要素：民主、人权和法治。[3] 其中，法治是宪政的基石，只有把法治作为社会运行的根本准则，宪政才能得以施行。对国家权力的合理分配解决了国家权力行使的合法性问题——国家的权力必须来自于宪法和法律的授予。由专利复审委员会行使专利无效的行政职权，不但是《专利法》第45条赋予的职权，也是宪政的基本要求和体现。

从契约论的角度而言，专利制度是发明人通过公开技术方案的方式换得国家赋予的垄断权，专利权的授予和行使都离不开公权力的介入。[4] 从契约的角度出发，该合同的一方当事人是专利权人，另一方当事人就是国家，该合同从订立到履行都伴随着国家的公权力。并且，结合我国宪政的实践和《专利法》的相关规定，代表国家签订契约的该项权力属于行政机关。[5] 所以，该权利的丧失也离不开公权力的介入，专利无效程序无疑属于行政行为。

上述观点亦在比较法方面具有支持。在美国当事人启动的单方复审程序中，当事人启动程序后就不再参与该程序，当然亦不能撤回复审请求。在英国，根据英国专利法第73条的规定，审查机关可以自行启动无效宣告审查程序。在德国，根据德国专利法第61

---

[1] 笔者认为，现有技术抗辩制度与无效制度不同，其理论基础在于善意第三人可得利益的保护，亦即在被控侵权人为善意的情况下，其具有通过检索等方式，合法获得涉案专利申请日之前公开的自由公知技术的可得利益；且具有通过获得涉案专利申请日之前公开的专利的专利权人实施许可等方式，合法使用在先专利的可得利益。参见本章第三节的阐述以及张鹏．现有技术抗辩制度本质论［J］．科技与法律，2010（1）：42－51.

[2] 参见：张鹏．崔国振．现有技术抗辩的对比方式和对比标准探析［J］．知识产权，2009（1）：61－67.

[3] 李步云．走向法治［M］．长沙：湖南人民出版社，1998：2.

[4] 事实上，专利权的保护范围在一定程度上也由公权力进行界定，特别是经过实质审查的发明专利。

[5] 参见《专利法》第3条、第34条、第35条、第41条、第46条的规定。

条的规定，无效宣告请求人可以撤回无效宣告请求，但是不影响该无效宣告请求的审查。

## 三、修改涵义

2010年《专利法实施细则》第72条第2款为："专利复审委员会作出决定之前，无效宣告请求人撤回其请求或者其无效宣告请求被视为撤回的，无效宣告请求审查程序终止。但是，专利复审委员会认为根据已进行的审查工作能够作出宣告专利权无效或者部分无效的决定的，不终止审查程序。"

上述规定明确了在无效宣告请求人撤回无效宣告请求时，如果专利复审委员会认为根据已进行的审查工作能够作出宣告专利权无效或者部分无效的决定，那么将作出宣告专利权无效或者部分无效的行政决定，而不是终止审查程序。

通过这种方式，明确民事诉讼架构下的诉权处分原则在无效宣告程序中并不适用，从而明确无效宣告程序并非民事诉讼模式。另外，上述规定强化了专利复审委员会在无效宣告程序中依职权审查原则的适用，明晰了无效宣告程序不当授权纠正的制度价值，从而在一定程度上界定了无效宣告程序行政程序的基本属性。

## 四、实务操作

就2010年《专利法实施细则》第72条第2款的法律适用而言，主要在下述情形下，专利复审委员会可以依职权进行审查，从而使得专利申请的不当授权得以纠正。亦即，在下述情形下，专利复审委员会可以针对无效宣告请求人并未提出的无效理由加以审查：

第一，无效宣告请求人提出的无效宣告理由明显与其提交的证据不相对应的，专利复审委员会可以告知其有关法律规定的含义，允许其变更或者依职权变更为相对应的无效宣告理由。例如，请求人提交的证据为同一专利权人在专利申请日前申请并在专利申请日后公开的中国发明专利文件，而无效宣告理由为不符合《专利法》第9条第1款的，专利复审委员会可以告知请求人《专利法》第9条第1款和第22条第2款的含义，允许其将无效宣告理由变更为该专利不符合《专利法》第22条第2款，或者依职权将无效宣告理由变更为该专利不符合《专利法》第22条第2款。

第二，专利权存在请求人未提及的明显不属于专利保护客体的缺陷，专利复审委员会可以引入相关的无效宣告理由进行审查。

第三，专利权存在请求人未提及的缺陷而导致无法针对请求人提出的无效宣告理由进行审查的，专利复审委员会可以依职权针对专利权的上述缺陷引入相关无效宣告理由并进行审查。例如，无效宣告理由为独立权利要求1不具备创造性，但该权利要求因不清楚而无法确定其保护范围，从而不存在审查创造性的基础的情形下，专利复审委员会可以引入涉及《专利法》第26条第4款的无效宣告理由并进行审查。

第四，请求人请求宣告权利要求之间存在引用关系的某些权利要求无效，而未以同样的理由请求宣告其他权利要求无效，不引入该无效宣告理由将会得出不合理的审查结论的，专利复审委员会可以依职权引入该无效宣告理由对其他权利要求进行审查。例如，请求人以权利要求1不具备新颖性、从属权利要求2不具备创造性为由请求宣告专利权无效，如果专利复审委员会认定权利要求1具有新颖性，而从属权利要求2不具备创造性，则可以依职权对权利要求1的创造性进行审查。

第五，请求人以权利要求之间存在引用关系的某些权利要求存在缺陷为由请求宣告其无效，而未指出其他权利要求也存在相同性质的缺陷，专利复审委员会可以引入与该缺陷相对应的无效宣告理由对其他权利要求进行审查。例如，请求人以权利要求1增加了技术特征而导致其不符合《专利法》第33条的规定为由请求宣告权利要求1无效，而未指出从属权利要求2也存在同样的缺陷，专利复审委员会可以引入《专利法》第33条的无效宣告理由对从属权利要求 2 进行审查。

第六，请求人以不符合《专利法》第 33 条或者《专利法实施细则》第 43 条第 1 款的规定为由请求宣告专利权无效，且对修改超出原申请文件记载范围的事实进行了具体的分析和说明，但未提交原申请文件的，专利复审委员会可以引入该专利的原申请文件作为证据。

第七，专利复审委员会可以依职权认定技术手段是否为公知常识，并可以引入技术词典、技术手册、教科书等所属技术领域中的公知常识性证据。

## 第三节　我国确权纠纷解决机制及相关制度的完善[1]

专利确权纠纷解决机制是专利制度的一个重要组成部分，其不仅关系到专利权人和社会公众合法权利的保护，同时对于鼓励发明创造、构建创新型国家和实施国家知识产权战略而言具有突出意义。本节立足于我国国情，结合其他国家的先进经验以及基本法理，重点讨论切实可行、科学合理的改革措施，分析研究完善我国专利确权纠纷解决机制的对策与建议。并且，进一步探讨与确权纠纷解决机制相关的现有技术抗辩制度等的制度本质，以及适用范围、对比方式、对比标准等现有技术抗辩制度法律适用的基本问题。

[1] 本节内容部分基于由笔者执笔的国家知识产权局专利复审委员会、最高人民法院知识产权审判庭承担的国家知识产权局软课题“专利确权纠纷解决机制”的部分研究成果，以及由笔者执笔的国家知识产权局学术委员会优秀课题“现有技术抗辩制度及其与无效程序的关系研究”的部分研究成果。另外，参见：张鹏．现有技术抗辩制度本质论［J］．科技与法律，2010（1）：42－51；张鹏，崔国振．现有技术抗辩的对比方式和对比标准探析［J］．知识产权，2009（1）：61－67.

## 一、行政确权的必要性和可行性

专利行政确权机制具有纠正专利的不当授权的重要意义，从而保证专利权授予质量、维护社会公众合法利益，推动专利法宗旨的实现。采用确权与侵权相分离的、确权程序单独设置的立法模式更有利于专利制度的良好运行，是我国国情下的必然选择。在我国当前国情下，单独设置的确权程序的法律属性应当是行政程序。

### （一）确权程序行政属性的要求

从宪政的角度而言，宪法的功能在于授予权力并限制权力，由专利复审委员会行使专利无效的职权，不但是法律赋予的神圣职权，也是宪政的基本要求和体现；从专利制度的理论基础的角度而言，基于公开换取垄断的契约理论，该契约的一方当事人是专利权人，另一方当事人就是国家，该合同从订立到履行都伴随着国家的公权力，结合我国宪政的实践亦即专利法的相关规定，代表国家签订契约的该项权力属于行政机关，并且该权利的丧失也离不开公权力的介入，专利无效程序无疑属于行政行为；从无效制度的特点的角度而言，专利权作为普通的民事权利的同时，又属于体现国家管理内容的工业产权，经济和产业政策是专利制度的重要法律渊源，成为一种体现国家意志的经济权利。

据此，在我国当前宪政体制下，结合专利制度的本质以及我国的国情，无效程序属于行政程序，亦即专利不当授权的纠正属于行政职权的范畴。从而，建立行政属性的专利确权制度符合宪政体制的安排，并符合我国的当前国情。

### （二）专利确定性和公信力的保证

从我国当前国情考虑，就专利权的保护和专利确定性的保证两大价值取向方面，我国应当更为注重后者。原因在于，与发达国家相比，我国产业的比较优势在于廉价的劳动力，最大差距在于缺乏科技实力、创新能力，体现为缺乏核心技术的专利。时至2007年，中国企业和个人所取得的国内发明专利授权量达到60%，但在汽车、飞机、仪器仪表、信息、生物工程、新材料等含金量较高的技术领域，我国授予的专利多为外国公司所拥有，其所占份额约为80% ~90%。[1] 正如吴汉东教授所述，我国知识产权制度经历了“被动性接受——选择性安排——调整性适用——主动性决策”的发展历程，在主动性决策的阶段，适应我国国情的需要，对于作为政策工具的专利制度[2]而言，应当更为注重专利确定性和专利公信力的保证。

分析我国国情现状，我国有80多个法院审理专利侵权纠纷案件，并且我国没有遵循司法先例的相关规定，因此，非常容易出现不同的法院的创造性标准不统一从而导致对于同一专利的有效性认定不同的情况。我国没有判例制度，并且即使考虑到最高人民法院推行的案例指导制度，其对于案件审理的协调作用亦是微乎其微的。在没有相关法律制度予以保障的前提下，在最高人民法院的协调工作对各法院没有强制力的情况下，仅凭法官的专业水平和职业道德素质，上述方案难以起到理想的效果。当前国情下，如果不存在确权程序，那么同样的专利权在不同地区具有不同的法律效力，将严重影响专利制度的价值以及司法的公信力与确定性。

反观其他国家的情况，同样说明上述问题。1982年美国联邦巡回上诉法院成立之前，各上诉法院对于专利法的解释差别非常大，在专利诉讼案中普遍存在挑选法院的现象。[3] 即使对于成立了统一上诉法院的国家而言，例如日本，仍然存在一二审对于专利权效力评定的冲突以及侵权法院与确权机构、授权机构评定的冲突。

因此，从我国当前国情考虑，就专利权的保护和专利确定性的

---

[1] 参见：吴汉东．知识产权基本问题研究［M］．2版．北京：中国人民大学出版社，2009：144.

[2] 参见：吴汉东．知识产权基本问题研究［M］．2版．北京：中国人民大学出版社，2009：140.

[3] 亚当·杰夫，乔希·勒纳．创新及其不满：专利体系对创新与进步的危害及对策［M］．罗建平，兰花，译．兰花，校．北京：中国人民大学出版社，2007：8-9.

保证两大价值取向方面，我国应当更为注重专利确定性的保证。在当前宪政体制下，专利确定性和公信力保证的最佳途径在于，行政确权程序的存在。

（三）专利效力评定准确性的保证

考察我国当前国情，我国现有的行政确权资源现状如下：

（1）专利权效力的审查经验。作为无效宣告案件专门审理机构的专利复审委员会自1984年第一部专利法实施以来，一直承担着复审请求和无效宣告请求案件的审查职责，截至2007年12月31日，专利复审委员会共审结无效案件16 681件，其中被起诉的有1841件，起诉率11.0%；其间解决的无效纠纷占总量的97.6%，积累了较为丰富的专利确权审查经验。

（2）专利权效力审查方面的人力资源。经过多年的发展和建设，专利复审委员会在审查实践中培养了大批既有技术专业素养，又具备法律专门知识的审查人才。专利复审委员会绝大多数审查员是从专利实质审查部门的资深审查员中调入的，一般具有三年以上的实质审查工作经验，约64%的人员具有技术和法律的双重背景，在判断各个技术领域专利权利要求的创造性方面具有优势。

（3）案件处理能力。随着人员数量的增加和审查经验的积累，专利复审委员会案件处理能力也显著提高，2008年专利复审委员会案件处理能力至少能够达到7182件，2008年已经能够将无效案件的平均审查周期控制在6个月之内，能够满足审理侵权案件的需要以及其他需要。

考察我国当前国情，我国可资利用的司法资源现状如下：

（1）人力资源。人民法院绝大多数法官不具备技术背景，并且审理专利案件的经验各地方法院之间差异也很大，对于全国80多个可以受理专利侵权案件的法院而言，面对技术性和专业性都很强的创造性的判断显然不具有优势。

（2）审理经验。专利复审委员会对于无效的审理认定比受理侵权诉讼的法院更有经验，对于专利效力的审理，审理侵权案件的法院的意见不比专利复审委员会意见的可信度更高[1]。

因此，将专利确权和侵权分离并且在侵权纠纷中不应涉及专利权有效性的立法模式，不仅仅有法律移植方面的原因，更重要的是该立法模式能够更好地利用和配置现有的行政和司法资源。

## 二、国外确权纠纷解决机制的比较法研究

下面对于德国、日本和美国等国外相关制度的历史以及现状加以分析和解读。

### （一）德国确权纠纷解决机制的渊源与演进

从立法的角度来讲，德国专利制度框架由《联邦德国基本法》和德国专利法、德国实用新型法、德国外观设计法构成。整体上来说，德国专利制度中的专利权侵权纠纷的解决和专利权有效性的判断是分行的。其中专利侵权案件由州一级的地区法院管辖，但由于专利侵权案件涉及较复杂的专业技术问题和法律问题，因此在德国约 125 个地区法院中只有 12 个地区法院可以受理专利侵权诉讼。相对于专利侵权纠纷的解决机制，其专利权有效性判断制度比较复杂，具体而言，在德国发明专利权有效性的判断由位于慕尼黑的德国联邦专利法院（以下简称“德国专利法院”）独占管辖，实用新型专利而言，地区法院也可以在侵权诉讼中直接就其有效性作出裁判，也可以通过在专利法院的无效诉讼解决，其外观设计专利权采用登记制度，对于其效力的判断不能通过向专利法院提起无效诉讼解决。

德国对于发明、实用新型和外观设计实行分别立法，因此，专利法只涉及发明专利。发明专利授权公告后 3 个月内，任何人可以提出异议，由专利局的专利部对异议进行审查，如果请求人撤回异议请求，专利局有权依职权继续进行异议审查。在专利部作出撤

[1] 闫文军．专利权的保护范围——权利要求的解释和等同原则的适用［M］．北京：法律出版社，2007：494.

销、部分撤销或维持专利权的决定后，当事人对异议决定不服的向联邦专利法院申诉。

发明专利权有效性的审理由位于慕尼黑的德国联邦专利法院独占管辖。根据德国专利法第65条规定，专利法院为独立、自治的联邦法院，受理不服专利局审查部和专利部决定的诉讼请求以及专利无效、强制许可诉讼请求。专利法院由院长、审判长和法官组成，上述成员必须具有德国有关法官法律要求的从事司法事务的资格（法律成员），或者是某一技术领域的专家（技术成员）。联邦专利法院还负责审理不服联邦德国专利局商标局行政决定的案件，包括对专利局驳回发明、实用新型和外观设计申请及发明异议决定或实用新型撤销决定不服的申诉案件，以及欧洲专利在德国的无效案件[1]。在专利法院审理申诉案件以及此后的上诉程序中，专利局局长不是法律上诉一方当事人情况下，专利局局长为了维护公共利益可以向专利法院提交书面意见，也可以出席开庭并作陈述。如果专利法院认为涉及重要的法律问题需要给予专利局局长参加异议程序的机会，专利局局长在收到通知后成为一方当事人。

德国实用新型和外观设计均采用注册制，不进行实质审查。在实用新型注册后任何人可以向专利局提出撤销请求，由专利局实用新型部门对撤销请求进行审查。当事人对撤销决定不服的可以向联邦专利法院申诉。1992年之前，德国只规定了外观设计注册程序，没有规定撤销和无效宣告程序。1992年外观设计法中增加了注销程序，即外观设计与他人在先权利冲突的，在先权利人可以提出注销请求。注销程序由地方法院管辖，不归专利法院管辖。2004年6月1日实行的新外观设计法增加了无效宣告程序。

根据《德国专利法》第100条的规定，对于德国专利法院上诉

---

[1] 罗东川，夏君丽．最高人民法院和欧盟知识产权合作项目——专利侵权考察团赴德国英国考察情况报告［C］//曹建明．知识产权审判指导．2006（2）．北京：人民法院出版社，2007：236－256.

审理庭所作判决中的法律问题，可以上诉至联邦高等法院，这种法律问题通常为重要的法律争议需要决定或者需要联邦高等法院就发展或者统一执法尺度进行决定。但是这种上诉权以判决中明确记载为条件，同时在存在该法所述的情形时，则上诉权的享有不以判决记载为条件。这些情形包括诸如专利法院的审理组织组成不合法、判决没有阐述决定的理由、判决的作出违反公开听证原则以及参与判决的法官曾经因为公正问题被质询等。德国专利法第 101 条规定，上诉权属于专利法院审理程序中的当事人。根据德国专利法第 110 条的规定，对于无效审理庭所作的判决无论是出于法律问题还是其他事实问题，均可以向联邦高等法院提出上诉，上诉期为 1 个月。

与中国的情况类似，德国的专利无效诉讼也大都由于侵权诉讼而启动。但在中止诉讼的问题上二者有较大不同，德国地区法院在此问题上采取比较谨慎的态度。

（二）日本确权纠纷解决机制的渊源与演进

现行的日本专利❶确权程序是指无效审判程序❷以及后续的由司法部门管辖的无效审判的审判决定撤销诉讼程序。无效审判是公众对存在瑕疵的专利权，向特许厅审判部提出的请求取消或部分取消专利权的程序。当事人对特许厅审判部作出的无效审判决定不服的，可以向法院提起审判决定撤销诉讼。日本现行专利法为昭和 34 年专利法，该法第 123 条第 1 款对专利无效审判制度进行了规定：

---

❶ 日本的发明、实用新型、外观设计分别由特许法、实用新型法和外观设计法规范，为了便于翻译和理解，将“特许”译为专利，“特许法”译为专利法。因此，报告中所说的专利均指发明专利。

❷ 订正审判、无效审判属于两种日本专利审判制度，此外日本专利审判制度还包括对驳回审定的复审（相当于我国的专利复审程序）等其他制度，因对驳回审定的复审不属于授权后程序，此处不再进行介绍。另外，审判制度还可分为“审定系审判”和“当事人系审判”，“审定系审判”是指审判请求人以特许厅为对象进行的审判，例如“订正审判”。“当事人系审判”则是指审判请求人不是以特许厅为对象，而是以专利权人为对象的审判，例如“无效审判”。

“专利权存在瑕疵时，可就专利权提起无效审判请求。”无效审判属于当事人系审判，采取了无效审判请求人以专利权人为对象请求审判的双方当事人对立结构，审判机构是特许厅审判部。根据《日本专利法》第125条的规定，无效审判的审判决定具有追溯力和对世效力，如审判决定认定专利权应被无效，则决定生效后专利权视为自始不存在。日本无效审判中的诸多程序事项都适用民事诉讼法的规定。

对特许厅审判部作出的无效审判决定不服的，当事人可以直接向知识产权高等法院提起诉讼，这种诉讼被称为无效审判决定撤销诉讼[1]。该诉讼采取了以审判决定对其有利的一方当事人为被告的双方当事人对立结构，但其审理的对象仍然是特许厅审判部的行政处分决定，实质上属于行政诉讼。撤销无效审判决定的事由可以分为程序上的瑕疵和实体上的瑕疵。在大多数审判决定撤销诉讼中，争点都在于实体上的瑕疵是否会影响审判决定的结论。实体上的瑕疵例如包括：新颖性、创造性、记载要件、申请文件的修改是否符合规定等。关于审判决定撤销诉讼的审理范围，日本最高法院于1976年3月10日在“最高裁昭和51年3月10日大法庭判决”中予以明确，最高法院在该案中推翻了该院以前的判例，明确指出，由于审判决定撤销诉讼是就审判决定是否存在撤销事由进行审理，因此，审理范围仅限于在审判程序中经过审理且在审判决定中作出判断的无效理由或驳回理由，当事人不得主张在审判程序之外的驳回理由或无效理由。当诉讼请求不成立时，知识产权高等法院将作出维持审判决定，驳回诉讼请求的裁判，审判决定也直接生效。当诉讼请求理由成立时，法院将撤销审判决定，行政处分溯及地失去其效力，特许厅审判部将再次进行审理并作出审判决定。

---

[1] 由于专利审判根据其性质可以分为审定系审判和当事人系审判，审理决定撤销诉讼相应地也可分为审定系审理决定撤销诉讼和当事人系审理决定撤销诉讼。审定系诉讼包括对复审的审理决定提起的诉讼和对订正审判的审理决定提起的诉讼，当事人系诉讼包括对无效审判的审理决定提起的诉讼。

对知识产权高等法院作出的判决不服时，可以向最高法院上告。上告包括基于法律规定的“上告理由”提起的上告，以及基于法律规定的“上告受理申请理由”申请法院受理上告后根据最高法院作出的上告受理决定而提起的上告。上告理由仅限于：(1) 判决有宪法解释错误或有其他违反宪法的事项（《日本民事诉讼法》第312条第1款)；(2) 民事诉讼法中列举的违反程序法的重大事项（《日本民事诉讼法》第312条第2款)，又称为绝对上告理由。关于“上告受理申请理由”，日本民事诉讼法规定，上告法院为最高法院时，如果认为原判决存在其判断与判例相抵触的情形，或者认为案件包含着有关法律法令解释的重要事项，最高法院可以依当事人的申请，以决定方式受理上告审案件（《日本民事诉讼法》第318条第1款)。下级审判作出与判例中法律解释不同的判决时，最高法院负有统一法律解释的责任❶。如需变更判例则必须经由全体最高法院法官（共15名）组成的大法庭才能变更。

侵权与确权程序的关系。日本最高法院2000年第三小法庭作出的“kilby第275号专利上告判决”❷ 改变了不能在侵权诉讼中判断专利是否有效的状况，允许被诉侵权人在侵权诉讼中主张专利权明显无效。该判决采用了权利滥用学说并将权利滥用的成立要件适当放宽，这样审理侵权的法院不必等待特许厅的无效审判决定生效，即可作出实质上视专利权为相对无效（在当事人之间）的判决，从而创立了一个可迅速作出是否构成侵权判断的途径，开创了司法确权的先河。

日本2004年修改专利法❸时，引入专利法第104条之三，又废除了“明显无效”这一要件，明确规定“侵犯专利权或专用实施权的诉讼中，认定该专利经专利无效审判应当无效时，专利权人或

❶ 阿部、井注、片山法律事务所．实务审理决定撤销诉讼入门［M］．71．

❷ 民集第54卷4号1368．

❸ 平成16年法律第120号。平成17年4月1日施行。

专用实施权人不得向对方当事人行使其权利”。在专利侵权诉讼中，被告可以依据原告所主张的专利权中存在无效事由为理由，要求撤销相关诉讼。在这种情况下，法院应判断相关专利权的有效性。

（三）美国确权纠纷解决机制的渊源与演进

相对于其他各主要专利国家和地区而言，美国的专利确权程序相对而言是较为复杂的，其中既包括由审理侵权诉讼的法院在民事诉讼程序中对专利权效力进行认定的司法确权程序，也包括行政确权程序，如单方复审程序、双方复审程序以及正在改革中的授权后程序。更为特殊的是，美国还在逐步探索和改善在仲裁程序中对专利权效力进行裁决的制度设计。

在侵权诉讼过程中，被控侵权方一般都会对专利的有效性提出质疑，对此，法院将首先就涉案专利是否有效作出裁定，然后再确定专利侵权是否成立。不服初审判决的可以上诉至联邦巡回上诉法院[1]，由于该上诉审程序仅对法律问题进行审查，不对事实问题进行审理，涉及有关事实问题时，上诉审仅仅依据初审的法庭记录，不接受双方当事人提交的新证据，如果当事人提交的证据可以证明初审法院认定事实错误，则发回初审法院重新审理。法院的判决一般只对本案的双方当事人有效，不对第三方发生法律效力，并无对世效力。自联邦最高法院在 University of Illinois Foundation v. Blonder – Tongue Labs. 一案中表明态度后，关于专利权法律效力，法院判决在一定程度上具备了对世的效力，一旦法院宣告涉案专利无效，专利权人很难在今后其他案件中说服其他法院对涉案专利的有效性再重新审理。

另外，美国专利确权程序还包括行政确权程序，如单方复审程序、双方复审程序以及正在改革中的授权后程序等。

单方复审程序。美国国会于 1980 年 12 月 12 日通过了

---

[1] 联邦巡回上诉法院成立之前，当事人对初审判决不服的可向所属的联邦上诉法院上诉。

H. R. 6933 议案，后称《拜杜法案》（Bayh – Dole Act），该法案内容包括在专利法中增加第 30 章第 301 条至第 307 条，由此建立了专利商标局内的专利行政复审程序。复审程序允许任何人在专利授权后根据可能在该专利申请审查阶段没有发现的现有技术，向专利商标局请求重新审查该专利的有效性。司法委员会在向众议院提交的关于 H. R. 6933 议案的报告中认为：复审程序对授权后专利有效性问题的解决，相较于昂贵且冗长的侵权诉讼程序更加有效，并且该程序通过确保专利的有效性可以增加投资者的投资信心，以进一步促进工业上的创新。[1] 美国目前采用的单方复审程序主要体现在美国专利法第 30 章第 301 条至第 307 条中[2]，其中第 301 条规定，任何人只要认为包括其他专利或公开出版物的现有技术可以影响某一专利的任何权利要求的可专利性，就可以在任何时间以书面形式向专利商标局引用该现有技术。[3] 第 303 条和第 304 条规定，在提出复审请求的 3 个月内，局长将决定复审请求是否提出了影响该专利任何权利要求可专利性的新的实质性问题，局长所作出的对于未提出实质性的新的可专利性问题的决定，为终局决定，不得上诉。如果局长发现有影响专利中的任何一个权利要求的可专利性的新的实质性问题，而依第 303 条第 a 项的规定作出决定时，该决定书中应包括启动解决上述问题的复审该专利之复审指令。根据《美国专利审查程序手册》的规定，复审请求只能依在先专利或公开出版物提出，理由限于新颖性与创造性，其他理由不应包括在复审请求之中。对复审案件的审查通常是按照专利申请阶段的审查原则进行，并且由于复审程序中涉及的权利要求不预先推定有效，因此该程序

---

[1] 20 House Report No. 96 – 1307, 96th Cong. , 2d Sess (1980).

[2] 单方复审程序涉及美国现行专利法 35 USC 301 – 307，其中，35 USC 302 于 1999 年 11 月进行过修订，35 USC 303 分别于 1999 年 11 月、2002 年 11 月进行过修订，35 USC 304 于 1999 年 11 月进行过修订，35 USC 305 于 1984 年 11 月进行过修订，35 USC 307 分别于 1994 年 12 月、1999 年 11 月进行过修订。

[3] 35 U. S. C 301 (2007).

如同专利申请阶段的审查。

双方复审程序。1999 年 11 月 19 日，H. R. 3194 议案在美国获得通过。[1] 根据该议案的要求，美国专利法将 1980 年引入的复审程序重新命名为单方复审程序，同时在专利法中增加了第 31 章第 311 条至第 318 条，即双方复审程序。美国专利法第 311 条至第 318 条[2]、专利实施细则第 1. 902 至 1. 997 节（以下简称 37 CFR 1. 902 - 1. 997）以及《美国专利审查程序手册》第 2600 章对双方复审程序进行了规定。根据现行美国专利法的规定，任何第三人在任何时间，均可以引证专利法第 301 条规定的现有技术（仅限于在先专利或公开出版物）向专利商标局提出双方复审请求。在提出双方复审请求后的 3 个月内，局长将决定该复审请求是否提出了影响该专利任何权利要求可专利性的新的实质性问题，如果有影响可专利性的新的实质性问题，则启动双方复审程序，涉案专利从本质上即需再经过一次实质审查。如果专利不存在"实质性的新的可专利性问题"，则专利商标局长作出拒绝复审请求的决定，此决定为终局决定，不得申诉。专利权人或请求人在获得不利结果时，可以根据专利法第 134 条的规定向专利申诉与抵触委员会提起申诉，对专利申诉与抵触委员会作出的决定不服的，在 2002 年 11 月 2 日修改专利法之前，只有专利权人有权向联邦巡回上诉法院提出上诉，而在专利法 2002 年 11 月 2 日修改之后，也赋予第三方请求人以上诉权。专利权人或第三方请求人中的一方上诉后，另一方当事人可以选择是否参加诉讼。在上诉程序中，专利申诉与抵触委员会要接受司法

---

[1] *Rethinking Reexamination Reform: Is It Time for Corrective Surgery, or Is It Time to Amputate?*. Kristen Jakobsen Osenga, FORDHAM INTELL. PROP. MEDIA & ENT. L. J. (2003).

[2] 双方复审程序涉及美国现行专利法 35 USC 311 - 318，其中，35 USC 311（a）（c）于 2002 年 11 月进行过修订，35 USC 312（a）（c）于 2002 年 11 月进行过修订，35 USC 314（b）（1）于 2002 年 11 月进行过修订，35 USC 315（b）（c）于 2002 年 11 月进行过修订，35 USC 317（a）（b）于 2002 年 11 月进行过修订。

审查，联邦巡回上诉法院为终审法院，但其仅审理复审决定中涉及的问题，除非存在明显错误，联邦巡回上诉法院将不审理事实问题。在申诉程序以及上诉程序中，对方当事人可以作为当事人参加诉讼。一旦启动双方复审程序，专利权人可以中止任何未决诉讼，但该诉讼必须涉及复审指令中的专利的任何权利要求的可专利性问题。正在审理该诉讼的法院已认定该中止有损于司法利益时，可以不中止诉讼。[1] 在以后的有关民事诉讼中，第三方请求人不得以其在双方复审程序中已提出过的或者本能够提出的理由，主张任何已被认定为有效且具有可专利性的权利要求无效。

《2009 年专利改革法案》中的授权后审查程序。从 20 世纪末到 21 世纪初以来，美国始终占据着全球科技创新的制高点，各个技术领域中专利数量增长迅速，不同专利权利要求保护范围重合的现象已不鲜见，过低的可专利性标准也进一步导致了专利的泛滥，"问题专利""专利欺诈"等现象对科技创新带来了越来越多的负面影响。2009 年 3 月，美国国会参众两院正式将《2009 年专利改革法案》列入议程。该法案引入了新的授权后审查程序，以弥补目前单、双方复审程序存在的不足，提供新的针对授权专利的可专利性提出质疑的授权后审查程序[2]：专利所有人以外的任何人（下称"请求人"）均可以基于专利或其权利要求无效而向专利商标局提出专利撤销请求[3]来启动授权后的审查程序，该请求一般限定在专利授权发布或者再颁发之日起 12 个月内，如果该请求经专利权人书面同意，则可以在专利权有效期内任何时间提出。美国专利商标局局长应当确定专利撤销请求以及之后补充的其他资料是否足以表明至少一项权利要求存在可专利性的实质性缺陷，以确定是否启动

[1] 35 U. S. C 318 (2007).

[2] Chapter32. Sec321 – 323., H. R. 1908 Patent Reform Act of 2007 (Reported in House/Placed on Calendar in Senate).

[3] 该专利撤销请求所涉及的无效理由是基于 paragraph (2) or (3) of Sec282 (b).

授权后审查程序❶。程序启动后，审判与申诉委员会应当在一年内针对受到异议的专利的可专利性作出书面裁决，如出现特殊原因，可以将期限延长6个月。对该裁决不服的当事人可以向联邦巡回上诉法院提起上诉，并且授权后审查程序中的任何一方当事人均可以参与到司法审查中。

## 二、当前国情下解决机制的改革和完善

改革和完善我国的专利确权纠纷解决机制，需要立足于我国国情的考察，站在国家知识产权战略全局的高度，充分考虑知识产权案件的专业性和审判的规律性，并充分分析专利确权纠纷解决机制对于经济发展和创新型国家建设的推动作用，作出专利确权纠纷解决机制的理性安排。

### （一）解决机制改革的主要目标

根据对我国国情的考察，我国现行专利确权纠纷解决机制所存在的一些问题：程序较长、超越合法性审查范围和行政职权缺位等。因此改革和完善我国的专利纠纷解决机制，需要综合考虑实现以下目标：

第一，有利于提高专利确权纠纷解决机制的效率，充分利用现有资源和现有经验，减少行政、司法资源的浪费，亦即，有利于提高作为核心竞争力要素之一的经济效率，从而有利于我国国家核心竞争力的构建；第二，有利于及时保护专利权人和社会公众的合法权利；第三，有利于执法标准的统一，增强社会公众对于行政程序、司法程序的信任和尊重；第四，符合我国当前宪政体制的安排，保证行政权和司法权之间的相互独立和相互配合；第五，有利于增强我国自主创新能力，营造良好的科技创新和市场竞争的知识产权法律保护环境，顺应知识产权保护的国际趋势。下面结合上述

---

❶ Chapter32. Sec325. , H. R. 1908 Patent Reform Act of 2007 (Reported in House / Placed on Calendar in Senate).

目标探讨当前国情下我国专利确权纠纷解决机制的改革和完善方案。

（二）完善行政确权机制

从宪政、契约论以及制度特点等多方面分析，无效宣告程序是典型的行政程序。从而，无效制度定位为公共权力的行使，运用公共权力对于瑕疵专利的不当授权加以纠正，具有行政程序的根本属性；而专利侵权中所使用的现有技术抗辩制度等则应当定位于私法利益的保护。也就是说，公权力的行使，而非私法利益的保护，是无效程序的根本属性。对于无效程序的完善亦应当立足于这一点。

立足于瑕疵专利不当授权的纠正，无效程序应当作出如下完善，从而有利于及时保护专利权人和社会公众的合法权利，并符合我国当前宪政体制的安排、保证行政权和司法权之间的相互独立和相互配合，有利于增强我国自主创新能力、营造良好的科技创新和市场竞争的知识产权法律保护环境、顺应知识产权保护的国际趋势。

1. 撤回请求的处理

2010《专利法实施细则》第71条第2款规定，专利复审委员会作出决定之前，无效宣告请求人撤回其请求或者其无效宣告请求被视为撤回的，无效宣告请求审查程序终止。但是，专利复审委员会认为根据已进行的审查工作能够作出宣告专利权无效或者部分无效的决定的，不终止审查程序。

上述规定明确了无效程序的根本属性在于，运用公共权力对于瑕疵专利的不当授权加以纠正，属于行政程序。因为，如果请求人撤回请求是确权程序终止的充分条件，那么该涉及双方当事人的确权程序是一种类似民事诉讼的程序，其审查并不具有显著的行政职权色彩，与人民法院审理民事诉讼并无本质区别。然而，上述规定显然明确了无效程序的行政职权色彩，与立足于“不告不理”制度的民事诉讼具有根本差别。也就是说，上述规定明确了无效程序应当立足于不当授权的纠正，而非仅仅在于解决当事人之间的纠纷。[1]

2. 依职权审查原则的强化

无效程序作为立足于专利不当授权纠正的行政程序，不应当严格拘束于无效宣告请求人提出的理由、证据和范围，必要时，专利复审委员会应当依职权引入相关的理由和证据，扩大无效宣告请求范围。

例如，请求人请求宣告权利要求之间存在引用关系的某些权利要求无效，而未以同样的理由请求宣告其他权利要求无效，不引入该无效理由将会得出不合理的审查结论的，专利复审委员会可以依职权引入该无效理由对其他权利要求进行审查。再如，请求人以权利要求之间存在引用关系的某些权利要求存在缺陷为由请求宣告其无效，而未指出其他权利要求也存在相同性质的缺陷，专利复审委员会可以引入与该缺陷相对应的无效宣告理由对其他权利要求进行审查。还如，请求人提出的无效宣告理由明显与其提交的证据不相对应的，专利复审委员会可以告知其有关法律规定的含义，依职权变更为相对应的无效宣告理由。

职权主义审理模式的建立。在无效程序的审查中，应当建立和完善职权主义审理模式，而非采用当事人主义审理模式。也就是说，在无效程序的审查中，强化专利复审委员会合议组主动调查的职责。适时引入所有无效理由的全面审查机制。比如，在人民法院撤销无效决定后重新审查的案件中，专利复审委员会对于存在裁量权空间的理由和证据应当进一步审查，既尊重生效判决的既判力，又保证行政程序的独立性。

审理周期的保障。由于专利权本质上属于"禁"的权利，所以为了便于及时保护专利权人和社会公众的合法权利，应当保证无效程序的审理周期，避免相应的专利侵权程序久拖不决。当属于不应当予以授权的情形时，也就是应当宣告无效的情况下，保证审理周

---

[1] 参见本章第二节的相关内容。

期有利于保证被控侵权人的合法权利，避免侵犯被控侵权人使用现有技术的合法权利；当属于合法授权的情形时，也就是应当维持专利权有效的情况下，保证审理周期有利于保证专利权人及时行使专利权。

（三）改革司法审查机制

民事诉讼法中具有“特别程序”的成熟立法经验。《民事诉讼法》第15章关于“特别程序”的相关规定，包括《民事诉讼法》第160条的规定：“人民法院审理选民资格案件、宣告失踪或者宣告死亡案件、认定公民无民事行为能力或者限制民事行为能力案件和认定财产无主案件，适用本章规定。本章没有规定的，适用本法和其他法律的有关规定。”《民事诉讼法》第160条的规定：“依照本章程序审理的案件，实行一审终审。”

行政诉讼法具有借鉴和参照民事诉讼制度的传统。根据《最高人民法院关于执行〈中华人民共和国行政诉讼法〉若干问题的解释》第97条之规定：“人民法院审理行政案件，除依照行政诉讼法和本解释外，可以参照民事诉讼的有关规定。”学术界亦普遍认为，《民事诉讼法》中与行政诉讼法不相抵触、行政诉讼法中没有规定又为行政诉讼活动所必须适用的诉讼规范，也构成我国行政诉讼法的法律渊源[1]。在司法实践中，行政诉讼中关于证据的审核认定、例如“审理前的准备”“开庭审理”等第一审普通程序的具体规则、诉讼中止与终结等，多参照《民事诉讼法》中与行政诉讼法不相抵触的相关诉讼规范执行。

在民事诉讼法中具有“特别程序”的成熟立法经验、行政诉讼法具有借鉴和参照民事诉讼制度的传统的背景下，对于专利行政诉讼适用一审终审的特别程序，符合我国国情。在《行政诉讼法》“第七章　审理和判决”中增加如下法条：“人民法院审理专利无

[1] 姜明安．行政法与行政诉讼法［M］．北京：北京大学出版社，高等教育出版社，1999：300．

效行政案件，适用特别程序，实行一审终审。”其立法涵义体现在如下方面：

首先，明确了专利行政诉讼的根本属性。有观点认为：“以在行政程序中居中作出裁决的准司法机构作为诉讼中的被告，无异于二审法院在审理二审案件中以一审法院为被告。”事实上并非如此，由于从宪政、权利本质以及无效程序的特点等角度可以得出，无效程序系行政程序，所以当事人对专利复审委员会宣告专利权无效或者维持专利权的决定不服向人民法院提起的诉讼，必然应当是行政诉讼。

其次，明确了无效程序的根本属性。如上所述，上述法条明确界定，当事人对专利复审委员会宣告专利权无效或者维持专利权的决定不服向人民法院提起的诉讼，必然应当是行政诉讼。所以也就体现了无效程序属于行政程序的根本属性。但是，考虑到专利无效行政诉讼诉讼标的的特殊性，以及当前国情下的需要，人民法院审理专利无效行政案件时适用一审终审的特别程序，充分体现了无效程序的特殊性以及现实需要。从而，上述立法建议明确了无效程序的根本属性为特殊的行政程序。

最后，优化了专利确权纠纷解决机制。如上所述，考虑到专利无效行政诉讼诉讼标的的特殊性，以及当前国情下的需要，人民法院审理专利无效行政案件时适用一审终审的特别程序，从而优化了专利确权纠纷解决机制，解决了司法实践中存在的程序冗长、超越合法性审查范围问题，并且缓解了行政职权缺位的问题。从而有利于提高专利确权纠纷解决机制的效率，充分利用现有资源和现有经验，减少行政、司法资源的浪费；并且有利于及时保护专利权人和社会公众的合法权利；符合我国当前宪政体制的安排，保证行政权和司法权之间的相互独立和相互配合。从而，上述建议有利于增强我国自主创新能力，营造良好的科技创新和市场竞争的知识产权法律保护环境，顺应知识产权保护的国际趋势。

下面从不同角度对于上述立法建议加以评价。

从宪政体制与组织法的角度而言，上述立法建议符合宪政体制的要求，基于上述立法建议的专利确权纠纷解决机制，符合《宪法》关于行政权和司法权的划分体制。上述立法建议亦符合组织法的相关规定，上述立法建议并不改变我国当前人民法院的组织改革，亦不改变我国当前政府的组织改革，无须修改《法院组织法》等相关法律。

从两审终审制的角度而言，上述立法建议不违背两审终审制。《法院组织法》第11条规定："人民法院审判案件，实行两审终审制。"行政诉讼法中的两审终审制度，与民事诉讼法中的两审终审制度一样，本来的含义应当是，一个案件经过两级法院的审判即告终结的制度，而适用特别程序审理的案件，则因案件的实际情况不需适用两个审级审理，而实行一审终审。[1] 在行政诉讼中引入一审终审的特别程序，与民事诉讼中的特别程序一样，并不违背两审终审制度，属于两审终审制度的应有之意。需要指出的是，在上述立法建议的基础上，依据《行政诉讼法》第62条的规定："当事人对已经发生法律效力的判决、裁定，认为确有错误的，可以向原审人民法院或者上一级人民法院提出申诉，但判决、裁定不停止执行。"也就是说，在当事人不服专利行政诉讼的判决裁定的情况下，可以向原审人民法院或者上一级人民法院提出申诉，从而纠正专利行政诉讼判决裁定存在的法律适用错误。

从程序优化的角度而言，上述立法建议解决了司法实践中存在的程序冗长问题。目前专利纠纷解决机制面临的重要问题包括，程序较长，从而不利于专利权人和社会公众合法权利的维护。根据上述立法建议，由于无效程序的平均审查周期约为6个月，《行政诉讼法》第57条规定的人民法院一审行政案件的审限为3个月，故一般专利确权纠纷案件在9个月之内可以彻底解决。

从合法性审查范围的角度而言，上述立法建议从理论上解决了

---

[1] 刘家兴．民事诉讼法学教程［M］．北京：北京大学出版社，1994：85－86.

司法实践中存在的超越合法性审查范围问题。目前专利纠纷解决机制面临的重要问题包括，超越合法性审查范围，违背案卷排他主义的基本原则，对部分当事人造成审级损失。在专利行政诉讼程序中，接受无效程序中没有出现的新证据或者新理由具有下述不当之处：

第一，在专利行政诉讼程序中，接受无效程序中没有出现的新证据或者新理由违背案卷排他主义的行政诉讼基本原则。亦即，行政诉讼程序是一种复审程序，行政审判是由法院对被诉具体行政行为的复审，应以行政程序搜集的证据为基础进行审查[1]。专利行政诉讼程序亦应如此，即应以行政程序中出现的证据为基础进行审查。

第二，在专利行政诉讼程序中，接受无效程序中没有出现的新证据或者新理由使得无效程序中有关举证期限的规定形同虚设。《专利审查指南（2010）》第四部分第三章第4.3节明确规定了请求人的举证期限，亦即，“请求人在提出无效宣告请求之日起1个月后补充证据的，专利复审委员会一般不予考虑，但下列情形除外：（i）针对专利权人以合并方式修改的权利要求或者提交的反证，请求人在专利复审委员会指定的期限内补充证据，并在该期限内结合该证据具体说明相关无效宣告理由的；（ii）在口头审理辩论终结前提交技术词典、技术手册和教科书等所属技术领域中的公知常识性证据或者用于完善证据法定形式的公证书、原件等证据，并在该期限内结合该证据具体说明相关无效宣告理由的。”《专利审查指南（2010）》第四部分第三章第4.3节亦明确规定了专利权人的举证期限，亦即，“专利权人应当在专利复审委员会指定的答复期限内提交证据，但对于技术词典、技术手册和教科书等所属技术领域中的公知常识性证据或者用于完善证据法定形式的公证书、原

[1] 孔祥俊．最高人民法院《关于行政诉讼证据若干问题的规定》的理解与适用［M］．北京：中国人民公安大学出版社，2002：276－277．

件等证据，可以在口头审理辩论终结前补充。”但是，如果在专利行政诉讼程序中接受无效程序中没有出现的新证据或者新理由，那么上述规定即不具有约束力。

第三，在专利行政诉讼程序中，接受无效程序中没有出现的新证据或者新理由，对另外一方当事人构成审级损失。对另外一方当事人而言，其没有过错，但是丧失了在行政程序中针对上述新证据或者新理由陈述答辩意见的机会，有失公平。

第四，在专利行政诉讼程序中，接受无效程序中没有出现的新证据或者新理由具有不良的社会影响。在专利行政诉讼程序中，接受无效程序中没有出现的新证据或者新理由，可能促使当事人在行政程序隐匿证据，造成对于行政程序的不尊重。

第五，上述立法建议明定了无效程序的行政程序属性，从而在一定程度上缓解行政职权缺位的问题。

综上所述，上述立法建议，有利于提高专利确权纠纷解决机制的效率，充分利用现有资源和现有经验，减少行政、司法资源的浪费；有利于及时保护专利权人和社会公众的合法权利；有利于执法标准的统一，增强社会公众对于行政程序、司法程序的信任和尊重；符合我国当前宪政体制的安排，保证行政权和司法权之间的相互独立和相互配合；有利于增强我国自主创新能力，营造良好的科技创新和市场竞争的知识产权法律保护环境，顺应知识产权保护的国际趋势。能够在一定程度上解决当前国情存在的程序冗长、超越合法性审查范围等问题。

### （四）确权与侵权程序的衔接

上面分别探讨了行政确权机制和司法审查机制的优化与改革建议，为了提高专利纠纷解决机制的整体效能，还需要对于专利确权纠纷解决机制和专利侵权纠纷解决机制之间的衔接加以探讨。在专利确权纠纷解决机制和专利侵权纠纷解决机制之间的衔接方面，需要首先立足于，无效程序属于行政程序，致力于不当授权的纠正；而专利侵权程序属于司法程序，致力于私法利益的保护。下面详细解读。

## 三、无效程序与现有技术抗辩制度

专利侵权责任的判定是专利权保护的重要组成方面，一直是专利法学界研究的重点。侵权责任法的关键在于判断侵权是否构成以及责任如何承担[1]，我国2009年12月26日通过的《侵权责任法》对于侵权责任的构成与承担加以明确。也就是说，根据《侵权责任法》第6条的规定，侵权责任构成的要件包括侵权行为、过错、损害和因果关系；根据《侵权责任法》第三章的规定，在符合侵权构成要件的情况下如果成立合法抗辩事由，那么亦不承担侵权责任。

### （一）专利侵权抗辩制度的内在体系

专利侵权抗辩制度的外延。除了《侵权责任法》规定的抗辩事由之外，《专利法》专门规定的抗辩事由包括，非生产经营目的抗辩、权利用尽抗辩、先用权抗辩、临时过境抗辩、科研及实验目的抗辩。医药行政审批抗辩、合法来源抗辩和现有技术抗辩。这些抗辩制度集中体现在《专利法》第11条、第62条、第69条和第70条中。

#### 1. 非生产经营目的抗辩

非生产经营目的抗辩的含义。根据《专利法》第11条的规定，发明和实用新型专利权被授予后，除本法另有规定的以外，任何单位或者个人未经专利权人许可，都不得实施其专利，即不得为生产经营目的的制造、使用、许诺销售、销售、进口其专利产品，或者使用其专利方法以及使用、许诺销售、销售、进口依照该专利方法直接获得的产品。也就是说，专利侵权行为必须是以生产经营为目的的行为，如果专利侵权行为并非生产经营目的，那么被控侵权人并

---

[1] 参见：全国人大法工委．《中华人民共和国侵权责任法》条文解释与立法背景［M］．北京：人民法院出版社，2010：1.

不承担侵权责任。亦即，“非生产经营目的”构成专利侵权的合法抗辩事由。

“非生产经营目的抗辩”在法律适用中的重要问题在于，如何界定“非生产经营目的”的外延。对此，司法实践中存在两种不同观点：第一种观点认为，国家机关、非营利性单位、社会团体等的行为“一般不具有为生产经营目的的性质”❶。另外一种观点认为，应当以行为主体作为“非生产经营目的”的主要判断标准，单位不构成非生产经营目的抗辩的适格主体。

北京市高级人民法院2010年发布的《关于专利侵权判定若干问题的意见（试行）》中规定，单位未经许可制造、使用他人的专利产品，不能以“非生产经营目的”进行侵权抗辩。实践中亦有案例体现上述观点。如北京市知识产权局在调处“坑位垃圾挤压机”一案中，被请求人为北京市某区环卫局，其认为被请求人为行政机关并非经营单位，其制造、安装、使用“坑位垃圾挤压机”的行为完全出于社会公共利益的考虑，为了辖区内公共卫生的目的，不构成侵权行为。北京市知识产权局认为，不能将“生产经营目的”与“盈利目的”画等号，国家机关、政府部门和非营利单位不能未经专利权人许可实施专利。❷

笔者认为，《欧洲专利公约》将上述抗辩界定为“以私人方式并且为非商业性目的”而进行的行为；对于为了供家庭使用而雇佣他人实施专利的行为，不认为满足上述抗辩制度的适用条件❸。借鉴上述经验，从主体角度将单位排除在非生产经营目的抗辩的法律适用对象之外似乎没有依据，应当从被控侵权行为的分析入手，解读被控侵权行为的客观表现，从而推断被控侵权人的主观故意，以

---

❶ 参见：国家知识产权局条法司．新专利法详解［M］．北京：知识产权出版社，2001：66.

❷ 张大伟．单位不得以“非经营目的”进行侵权抗辩［EB/OL］．［2010－09－12］．http：//www.bjipo.gov.cn/jczsabc/zscqabczl/alfx/200901/t20090113_5604.html.

❸ 尹新天．专利权的保护［M］．2版．北京：知识产权出版社，2005：126.

判断被控侵权行为的目的是“生产经营目的”，还是“个人使用目的”。另外，需要强调的是，不能将“生产经营目的”狭义地限定为“营利目的”。

2. 权利用尽抗辩

权利用尽抗辩的含义。根据《专利法》第69条第1项的规定，专利产品或者依照专利方法直接获得的产品，由专利权人或者经其许可的单位、个人售出后，使用、许诺销售、销售、进口该产品的，不视为侵犯专利权。亦即，专利权人自己售出专利产品或者经专利权人许可的被许可人售出专利产品之后，社会公众应当享有自由处置该产品的权利。此后，无论该购买者以何种方式使用该产品，或者进一步转卖、出让、捐赠该产品，均不应当构成侵犯该项专利权的行为。[1]“专利权的权利用尽”构成专利侵权的合法抗辩事由。

美国联邦最高法院于2008年就广达案作出判决，认定专利权人或者许可人对“未完成产品”的出售可以导致权利用尽。从而对于权利用尽抗辩的适用对象加以扩展。笔者认为，对于“未完成产品”是否适用权利用尽抗辩的关键在于，权利用尽制度的理论依据。如果认为权利用尽抗辩制度的理论基础在于，专利权人首次售出专利产品时，推定默示许可买受人可以自由处分获得的专利产品。如果基于上述理论依据，那么未完成产品可以适用于权利用尽抗辩。

3. 先用权抗辩

先用权抗辩的含义。根据《专利法》第69条第1项的规定，在专利申请日前已经制造相同产品、使用相同方法或者已经作好制造、使用的必要准备，并且仅在原有范围内继续制造、使用的，不视为侵犯专利权。专利申请日前已经制造相同产品、使用相同方法或者已经作好制造、使用的必要准备的民事主体所享有的上述在原

---

[1] 尹新天．专利权的保护［M］．2版．北京：知识产权出版社，2005：63.

有范围内继续制造、使用的权利，被称为先用权。可以说，先用权是弥补先申请原则所带来的不公平的重要制度。依法享有先用权构成专利侵权的合法抗辩事由。

先用权抗辩制度用以弥补或者缓解我国所采用的先申请原则所带来的不足。先用权抗辩制度法律适用的关键在于，如何认定先用权制度中的“原有范围”。然而，认定先用权制度中的“原有范围”的关键在于，如何平衡专利权人和先用人之间的平衡。笔者认为，2003 年专利侵权司法解释（征求意见稿）曾对先用权中的原有范围作出扩大解释，将“仅在原有范围内继续制造、使用”解释为先用权人为自身发展的需要在专利申请日以前已经实施技术或者外观设计的产业领域内自己继续实施，在专利申请日以后以合理的方式，如增加生产线、增设分厂等，扩大生产规模的，仍属于在原有范围内实施。已经施行的《关于审理侵犯专利权纠纷案件应用法律若干问题的解释》第 15 条则明确界定为专利申请日前已有的生产规模以及利用已有的生产设备或者根据已有的生产设备可以达到的生产规模。从而，对原有范围给予比较明确的界定，进行较为合理的限制。[1] 结合上述立法精神以及先用权抗辩制度的立法本意，原有范围不能仅仅理解为“同一主体实施的范围”，需要受到生产规模的限制；另外，不宜将先用权抗辩的适用对象扩展到销售者，仍然应当限定为制造者。

4. 临时过境抗辩

临时过境抗辩的含义。根据《专利法》第 69 条第 1 项的规定，临时通过中国领陆、领水、领空的外国运输工具，依照其所属国同中国签订的协议或者共同参加的国际条约，或者依照互惠原则，为运输工具自身需要而在其装置和设备中使用有关专利的，不视为侵

---

[1] 在司法实践中亦能体现这一点。如广西壮族自治区高级人民法院（2002）桂民三终字第 3 号民事判决书指出：“根据专利法的立法精神，对先用权原有范围的理解，应当维持先用权人原有的产量，如先用权人的产量并未达到设计能力的，使用原有设备达到的产量，也应当被认为是在原有范围内。”

犯专利权。临时过境抗辩制度是交通运输业发展的需要，临时过境行为构成专利侵权的合法抗辩事由。

临时过境抗辩的法律适用的难点在于，纯过境行为与转运行为。也就是说，所使用的专利不是运输工具本身所专门需要的，但是运输该专利产品通过我国但不在我国销售和使用的行为；以及从一个交通工具转运到另一个交通工具的行为。

对于上述两种行为是否构成专利侵权，笔者认为，对于纯过境行为而言，如果交通工具装载着其他国家特定专利产品，或以其他国家的专利技术制作的产品，而又未获得有关的专利权人的许可，应当认定不构成临时过境抗辩❶；对于转运行为而言，如果从一个交通工具转运到另一个交通工具的行为系销售行为的组成部分或者进口行为的组成部分，那么应当认定不构成临时过境抗辩。

5. 科研及实验目的抗辩

科研及实验目的抗辩的含义。TRIPS 第 30 条所规定的对专利权的限制应当推定包括为科学研究和实验而使用专利的情况，目前多数国家的专利法均具有类似例外规定。❷ 根据《专利法》第 69 条第 1 项的规定，专为科学研究和实验而使用有关专利的，不视为侵犯专利权。也就是说，“科研及实验目的”构成专利侵权的合法抗辩事由。

科研及实验目的抗辩的重要问题在于，其与非生产经营目的抗辩之间的法律逻辑关系。有观点认为，非生产经营目的而实施他人专利的情况，主要是以科学研究试验为目的的使用行为❸。

笔者不同意上述观点。如果如此理解，那么为科学研究和实验目的而使用有关专利不构成侵犯专利权的行为，就是因为该行为并

---

❶ 郑成思．知识产权论［M］．北京：社会科学文献出版社，2007：336.

❷ 刘剑文．TRIPS 视野下的中国知识产权制度研究［M］．北京：人民法院出版社，2003：248.

❸ 胡东升．专利侵权抗辩研究［D］．济南：山东大学硕士论文，2006：12.

非为了生产经营目的[1]；从而所有科研及实验目的抗辩均会构成非生产经营目的抗辩，亦即科研及实验目的抗辩制度就没有加以规定和法律适用的必要。笔者认为，科研及实验目的抗辩不是非生产经营目的的抗辩的一种情形，二者之间的差别可以从行为本身的属性加以判断。

6. 医药行政审批抗辩

医药行政审批抗辩的含义。根据《专利法》第69条第1项的规定，为提供行政审批所需要的信息，制造、使用、进口专利药品或者专利医疗器械的，以及专门为其制造、进口专利药品或者专利医疗器械的，不视为侵犯专利权。该制度系《专利法》第三次修改对于Bolar例外的引入，并且针对我国国情作出适当修改。医药行政审批的需要构成专利侵权的合法抗辩事由。

医药行政审批抗辩是此次专利法修改对于Bolar例外制度的借鉴。不仅药品生产者或者研发机构为提供行政审批所需要的信息而制造、使用、进口专利药品或者专利医疗器械的，不视为侵犯专利权，而且他人专门为药品生产者或者研发机构提供行政审批所需要的信息而制造、进口专利药品或者专利医疗器械并将其提供给药品生产者或者研发机构的行为也不视为侵犯专利权[2]。

笔者认为，目前尚缺乏医药行政审批抗辩适用的案例，医药行政审批抗辩制度适用的关键可能在于，被控侵权人主观目的的判断，也就是如何通过证据证明其制造、使用、进口行为的目的系为了供行政审批所需要的信息。

7. 合法来源抗辩

合法来源抗辩的含义。根据《专利法》第70条的规定，为生产经营目的使用、许诺销售或者销售不知道是未经专利权人许可而

---

[1] 尹新天．专利权的保护［M］．2版．北京：知识产权出版社，2005：129.

[2] 国家知识产权局条法司．《专利法》第三次修改导读［M］．北京：知识产权出版社，2009：88-89.

制造并售出的专利侵权产品，能证明该产品合法来源的，不承担赔偿责任。这一合法抗辩事由可以称为合法来源抗辩。需要指出的是，该抗辩仅仅是赔偿责任的抗辩，被控侵权人仍然需要承担停止侵权、消除影响等其他民事责任。

合法来源抗辩制度构成确认不侵权制度的主要来源，如何协调二者之间的法律关系以及如何规范确认不侵权制度的管辖权问题值得深入研究。

鉴于《专利法》第70条规定“为生产经营目的使用、许诺销售或者销售不知道是未经专利权人许可而制造并售出的专利侵权产品，能证明该产品合法来源的，不承担赔偿责任”，在不知道是未经专利权人许可而制造并售出的专利侵权产品的情况下，不承担侵权赔偿责任，故专利权人通过向他人发出侵犯专利权的警告函等方式，证明不构成上述“不知道”。从而出现发出侵犯专利权的警告函后长期不起诉的情形，进一步引发确认不侵权之诉的出现。

确认不侵权制度的起源与发展。2002年7月12日最高人民法院民事审判第三庭作出的《关于苏州龙宝生物工程实业公司与苏州郎力福公司请求确认不侵犯专利权纠纷案的批复》，引入了知识产权领域的确认不侵权之诉。该批复指出，该案已经符合《民事诉讼法》第108条之规定，即，原告与本案有直接的利害关系、有明确的被告、有具体的诉讼请求和理由、属于人民法院受理民事诉讼的范围和受诉人民法院管辖，人民法院应当受理。该批复进一步指出，原告向人民法院提起诉讼的目的，只是针对被告发函指控其侵权的行为而请求法院确认自己不侵权，并不主张被告的行为侵权并追究其侵权责任，因此，以请求“确认不侵权纠纷”作为案由，更能直接地反映当事人争议的本质，体现当事人的请求与法院裁判事项的核心内容。自此，知识产权确认不侵权诉讼制度得以广泛应用。然而，上述批复并未明确确认不侵权之诉的制度设计目的，这也为以后法院对此类案件的处理产生分歧埋下了伏笔[1]。专利侵权司法解释第18条在司法解释层面对于上述制度加以明确，力图解决上述分歧。

确认不侵权制度法律适用的重要问题在于管辖权问题。下面通过版权侵权的案例加以分析，专利确认不侵权之诉的管辖问题与之类似。在电影《大境门》与电影《大商道》的版权纠纷中，两部电影的编剧相同并且“同一剧本两家拍”，由于国家广播电视总局仅对剧本备案并不进行实体审查，所以具有基本相同故事情节的两部电影均得以拍摄。然后，《大商道》拍摄方向西安市中级人民法院提出确认不侵权之诉，请求确认不侵犯《大境门》的著作权；随后《大境门》拍摄方向朝阳区人民法院提出著作权侵权之诉。[2] 从而，面临的法律问题在于，关于涉案诉讼标的的管辖权应当移转到哪个法院。

笔者认为，虽然确认不侵权之诉起诉在先，按照“先立案优先管辖”的原则应当由确认不侵权之诉受理法院管辖。但是，确认不侵权之诉受理法院仅能根据当事人的诉讼请求认定侵权是否成立，对于侵权责任成立之后的责任承担问题不能加以审理和判决，然而基于侵权的损害赔偿请求之诉作为积极之诉则能够全面解决纠纷。故，在确认不侵权之诉和基于侵权的请求之诉的管辖问题上，不应当以受案时间作为管辖权判断标准，而应当统一由基于侵权的请求之诉受理法院管辖。

同样，专利侵权责任构成与专利侵权责任承担之间存在一定的逻辑关系，认定专利侵权构成并不意味着专利侵权责任的承担，二者之间的逻辑差异在于合法抗辩事由是否成立。另外，由于在专利侵权判断中，对未经许可制作、使用等专利侵权行为，适用无过错

---

[1] 参见：张广良．确认不侵权之诉及其完善［J］．人民司法，2008（11）．

[2] 参见：《大境门》PK《大商道》版权归谁？［EB/OL］．［2010－09－19］．http：//www. mzyfz. com/news/times/film/online/20091111/142347_2. shtml.

责任原则，针对间接侵权行为[1]，方需考虑适用过错责任原则[2]。从而，在认定侵权行为、损害以及因果关系之后，即需要分析当事人主张的抗辩事由。

8. 现有技术抗辩

根据《专利法》第62条的规定，在专利侵权纠纷中，被控侵权人有证据证明其实施的技术或者设计属于现有技术或者现有设计的，不构成侵犯专利权。该制度被称为现有技术抗辩制度。现有技术抗辩制度是《专利法》第三次修改中，以成文法的模式加以明确的重要制度。

（二）无效宣告程序和现有技术抗辩制度的制度背景

2008年12月27日通过的修正后的《专利法》，首次以法律形式引入了现有技术抗辩制度，然而我国理论界和实务界对于该制度的法律适用一直存在较大争议。本部分意在结合我国专利纠纷解决机制的构建，探讨现有技术抗辩制度的制度本质，基于对制度本质的解读分析适用范围、对比方式、对比标准等现有技术抗辩制度法律适用的基本问题，并探讨现有技术抗辩制度与无效程序之间的关系，以期对我国的审查实践和司法实践有所裨益。目前，就专利确权纠纷与专利侵权纠纷之间的关系而言，存在单独设置和并行设置模式两种模式[3]。

1. 单独设置模式

单独设置模式的特点在于，专利确权纠纷的解决独立于专利侵权纠纷的解决，自一项专利权被授权之日起，任何民事主体认为其

---

[1] 《最高人民法院关于审理侵犯专利权纠纷案件应用法律若干问题的解释》并未明确规定专利侵权制度中的间接侵权，对于专利侵权中的间接侵权问题，学术界和实务界存在较大争议。

[2] 参见：郑成思. 侵害知识产权的无过错责任［J］. 中国法学，1998（1）：81－90.

[3] 崔国振. 从专利确权制度价值的角度谈我国无效宣告制度设置［C］//中华全国专利代理人协会. 专利代理行业发展与创新型国家建设：中华全国代理人协会成立20周年. 北京：知识产权出版社，2009：68－78.

不符合法定授权条件的，只能向专门机构提出其主张，由专门机构加以审理，在专利侵权纠纷解决的过程中不应涉及专利权有效性的问题。采用单独设置模式的主要是德国、中国以及韩国、奥地利、瑞典、挪威和我国台湾地区等少数国家和地区。如在德国，专利确权案件由德国联邦专利法院受理，专利侵权案件由州法院受理。

2. 并行设置模式

并行设置模式的特点在于，处理专利侵权纠纷的司法机关可以根据侵权纠纷当事人的请求对专利的有效性进行认定，采取并行设置模式的国家主要是美国、英国、法国、瑞士等大多数国家和地区。例如，在美国，联邦法院审理专利侵权纠纷时可以同时审理专利权是否有效，并设立了专门的专利上诉法院；专利权无效抗辩是被控侵权人在侵权诉讼中的一种抗辩方式或者权利。根据美国专利审查和司法实践，由专利局授予的专利权，只是一项假定有效的专利权，任何人包括被控侵权人，都可以向假定有效的专利权提出挑战，然后由法院受理。即专利局只进行申请案的审查和授予假定有效的专利权，这是一项行政权，而专利权是否有效的判断属于司法权。

3. 我国的情况

我国采用单独设置模式。自一项专利权被授权之日起，任何民事主体认为其不符合法定授权条件的，只能向专利复审委员会这一专门机构提出其主张，由专利复审委员会加以审理，在专利侵权纠纷解决的过程中不应涉及专利权有效性的问题。

亦即，在我国当前宪政体制下，对于专利权效力的评定属于专利复审委员会的职权。就我国现行纠纷解决机制而言，在专利侵权纠纷的解决中，不能对于专利权的效力加以评价。笔者正是在上述宪政体制的基础上构建现有技术抗辩制度的理论基础。

### （三）无效宣告程序和现有技术抗辩制度的比较法研究

下面从多个角度，对于其他国家无效程序和现有技术抗辩制度的法律适用加以介绍和分析。

1. 德国现有技术抗辩制度的产生渊源与演进

德国是典型的单独设置模式国家，亦即在侵权程序之外单独设立确权程序，侵权审理机关没有权力对于专利权的效力加以评价。现有技术抗辩制度起源自德国。该制度产生的历史背景在于，1891年德国专利法对无效宣告请求设定了5年的除斥期间。也就是说，1891年德国专利法规定，从专利授权之日起5年后，即使是缺乏新颖性、创造性和实用性的无效专利，社会公众也无权提出无效宣告请求。该规定的立法本意在于，专利权的保护期限较短，如果社会公众可以随时提出无效宣告请求，那么专利权人的权利无法得到保障。但是，该制度显然对于社会公众不公平。

1938年，德国最高法院对Keller Fenster专利侵权纠纷案作出判决❶，该判决兼顾专利权的稳定性与公知技术垄断的不合理性，选择将专利权的保护范围加以限制，在专利权的保护范围的解释中将公知技术排除在外。该判决虽然没有直接使用现有技术抗辩，但是已经包含了该原则的基本思想。

1986年，德国联邦最高法院在Formstein侵权案中首次明确提出现有技术抗辩。“在依1981年专利法第14条确定专利的保护范围时，允许被告使用被指控为等同利用的侵权客体相对于技术水准并不构成具有专利适格的发明抗辩。即依照1981年德国专利法第3条第1款规定所定的技术水准在所述的技术领域中的普通技术人员看开被控侵权客体是显而易见的。”❷

德国将现有技术抗辩作为等同侵权的例外。就对比方式和对比标准而言，德国联邦最高法院判决指出，在根据1981年专利法的

---

❶ VOLKER VOSSIU. 德国专利保护范围的确定［C］//国际专利侵权——专利侵权处理的比较法研究. 东京布井出版社，1996：282-283.

❷ 杨志敏. 专利侵权诉讼中“公知技术”适用之探讨——中、德、日三国判例、学说的比较研究［C］//国家知识产权局条法司. 专利法研究2002. 北京：知识产权出版社，2002：76.

规定确定专利保护范围时，允许提出被控侵权技术与现有技术相比不符合专利的实质要件作为抗辩。在专利侵权诉讼中，被告不但可以提出被控侵权物属于公知技术的主张，也可以提出与现有技术相比不具有专利性的主张[1]，其中后者的判断与显而易见性的判断相当，需要对创造性加以判断。[2] 可见，在德国的现有技术抗辩中，采用的对比方式是被控侵权技术与现有技术之间的单独对比，采用的对比标准包括新颖性和创造性。

需要指出的是，德国现有技术抗辩制度仅仅适用于发明，并不适用于没有经过实质审查的实用新型或者外观设计[3]，这本身是处于对单独设置模式下专利权效力评价权力的尊重。

2. 日本现有技术抗辩制度的渊源产生与演进

由于日本专利法规定，未作出宣告专利无效的决定，即便专利存在某些瑕疵，法院也必须将该专利视为有效。在该背景之下，日本法院积极探讨现有技术抗辩的法律适用，在专利侵权诉讼中积极参考公知技术，建立了非常完整的判例理论，如公知技术排外论、公共财产论、权利滥用论等，旨在平衡专利权人和社会公众的利益。日本法院在2000年以前在专利侵权诉讼中一概不涉及专利有效性的问题。在这种背景下，日本最高法院在“无限折动用滚珠花键轴承”案中，提出了适用等同原则的五个要件：非本质部分、置

---

[1] 闫文军. 专利权的保护范围——权利要求的解释和等同原则的适用［M］. 北京：法律出版社，2007：231.

[2] 杨志敏. 专利侵权诉讼中“公知技术抗辩”适用之探讨——中、德、日三国的判例、学说的比较研究［C］//国家知识产权局条法司. 专利法研究2003. 北京：知识产权出版社，2003：74.

[3] Henning Hartwig. Prior design defense under German law，新专利法下中外外观设计制度研讨会，社团法人日本汽车轮胎协会、中华全国代理人协会，2009年3月31日。原文的表述为：“Prior design defense” shall be understood in the sense of the “practicing the prior art defense”, i. e. comparing the accused design solely with the prior art. When understood and applied in this sense, neither German nor European design law accept any kind of “practicing the prior art defense.”

换可能性、置换容易性、非公知技术和特别事由（禁止反悔）。[1]其中，“非公知技术”这一要件就是现有技术抗辩的体现。下面对于现有技术抗辩在日本的演进过程加以介绍。

第一阶段：无效程序优先说。1962 年 12 月 7 日，日本最高法院判决指出：“与专利无效审判不同，确认权利要求范围的审判是以专利权有效为前提的，因此，在这样的诉讼中不能讨论专利的内容是否公知的问题。”[2]

第二阶段：公知技术排除说。1964 年 8 月 4 日，日本最高法院判决指出：“如果实用新型包含有申请时已经公开的技术，应将上述公知技术排除在具有新颖性的方案之外。”也就是说，将公知技术作为限制权利要求保护范围的方式。[3]从法院判决的原文，不能确定是属于对专利权效力的评价，还是属于对专利权保护范围的评价。核心在于如何理解“排除在具有新颖性的方案之外”，建议进一步确认。

第三阶段：自由技术抗辩说。1970 年 4 月 17 日，东京地方法院判决指出：“申请时公知的技术属于公众共有的财产，根据私权应当服从公共利益的原则，即使对公众共有的财产加上实用新型的名义，也没有禁止他人实施而由特定申请人独占行使的理由。”该学说认为，如果被控侵权人实施的技术是公知技术，不管该技术是否属于专利权利要求的保护范围，都不构成侵权。[4]

第四阶段：权利滥用说。2000 年 4 月 11 日，日本最高法院在 Kilby 案的判决中指出，即使是在专利的无效审查决定生效之前，审理专利侵权的法院也是可以对是否明显存在专利的无效理由进行判断。如果审理的结果认为存在明显的专利无效理由，那么，只要

---

[1] 闫文军．专利权的保护范围——权利要求的解释和等同原则的适用［M］．北京：法律出版社，2007：275－278.

[2][3] 松本重敏．专利发明的保护范围［M］．有斐阁，2000：197.

[4] 闫文军．专利权的保护范围——权利要求的解释和等同原则的适用［M］．北京：法律出版社，2007：268.

没有极其特殊的情况，基于该专利权提出的停止侵权、赔偿损失等诉讼请求属于权利的滥用而不能被允许。[1] 日本最高法院通过上述判决，运用“权利滥用”的概念，使受理专利侵权诉讼的法院取得了宣告专利权无效的权利，从而改变了只有特许厅才能宣告专利无效的传统。[2] 该判决指出，首先，如果专利权存在明显的无效理由，在进行无效审查时，即使通过无效宣告请求审查决定可以预见该专利权会被认定无效，但是基于该专利权的禁令、损害赔偿请求等仍然可以得到许可。从实质上讲，这是为专利权人提供了不正当的利益，给实施该专利的人带来了不正当的损失，违反公平。其次，纠纷应当尽量在短时间内通过一个程序解决，在专利侵权诉讼中，如果必须经过无效宣告程序才能对专利权的效力加以认定，并且不能以该专利存在无效理由对专利权的行使加以抗辩，那么这不仅是强迫不想提出无效宣告请求的民事主体提出无效宣告请求，同时违反了诉讼经济。复次，专利权存在明显的无效理由时，当事人可以预见到该专利权一定被判为无效，不应中止侵权诉讼的审理程序。因此，在无效宣告请求审查决定作出之前，审理专利侵权诉讼的法院能够对权利是否具有明确的无效理由作出判断。如果该专利权具有明显的无效理由，那么基于该专利权的禁令和损害赔偿请求，只要没有特殊的原因，应当属于滥用权利。并且，上述解释并不违反专利制度的趣旨。但是，虽然日本民法典有权利滥用的概念，但是其并不是指行使实质上无效的权利，行使实质上无效的权利应当属于日本民法典中的“欺诈”。[3] 从实质上而言，将公知技术纳入权利

---

[1] 梁熙艳．权利之限：侵权审理法院能否直接裁决专利权的有效性［J］．知识产权，2005（4）：62.

[2] 张伟君，单晓光．滥用专利权与违用专利制度之辨析——从日本“专利滥用”的理论与实践谈起［J］．知识产权，2005（6）：68.

[3] 广江国际专利商标事务所（Hiroe and Aossciates）：A Tornado is Building Up in Japan's IP Litigation［EB/OL］．［2010－11－25］．http：//www. hiroe. co. jp/en/others/kilby_e.

要求保护范围之内应当属于专利制度的滥用，而非专利权的滥用。[1]需要指出的是，目前日本还存在专利无效抗辩说。该学说认为，法院在审理专利侵权诉讼中可以直接宣告专利权无效。目前尚未得到立法支持和司法判决的认可。[2]从上述第四阶段开始，日本基本步入专利侵权与专利确权同时审理的模式。

日本将非公知技术作为认定等同侵权的消极条件。[3]就对比方式而言，如上所述，日本最高法院在“无限折动用滚珠花键轴承”案中确立了等同侵权的构成要件，其中将非公知技术作为要件之一。也就是说，被控侵权技术与专利申请时的公知技术或者本领域普通技术人员在专利申请日容易从公知技术中推导得出的技术并不相同。可见，在日本的现有技术抗辩中，采用的对比方式是被控侵权技术与现有技术之间的单独对比。

就对比标准而言，日本法院曾经存在争议。1980 年 5 月 9 日，东京地方法院在“生检针”案中指出，只有与公知技术完全相同的技术，才能成立现有技术抗辩。1990 年大阪地方法院在“模具装卸工具”案中持有相同观点。另外一种观点认为，被控侵权技术与公知技术之间的对比应当是创造性标准。1981 年东京地方法院在“包装容器”案中使用了根据两件从公知技术中容易推知的技术进行判断。日本最高法院在“无限折动用滚珠花键轴承”案中肯定了第二种观点，将其范围扩大到与公知技术相同的技术以及本领域普通技术人员在专利申请日容易从公知技术中推导得出的技术。其中，“从公知技术中容易推导得出”的判断标准，与专利法有关创

---

[1] 张伟君，单晓光．滥用专利权与滥用专利制度之辨析——从日本“专利滥用”的理论与实践谈起［J］．知识产权，2005（6）：67－70．

[2] 闫文军．专利权的保护范围——权利要求的解释和等同原则的适用［M］．北京：法律出版社，2007：268．

[3] 闫文军．专利权的保护范围——权利要求的解释和等同原则的适用［M］．北京：法律出版社，2007：495．

造性的标准是相当的。[1] 可见，在日本的现有技术抗辩中，采用的对比标准包括新颖性和创造性。

就日本司法实务的最新进展而言，日本法院对于“明显的无效理由”的解释日益宽泛，非常积极主动地介入到专利权效力的审查中。目前，日本专利法第 104 条之三中的“明显的无效理由”已经涵盖了所有的无效宣告理由。[2] 多数侵权案件不再等待特许厅审判部的无效决定，而由侵权法院直接认定权利要求是否有效。可以说，目前日本侵权法院正在积极争取在特许厅审判部之前作出判断。由此也导致了日本侵权和确权之间出现了很多冲突。如按摩椅子案中，一审法院认定了对于十多个权利要求构成侵权，赔偿额上亿日元。[3] 而这些权利要求中有许多权利要求被日本特许厅裁判部宣告无效。东京高等法院则依据维持有效的权利要求认定几百万的赔偿额。[4] 上述赔偿额的巨大差异显示了侵权和确权之间的冲突。其他案件，如大阪地方裁判所平成 17 年第 2649 号判决、东京地方裁判所平成 15 年第 23079 号判决、大阪地方裁判所平成 18 年第 11880 号判决和知识产权高等裁判所平成 18 年第 10007 号判决之间的冲突也体现了上述冲突。可以说，在 Kilby 案和日本 2004 年专利法修改之后，日本法院越来越积极主动地审查专利权的效力，已经逐步取得了审理无效案件的主动权。

3. 法国现有技术抗辩制度的渊源与演进

在法国宣告专利无效是经常使用的一种反诉，被告可以就其被控侵权的权利要求提出宣告无效的反诉。如果专利权无效是作为反诉提出的，法院可以宣告专利权无效；但如果无效只是作为不侵权

---

[1] 小谷悦司．等同原则的动向——滚珠花键轴承案最高法院的判断及今后的课题［R］．日本经济产业调查会 2003：599．

[2] 参见日本专利法第 104 条之三的相关判决［EB/OL］．［访问日期不详］．http：//homepage2. nifty. com/fujinopo/d_lst/P104_3_decision_list. htm.

[3] 参见东京地方裁判所平成 13 年第 3485 号判决。

[4] 参见知识产权高等裁判所平成 17 年第 10047 号判决。

的理由，而不是作为反诉提出，法官可以认定不构成侵权，驳回诉讼请求，但并不宣告该专利无效。根据法国的专利制度，法院有权审查专利权是否有效或者部分有效，所以对于法院有权在审理侵权案件时依据被控侵权人提出的公知技术并判定被控侵权人不侵权并无争议。虽然该规定中并没有明确规定现有技术抗辩制度，但是无效理由中包含了专利技术属于公知技术这一抗辩理由，所以，可以看出在法国现有技术抗辩制度在专利侵权纠纷案件中是被全面适用的。

4. 美国的相关制度

由于美国专利侵权与专利确权纠纷解决机构的职权并不分离，采用并行设置模式，所以尽管美国存在与现有技术抗辩相关的制度——假想权利要求规则，但是其重要程度不及相应理论在德国的地位。[1] 假想权利要求规则只是法院使用的将公知技术排除在专利保护范围之外的方法之一。[2] Rich 法官在 Wilson Sporting Goods Co. V. David Geoffrey &Assocs. 一案中，提出假想权利要求规则。该规则的基本思路在于，在等同侵权中，首先假想一个足以在字面上包含被控侵权技术的权利要求，然后判断该假想的权利要求相对于现有技术是否具有进步性，并且该进步性足以使得美国专利和商标局批准该假想的权利要求。如果不能被授权，那么使得专利的保护范围通过等同原则将被控侵权技术包含在其中的主张不能得到支持，等同侵权不成立。[3] 联邦巡回上诉法院在 Key Manufacturing Group Inc. V. Microdot Inc. 案件以及 International Visual Corp. V. Crown Metal Mfg. Co. 案件中相继承认和适用了上述规则。[4]

---

[1] 尹新天. 专利权的保护［M］. 2 版. 北京：知识产权出版社，2005：500.

[2] 闫文军. 专利权的保护范围——权利要求的解释和等同原则的适用［M］. 北京：法律出版社，2007：143.

[3] 参见 904 F. 2d 677，14 USPQ2d 1942.

[4] 参见 925 F. 2d 1444，17 USPQ2d 1806 和 991 F. 2d 768，26 USPQ2d 1588。

美国联邦巡回上诉法院在 Hughes Aircraft Company v. United States❶一案中，对于现有技术抗辩的对比方式提出了新的构想。该案件主要涉及通信卫星的方位控制与调整的方法，其权利要求 1 的内容如下：

一种装置，包括：A. 绕一轴线旋转的物体；B. 与所述物体相关联的流体输送装置；C. 一个与所述流体输送装置相连接的阀门；D. 安装在所述物体上的流体喷出装置，与所述阀门相连接，其安装方式使之能够以沿着基本上平行于所述轴线并与之相隔一定距离的方向喷出流体；E. 安装在所述物体上的发送装置，用于向所述物体之外的另一设施发送指示信号，该指示信号能够指示出所述物体围绕所述轴线的瞬时旋转角度位置以及所述轴线相对于一个固定的外部坐标系统的朝向；F. 安装在所述物体上的接受装置，用于接受所述外部设施发出的控制信号，该控制信号与所述指示信号保持同步；G. 所述阀门与所述接受装置相连接，根据所述控制信号，将流体送到所述的流体喷出装置。❷

美国联邦巡回上诉法院认为，被控侵权产品与涉案专利技术存在如下相同之处：a. 两者都涉及需要稳定转轴的飞行物；b. 两者都在外周设置了喷嘴，并且通过阀门与流体容器连接，用于在基本上平行于其转轴的方向上喷射气流；c. 都采用太阳光角度传感器；d. 都需要获得卫星相对于一个外部固定坐标系朝向的信息；e. 两者都设置了与地面站联系的通讯装置；f. 都需要将卫星转速和太阳光角度的信号发送到地面站；g. 两者都依据 ISA 位置信号控制喷嘴的流体喷射，从而实现对卫星姿态的调整。将涉案专利技术与最接近的现有技术相比，只有上述 a、b 两点是相同的。美国联邦巡回上诉法院认为，由此可见被控侵权行为客体与专利技术之间的相似程度比最接近的现有技术之间的相似程度大得多。换句话说，被控

❶ 参见 219 USPQ 475。

❷ 尹新天．专利权的保护［M］．2 版．北京：知识产权出版社，2005：382.

侵权行为客体更接近专利技术，而不是更接近现有技术。[1] 但是，上述判决系美国联邦巡回上诉法院于20世纪70年代作出的，在此之后，这种“被控侵权行为客体更接近专利技术，还是更接近现有技术”的三者对比方式鲜为采用。

综上所述，作为等同侵权中的一项制度，美国的假想权利要求规则与现有技术抗辩具有相同的法律价值。该规则的对比方式为，将包含被控侵权技术的权利要求与现有技术进行对比。上述对比方式将被控侵权技术的技术特征概括到假想的权利要求中，其实质上是将被控侵权技术与现有技术进行对比。该规则的对比标准包括新颖性和创造性。

从现有技术抗辩制度的历史渊源和演进而言，现有技术抗辩制度在专利确权与专利侵权分离的国家（如德国等国家）得到了积极发展。在美国等采用并行设置模式的国家，由于侵权法院直接审理专利权的效力，所以这些国家并没有存在现有技术抗辩制度的必要性。在美国发展起来的假想权利要求规则仅仅具有与现有技术抗辩制度类似的制度功能，但地位远不及现有技术抗辩制度。现有技术抗辩制度与无效制度的关系问题，其实质是专利确权与专利侵权的关系问题。

### （四）现有技术抗辩制度的本质

在现行专利纠纷解决机制的背景下，现有技术抗辩制度的理论基础在于，善意第三人可得利益的保护。亦即在被控侵权人为善意的情况下，其具有通过检索等方式，合法获得涉案专利申请日之前公开的自由公知技术的可得利益；并且具有通过获得涉案专利申请日之前公开的专利的专利权人实施许可等方式，合法使用在先专利的可得利益；现有技术抗辩制度的制度价值就在于保障善意第三人的这种可得利益。而无效程序则是典型的行政程序，其制度理论基础在于，对于专利不当授权的纠正。进而言之，现有技术抗辩制度

[1] 尹新天．专利权的保护［M］．2版．北京：知识产权出版社，2005：384．

立足于善意第三人可得利益保护，属于私法利益的保护；无效程序则立足于不当授权的纠正，属于公权力的行使。两种制度高效配合，从而起到鼓励发明创造的社会效果。

1. 制度本质的内涵

下面从民法基础理论出发，探讨善意第三人可得利益的保护的基本内涵，从而探讨现有技术抗辩制度的制度基础。

善意是对于民事法律行为的意思表示状态的一种界定。民事法律行为，是法律事实的一种，是指以私人欲发生私法上效果之意思表示为要素，有此表示，故发生法律上效果之法律事实。[1] 也可以说，民事法律行为，以意思表示为要素，因意思表示而发生一定私法效果的法律事实。[2] 可见，民事法律行为是引起民事法律关系变化的法律事实之一，其核心在于意思表示。意思表示，是指将企图发生一定私法上效果的意思，表示于外部的行为。[3] 私人的表示是否在于企图发生一定私法上效果，应斟酌各项情事加以认定。[4]对于意思表示的构成要素，学术界有多种观点：有学者认为，意思表示包括行为意思、表示意识和效果意思；有学者认为，意思表示包括效果意思、表示意思和表示行为；[5] 有学者认为，意思表示包括目的意思、效果意思和表示行为。[6] 按照最后一种观点，目的意思是指明民事法律行为具体内容的意思要素，效果意思是意思表示人使其内容引起法律上效果的意思要素，表示行为是行为人将内心意思以一定方式表现于外部，并足以为外界客观理解的行为要素。[7]

善意是民法学中的一个基础性概念，源于拉丁文 bona fides，

---

[1] 胡长清．中国民法总论［M］．北京：中国政法大学出版社，1999：207.

[2] 王泽鉴．民法总则［M］．增订版．北京：中国政法大学出版社，2001：250.

[3][4] 王泽鉴．民法总则［M］．增订版．北京：中国政法大学出版社，2001：335.

[5] 梁慧星．民法总论［M］．北京：法律出版社，1999：111.

[6] 魏振瀛．民法［M］．北京：北京大学出版社，高等教育出版社，2000：142－143.

[7] 魏振瀛．民法［M］．北京：北京大学出版社，高等教育出版社，2000：143.

其起源于罗马法中的“善意占有之诉（actio - publicaca）”，是产生在罗马共和国末期的一种以时效取得为基础的所有物返还之诉。查士丁尼民法大全中，增加了“扩用确认之诉（confessonia utile）”的功能，扩大适用于以善意设立的役权。❶ 但是，罗马法对于“善意”这一基础法律概念没有给出界定。

罗马法体系将民事主体为一定民事法律行为时的主观过错区分为故意、重过失、轻过失和最轻过失三类，分别对应于知而犯之的状态、违反一般人基本的注意义务的状态、违反一般人精心的注意义务的状态和违反善良家父的注意义务的状态。按照这一原则，优士丁尼根据契约当事人对不同程度的注意义务的违反，又将过失分为重过失、轻过失和最轻过失三个等级。最轻过失是指未尽最勤谨、最精细的注意。应当指出，在契约责任领域中，最轻过失这一过失等级只在理论上存在，并未在实际中应用。轻过失是指未尽一般的注意。这是一种最常见的过失形态。通常，在罗马法中，当未特别指出过失的种类或等级时，就是指这一过失。重过失是指债务人极其懒惰自私，对他人利益全然不关心的状态，被罗马人定义为“不知晓所有人都知晓的事情”。在罗马法中，“重过失等同于故意”。可以说，过失是对勤谨注意义务的违反，故意是对善意的违反。❷

学术界对于“善意”的理解主要包括以下几种观点。一是将善意理解为“无过失”，❸ 如日本民法典第 192 条规定，善意并无过失；❹ 二是认为善意是“不知某种情形存在，善意是一种事实”❺，

---

❶ 彼德罗·彭梵得．罗马法教科书［M］．黄风，译．北京：中国政法大学出版社，1992：249 - 250.

❷ 丁玫．从优士丁尼法典看罗马法契约责任［EB/OL］．［2010 - 11 - 25］．http：//www. romanlaw. cn/sub2 - 5. htm.

❸ 徐开墅．民商法词典［M］．上海：上海人民出版社，1997：745.

❹ 王泽鉴．民法物权．2 册［M］．北京：中国政法大学出版社，2001：266.

❺ 王家福．经济法律大辞典［M］．北京：中国财政经济出版社，1992：494.

"有无过失，在所不问"，例如善意取得制度中的"善意"；三是认为善意是"非明知或者非因重大过失而不知"❶。《牛津法律大辞典》对"善意"给出了比较完整的定义，即："(1) 如果一个人诚实行事，即不知道也没有理由相信其主张是没有根据的，他就是善意行事，……当该人得知或应知表明其权利缺乏法律根据的事实时，则不存在善意。(2) 真诚实施的行为，即使是疏忽实施的，都属于善意行为。"❷

民事法律行为意思表示的"善意"包括两种含义，即目的意思上的善意和效果意思上的善意。目的意思上的善意是指，在不知某种情形的存在的情况下为一定行为，即在该民事法律行为的意思表示中，目的意思不明确，缺乏为该民事法律行为的明确目的意思。效果意思上的善意是指，出于善良的动机和愿望而为一定行为，即在该民事法律行为的意思表示中，民事主体出于善良的效果意思。

基于上述善意的理解，善意第三人是指具备目的意思上善意的民事主体，或者具备效果意思上善意的民事主体。亦即，目的意思不明确、缺乏为该民事法律行为的明确目的意思的民事主体，或者处于善良的效果意思的民事主体。如果民事主体处于善意的角度，则可以通过善意行为获得一定的利益，那么这种利益可以称为"善意第三人的可得利益"。由于保护善意第三人的可得利益对于保障交易安全、保护民事主体的合法权益具有重要意义，因此其是民法的重要功能之一。民法中的缔约过失责任制度、善意取得制度、无权处分制度等，均体现了对于善意第三人可得利益的保护。

在专利侵权诉讼中，如果被控侵权人是善意的民事主体，那么其具有合法获得涉案专利申请日之前公开的自由公知技术的可得利益，并且具有通过获得涉案专利申请日之前公开的专利的专利权人实施许可等方式，合法使用在先专利的可得利益。上述可得利益属

---

❶ 王泽鉴. 民法物权.2 册 [M]. 北京：中国政法大学出版社，2001：267.

❷ 戴维·M. 沃克. 牛津法律大辞典 [M]. 北京：光明日报出版社，1988：102.

于基础民法理论中的“善意第三人可得利益”，应当加以保护。可以说，现有技术抗辩制度正是出于这一目的而得以设立，现有技术抗辩制度的制度价值在于保障善意第三人的这种可得利益。

2. 制度外延的解读

下面针对两种主要的情形，探讨现有技术抗辩制度的理论基础，即善意第三人可得利益的保护，从而探讨现有技术抗辩制度的制度外延。

自由公知技术的情形。自由公知技术是已经公知并且没有处于任何人拥有有效专利权或者其他权利控制之下的公知技术[1][2]。由于自由公知技术属于社会公众的共有财产，任何民事主体均有权自由使用，任何民事主体不得干预他人使用自由公知技术，并且任何民事主体不得将自由公知技术据为己有。因此，对于自由公知技术而言，在被控侵权人为善意的情况下，其具有通过检索等方式，合法获得涉案专利申请日之前公开的自由公知技术的可得利益。这种可得利益理应获得专利法的保护。在被控侵权人实施的技术属于自由公知技术的情况下，被控侵权人的行为系基于上述可得利益，属于合法的民事法律行为。

在先公开专利的情形。对于在先公开的专利而言，在被控侵权人为善意的情况下，其具有通过获得涉案专利申请日之前公开的专利的专利权人实施许可等方式，合法使用在先专利的可得利益，现有技术抗辩制度的制度价值就在于保障善意第三人的这种可得利益。对于申请日位于该在先专利的公开日之后的专利权而言，该专利权的行使剥夺了被控侵权人的上述可得利益。也就是说，对于申请日位于该在先专利的公开日之后的专利权而言，专利权人行使专利权的行为，使得被控侵权人可得利益得以丧失，使得被控侵权人

---

❶ 尹新天．专利权的保护［M］．2版．北京：知识产权出版社，2005：486.

❷ 田力普．关于专利保护和专利侵权基本问题的研究［C］//国家知识产权局条法司．专利法研究1995．北京：专利文献出版社，1995：69－92.

无法通过获得在先专利权人实施许可等方式，合法使用在先专利。基于上述原因，现有技术抗辩制度具有适用的法律价值，亦即，被控侵权人可以通过现有技术抗辩制度保障自身享有的上述可得利益。

对于在先公开的技术方案承载着其他合法民事权利的情况，与上述在先公开的专利情况相同，在被控侵权人为善意的情况下，被控侵权人同样存在通过适当的方式合法使用在先技术方案的可得利益。

3. 其他观点的反驳

对于现有技术抗辩制度的制度本质，学术界具有多种观点，笔者将其归纳总结为“权利滥用”理论、“瑕疵专利”观点和“授权纠正”理论。笔者尝试对这些不同观点进行介绍并加以反驳。

第一，“权利滥用”理论的危害与反驳。“权利滥用”理论的基本内涵。有观点认为，如果该专利权具有明显的无效理由，那么基于该专利权的禁令和损害赔偿请求，属于权利的滥用。这就是现有技术抗辩制度的理论基础。也有观点认为，现有技术抗辩制度来源于《宪法》第51条的规定，“中华人民共和国公民在行使自由和权利的时候，不得损害国家的、社会的、集体的利益和其他公众的合法自由和权利”，以及《民法通则》第4条、第5条的规定。[1][2]由于《宪法》第51条是民法理论中“禁止权利滥用原则”的基础权源[3]，所以上述两种观点的实质相同，可以称为“权利滥用”理论。

“权利滥用”理论的危害。“权利滥用”理论将现有技术抗辩制度的理论基础建构在民法理论中的“权利滥用”之上。该理论的最大危害之处在于，“权利滥用”理论可以解释到所有专利权无效

---

[1] 尹新天．专利权的保护［M］．2版．北京：知识产权出版社，2005：486-488.

[2] 邢晓苏．公知技术抗辩研究［D］．重庆：西南政法大学，2006.

[3] 参见：魏振瀛．民法［M］．北京：北京大学出版社，高等教育出版社，2000：28-29.

理由的抗辩。也就是说，不仅专利权相对于现有技术不具备新颖性和创造性的情况下，可以构成基于权利滥用理论的抗辩理由，并且当专利权存在权利要求书得不到说明书支持、说明书公开不充分等情况，同样可以构成基于权利滥用理论的抗辩理由。也就是说，所有的无效宣告理由都可以作为权利滥用理论的适用理由，从而使得侵权法院对于专利权的效力可以进行全面审查。这种理论显然冲击了无效制度的价值，引发无效制度与现有技术抗辩制度之间的冲突，日本的司法实践情况亦是如此。另外，在我国，专利侵权案件的审判权分散在全国 80 多家人民法院，终审权分散在全国 20 多个高级人民法院。在没有相关法律制度予以保障的前提下，在最高人民法院的协调工作对各法院没有强制力的情况下，仅凭法官的专业水平和职业道德素质，无法协调和统一各地高级人民法院的适用尺度。可以预见的是，如果在我国当前国情下，采用“权利滥用”理论，将会产生严重的侵权之间的冲突，即同样的专利权在不同地区具有不同的法律效力，将严重影响专利制度的价值以及司法的公信力与确定性。

反驳理由。传统民法体系下“权利滥用”与“欺诈”具有严格的区分。权利滥用来自于德国民法典和瑞士民法典的规定，德国民法典第 226 条规定，权利之行使不得专以侵害他人为目的；瑞士民法典第 2 条第 2 款规定，明显地滥用权利，不受法律保护。权利滥用是指，权利人行使权利超过正当界限，有损他人利益或社会利益的情形。[1] 该理论用于平衡当事人的利益和维护社会利益。[2]权利滥用的构成条件包括：首先，当事人有合法权利存在；其次，权利人有行使权利的行为；再次，当事人的行为有滥用权利的违法性[3]；简单概括而言，权利滥用是合法权利的非法使用。在

[1][2] 参见：魏振瀛. 民法 [M]. 北京：北京大学出版社，高等教育出版社，2000：28.

[3] 参见：魏振瀛. 民法 [M]. 北京：北京大学出版社，高等教育出版社，2000：28－29.

专利权具有明显的无效理由的情况下，基于该专利权的禁令和损害赔偿请求不应当属于权利的滥用。原因在于，该专利权仍然处于有效期间，因此，行使该专利权的行为属于权利的合法使用。这种情况下，与不存在无效理由的专利权相比，区别在于该专利权应当被认定不合法。换句话说，在专利权具有明显的无效理由的情况下，基于该专利权的禁令和损害赔偿请求属于非法权利的合法使用，不符合民法理论中权利滥用的构成要件。由于欺诈是指当事人一方故意编造虚假情况或者隐瞒真实情况，使对方陷入错误而为违背自己真实意思表示的行为❶，所以非法权利合法使用的情况多数属于欺诈，而非权利的滥用。并且，可以说，在专利权具有明显的无效理由的情况下，基于该专利权的禁令和损害赔偿请求属于专利制度的滥用，而非专利权的滥用。

第二，“瑕疵专利”观点的反驳。有观点认为，在现实中，有时会遇到被控侵权产品或方法确实属于公知技术，但同时又落入到专利权保护范围之中，当事人又没有提出撤销或无效请求的现象，现有技术抗辩制度就是为了解决这一矛盾而提出的。❷ 笔者不同意上述观点，原因在于，首先，瑕疵专利不当授权的纠正属于公权力的范畴，属于无效制度的制度价值，上述观点混淆了现有技术抗辩制度的理论基础与无效制度的理论基础，不利于对于两种制度之间的配合，易于造成行政权与司法权之间的冲突。其次，由于专利侵权诉讼属于民事诉讼，相关诉讼理由需要由当事人提出主张，现有技术抗辩制度的适用前提同样是被控侵权人提出的抗辩主张，所以上述观点在逻辑上难以成立。

第三，“授权纠正”理论的反驳。有理论认为，现有技术抗辩制度的理论基础在于，专利权人不能基于等同原则，将相对于现有

---

❶ 参见：魏振瀛．民法［M］．北京：北京大学出版社，高等教育出版社，2000：147. 王泽鉴．民法总则［M］．增订版．北京：中国政法大学出版社，2001：250.

❷ 尹新天．专利权的保护［M］．北京：专利文献出版社，1998：372.

技术不具有新颖性或创造性从而本不应授予专利权的技术方案重新纳入本专利的保护范围。笔者不同意上述观点，原因在于，首先，上述理论主要涉及专利权的保护与专利权公示作用两大价值取向的调和，裁判者判定等同侵权实质上的理由仅在于内心中的“公平”，因此，现有技术抗辩的合理性在于被控侵权人的对知识财产公有领域的自由使用和权利主体不适格。因此，在等同侵权判定之中，允许被控侵权人主张现有技术抗辩不仅仅简单地因为被等同出来的技术方案不应授予专利权，关键在于，由于被控侵权人对在先公知的技术（自由或非自由的）享有的自由使用的利益和可使用的预期利益，显然使得此时理性的裁判者不能再认为此时判定侵权成立是公平的。其次，上述观点对于等同后的技术方案进行可专利性判断，将可专利性判断的权力赋予了审理侵权案件的法院，在我国宪政体系下没有法律依据，并且容易出现司法之间的法律适用冲突。最后，对于瑕疵专利不当授权的纠正属于公权力的范畴，属于无效制度的制度价值，上述观点混淆了现有技术抗辩制度的理论基础与无效制度的理论基础。

（五）现有技术抗辩制度的法律适用

如前所述，现有技术抗辩制度的理论基础在于，善意第三人可得利益的保护。现有技术抗辩制度的制度价值就在于保障善意第三人的这种可得利益，立足于私法利益的保护。无效制度则运用公共权力对于瑕疵专利的不当授权加以纠正，具有行政属性，立足于公共权力的行使。上述制度本质的理解对于现有技术抗辩制度的正确法律适用具有突出的意义。

1. 适用范围与适用对象

现有技术抗辩制度仅适用于等同侵权。理由如下：

从专利确定性的角度而言，在相同侵权中适用现有技术抗辩，受理侵权诉讼的法院认定被控侵权产品是否与公知技术相同或者相似，实质上人民法院对专利技术与公知技术是否相同或者相似进行了认定。❶ 如图27所示，这种情况下必然得出“本专利权利要求属于现有技术”的结论，审理侵权诉讼的法院实质上得出了本专利应当宣告无效的结论。这种情况下，审理侵权诉讼的法院实质上超出了权限范围，破坏了单独设置模式，易于出现侵权与确权认定不一致的情况，并且易于出现侵权法院之间认定不一致的情况。

**图27 相同侵权下现有技术抗辩制度的示意图**

从制度本质的角度而言，如前所述，现有技术抗辩制度的理论基础在于，善意第三人可得利益的保护。亦即在被控侵权人为善意的情况下，其具有通过检索等方式，合法获得涉案专利申请日之前公开的自由公知技术的可得利益；并且具有通过获得涉案专利申请日之前公开的专利的专利权人实施许可等方式，合法使用在先专利的可得利益；现有技术抗辩制度的制度价值就在于保障善意第三人的这种可得利益。然而，在相同侵权的情况下，在被控侵权人的产品或者方法中能够找到与权利要求中记载的每一个技术特征相同的对应特征，并且判断相同侵权可以借用新颖性的概念。❷ 可见，我国作为采用先申请制的国家，在相同侵权的情况下，难以认定被控侵权人缺乏为该民事法律行为的明确目的意思，并出于善良的效果意思。也就是说，在相同侵权的情况下，被控侵权人并非善意。因此，在相同侵权的情况下不存在善意第三人可得利益保护的问题，现有技术抗辩制度不适用于相同侵权。在等同侵权的情况下，被控侵权人的产品或者方法并非存在与权利要求中记载的每一个技术特征相同的对应特征，裁判者判定等同侵权实质上的理由仅在于内心

❶ 闫文军．专利权的保护范围——权利要求的解释和等同原则的适用［M］．北京：法律出版社，2007：492.

❷ 尹新天．专利权的保护［M］．2版．北京：知识产权出版社，2005：371.

中的“公平”，被控侵权人对于是否构成等同侵权并无行为预期，因此，被控侵权人并非具有明确的使用涉案专利的效果意思，同时其目的意思亦不明确，所以其是否构成善意需要具体案件判断。换句话说，在等同侵权中，具有善意第三人可得利益保护的适用空间。

从专利公信力的角度而言，在相同侵权的情况下，侵权法院的判决没有涉及专利权的有效性问题，专利权仍然有效。但是，即使使用与该专利相同的技术，也不会构成侵权。也就是说，专利虽然有效，但并不能得到保护。面对这种状况，社会公众不知道在生产经营中应该避开该专利还是自由使用该专利，这损害了专利的公信力。[1] 对于实质上不应当授予专利权的专利而言，应当通过无效程序首先确定该专利权的效力，而非由受理侵权案件的人民法院对于专利权的效力加以评价。首先，从价值判断的角度而言，正如本文第五部分所述，无论是行政权还是司法权的行使，均应在法律框架的设定和约束下进行，这是宪政对于法治的基本要求。一味强调效率和个案的利益最大化而牺牲了宪政的秩序，不但会造成权力分配、行使体系上的冲突，还会对依法行政、依法司法的基本原则造成破坏，最终造成对法治原则的破坏，从长远来看，是得不偿失的。其次，从利益衡量的角度而言，有观点认为，对于不应当授予的专利权，应当兼顾专利权人利益和公众利益的保护。对此，对公众可得利益的保护同样属于公众利益保护的范畴，并且在对于公众利益加以保护的时候不应当损害专利的公信力和确定性，否则使得社会公众对于自己的行为缺乏行为预期，同样损害社会公众的利益。

从比较法的角度而言，对于同样采用单独设置模式的德国而言，德国将现有技术抗辩作为等同侵权的例外。就对比方式和对比标准而言，德国联邦最高法院判决指出，在根据 1981 年德国专利

---

[1] 闫文军．专利权的保护范围——权利要求的解释和等同原则的适用［M］．北京：法律出版社，2007：492.

法的规定确定专利保护范围时，允许提出被控侵权技术与现有技术相比不符合专利的实质要件作为抗辩。在专利侵权诉讼中，被告不但可以提出被控侵权物属于公知技术的主张，也可以提出与现有技术相比不具有专利性的主张。[1]

其他观点的反驳。有学者认为，现有技术抗辩制度可以适用于相同侵权。原因在于：（1）现实可行性，即侵权法院所要进行的判断是被控侵权技术与现有技术是否相同或者十分接近，这一判断对于法官或者行政执法人员而言没有什么特殊的困难；（2）现实必要性，即无效程序审理周期较长，等待无效程序的决定损害当事人的利益；（3）公平的要求，即在专利复审委员会维持专利有效的情况下，人民法院仍可以认定现有技术抗辩成立。对于上述观点，笔者难以赞同：（1）就现实可行性而言，审理侵权诉讼的法院实质上得出了本专利应当宣告无效的结论，实质上超出了权限范围，破坏了单独模式，造成不良的社会影响；（2）就现实必要性而言，无效程序的审理周期已经大幅度降低，并不存在审理周期过长所导致的对于当事人利益的损害；（3）就公平的要求而言，公平的实现是以合法为前提，目前审理侵权案件的人民法院并不具备对专利权效力加以审查的权力。

就适用对象而言，在被控侵权人为善意的情况下，其无法通过合法途径获得该抵触申请记载的技术方案，并不享有可得利益。因此，抵触申请不能适用于现有技术抗辩制度。

2. 对比方式

就对比方式而言，应当将被控侵权技术与在现有技术抗辩证据中所公开的技术方案进行对比。具体理由如下：

从解释论的角度而言，修正后的《专利法》第 62 条规定，在专利侵权纠纷中，被控侵权人有证据证明其实施的技术或者设计属

[1] 闫文军. 专利权的保护范围——权利要求的解释和等同原则的适用［M］. 北京：法律出版社，2007：231.

于现有技术或者现有设计的，不构成侵犯专利权。第 62 条明确了现有技术抗辩的对比方式是被控侵权技术与现有技术或者现有设计进行对比。原因在于，根据上述法条的表述，现有技术抗辩的适用条件是被控侵权技术属于现有技术或者现有设计，因此只需将被控侵权技术与现有技术或者现有设计进行对比，即可判断是否满足第 62 条假定部分的界定。

从比较法的角度而言，德国、日本、美国的现有技术抗辩以及相关制度，均是将被控侵权技术与现有技术进行对比。

从法理的角度而言，现有技术抗辩是专利侵权纠纷的被控侵权人有证据证明其实施的技术或者设计属于现有技术或者现有设计的一项制度。由此可见，现有技术抗辩的对比方式应当是被控侵权技术与现有技术的对比。

从专利制度本质的角度而言，专利制度的本质在于通过给予发明人在一定期限内排他的专有实施权，激励发明人公开其技术，从而实现专利制度促进科学技术进步和经济社会发展的最终目的。由此可见，专利制度的终极价值在于使得社会公众获得使用更多技术的机会，从而促进社会整体福利的增加，其并没有限制社会公众使用现有技术的权利。因此，只要被控侵权人证明自己使用的技术属于现有技术，被控侵权人就有使用该技术的可得利益，从而应当将被控侵权技术与现有技术进行对比。

从制度背景的角度而言，在我国现行立法模式下，专利有效性的判断是国务院专利行政部门的法定职权，其属于行政权的一部分。司法权不应当对于该行政权进行干预，而应当给予必要的尊重，这也是我国多年的司法实践得出的结论。[1] 因此，在我国现行立法模式下，专利有效性判定和专利侵权判定是完全分离的，不应当在专利侵权纠纷中涉及专利有效性的判断问题。

---

[1] 北京市高级人民法院和北京市第一中级人民法院曾经出现过在专利无效宣告请求的行政诉讼案件中直接宣告专利权无效的情况，司法权代为行使行政权的职能，最高人民法院在（2007）行提字第 3 号判决中予以纠正。

其他观点的反驳。将现有技术与专利的权利要求、被控侵权技术分别进行对比的混合对比方式点没有理论依据❶和法律依据，同时不可避免地造成专利侵权程序中人民法院对于专利的有效性加以判断的情况。并且，在司法实践中，该方式容易将现有技术抗辩的判断与专利权有效性的判断混淆❷，增加了各地人民法院的审理负担，在司法实践中已经引起了一些混乱，不符合我国单独设置模式的立法例。

综上所述，在我国当前国情下，现有技术抗辩制度的对比方式应当是被控侵权技术与现有技术进行对比，专利法修正案的含义也正是如此。

3. 对比标准

就对比标准而言，结合2010年《专利法》第62条的规定，并考虑我国的司法实践状况，我国的现有技术抗辩制度应当适用新颖性标准。

（1）从立法论的角度

我国现有技术抗辩制度适用新颖性标准是制度本质的要求。如上所述，现有技术抗辩制度的制度本质在于，善意第三人可得利益的保护。对于对比标准而言，善意第三人对于属于现有技术的技术方案具有明确的可得利益，能够建立明确的使用现有技术的目的意思和效果意思。也就是说，在将现有技术抗辩定位于私法利益的保护的前提下，适用新颖性标准能够有效地保障作为善意第三人的社会公众对于其可得利益具有明确的行为预期，民事主体对其权利和利益的行使所具有的行为预期能够有效地保障民事主体从事民事法律行为的意思自治，这对于保障善意第三人可得利益而言是不可缺少的。

---

❶ 闫文军．专利权的保护范围——权利要求的解释和等同原则的适用［M］．北京：法律出版社，2007：496.

❷ 如北京市第二中级人民法院（2007）二中民初字第1825号案件。

我国现有技术抗辩制度适用新颖性标准是公信力与确定性的保证。使用新颖性标准有利于保证专利的公信力与确定性。我国有八十多个法院审理专利侵权纠纷案件，并且我国没有遵循司法先例的相关规定，因此，非常容易出现不同的法院的创造性标准不统一从而导致对于同一专利的有效性认定不同的情况。

我国现有技术抗辩制度适用新颖性标准是资源优化配置的需要和司法实践的需要。使用新颖性标准有利于充分利用现有的行政资源和司法资源。新颖性判断标准类似于相同侵权的判断标准，并且《专利审查指南（2010）》对于新颖性的判断具有明确详细的规定，包括审查原则、审查基准等，便于人民法院在司法实践中运用和操作。并且，新颖性标准较为客观，可操作性强，具有法律适用的确定性。

（2）从解释论的角度

2010年《专利法》第62条规定，在专利侵权纠纷中，被控侵权人有证据证明其实施的技术或者设计属于现有技术或者现有设计的，不构成侵犯专利权。下面从解释论的角度，对于上述法条加以解读。

主要的法律解释方法包括：（1）法律文义；（2）体系地位；（3）立法史及立法资料；（4）比较法；（5）立法目的；（6）“合宪”性解释[1]。正如萨维尼教授所述，文义、逻辑、历史、体系等诸因素，不是四种解释，可凭己好任意选择；而是不同的活动，必须加以结合，使解释臻于完善[2]。所以，下面从体系、文义、逻辑、目的等因素，对于修正后的《专利法》第62条加以解释。

从体系解释的角度而言，第62条明确了对比标准是新颖性标准。根据修正后的专利法，第22条中规定“新颖性，是指该发明或者实用新型不属于现有技术”，第23条中规定“授予专利权的外

[1] 王泽鉴．民法总则［M］．北京：中国政法大学出版社，2001：50－51.

[2] 王泽鉴．民法总则［M］．北京：中国政法大学出版社，2001：53.

观设计，应当不属于现有设计”。按照体系解释的解释方法，《专利法》第22条、第23条中的“属于”应当与第62条中的“属于”含义相同。有学者提出，第62条中所使用的“属于”的含义不同于“是”的含义，其包含相同和十分接近，也就是说，应当理解为新颖性和明显没有创造性的对比标准。如果按照上述观点，“属于”的含义包含相同和十分接近，那么《专利法》第22条中规定的新颖性将包含明显没有创造性的情况，这显然不符合基本法律逻辑。

从文义解释的角度而言，首先，在现代汉语中，“属于”一词的含义是：“归某一方面或为某方所有，如中华人民共和国的武装力量属于人民。”[1] 就文义解释的角度而言，专利法中“属于现有技术或者现有设计”的规定，是指，被控侵权人实施的技术归现有技术中的某一方面，亦即被控侵权人实施的技术是现有技术中的某一技术方案。其次，结合《专利法》第22条第2款、第23条的规定进行文义解释，可以得出，《专利法》第22条第2款、第23条的规定亦是同样的含义。即第22条第2款中规定的“新颖性，是指该发明或者实用新型不属于现有技术”，是指发明或者实用新型专利申请并非归现有技术中的某一方面，亦即发明或者实用新型专利申请并非现有技术中的某一技术方案；第23条中规定“授予专利权的外观设计，应当不属于现有设计”，是指外观设计专利申请并非归现有设计中的某一方面，亦即外观设计专利申请并非现有设计中的某一设计方案。复次，现有技术的结合或者现有技术与公知常识的结合，不能解释为“属于现有技术”的范畴。如上所述，“属于”是指“归某一方面或为某方所有”，而现有技术结合之后得出的技术方案，或者现有技术与公知常识结合之后得出的技术方案都不是现有技术中客观存在的技术方案，所以无法将现有技术结

---

[1] 中国社会科学院语言研究所词典编辑室．现代汉语词典［M］．5版．北京：商务印书馆，2005：1267.

合之后得出的技术方案或者现有技术与公知常识结合之后得出的技术方案解释为归于现有技术的某个方面。

从逻辑解释的角度而言，为维护法律用语的统一性，统一的概念用语应作相同的解释。❶ 第22条中规定“新颖性，是指该发明或者实用新型不属于现有技术”，第23条中规定“授予专利权的外观设计，应当不属于现有设计”，而第62条中规定“属于现有技术或者现有设计”。从逻辑角度而言，上述表述应当是相同的含义。

从目的解释的角度而言，在国家知识产权局条法司编写的《〈专利法〉第三次修改导读》中指出：“被控侵权人只能以其实施的技术或者设计是现有技术或者现有设计为由进行抗辩，不能以其他法定的能够宣告专利权无效的理由进行抗辩。”❷ 上述表述很大程度上体现了现有技术抗辩制度的立法本意。显然，从上述立法本意可以得出，被控侵权技术与现有技术的对比标准应当是新颖性标准。“现有技术结合之后得出的技术方案”或者“现有技术与公知常识结合之后得出的技术方案”都不属于现有技术抗辩制度适用的情形。

（3）从新颖性含义的角度

需要指出的是，新颖性的概念宽于相同的概念。❸❹ 在现有技术抗辩适用新颖性标准的情况下，并非严格要求被控侵权产品与现有技术完全相同，如果二者的区别是所属技术领域的惯用手段的直接置换或者《专利审查指南（2010）》第二部分第三章第3.2节列举的其他情况，现有技术抗辩同样成立。具体内容如下：

简单的文字变换。如在专利复审委员会第2296号无效宣告请

---

❶ 王泽鉴．民法总则［M］．北京：中国政法大学出版社，2001：52.

❷ 国家知识产权局条法司．《专利法》第三次修改导读［M］．北京：知识产权出版社，2009：78.

❸ 张荣彦．机械领域专利申请文件的撰写与审查［M］．2版．北京：知识产权出版社，2006：178.

❹ 还可参考《专利审查指南（2010）》第二部分第三章第3.2节的相关规定。

求审查决定中，认定本专利的“高压气绳”在对比文件中被称为“耐压气管”。也就是说，本专利与对比文件所涉及的发明创造属于相同的技术领域，从技术内容的对比可以得出，二者在个别技术特征的文字表述方面存在差异，但是这种差异对于本领域技术人员而言，结合说明书的相应记载，可以清楚地确认上述差异仅在于对同一部件采用了不同的称谓，这种情况下，相应技术方案的区别属于简单的文字变换，两种技术方案相比不具有新颖性。根据上述判断基准，如果被控侵权技术与现有技术相比，二者的区别在于，被控侵权技术与现有技术在个别技术特征的文字表述方面存在差异，但是这种差异对于本领域技术人员而言，结合说明书的相应记载，可以清楚地确认上述差异仅在于对同一部件采用了不同的称谓，那么可以认定现有技术抗辩成立。

惯用手段的直接置换。根据《专利审查指南（2010）》的规定，如果要求保护的发明或者实用新型与对比文件的区别仅仅是所属技术领域的惯用手段的直接置换，则该发明或者实用新型不具备新颖性。例如，对比文件公开了采用螺钉固定的装置，而要求保护的发明或者实用新型仅将该装置的螺钉固定方式改换为螺栓固定方式，则该发明或者实用新型不具备新颖性。

惯用手段的直接置换是指两个技术方案之间存在区别技术特征，但是该区别技术特征属于惯用手段的直接置换，在这种情况下仍然属于新颖性的范畴。其中，惯用手段应当是，所属领域技术人员在解决某个技术问题时熟知和常用、可以相互替换且产生的技术效果预期相同的技术手段。反之，如果置换的技术手段与原技术手段的特征相比，并非熟知或经常使用；或者可以解决不同的技术问题，或者在技术方案中所起的功能和作用不同；或者置换为整个技术方案带来了一定的技术效果，则不能简单认定这种置换属于惯用手段的直接置换。[1]

---

[1] 国家知识产权局专利复审委员会．现有技术与新颖性［M］．北京：知识产权出版社，2004：374.

如在专利复审委员会第1190号无效宣告请求审查决定❶中，认定本专利系卧式离心研磨机，对比文件系水平筒式研磨机，二者的区别在于本专利采用皮带传动，对比文件采用链条传动，对于所属技术领域的技术人员而言这两种传动方式可以相互替代并且替代后可能产生的利弊为众所周知，并没有产生意想不到的技术效果，因此，二者的相互替代属于惯用手段的直接置换。❷

根据上述判断基准，如果被控侵权技术与现有技术相比，二者的区别在于，所属领域技术人员在解决某个技术问题时熟知和常用、可以相互替换且产生的技术效果预期相同的技术手段；或者说对于所属技术领域的技术人员而言两种技术手段可以相互替代并且替代后可能产生的利弊为众所周知，并没有产生意想不到的技术效果，那么则可以认定现有技术抗辩成立。

（4）其他观点的反驳

下面对于现有技术抗辩制度对比标准的其他观点加以反驳。

十分接近或者明显相近似说的反驳。十分接近或者明显相近似说认为，在被控侵权技术与现有技术十分接近或者明显相近似的时候，现有技术抗辩方能成立。对此，十分接近或者明显相近似说能够较为理想地协调现有技术领域与权利要求保护范围之间的关系❸。但是，“十分接近”“明显相似”的标准难以把握，不同裁判者针对同样的情况很可能作出不同的判断，从而使得社会公众和专利权人对于专利权的效力缺乏可预见性。在我国当前国情下，社会公众对于专利权效力的可预期性要求较高。因此，十分接近或者明显相近似说在司法实践中难以操作。

---

❶ 转引自：国家知识产权局专利复审委员会．现有技术与新颖性［M］．北京：知识产权出版社，2004：375-376.

❷ 国家知识产权局专利复审委员会．现有技术与新颖性［M］．北京：知识产权出版社，2004：376.

❸ 参见：尹新天．专利权的保护［M］．2版．北京：知识产权出版社，2005：489-492.

等同标准说的反驳。等同标准说认为，被控侵权技术的技术特征与现有技术的技术特征构成等同的情况下，现有技术抗辩成立。对此，首先，专利侵权判断中等同是针对某一技术特征而言的，并非针对技术方案整体。将现有技术的技术方案中的各个技术特征割裂开来分别与被控侵权技术进行比较，容易导致对于技术特征的孤立理解，从而容易导致“事后诸葛亮”的错误。因此，等同标准说在司法实践中难以操作。其次，从解释论的角度而言，修正后的《专利法》第62条的规定在于，“被控侵权人有证据证明其实施的技术或者设计属于现有技术或者现有设计”，可见修正后的《专利法》第62条要求，将被控侵权技术的整体技术方案与现有技术的一个技术方案进行对比，将被控侵权设计的整体设计方案与现有设计的一个设计方案进行对比，绝非将其中的技术特征或者设计特征进行对比。复次，从制度本质的角度而言，等同标准亦不符合善意第三人可得利益保护的现有技术抗辩制度理论基础。由于等同标准系技术特征的等同，其系处于强化专利权的保护的角度而设定的制度，善意第三人无法根据专利权利要求书和说明书预知等同的范围，因此其不属于善意第三人的可得利益。另外，目前司法实践中对于等同侵权的判断和等同标准的把握存在较大的差异，因此，现有技术抗辩制度采用上述标准不利于司法实践的统一以及社会公众利益的有效保护。

创造性以及有限创造性说的反驳。从立法论的角度考虑到公信力与确定性的保证、资源优化配置的要求以及司法实践的需要等诸多方面考虑，可以得出，创造性标准说以及有限的创造性标准说并不适合我国当前国情；从解释论的角度，使用体系解释、文义解释、逻辑解释和目的解释的方法，对于修正后的《专利法》第62条加以解释，可以得出，创造性标准说以及有限的创造性标准说亦不符合修正后的《专利法》第62条的规定。

综上所述，在我国当前国情下，现有技术抗辩制度的对比标准应当是新颖性标准。专利法修正案的含义也正是如此。

（六）现有技术抗辩制度与无效制度的关系

现有技术抗辩制度和无效制度有着根本属性上的差别，即公共权力与私权保护的区分。

根据本节第一、二部分的介绍，无效制度定位为公共权力的行使，运用公共权力对于瑕疵专利的不当授权加以纠正，具有行政属性。根据本部分的介绍，现有技术抗辩制度则定位在善意第三人可获得利益的保护，即私法利益的保护。由此，现有技术抗辩制度和无效制度从不同角度构成专利纠纷解决机制的组成部分，二者相互配合从而有效地解决专利纠纷。

## 四、无效程序与其他制度

修正后的《专利法》第61条第2款规定："专利侵权纠纷涉及实用新型专利或者外观设计专利的，人民法院或者管理专利工作的部门可以要求专利权人或者利害关系人出具由国务院专利行政部门对相关实用新型或者外观设计进行检索、分析和评价后作出的专利权评价报告，作为审理、处理专利侵权纠纷的证据。"从而，建立专利权评价报告制度。

需要指出的是，专利权评价报告既不是行政决定，也不是针对专利权有效性的正式判定，只是关于实用新型和外观设计专利权稳定性的证据，专利权是否有效只能由无效宣告程序确定。[1] 亦即，专利权评价报告的作用在于，决定是否由于被控侵权人提出专利无效宣告请求而中止相关程序，专利权效力的评定由无效程序解决。

在确认不侵权之诉方面，确认不侵权之诉是专利权人向他人发出侵犯专利权的警告，被警告的民事主体或者利害关系人向人民法院提起请求确认其行为不侵犯专利权的诉讼。在确认不侵权之诉中，仅应针对侵权构成要件进行审查，不应当对于专利权的效力加

[1] 国家知识产权局条法司．《专利法》第三次修改导读［M］．北京：知识产权出版社，2009：74－75．

以判断。

在诉权滥用方面，如果在专利权被宣告无效之前行使专利权，即使该专利权随后被宣告无效，亦不应当认为构成诉权的滥用。原因在于，专利权是推定有效的权利，在未被宣告无效的情况下，专利权的行使是推定有效的民事权利的行使，不构成诉权的滥用。

在侵权制度的完善方面，建议借鉴其他国家的先进经验，引入技术调查官制度。我国司法实践中，目前为了解决专利侵权纠纷案件技术专业性的问题，广泛采用司法鉴定、专家咨询和专家证人制度。[1] 然而，由于专利纠纷解决机制中，技术问题和法律问题通常难以严格区分（例如创造性判断、技术特征等同的判断等），而法律问题又不属于鉴定的范畴，所以司法鉴定、专家咨询和专家证人制度难以高效发挥作用。建议引入技术调查官制度，推动专利侵权纠纷解决机制的优化。

## 五、“准司法”理解的理性回归

《国家知识产权战略纲要》第五部分第四节第46项指出：“改革专利和商标确权、授权程序，研究专利无效审理和商标评审机构向准司法机构转变的问题。”

对于准司法的解读和理解，存在诸多不同观点。有观点认为，涉及双方当事人的确权程序包括专利无效程序、商标异议复审程序和商标争议裁定程序。这些程序设置的目的均是为弥补审查机关因种种原因存在的工作不足，确保他人的合法权益以及国家利益、社会公共利益不受侵犯。这些双方当事人程序具有以下特点：第一，程序均由请求人的申请启动，被请求人是权利人或权利申请人，双方当事人系平等的民事主体。第二，双方当事人争议的标的是作为

[1] 北京市第二中级人民法院民五庭．关于知识产权案件相关专业技术问题解决[C]//蒋志培．知识产权民事审判证据实务．北京：中国法制出版社，2008：267－278.

民事权利的知识产权权利的有无及其效力。第三，双方当事人之间往往存在利害关系，尽管法律未以当事人之间存在利害关系为条件，但实际上极少有当事人之间无直接利害关系的争议产生。第四，两委（即专利复审委员会和商标评审委员会）是依申请就当事人请求的范围居中进行审查。第五，两委在审查中虽然也可以依职权主动调取证据，但主要是由双方当事人提供证据。第六，在程序中如请求人明示或默示撤回申请，该确权程序即行终止。由此可见，涉及双方当事人的确权程序是一种类似民事诉讼的程序，两委的审查并不具有显著的行政职权色彩，两委在程序中处于准司法机构的地位，与法院审理民事诉讼并无本质区别。将涉及双方当事人的确权纠纷作为行政诉讼对待是这类案件在理论和实践中问题层出不穷的根本原因，将其回归民事诉讼的本质，有关问题将迎刃而解。❶ 也就是说，将准司法的本质理解为民事诉讼。同时，亦有观点认为，准司法是指具有相当于司法程序的效力和地位。❷

《国家知识产权战略纲要》所述“准司法”的含义为：无效程序具有行政程序的根本属性，并具有司法程序的部分表现。❸ 亦即，“准司法”是指“像司法”，包含两层含义：首先，“准司法”不是司法，无效程序不是司法程序，而是行政程序；其次，“准司法”是像司法，无效程序具有司法程序的部分表现。但需要强调的是，具有司法程序的部分表现，并不能改变无效程序作为行政程序的根本属性。这是由于，无效程序所解决的绝不是无效宣告请求人和专利权人之间的民事争议，而是行政授权的正当性。对于行政授权正

---

❶ 参见最高人民法院知识产权审判庭，国家工商行政管理总局商标评审委员会，国家知识产权局条约法律司．关于知识产权司法保护机制的调研课题报告［R］. 2007年1月15日.

❷ 李隽，程强，王颖，何伦健，郭建国，杨克菲，石竞．专利无效宣告请求诉讼程序的性质［R］. 国家知识产权局条法司课题.

❸ 也就是说，无效程序在证据的质证、证据的审核、证据的认定等方面借鉴了民事诉讼制度的相关经验。

当性的评价，理应采用行政程序。

## 六、专利确权纠纷解决机制优化的其他思路

对于专利确权纠纷解决机制的改革存在一些其他思路。有观点认为，应当明确规定涉及双方当事人的确权纠纷，当事人不服专利复审委员会裁决的，直接向北京市高级人民法院提出上诉，并采用民事诉讼模式加以审理。[1][2]

上述观点的优势在于，首先，有利于提高专利确权纠纷解决机制的效率，充分利用现有资源和现有经验，减少行政、司法资源的浪费；其次，有利于及时保护专利权人和社会公众的合法权利；再次，有利于执法标准的统一，增强社会公众对于行政程序、司法程序的信任和尊重；最后，能够在一定程度上解决当前国情存在的程序冗长等问题。

上述观点的劣势在于，首先，上述观点混淆了我国行政权和司法权之间的界限和关系，不符合我国当前宪政体制的安排，难以保证行政权和司法权之间的相互独立和相互配合。其次，上述观点与现有法律体系存在冲突，需要对于现有法律体系作出较大修改。上述观点的实现，有赖于《专利法》《商标法》以及《行政诉讼法》的修改，甚至有赖于《法院组织法》相关规定的修改。复次，上述观点需要对权力结构加以调整。比如说，我国人民法院需要向产生它的国家权力机关负责，而我国行政机关则采用首长负责制，那么准司法机构需要采用何种决策机制，没有明确的依据。还有，上述观点与民事诉讼的基本法理难以相容。无效程序所解决的绝不是无效宣告请求人和专利权人之间的民事争议，而是行政授权的正当

---

[1] 参见最高人民法院知识产权审判庭，国家工商行政管理总局商标评审委员会，国家知识产权局条约法律司．关于知识产权司法保护机制的调研课题报告［R］．2007－01－15．

[2] 李隽，程强，王颖，何伦健，郭建国，杨克菲，石竟．专利无效宣告请求诉讼程序的性质［R］．国家知识产权局条法司课题．

性。对于行政授权正当性的评价，理应采用行政程序。

## 第四节　我国确权纠纷解决机制中的调解制度探析

目前，在我国专利无效宣告程序的法律规定方面，《专利法》《专利法实施细则》以及《专利审查指南（2010）》没有有关无效宣告程序中的调解制度的规定；仅在《专利审查指南（2010）》第四部分第三章和第四章中，有一些有关当事人和解的规定。尤其是，在2010年《专利法实施细则》第72条第2款修改之后，专利复审委员会作出决定之前，无效宣告请求人撤回其请求或者其无效宣告请求被视为撤回的，专利复审委员会认为根据已进行的审查工作能够作出宣告专利权无效或者部分无效的决定的，不终止审查程序。由此，对于专利确权程序中是否可以适用调解制度产生了较大争议。

目前，在我国专利无效宣告程序的审查实践方面，大多数无效宣告请求伴随着侵权诉讼，由于侵权诉讼在地方法院审理，而无效宣告请求在专利复审委员会审查，在侵权诉讼的审理和无效宣告请求的审查中地方法院和专利复审委员会缺乏沟通，由此也为侵权诉讼和无效宣告请求的调解带来了困难。并且，专利复审委员会有些合议组仅仅形式性地询问请求人和专利权人是否有和解的愿望，有些合议组则针对请求人与专利权人的分歧和共识有针对性地进行调解，促使请求人和专利权人达成和解，做法并不统一。还有，如果无效宣告程序调解成功，仅能通过请求人撤回无效宣告请求的方式结案，对于请求人和专利权人的约束力不够。

目前的社会背景中，调解作为一种纠纷解决机制得到社会各界的充分重视。建立和完善多元化纠纷解决机制被确立为最高人民法院2008年重点改革项目。由最高人民法院牵头，国务院法制办、司法部、劳动和社会保障部等多家单位共同参与的“促进建立健全多元化纠纷解决机制”项目已于2007年启动。近年来，全国各级法院正确处理调解和裁判的关系，拓宽诉讼调解的适用范围，实现人民调解、行政调解和诉讼调解的有机结合，推动多元化纠纷解决机制的建立和完善，最大限度地化解矛盾纠纷。2001～2007 年，全国地方法院共审结知识产权民事一审案件 74 200 件，审结知识产权民事二审案件 15 988 件，一审调解结案率为 55.48%，一审、二审和再审的平均调解结案率为 57.21%。[1] 有些地方法院知识产权民事案件调解结案率甚至达到 80.2%，调撤当庭履行率达到 94.4%。[2] 可以说，多数知识产权民事案件得以调解结案，作为知识产权民事案件的专利侵权案件多数伴随着专利无效宣告程序，而在专利侵权案件调解结案的情况下，其所伴随的专利无效宣告程序也得以结案。

## 一、调解制度的制度原理分析

《专利审查指南（2010）》规定，无效宣告程序是专利公告授权后依当事人请求而启动的、通常为双方当事人参加的程序。从本质上而言，无效宣告程序属于行政裁决的一种。行政裁决是美国“administrative adjudication”制度的译称[3]，其是指依法由行政机关依照法律授权，对当事人之间发生的、与行政管理活动密切相关的、与合同无关的民事纠纷进行审查，并作出裁决的行政行为[4]。

无效宣告程序中的调解制度属于行政调解的一种。行政调解是指行政主体主持的，以国家法律、政策和公序良俗为依据，以自愿

---

[1] 参见曹建明同志在全国法院知识产权审判工作座谈会上的讲话［EB/OL］．［2010－11－25］．http：//news.xinhuanet.com/newscenter/2008－01/19/content_7632681.htm.

[2] 参见：威海市中级人民法院知识产权审判工作荣获威海市直机关“优秀工作成果”奖［EB/OL］．［2010－11－25］．http://www.chinaiprlaw.cn/file/2008030312714.html.

[3] 王名扬．美国行政法［M］．北京：中国法制出版社，2005：418.

[4] 姜明安．行政法与行政诉讼法［M］．北京：北京大学出版社，高等教育出版社，1999：202.

为原则，通过说服教育等方法调停、斡旋，促使当事人友好协商，达成协议，消除纠纷的一种调解制度❶。按照行政调解的主体的不同，我国目前存在的行政调解主要包括五种：基层人民政府的调解、公安机关的调解、工商行政管理部门的调解、劳动行政管理部门的调解和知识产权管理部门的调解。

基层人民政府的调解主要是乡镇人民政府和街道办事处的司法助理员等对于民事纠纷和轻微刑事案件进行的调解。公安机关的调解主要是公安机关根据《治安管理处罚法》❷ 和《道路交通事故处理办法》❸ 的相关规定，对情节轻微的违反治安管理的行为和道路交通事故进行的调解。工商行政管理部门的调解主要是对于合同纠纷❹和消费者权益纠纷❺的调解。

知识产权管理部门的调解主要是国家工商行政管理总局商标评审委员会在注册商标撤销程序中进行调解，地方管理专利工作的部门对侵犯专利权的赔偿数额进行调解❻，工商行政管理部门对侵犯

---

❶ 朱最新．社会转型中的调解制度［J］．行政法学研究，2006（2）：125.

❷ 参见《治安管理处罚法》第9条：对于因民间纠纷引起的打架斗殴或者损毁他人财物等违反治安管理行为，情节较轻的，公安机关可以调解处理。

❸ 参见《道路交通事故处理办法》第30条：公安机关处理交通事故，应当在查明交通事故原因、认定交通事故责任、确定交通事故造成的损失情况后，召集当事人和有关人员对损害赔偿进行调解。

❹ 参见《合同法》第128条：当事人可以通过和解或者调解解决合同争议；《合同争议行政调解办法》第六条：工商行政管理机关受理法人、个人合伙、个体工商户、农村承包经营户以及其他经济组织相互之间发生的以实现一定经济目的为内容的合同争议，法律、行政法规另有规定的从其规定。

❺ 参见《消费者权益保护法》第34条：消费者和经营者发生消费者权益争议的，可以通过下列途径解决：（二）请求消费者协会调解。《关于实施〈消费者权益保护法〉的若干意见》第2条：各地工商行政管理部门接到消费者的申诉，应及时立案，并依法进行调解；调解不成时，应作出行政裁决，解决纠纷。《工商行政管理所处理消费者申诉实施办法》第8条：工商所对未按照简易程序处理的消费者申诉，以自己的名义制作调解书。调解书经双方当事人签收后，当事人应当按照调解协议履行义务。

❻ 参见《专利法》第57条：进行处理的管理专利工作的部门应当事人的请求，可以就侵犯专利权的赔偿数额进行调解；调解不成的，当事人可以依照《中华人民共和国民事诉讼法》向人民法院起诉。

商标专用权的赔偿数额进行调解[1]，工商行政管理部门对侵犯奥林匹克标志专用权的赔偿数额进行调解[2]，工商行政管理部门对特殊标志侵权的民事赔偿进行调解[3]等。特别需要强调的是，注册商标撤销程序与专利无效宣告程序类似，具有较强的借鉴意义。《商标评审规则》第8条规定，在商标评审期间，当事人有权依法处分自己的商标权和与商标评审有关的权利。在顾及社会公共利益、第三方权利的前提下，当事人之间可以自行以书面形式达成和解，商标评审委员会也可以进行调解。地方管理专利和商标工作的部门对于知识产权侵权案件可以进行调解。可见，相关的知识产权制度中具有丰富的调解制度资源。

劳动行政管理部门的调解主要是，劳动争议仲裁委员会根据《劳动法》[4] 的相关规定，针对劳动者和用人单位之间的劳动争议进行的调解。《劳动争议调解仲裁法》[5] 将着重调解作为解决劳动争议的基本原则，详细规定了调解的具体制度。可见，同样作为行政裁决行为的劳动争议仲裁制度中具有丰富的调解制度资源。

综上所述，在具体行政行为中大量存在行政调解，尤其是针对双方当事人的诉求的行政裁决行为。作为行政裁决行为的注册商标撤销和劳动争议仲裁等都规定了调解制度。可以说，程序的可调解

[1] 参见《商标法》第53条：进行处理的工商行政管理部门根据当事人的请求，可以就侵犯商标专用权的赔偿数额进行调解；调解不成的，当事人可以依照《中华人民共和国民事诉讼法》向人民法院起诉。

[2] 参见《奥林匹克标志保护条例》第10条：进行处理的工商行政管理部门应当事人的请求，可以就侵犯奥林匹克标志专有权的赔偿数额进行调解；调解不成的，当事人可以依照《中华人民共和国民事诉讼法》向人民法院提起诉讼。

[3] 参见《特殊标志管理条例》第17条：工商行政管理部门受理特殊标志侵权案件投诉的，应当依特殊标志所有人的请求，就侵权的民事赔偿主持调解；调解不成的，特殊标志所有人可以向人民法院起诉。

[4] 参见《劳动法》第77条：用人单位与劳动者发生劳动争议，当事人可以依法申请调解、仲裁、提起诉讼，也可以协商解决。调解原则适用于仲裁和诉讼程序。

[5] 参见《劳动争议调解仲裁法》第3条以及第10至第16条。

性是行政裁决的一项重要法律特征。❶ 无效宣告程序作为一种典型的行政裁决行为，应当建立和完善调解制度。

## 二、比较法研究

在美国，除了第三方提出的复审请求程序之外，专利无效程序大多属于民事诉讼的一种，由法院在侵权诉讼中一并解决，其被称为宣告式判决诉讼。❷ 包括宣告式判决诉讼在内的美国民事诉讼中，主要有两种和解❸方式：双方当事人通过律师达成和解❹；法院通过和解会议主持调解。根据《联邦民事诉讼规则》第16条的规定，所有当事人必须在审判前举行一次和解会议。美国民事诉讼约有90%得以调解结案。❺ 可见，调解作为一种选择性纠纷解决方式，日益广泛地应用在宣告式判决诉讼中。

德国的专利无效程序由专利法院按照民事诉讼审理，“许多法官等实务家偏重于追求成立和解的想法，认为应期待诉讼制度能追求达成和解为最善策，其次才是以判决解决。”❻ 并且，调解作为法官的职责在立法中加以规定。❼ 日本的专利无效程序由特许厅审判部适用民事诉讼法的规定，采用“辩论兼和解”的程序，将价值

---

❶ 吕鹏举．我国行政裁决制度研究［D］．北京：中国政法大学，2006：3.

❷ 参见 United States Code Title 35 – Patents（2007）35 U. S. C. 282（Presumption of validity; defense）.

❸ 我国调解和和解的概念具有明确区分。而美国“调解和和解通常被互换使用，在怎样界定它们这个问题上，没有普遍的一致意见。”参见 MARTIN HUNTER. *Alan Redfern*: *Law and Practice of International Commercial Arbitration*［M］. Sweet & Maxwell, 1999: 218.

❹ 引自《联邦民事诉讼规则》第41条第1款第1项的规定，参见：美国联邦民事诉讼规则·美国联邦证据规则［M］．白绿铉，等译．北京：中国法制出版社，2005：11.

❺ 王亚新．民事诉讼准备程序研究［J］．中外法学，2000（2）：11.

❻ 江伟，熊跃敏．德国民事诉讼上的和解制度介评［J］．福建政法管理干部学院学报，2001（4）：9.

❼ 参见《德国民事诉讼法》，引自：沈达明．比较民事诉讼法初论．下册［M］．北京：中信出版社，1991：166.

取向定位于解决纷争。[1]

就其他国家的先进经验而言，多数先进国家在无效宣告程序中建立了调解制度。

### 三、制度设计

就程序法的角度而言，无效宣告请求属于诉的一种，而诉权具有可处分性。诉是国家实体法和程序法共同规定的保护当事人正当权利和合法权益的法律制度[2]。无效宣告程序中，当事人所具有的实体权利义务关系由专利法规定，专利复审委员会为了查清案件事实，需要按照《专利法》《专利法实施细则》以及《专利审查指南（2010）》中的相关程序规定进行，并且必要时需要参照民事诉讼的相关规定。可见，无效宣告程序是一种诉。诉中的诉权是法律赋予当事人进行诉讼的基本权能，是当事人进行诉讼活动的基础。[3]诉权是当事人进行诉讼的基本权能，贯穿于整个诉讼过程中，在各阶段表现为不同的诉讼权利。[4] 无效宣告程序中，请求人享有的提出理由和证据的权利，专利权人享有的答辩的权利，以及二者都享有的辩论权都体现了这一点。诉权具有可处分性，当事人有权支配自己的诉讼权利。因此，《专利审查指南（2010）》中明确规定了“当事人处置原则”。请求人有权放弃无效宣告的理由和证据，体现了无效宣告程序中当事人具有处分诉权的权利。

就实体法的角度而言，专利权属于私权的一种，而私权可以自由处分。世界知识产权组织明确指出，专利权属于私权。对于这一点学术界已经达成共识。而私权是权利人为了满足利益的需要可以

---

[1] 棚濑孝雄．纠纷的解决与审判制度［M］．王亚新，译．北京：中国政法大学出版社，1994：6.

[2] 刘家兴．民事诉讼法学教程［M］．北京：北京大学出版社，1994：25.

[3] 刘家兴．民事诉讼法学教程［M］．北京：北京大学出版社，31.

[4] 刘家兴．民事诉讼法学教程［M］．北京：北京大学出版社，34.

据以自由地发展其意思❶，可以说意思自治是私权的固有特征。在无效宣告程序中，专利权人有权缩小权利要求保护范围或者放弃专利权，体现了无效宣告程序中当事人具有处分实体权利的权利。

就民事权利与行政权力的界限角度而言，专利复审委员会不承担全面审查专利有效性的义务。综合上述第一、二点所述，在无效宣告程序中当事人具有处分实体权利和程序权利的权利。另外，《专利审查指南（2010）》在无效宣告请求的审查范围中明确规定，在无效宣告程序中，专利复审委员会通常仅针对当事人提出的无效宣告请求的范围、理由和提交的证据进行审查，不承担全面审查专利有效性的义务。可见，专利复审委员会的审查通常被拘束于当事人的诉求。在当事人有权对其诉求进行处分的情况下，专利复审委员会可以通过调解帮助双方当事人达成共识。

就利益衡量的角度而言，能够实现公共利益与当事人的利益之间的平衡。在无效宣告请求程序经过调解得以结束的情况下，该调解结果对于其他社会公众没有约束力，其他社会公众仍然可以启动新的无效宣告请求程序，所以调解制度没有损害公共利益。同时，调解制度使得当前纠纷得以解决，有效地保障了请求人和专利权人的诉权和处分权，保障了当事人的利益。

就价值判断的角度而言，能够及时实现法律关系和法律秩序的稳定。无效宣告请求程序经过调解得以结束，通常专利侵权诉讼也得以结束，使得法律关系得以恢复到和谐的状态，法律秩序恢复到专利权行使之前的状态，推动专利权人和请求人之间双赢的实现。从而，调解制度彻底地解决当前纠纷，吸纳双方当事人的冲突情绪，使得双方当事人之间的法律关系和谐化。

就政策引导的角度而言，符合“建立健全社会矛盾纠纷调处机制，把人民调解、司法调解、行政调解结合起来，依法及时合理地

---

❶ 迪特尔·梅迪库斯．德国民法总论［M］．邵建东，译．北京：法律出版社，2001：62-63.

处理群众反映的问题”[1] 的政策要求。目前，政策层面要求建立人民调解、司法调解、行政调解结合的社会矛盾纠纷调处机制。而无效宣告程序的行政调解通常伴随着司法程序中的司法调解，通过二者的结合，使得社会矛盾彻底解决，符合上述政策的要求。

反对理由分析。反对在无效宣告程序中建立调解制度的主要理由在于“国家公权不得处分”。也就是说，无效宣告程序的审查权属于行政权，无效宣告请求只是启动该权力行使的“启动器”而已，该行政权本身具有主动性。如果允许无效宣告程序的调解制度存在，那么可能会导致专利复审委员会怠于行使无效宣告程序的审查权。首先，《专利审查指南（2010）》明确规定专利复审委员会不承担全面审查专利有效性的义务，所以，以调解的方式解决无效宣告程序中的纠纷本身就是无效宣告程序的审查权行使的一个方面。其次，在刑事司法领域，大多数国家所规定的辩诉交易制度从法律机制上认可了国家检察权的处分性。“辩诉交易是指在刑事被告人就较轻的罪名或者数项指控中的一项或几项作出有罪答辩，以换取检察官的某种让步，通常是获得较轻的判决或者撤销其他指控的情况下，检察官和被告人之间经过协商达成协议。”[2] 我国的刑事和解制度[3]也体现了这一点。在刑事司法领域，我们已经开始逐步接受国家检察权的可处分性，那么无效宣告程序的审查权本身的可处分性也应当为我们所理解。

### 四、制度运行

上面讨论了无效宣告程序中调解制度的必要性，下面进一步对其可行性加以探讨。以期通过完整的制度建设使得调解制度趋利避害。明确有关无效宣告程序中调解的规定，使得专利复审委员会在

---

[1] 引自胡锦涛同志2005年2月19日《在省部级主要领导干部提高构建社会主义和谐社会能力专题研讨班上的讲话》第八部分。

[2] *Black's Law Dictionary* [M]. 7th ed. West Group, 2000: 1173.

[3] 陈光中，葛林. 刑事和解初探 [J]. 中国法学，2006 (5): 9.

无效宣告程序的调解中有法可依。

第一，“侵权——确权”的联动调解机制。如上所述，大多数无效宣告请求伴随着侵权诉讼，无效宣告请求的撤回的对价通常是侵权诉讼的撤诉。而目前侵权诉讼在地方法院审理，而无效宣告请求在专利复审委员会审查。所以，有必要建立“侵权——确权”的联动调解机制，专利复审委员会和地方法院沟通交流，联合调解。

第二，明确专利无效宣告程序中的调解原则。无效宣告程序调解制度的基本原则包括：事实清楚原则、自愿原则、公共利益原则、明显实质性缺陷排除原则。首先，查清事实是进行调解的基础，调解绝不是和稀泥，所以调解程序应当在事实调查之后进行。其次，自愿是进行调解的前提，正如第四部分所述，调解建立在当事人诉权的可处分性的基础上，因此应当尊重当事人的意愿，任何方式的强迫和变相强迫都是违法的。还有，公共利益的保障是调解的必然要求，专利复审委员会对无效宣告请求的审查，是执行国家法律的过程，是保护国家利益和社会公共利益的过程，因此，调解协议的内容不能损害公共利益。最后，根据2010年《专利法实施细则》第72条第2款的规定，专利复审委员会在调解之前，应当判断是否构成根据已进行的审查工作能够作出宣告专利权无效或者部分无效的决定的情形，只有在不构成上述情形时，方能进行调解。

第三，在调解制度中，强化专利复审委员会保障公共利益的权力和义务，完善公共利益保障的相关规定。在无效宣告程序中，专利复审委员会代表国家行使权力，保障国家的公共利益。所以，对于明显不符合专利法相关规定的专利权，在调解会导致公共利益受损的情况下，应当保障公共利益。

第四，固化调解成果，明确调解效力。无效宣告程序调解成功后，应当制作专门的法律文书——调解书。目前以请求人撤回请求的方式结案对于当事人没有拘束力，并且对于调解过程没有记录，不利于固化调解成果。在调解成功后，应当制作专门的调解书，该调解书需要依次写明当事人的请求、案件事实以及调解结果。从而，可以确定当事人的权利义务关系，使争议的法律关系回归和谐，并且通过“禁止反悔原则”对当事人的行为产生约束力。

## 五、与《专利法实施细则》第 72 条的逻辑关系

如前所述，2010 年《专利法实施细则》第 72 条第 2 款为：“专利复审委员会作出决定之前，无效宣告请求人撤回其请求或者其无效宣告请求被视为撤回的，无效宣告请求审查程序终止。但是，专利复审委员会认为根据已进行的审查工作能够作出宣告专利权无效或者部分无效的决定的，不终止审查程序。”上述规定明确了在无效宣告请求人撤回无效宣告请求时，如果专利复审委员会认为根据已进行的审查工作能够作出宣告专利权无效或者部分无效的决定，那么将作出宣告专利权无效或者部分无效的行政决定，而不是终止审查程序。通过这种方式，明确民事诉讼架构下的诉权处分原则在无效宣告程序中并不适用，从而明确无效宣告程序并非民事诉讼模式。另外，上述规定强化了专利复审委员会在无效宣告程序中依职权审查原则的适用，明晰了无效宣告程序不当授权纠正的制度价值，从而在一定程度上界定了无效宣告程序行政程序的基本属性。

但是，上述关于无效程序性质的明确和依职权审查原则的强化并不影响无效程序中调解制度的法律适用。因为，正如我国目前存在的基层人民政府的调解、公安机关的调解、工商行政管理部门的调解、劳动行政管理部门的调解和知识产权管理部门的调解等行政调解，在行政行为中设立调解程序、明确调解原则符合我国依法行政和构建和谐社会的方向。

需要指出的是，根据 2010 年《专利法实施细则》第 72 条第 2 款的规定，专利复审委员会在调解之前，应当判断是否构成根据已进行的审查工作能够作出宣告专利权无效或者部分无效的决定的情形，只有在不构成上述情形时，方能进行调解。

我国正在全面构建和谐社会，而“和谐社会必须以法治为基础，但法治社会本身并不等于已经建成了和谐社会，和谐社会是法治社会的升华，是法治社会的更高发展阶段”。[1] 就法治发展的角度而言，崇尚调解是和谐社会的应有之义。在构建和谐社会中，无效宣告请求程序中的调解制度作为和谐地解决专利权纠纷的一种方式，值得我们在实践中积极探索和总结。

## 第五节　战略性新兴产业发展的专利政策回应[2]

我国《国民经济和社会发展第十二个五年规划纲要》指出，“坚持把经济结构战略性调整作为加快转变经济发展方式的主攻方向……，大力发展战略性新兴产业，……坚持把科技进步和创新作为加快转变经济发展方式的重要支撑。”由此可见，我国在“十二五”期间将以加快转变经济发展方式为主线，将战略性新兴产业的发展作为转变经济发展方式的重要突破点和着力点，把科技进步和创新作为加快转变经济发展方式的重要支撑。如何有效利用知识产权制度推动我国战略性新兴产业核心技术的创新，为战略性新兴产业提供知识产权制度层面的推力，值得深入研究。

为了给战略性新兴产业核心技术的创造、运用、保护和管理提供全方位的知识产权法律和政策支持，为战略性新兴产业核心技术创新的“天才之火”添加“利益之油”，笔者认为，我国现行知识产权制度应从以下几个方面加以回应。

---

[1] 何勤华．从法治社会到和谐社会［J］．法学，2005（5）：46.

[2] 部分研究成果参见：张鹏．论低碳技术创新的知识产权回应［J］．科技与法律，2010（3）：29－42；本文获得由笔者担任课题负责人的国家知识产权局青年专项课题“基于审查资源为战略性新兴行业培育提供的服务研究”的支持，该课题被评选为全局优秀课题。

## 一、战略性新兴产业核心技术专利申请的加快审查制度

笔者建议，设立专利申请的加快审查制度，对于涉及战略性新兴产业核心技术的专利申请，允许专利申请人请求加快审查，以较短的审查周期获得授权。

### （一）制度背景

我国2010年发明专利实审审查周期与2009年基本一致，为24个月。[1] 结合美国专利商标局、日本特许厅、韩国专利局以及欧洲专利局年报的记载，我国发明专利审查周期在上述五局中处于中等偏优的情况。为了大力发展战略性新兴产业核心技术，加强战略性新兴产业核心技术的创造、运用、保护和管理，推动战略性新兴产业核心技术创新主体在较短的时间获得收益用于再创新，有必要适当缩短战略性新兴产业核心技术获得权利保护的时间差。缩短时间差的方案即在于，将战略性新兴产业核心技术作为加快审查的适用情形。

### （二）比较法研究

为加快对战略性新兴产业核心技术创新的保护，美国、日本、韩国等均采取了加快审查或者优先审查的方式加以激励。

韩国专利局在针对发明推行根据创新主体需要的三轨制审查方式（即一般审查方式、加快审查方式和延期审查方式[2]）的基础上，自2009年10月起推行针对战略性新兴产业核心技术专利申请的超快审查方式，以比加快审查更快的方式对战略性新兴产业核心技术专利申请加以审查，以期推动战略性新兴产业核心技术的运用与保护。绿色技术方面的专利申请，尤其是温室气体和环境污染减排或者政府研发经费资助的专利申请项目，将在1个月内审查完毕

---

[1] 国家知识产权局．国家知识产权局2008年年度报告［EB/OL］．［2011－08－20］．http：//www. sipo. gov. cn/sipo2008/gk/ndbg/2008/.

[2] 张鹏．我国创新主体在日本、韩国的专利申请与保护——以日韩专利制度的特点为视角［J］．电子知识产权，2010（7）.

并于4个月内宣布审理结果，与以前的3个月审查期以及6个月的审理期相比速度快了1.5~3倍。韩国加快审查程序的适用条件较为宽泛，并且适用范围较大，2007年加快审查案件占实审请求量的8.22%，2008年为10.15%。

日本特许厅自2009年11月1日起将战略性新兴产业核心技术专利申请列入优先实审和优先复审范围，对于上述专利申请优先进行实质审查和复审请求的审查。日本在正常审查流程的基础上，设立了加快审查程序和特快审查程序，其基本流程如图28所示。为加快对节能减排等“绿色技术”研发成果的保护，日本特许厅自2009年11月1日起试行将“绿色申请”列入专利优先实审优先复审范围❶。此举将大幅缩减“绿色申请”的专利审批周期，其第一次审查意见通知书周期由原平均29个月大幅缩减至2个月。申请优先实审优先复审者，须在“优先实审相关情况说明”和“优先复审相关情况说明”中简要阐述其发明是具节能减排效果的技术。提交“实施关联申请”时，则须将自其专利申请日起2年内的相关投产情况记载于申请文件中。

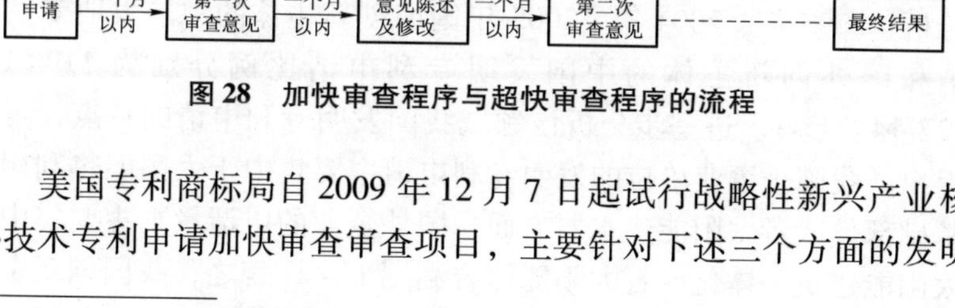


**图28　加快审查程序与超快审查程序的流程**

美国专利商标局自2009年12月7日起试行战略性新兴产业核心技术专利申请加快审查审查项目，主要针对下述三个方面的发明

❶ 张鹏. 我国创新主体在日本、韩国的专利申请与保护——以日韩专利制度的特点为视角 [J]. 电子知识产权，2010 (7).

专利申请：（1）对可再生能源的改进；（2）有利于更有效地利用和节约能源的技术；（3）有利于温室气体减排的技术。另外，英国、澳大利亚等亦将战略性新兴产业核心技术专利申请作为加快审查的对象加以激励。

（三）制度内涵

对于我国而言，对于战略性新兴产业核心技术的专利申请实施依请求的加快审查制度，亦即专利申请人可以请求对于涉及战略性新兴产业核心技术的专利申请予以加快实质审查和优先复审审查，有利于我国创新主体尽早在战略性新兴产业核心技术领域形成竞争优势，有利于构建我国在该领域的核心竞争力。战略性新兴产业核心技术几乎遍及电力、交通、建筑、冶金、化工、石化等多种行业，因此，如何界定战略性新兴产业核心技术的范围非常重要。

笔者建议，对于战略性新兴产业核心技术相关领域的专利申请情况加以分析，可以对我国具有一定比较优势的领域首先试行加快实质审查和优先复审审查。通过调研，对于太阳能热利用技术、混合动力汽车、风力发电技术和光伏发电技术等优势领域可以试行加快实质审查和优先复审审查。

（1）太阳能热利用技术领域

太阳能具有清洁无污染、无排放物质、不增加地球热负荷等优点，所以利用太阳能的系统又称作“无变量的能源系统”。毋庸置疑，太阳能热利用技术是典型的战略性新兴产业核心技术之一。据分析，2003年、2004年、2005年国内创新主体的中国发明专利申请和国外创新主体的中国发明专利申请比例分别为119∶10、127∶14、45∶1。进一步分析该领域我国发明专利申请的特点，可以得出，我国企事业单位的发明专利申请主要集中于太阳能热利用的基础部件或者太阳能热水器方面，国外企业的申请量则主要集中于太阳能建筑一体化或者太阳能综合利用上。详言之，我国创新主体有关太阳能热利用的专利申请主要集中在太阳能集热器，包括集热器的控制装置、集热器的吸收器材料、采用跟踪装置的太阳能集热器等。❶ 故，笔者建议针对该领域（尤其针对太阳能热利用中的太阳能集热器技术）试行加快实质审查和优先复审审查，并且配合资助政策加以激励，以推动该领域的技术创新以及我国创新主体在该领域竞争优势的强化。

（2）混合动力汽车领域

以燃料电池汽车、混合动力汽车和纯电动汽车为代表的新型节能环保汽车已经成为发展低碳经济的重要方向之一。相比纯电动汽车受限于电池和续航里程，燃料电池汽车受限于成本、氢能源的制备与携带等因素，混合动力汽车具有动力性能好、尾气排放量低、技术可行等特点，成为典型的战略性新兴产业核心技术之一。

据统计，混合动力汽车技术领域国内创新主体的中国发明专利申请所占比例为 43%。就该领域的中国发明专利申请的申请人而言，丰田、通用、本田的专利申请量分别为 189、106 和 81 件，我国奇瑞、长安、清华大学的专利申请量分别为 59、33、30 件。应当说，除了丰田、通用、本田等国外汽车企业之外，以奇瑞汽车公司、重庆长安汽车股份有限公司为代表的中国汽车企业，以清华大学、上海交通大学为代表的中国科研院所，已经在混合动力汽车领域展开了卓有成效的研发，并取得一定成果。❷ 笔者建议针对该领域试行加快实质审查和优先复审审查。

暂不试行加快审查的领域。据统计，在乳胶漆、粉末涂料、高固体分涂料和辐射固化涂料等环保涂料领域，中国创新主体申请量小并且分散，说明中国目前尚未形成具有一定研发能力、申请量比

---

❶ 王森．太阳能热利用专利技术的现状及分析［C］//中国知识产权研究会．各行业专利技术现状及其发展趋势报告（2006－2007）．北京：知识产权出版社，2007.

❷ 汪旻梁．我国混合动力汽车领域专利技术现状及其趋势［C］//中国知识产权研究会．各行业专利技术现状及其发展趋势报告（2008－2009）．北京：知识产权出版社，2009.

较突出的公司企业[1]，故对该环保涂料领域不宜适用加快审查制度，而应采用资助和知识产权风险预警制度加以引导。

## 二、战略性新兴产业核心技术专利权的强制许可制度与战略性新兴产业核心技术标准化的反垄断审查

根据《专利法》第49条的规定，在国家出现紧急状态或者非常情况时，或者为了公共利益的目的，国务院专利行政部门可以给予实施发明专利或者实用新型专利的强制许可。为了使得战略性新兴产业核心技术科技成果能够真正惠及全社会，而不仅仅成为创新主体谋取合法垄断利益的工具，建议进一步研究战略性新兴产业核心技术中的涉及国家公共利益的敏感技术领域，探索针对上述涉及国家公共利益的战略性新兴产业核心技术领域的强制许可的可能性，以及涉及战略性新兴产业核心技术标准相关专利在构成技术垄断情况下的强制许可的可能性，进一步完善我国战略性新兴产业核心技术专利权的强制许可制度以及战略性新兴产业核心技术标准化的反垄断审查制度。

借助战略性新兴产业核心技术专利权的强制许可制度，在涉及国家公共利益的情况下能够使得社会公众享用战略性新兴产业核心技术带来的利益；借助战略性新兴产业核心技术标准化的反垄断审查制度，能够避免创新主体借助标准化的技术垄断市场，从而使得战略性新兴产业核心技术能够惠及社会公众。需要指出的是，与甲型H1N1流感、非典型性肺炎等涉及高危性传染疾病的理由相比，上述战略性新兴产业核心技术与国家公共利益的关联性更弱，所以涉及国家公共利益的战略性新兴产业核心技术领域的强制许可应当较为慎重。

[1] 邓军谋，李旭．环保涂料专利技术现状及其发展趋势分析［C］//中国知识产权研究会．各行业专利技术现状及其发展趋势报告（2009－2010）．北京：知识产权出版社，2010.

另外，对于涉及战略性新兴产业核心技术标准的相关专利是否构成技术垄断，需要根据《中华人民共和国反垄断法》（下称《反垄断法》）第55条的规定，分析上述战略性新兴产业核心技术的标准化是否构成市场支配地位的滥用、联合限制竞争等。[1] 笔者建议，我国应当尽快借鉴美国《知识产权许可的反托拉斯指南》、欧盟《772/2004号规章》和日本《知识产权利用反垄断指南》的实践经验，结合我国国情，制定相关的知识产权反垄断规范性法律文件，对战略性新兴产业核心技术标准化过程中的垄断行为加以审查，尤其是我国尚不具备竞争优势的环保涂料等领域。

### 三、战略性新兴产业核心技术许可与转让中的知识产权保护

基于前文对太阳能热利用技术、混合动力汽车、风力发电技术和光伏发电技术等战略性新兴产业核心技术领域的专利分析可以看出，战略性新兴产业核心技术属于新兴行业，处于专利池的初步构建阶段。笔者建议，我国创新主体在这一阶段应当积极配合技术创新构建专利池，并且在专利池的许可证贸易中逐步构建适合创新主体专利池结构的许可和转让条件。

美国施乐公司专利许可战略以及相关的专利经营的做法值得借鉴。该公司在新任总裁里克·托曼的领导下十分重视开发专利权等知识产权的价值。根据该公司专利顾问巴利·史密斯提供的材料，公司在进行了资产重组的同时成立了知识产权工作组，主要任务是明确专利和技术证券，找到使其一体化和市场化的最佳途径。该公司在专利许可证经营方面的具体做法是：在一揽子发放许可证的有价证券中对各个专利分门别类，辅之以专利编组的方法。当一家公司频繁引用该公司的一组专利时，公司知识产权组即会将这些专利编成组，然后按组发放专利许可证。施乐公司主管知识产权的副总

---

[1] 王先林．知识产权与反垄断法：知识产权滥用的反垄断问题研究［M］．修订版．北京：法律出版社，2008.

裁简·杰弗里指出："我们过去错过的以及我们今天正在做的，是系统地挖掘专利投资组合的商机。这意味着首要的也是最重要的是采取积极甚至进攻性的态度通过专利获得利润。但这也意味着我们要为技术寻找其他用途，而不仅仅局限于产品中，也不能静坐观望。将专利仅用于保护产品是老套路。"❶

美国施乐公司的做法给我们的启示是，我国创新主体对于战略性新兴产业核心技术的企业专利战略应当伴随着技术创新全面跟进。同时，在引进国外相关技术的过程中，也应当对于其中存在的知识产权风险加以评估与预警。

### 四、战略性新兴产业核心技术的国际审查结果共享与海外法律制度研究

我国需要在"十二五"期间实现从外贸大国向外贸强国的转变，建议逐步试点以 PCT 为基础针对特定技术领域的国际审查结果共享项目，并且加大海外法律制度的研究和培训力度，支持我国战略性新兴产业海外市场拓展。

对战略性新兴产业的相关技术进行专利分析，根据专利分析的数据，从上述三个角度确定我国创新主体的竞争能力，对于我国创新主体具有较强竞争能力的领域试点国际审查结果共享项目。结合针对上述领域的加快审查和国际审查结果共享，推动我国审查结果对于其他局审查情况的影响，支持我国企业海外专利布局。国际审查高速公路 PPH 是一种由二次申请受理局（OSF）共享首次申请受理局（OFF）工作结果的双边和双向机制。国际审查高速公路 PPH 项目由日本特许厅在 2004 年 11 月召开的第 22 次美日欧三边会议中提出，该项目旨在利用各专利局的加快审查来及时地获得检索和审查结果，并以此来提高质量和促进各专利局之间工作结果的相互利用。笔者认为，可以借鉴国际审查高速公路 PPH 这一法律制度

❶ 冯晓青. 企业专利有偿转让战略研究［J］. 发明与创新，2007（6）.

的建构，逐步试点我国优势领域的国际审查结果共享。

我国新兴产业创新主体海外市场拓展路线图通常为，“中东和东南亚—非洲—欧美”。也就是说，中东、东南亚和非洲是我国企业海外市场拓展的先期主要目的国，欧美为后期主要目的国。然而，目前我国专利法学界和实务界对于专利法的研究则是出于借鉴欧美先进专利制度的需要，因此对于欧美专利法的研究较多，而对于中东、东南亚和非洲的知识产权制度、保护策略和申请策略研究很少。这种现象同样体现在专利信息数据搜集的完整性和准确性上，国内创新主体在查询中东、东南亚和非洲专利技术信息和法律状态时往往面临巨大的困难，难以把握这些目的国的知识产权风险。为了全面支持我国创新主体的海外市场拓展，需提前部署相关课题，专门研究中东、东南亚和非洲的知识产权制度，重点研究目的国的保护策略和申请策略，并且着力开展海外市场拓展过程中的知识产权风险分析与对策研究。将上述研究成果及时形成面向公众的文件，结合相关真实案例建立海外知识产权维权的知识库，及时发布主要目的国知识产权法规及执法的动态，为企业海外市场拓展保驾护航。

## 五、战略性新兴产业核心技术专利费用资助制度

我国目前专利费用资助制度包括两类：国家知识产权局实施的针对缴费确有困难的专利申请人或者专利权人的普遍减缓制度；地方政府实施的针对本地专利申请人或者专利权人的专利费用无偿资助制度。国家知识产权局实施的普遍减缓制度伴随着专利制度得以建立，地方政府实施的无偿资助制度从1999年开始试行，目前已经为绝大多数地方政府普遍实施。国家知识产权局在2008年1月21日下发《关于专利申请资助工作的指导意见》，推动地方政府实施的专利费用无偿资助制度加以完善。财政部于2009年8月28日下达《资助向国外申请专利专项资金管理暂行办法》，对向国外提出的专利申请加以资助，以引导我国企业构建核心竞争力，积极拓

展海外市场。可以说，借助对我国创新主体的公共财政资助，引导和激励了我国创新主体的创新方向。[1]

如上所述，战略性新兴产业核心技术是我国着力发展的创新方向之一，代表了未来先进技术和经济模式的方向。笔者建议，借鉴向国外提出的专利申请的资助制度，实施战略性新兴产业核心技术专利申请的专项资助，从而积极引导我国创新主体对于战略性新兴产业核心技术发明创造的积极性，推动我国创新主体占据战略性新兴产业核心技术的核心竞争力。

## 六、战略性新兴产业核心技术相关项目的知识产权风险预警与评估制度

就知识产权的保护和管理而言，有必要从两个层面构建战略性新兴产业核心技术相关项目的知识产权风险预警与评估制度。

首先，在国家层面，由政府主导对于我国重点发展的战略性新兴产业核心技术主要领域的知识产权现状加以分析，并对其中存在的知识产权风险启动预警与评估机制，以便于我国宏观产业发展政策的制定中充分考虑知识产权因素。其次，在社会层面，国家知识产权局等相关部门在各自职责范围内为我国创新主体提供产业发展指导，对于我国创新主体的创新方向上所存在的知识产权风险提前给出预警分析和评估，以期对我国相关行业的发展具有积极的指导作用。

知识产权制度作为鼓励创新、推动创新应用的重要法律制度，对已经确定为我国重点发展领域之一的战略性新兴产业核心技术理应有所回应。就知识产权的创造而言，建议针对太阳能热利用技术、混合动力汽车、风力发电技术和光伏发电技术等我国具有一定优势的战略性新兴产业核心技术领域试行依请求的加快审查制度；

---

[1] 文家春，朱雪忠．我国地方政府资助专利费用政策若干问题研究［J］．知识产权，2007（6）．

就知识产权的运用而言，建议完善针对战略性新兴产业核心技术的强制许可制度，并且强化战略性新兴产业核心技术标准化进程中的反垄断规制；就知识产权的保护而言，探索国际审查结果共享以及深化海外市场拓展目的国法律制度研究；就知识产权的管理而言，建议进一步完善涉及战略性新兴产业核心技术的资助制度以及风险预警制度。通过上述法律制度的完善，全面推动我国战略性新兴产业核心技术的创新。

## 第六节　我国商业方法专利申请的专利政策回应

美国联邦最高法院于2010年6月28日以5票对4票的表决结果就Bilski案作出终审判决❶，针对商业方法和软件的可专利性问题给出结论。该判决虽然以涉案专利过于抽象为由否定其的可专利性，但是该判决否定了美国联邦巡回上诉法院有关“机器或转换”测试方法作为商业方法可专利性判断唯一标准的观点，缓和了商业方法可专利性的标准，使得商业方法专利能够较为容易地获得授权。从而，对商业方法和软件产业界而言是个利好的结果。❷ 需要指出的是，John Paul Stevens等法官明确认为“商业方法不应该被授予专利权”。本节对于美国商业方法可专利性的判断标准进行综合分析并探讨对我国商业方法专利审查政策启示，以期对我国商业方法专利申请与审查有所启示。

---

❶ 参见［EB/OL］.［2010－09－01］. www. supremecourt. gov/opions/09pdf/08－964. pdf

❷ BRENT KENDALL，DON CLARK. *Door Left Open to Business Patents*［EB/OL］.［2010－09－01］. http：//online. wsj. com/article/SB10001424052748703964104575334780441176648. html？mod＝WSJ_hps_MIDDLETopStories.

## 一、美国商业方法可专利性的审查标准

下面首先对美国涉及的相关商业方法可专利性审查标准加以介绍。美国专利法第101条规定的四类客体：机器（Machine）、产品（Manufacture）、方法（Progress）和物质组分（Composition of Matter）。美国法院在司法实践中，确定了三种不符合《专利法》第101条规定的保护客体的情形：自然规律、物理现象和抽象概念。所以，对于商业方法给予专利保护的前提在于，判断哪些商业方法可以构成专利法意义上的方法（Progress），而非专利法意义上的“抽象概念”。上述构成专利法意义上的“方法”的商业方法的范围，直接决定了对于商业方法的专利保护范围。对于商业方法是否构成专利法意义上的“方法”，主要存在如下测试方法。

### （一）“Freeman-Walter-Abele”测试方法

“Freeman-Walter-Abele”测试方法的判定标准在于，是否“以任何形式应用于物质元素或工艺步骤（applied in any manner to physical elements or process steps）”。

该测试方法与最高法院的三个判决紧密相关。在Benson一案中❶，美国专利商标局对将十进制数据转换成二进制的程序方法驳回申请，美国联邦最高法院认为，对于计算机程序而言，即使不符合“权利要求的主题与特定机器联系或者权利要求的主题将一物品转换成另一种不同的状态或另一种物品”的要求，也未必一定会认定其必然不具有可专利性。

在Flook一案中❷，美国联邦最高法院认定“以独特方式将报警限制更新的方法”没有涵盖该方法的实际应用，其新颖性在于数学公式，所以不具有可专利性。

---

❶ GOTTSCHALK V. BENSON. 409 U. S. 63, 93.

❷ PARKER V. FLOOK, 437 U. S. 584.

在 Diehr 一案中[1]，涉案专利要求为适用计算机生产硫化橡胶的方法，该权利要求具有已知的方程式。美国联邦最高法院认定，虽然涉案专利申请涉及方程式，但是其“通过使用实际的温度测量法重新计算硫化时间”可以受到专利保护，故具有可专利性。虽然抽象概念、自然规律或者数学公式不能被授予专利权，但是“一个关于涉及自然规律或者数学公式的已知结构或者方法的专利申请应当得到充分的专利保护。”

根据美国联邦最高法院的上述判决，美国关税与专利上诉法院在 In re Freeman 案[2]、In re Walter 案[3]和 In re Abele 案[4]中，确立“Freeman-Walter-Abele”测试方法。

（二）“有用、具体、切实的效果”测试方法

“有用、具体、切实的效果”测试方法的判定标准在于，判断相关方案是否具有有用、具体、切实的效果。

State Street Bank 案[5]确立“有用、具体、切实的效果”测试方法（useful, concrete and tangible result test）。涉案专利申请涉及使用计算机协助基金资产投入合伙公司之中。在该判决中认定该计算方法对抽象的数据加以运用，从而产生了有用、具体、切实的效果，从而具有可授权性。美国联邦巡回上诉法院将授权客体扩展到“太阳下由人工制作的任何物品”，因为可授予专利权的发明往往需要抽象概念的协助，所以对使用了抽象概念的发明仍然可以授予专利权。

也就是说，“有用、具体、切实的效果”测试方法明确，在判断授权客体的时候，应当关注涉案专利申请的实际效果，而非是否

---

[1] DIAMOND V. DIEHR, 450 U. S. 175, 181.

[2] 573 F. 2d 1237.

[3] 618 F. 2d 758.

[4] 684 F. 2d 902.

[5] 149 F. 3d 1368.

属于美国专利法第101条规定的四类客体。从而，极大地扩展了商业方法专利的可授权性。

（三）“机器或转换”测试方法

“机器或转换”测试方法的判定标准在于，符合下述条件之一即属于美国专利法第101条规定的方法的适格专利：（1）权利要求的主题与特定机器联系[1]，或者（2）权利要求的主题将一物品转换成另一种不同的状态或另一种物品。[2]

（四）Bilski案确定的规则

下面首先介绍Bilski案的基本情况。该案涉及第08/833，892号美国专利申请，其权利要求系有关控制交易风险的商业方法专利，目的是降低日常生活所需物品价格的变动幅度。权利要求1包括如下步骤：

“在日常生活用品供应商与消费者间，使用一个根据历史平均值确定的第一固定利率交易，所述第一固定利率是基于消费者的风险考虑确定的；

接着，识别与消费者立场相反的供应商；

最后，使用根据供应商收支与消费者风险考虑确定的第二固定利率进行交易。”

也就是说，当商品价格上涨时，卖方尽管以不利的价格向顾客出售商品，但是能够保证其以有利的价格购买该商品，从而规避交易风险。需要指出的是，该申请涉及11项权利要求，其在权利要求中写明不需要通过计算机或者其他技术装置实施该方法。

实审与复审意见。美国专利商标局实质审查部门认定，涉案申请没有具体执行装置，仅为运用抽象概念解决单纯的数学问题，不

[1] be tied to a particular machine or apparatus.

[2] particularly transform a particular article to a different state or thing.

具有技术性，从而以不符合美国专利法第101条[1]的规定为由驳回该申请。申请人不服，提起复审请求。美国专利商标局专利申诉与冲突委员会认定，该专利申请仅仅涉及没有转换物理状态的智力方法步骤，构成抽象概念。维持驳回专利申请的决定。申请人仍不服，提起上诉。

联邦巡回上诉法院意见。美国联邦巡回上诉法院于2008年11月以9票对3票的表决结果作出判决，认定商业方法不具有可专利性，除非它联系于机器或者涉及物质转换。也就是说，明确将“机器或转换”测试方法作为商业方法可专利性判断的唯一标准。如果权利要求的主题能够将物质实体由一个状态转换到另一个状态，即使权利要求的主题没有包括具体执行装置，其亦属于专利权的保护客体。需要指出的是，与商业方法相关的“Freeman-Walter-Abele”测试方法和“有用、具体、切实的效果”测试方法等判定标准均被美国联邦巡回上诉法院否定。涉案专利申请没有联系于机器或者涉及物质转换，故不能得到授权。

美国联邦巡回上诉法院的上述判决作出后，美国专利商标局立即颁布过渡性指南，将上述判决所引用的“机器或转换”测试方法作为商业方法可专利性判断的唯一标准，并且尝试将“机器或转换”测试方法扩大使用到软件专利申请以及其他专利申请中。如美国专利商标局专利申诉与冲突委员会在Noguchi一案[2]中，认定“根据网页格式要求制定的所需信息的传输控制方法”以及“将计算机与外部网络连接的程序”并未将某一物品转化为其他状态或者产品，并且并未使用“特定的机械或设施”，不具有可专利性。再如在Koo一案[3]中，认定“一种对关系数据库管理系统中的查询方法进行优化的方法”并未说明“将一物品转换成另一种不同的状态

---

[1] 美国专利法第101条规定可以申请专利的技术领域包括四大类：机器（Machine）、产品（Manufacture）、过程（Progress）和物质（Composition of Matter）。

[2] Ex Parte Noguchi 2008 WL 4968270.

[3] Ex Parte Noguchi 2008 WL 4968270.

或另一种物品”，不具有可专利性。上述案件将“机器或转换”测试方法的适用范围延伸到计算机程序，并且认为通用计算机不属于“特定机器”。当事人向美国联邦最高法院提起上诉，美国联邦最高法院维持驳回涉案专利申请的原审判决，但是在相关判定标准方面与联邦巡回上诉法院持不同观点。

美国联邦最高法院意见。美国联邦最高法院判决所面临的主要问题在于，对商业方法可专利性的判断标准表态，即对“Freeman-Walter-Abele”测试方法、“有用、具体、切实的效果”测试方法和“机器或转换”测试方法的适用范围加以明确。并且，对于美国联邦巡回上诉法院判决所指出的法律观点，即将“机器或转换”测试方法作为判断商业方法可专利性的唯一标准，加以表态。

需要指出的是，在上述标准中，“有用、具体、切实的效果”测试方法最为宽松，几乎突破了美国专利法第 101 条的限制；“机器或转换”测试方法最为狭窄，仅限于“与特定机器联系或将一物品转换成另一种不同的状态或另一种物品”；“Freeman-Walter-Abele”测试方法则居于二者之间。

总体观点。随着越来越多的人努力创新并且寻求专利保护，专利法目前面临的巨大挑战在于，专利权的保护与赋予其他人创新空间之间的平衡。美国联邦最高法院在该判决中对于上述平衡点并不作出任何定义，该判决主要涉及各种测试方法的适用性问题，仍然坚持将“抽象概念”作为判断商业方法可专利性的重要标准。

美国联邦最高法院认为，美国联邦巡回上诉法院在“机器或转换”测试方法的适用方面作出了错误的判决，“机器或转换”测试方法不能使商业方法获得有意义的专利保护。除了“自然法则、物理现象、抽象概念”不具有可专利性之外，任何新的和有用的步骤皆有被授权的资格。

关于“机器或转换”测试方法的适用。美国联邦巡回上诉法院判决将“机器或转换”测试方法作为判断商业方法可专利性的唯一标准，从而严格对于商业方法专利申请的授权，使得大量商业方法方面的创新排除在专利法保护之外。美国联邦最高法院将“机器或转换”测试方法的法律地位加以明确，否定了美国联邦巡回上诉法院判决的观点。多数意见指出，“最高法院不止一次地告诫，法院不应该对于立法机关未明确说明的部分，加入自己的限制和条件”，“机器或转换”测试方法是一种用以确定专利申请是否符合美国专利法第 101 条规定的有用的和重要的判断线索和调查工具，但是，“机器或转换”测试方法不是确定专利申请是否具有可专利性的唯一测试方法。

关于“有用、具体、切实的效果”测试方法的适用。对于 State Street Bank 案所确立的“有用、具体、切实的效果”测试方法，美国联邦最高法院判决中并未达成一致观点。在 Kennedy 法官撰写的多数意见中指出，美国联邦最高法院既不赞成也不反对 State Street Bank 案所确立的“有用、具体、切实的效果”测试方法，对于上述测试方法是否适宜在本判决中不发表意见。需要指出的是，在 Stevens 法官和 Breyer 法官的少数意见中，明确否定 State Street Bank 案所确立的“有用、具体、切实的效果”测试方法，并且认为商业方法不应当被授予专利权。其主要观点在于，美国专利法第 101 条所确定的“机器、产品、方法和物质”并非不具有约束作用，专利制度的基础政策在于，值得社会公众忍受独占权所带来的不便的激励作用必须大于专利垄断权的限制性作用，最高法院因此必须小心解释专利法从而“不仅确定哪些需要得到专利权保护，而且确定哪些可以自由使用”，然而商业方法具有极大的垄断作用。所以，商业交易行为的相关方法不应当构成美国专利法第 101 条规定的可授权客体。

“Freeman-Walter-Abele”测试方法的适用。美国联邦最高法院将商业方法可专利性的判断标准仍然回归到“Freeman-Walter-Abele”测试方法。美国联邦最高法院认定，Benson 案、Flook 案和 Diehr 案所确定的标准具有非常高的参考价值，可以用于判断是否构成“抽象概念”。具体到本案，由于涉案专利申请主要涉及商品交易方法中规避风险的方法，属于专利法意义上的“抽象概念”，因此维持美国专利商标局的驳回决定。

美国联邦最高法院认为，并非所有关于自然法则和数学公式的发明都不能获得专利权，参照 Diehr 案的判决，将自然法则、数学公式应用于已知结构和方法的专利申请也是值得专利保护的方案。符合专利法相关规定，根据美国专利法第 273 条的规定，符合专利法相关规定的商业方法和计算机软件可以获得专利权保护。也就是说，美国联邦最高法院明确不将商业方法和软件归于绝对排除保护的内容之中。

在美国联邦最高法院作出判决之后，美国专利商标局于 2010 年 7 月 27 日发布《联邦公报》，明确商业方法专利的审查规则。

## 二、欧盟、日本商业方法可专利性的审查标准

目前，欧洲专利局在实践中已经把商业方法的问题作为技术的问题对待，欧洲专利局鼓励对于涉及商业方法的专利申请直接采用新颖性和创造性的方法进行评价，客观地鼓励把商业方法相关的专业申请作为一般技术申请来看待。欧洲专利局申诉委员会对 Pension Benefit 案作出的决定，在商业方法的可专利性问题上仍然坚持技术性质的要求，但是对技术性质的含义作了新的解释。对于方法权利要求，发展出了“技术手段加目的”检验法；对于产品权利要求，则认为当然具有技术性质，符合可专利性的条件。但是仍然要求创造性进步即技术贡献必须是技术性的。可见在欧洲专利局的实践中技术性质的要求正在弱化和消解，降低了可专利性的门槛。

日本在实践上把获得专利的几个要素定为：法定的发明、能够应用于“产业”、相关的申请文件中记载着所要求的内容、满足新颖性和创造性的规定。也就是说，只要把商业活动的规则和方法与计算机技术相结合，即可以成为日本授权的对象，在实际审查时遵循计算机软件相关发明的审查指南。

日本《发明和实用新型审查基准》第二部分第一章第一节规定，日本专利法第2条第1项定义了发明是利用了自然规律的技术构思的产物。由于不属于“利用自然规律的技术构思的产物”，以下任何一个均不属于法定发明：(1) 自然规律，由于法定发明需要利用自然规律，自然规律等类似能量守恒定律或万有引力定律，不能被认为属于法定发明。(2) 单纯的发现而非创造物，法定发明的一个要求是“创造物”，因此，单纯的发现，类似矿石等自然物质或自然现象的发现，不属于发明人任何技术思想的有意识创造，因此不应被作为法定发明；然而，如果自然界中的事物例如化学物质或微生物器官被从自然环境中人工分离出来，则它们属于创造物并可被认为属于法定发明。(3) 违背自然规律的事物，如果发明涉及任何违反自然规律的事物，所要求的发明不能作为法定发明。(4) 未利用自然规律的发明，如果所要求的发明是不同于自然规律的任意其他法则（例如经济法则）、任意的规则（例如游戏规则等）、数学方法或智力活动，或仅利用这些规则（例如商业方法等）的发明不能作为法定发明，因为它们并未利用任何自然规律。(5) 不作为技术思想的发明，包括个人经验（其通过个人经历获得并且不能与他人作为知识分享则认为缺乏客观性），单纯的信息表述（其特征仅在于信息的内容，并且主题用于表述信息）和美学创作；但是，如果技术特征存在于信息的表述中（表述的本质在于表述的装置、表述的方法等），要求保护的发明不应视为单纯的信息表述。(6) 使用权利要求中所表述的手段不能解决所要解决的技术问题的发明。

其中，针对商业方法专利申请需要判断是否属于“未利用自然规律的发明”。即使权利要求中定义发明的部分特征利用了自然规律，但作为一个整体判断要求保护的发明未利用自然规律，则要求的发明并不能认为利用了自然规律。相反的，即使权利要求中定义发明的部分特征未利用自然规律，如果所要求的发明作为一个整体判断利用了自然规律，则所要求的发明认为利用了自然规律。在判断所要求的发明作为整体是否利用了自然规律时，技术属性应被考虑。

## 三、对我国商业方法审查政策的启示

美国联邦最高法院有关商业方法可专利性的判决具有司法政策的特点。有关商业方法可专利性的宽松标准与美国后金融危机时代的产业政策紧密相关。正如美国 Shearman & Sterling 律师事务所 Michael Bednarek 律师所述："最聪明的人会投入到金融服务、医疗技术、计算机技术领域中，现在已经不再是工业时代了，美国的创新已不再完全出自破败的工业区，（像美国联邦巡回上诉法院判决）那样的判决将会损害美国利益，帮助外国经济。"[1] 欧盟、日本商业方法可专利性的法律规则亦与其产业发展阶段和产业竞争力具有紧密的内在联系。

商业方法专利的特点在于，由于其通常与计算机软件将结合，获得专利意味着权利人可以在商业方法和计算机软件两个领域得到专利保护，无疑大大增强专利权人的竞争优势，这是一般的产品或者方法专利所无法比拟的。并且电子商务是商业方法专利的集中领域，由于网络世界无国界，所以专利权人的控制力可能超出一国的地域范围，在电子商务发展的初期，所授予的专利多为基础专利。[2] 这也是美国联邦最高法院并未采取更为宽广的"有用、具体、切实的效果"测试方法的重要原因。

在我国当前国情下，结合我国产业发展阶段以及我国金融市场监管的特点，我国对于商业方法的可专利性判断应当采用较为严格的标准，严格判断相关申请的技术性。Bilski 案判例为我们提供了一种思考的路径，为我国商业可专利性审查规则的完善提供一些思路。

---

[1] 转引自［EB/OL］.［2011－08－20］. http://article. yeeyan. org/view/125439/116734.

[2] 谢黎伟. 从新近判例看美国商业方法专利的发展［J］. 电子知识产权，2009（7）：80－82.

# 参考文献

## 一、中文著作


[1] 吴汉东．知识产权基本问题研究［M］．2 版．北京：中国人民大学出版社，2009.

[2] 吴汉东，郭寿康．知识产权制度国际化问题研究［M］．北京：北京大学出版社，2010.

[3] 王景川，胡开忠．知识产权制度现代化问题研究［M］．北京：北京大学出版社，2010.

[4] 曹新明，张建华．知识产权制度法典化问题研究［M］．北京：北京大学出版社，2010.

[5] 郑成思．知识产权论［M］．3 版．北京：法律出版社，2007.

[6] 闫文军．专利权的保护范围——权利要求的解释和等同原则的适用［M］．北京：法律出版社，2007.

[7] 尹新天．专利权的保护［M］．2 版．北京：知识产权出版社，2005.

[8] 尹新天．中国专利法详解［M］．北京：知识产权出版社，2011.

[9] 曾陈明汝．美国专利制度之理论与实践//专利商标法选论［M］．台北：国立台湾大学法学论丛（13），1977.

[10] 国家知识产权局专利复审委员会．现有技术与新颖性［M］．北京：知识产权出版社，2004.

[11] 国家知识产权局条法司．《专利法》第三次修改导读［M］．北京：知识产权出版社，2010.

[12] 国家知识产权局条法司．新专利法详解［M］．北京：知识产权出版社，2001.

[13] 张荣彦．机械领域专利申请文件的撰写与审查［M］．2 版．北京：知识产权出版社，2006.

[14] 蒋志培．知识产权民事审判证据实务［M］．北京：中国法制出版社，2008.

［15］刘春田．知识产权法［M］．3 版．北京：中国人民大学出版社，2007.
［16］胡长清．中国民法总论［M］．北京：中国政法大学出版社，1999.
［17］王泽鉴．民法总则［M］．增订版．北京：中国政法大学出版社，2001.
［18］梁慧星．民法总论［M］．北京：法律出版社，1999.
［19］沈达明，梁仁洁．德意志法上的法律行为［M］．北京：对外贸易教育出版社，1992.
［20］魏振瀛．民法［M］．北京：北京大学出版社，高等教育出版社，2000.
［21］王泽鉴．民法物权．2 册［M］．北京：中国政法大学出版社，2001.
［22］崔建远．合同法［M］．3 版．北京：法律出版社，2003.
［23］尹田．法国现代合同法［M］．北京：法律出版社，1995.
［24］王利明．合同法要义与案例析解（总则）［M］．北京：中国人民大学出版社，2001.
［25］全国人大法工委．《中华人民共和国侵权责任法》条文解释与立法背景［M］．北京：人民法院出版社，2010.
［26］徐开墅．民商法词典［M］．上海：上海人民出版社，1997.
［27］王家福．经济法律大辞典［M］．北京：中国财政经济出版社，1992.
［28］刘家兴．民事诉讼法学教程［M］．北京：北京大学出版社，1994.
［29］江伟．中国民事诉讼法教程［M］．北京：中国人民大学出版社，1989.
［30］杨荣新．民事诉讼法学［M］．北京：中国政法大学出版社，1997.
［31］谭兵．民事诉讼法学［M］．北京：法律出版社，1997.
［32］沈达明．比较民事诉讼法初论．下册［M］．北京：中信出版社，1991.
［33］张卫平．程序公正实现中的冲突与衡平［M］．成都：成都出版社，1993.
［34］肖建国．民事诉讼程序价值论［M］．北京：中国人民大学出版社，2000.
［35］何家弘．证据法学研究［M］．北京：中国人民大学出版社，2007.
［36］王亚新．对抗与判定——日本民事诉讼的基本结构［M］．北京：清华大学出版社，2002.
［37］姜明安．行政法与行政诉讼法［M］．北京：北京大学出版社，高等教育出版社，1999.
［38］孔祥俊．最高人民法院《关于行政诉讼证据若干问题的规定》的理解与适用［M］．北京：中国人民公安大学出版社，2002.

［39］王名扬．美国行政法［M］．北京：中国法制出版社，2005.
［40］苏力．法治及其本土资源［M］．修订版．北京：中国政法大学出版社，2004.
［41］汤维建．民事证据立法的理论立场［M］．北京：北京大学出版社，2008.

## 二、译著

［1］威廉·M. 兰德斯，理查德·A. 波斯纳．知识产权法的经济结构［M］．金海军，译. 北京：北京大学出版社，2005.
［2］亚当·杰夫，乔希·勒纳．创新及其不满：专利体系对创新与进步的危害及对策［M］．罗建平，兰花，译. 兰花，校．北京：中国人民大学出版社，2007.
［3］彭道敦，李雪菁．普通法视角下的知识产权［M］．谢琳，译. 北京：法律出版社，2010.
［4］霍姆斯．法律的生命在于经验——霍姆斯法学文集［M］．明辉，译. 北京：清华大学出版社，2007.
［5］罗斯科·庞德．法理学．2 卷［M］．邓正来，译. 北京：中国政法大学出版社，2007.
［6］约翰·吉本斯．法律语言学导论［M］．程朝阳，等译. 北京：法律出版社，2007.
［7］理查德·A. 波斯纳．法官如何思考［M］．苏力，译. 北京：北京大学出版社，2009.
［8］理查德·A．波斯纳．法理学问题［M］．苏力，译. 北京：中国政法大学出版社，2001.
［9］海因·克茨．欧洲合同法．上卷［M］．周忠海，李居迁，宫立云，译. 北京：法律出版社，2001.
［10］迪特尔·梅迪库斯．德国民法总论［M］．邵建东，译. 北京：法律出版社，2001.
［11］汉斯·普维庭．现代证明责任问题［M］．吴越，译. 北京：法律出版社，2000.
［12］哈特．法律的概念［M］．张文显，等译. 北京：中国大百科全书出版社，1996.
［13］戴维·M. 沃克．牛津法律大辞典［M］．北京：光明日报出版社，

1988.

[14] 欧洲专利局．未来知识产权制度的愿景［M］．郭民生，等译．北京：知识产权出版社，2008.

[15] 彼德罗·彭梵得．罗马法教科书［M］．黄风，译．北京：中国政法大学出版社，1992.

[16] 棚濑孝雄．纠纷的解决与审判制度［M］．王亚新，译．北京：中国政法大学出版社，1994.

[17] 布拉德·谢尔曼，莱昂内尔·本特利．现代知识产权法的演进［M］．金海军，译．北京：北京大学出版社，2006.

[18] 莱奥·罗森贝克．证明责任论——以德国民法典和民事诉讼法典为基础撰写［M］．4 版．庄敬华，译．北京：中国法制出版社，2002.

## 三、英文著作

[1] RECHARD A. POSNER. *What Do Judges and Justices Maximize?* (*The Same Thing Everybody Else Does*) [J]. Supreme Court Economic Review, 1993 (1): 3.

[2] FRIDERICK SCHAUER. *Incentives, Reputation, and the Inglorious Determinants of Judicial Behavior* [J]. University of Cincinnati Law Review, 2000 (68): 615.

[3] KENNETH J. ARROW. *Economic Welfare and the Allocation of Resources for Invention* [J]. The Rate and Direction of Inventive Activity: Economic and Social Factors, 1962: 609、610 - 614.

[4] *Black's Law Dictionary* [M]. 7th ed. West Group, 2000: 1173.

[5] GILES S. RICH. *The Extent of the Protection and Interpretation of Claims-American Perspectives* [M]. 21 Int'l Rev. Indus. Prop. & Copyright L., 497, 499 (1990).

[6] BRUCHHAUSEN. *The scope of patent protection in different European countries—an outline of recent case law* [J]. The 4th International Review of Industrial property and copyright law.

[7] RAY D. WESTON. *A comparative analysis of the doctrine of equivalents: can European approaches solve an American dilemma?* [J]. The Journal of Law and Technology, 1998: 35.

[8] DAVID BAINBRIDGE. *Intellectual Law* [M]. $4^{th}$. Financial Times Pitman

Publishing, 1999: 12.

[9] THOMAS K. LANDRY. *Constitutional Invention. A Patent Perspective* [J]. 25 Rutgers Law Journal, 67.

[10] DONALD S. *CHISUM. Chisum on Patents*. M. Bender, 2007.

[11] WAGNER, R. P. *Reconsidering Estoppel: Patent Administration and the Failure of Festo* [J]. University of Pennsylvania Law Review, 2002.

[12] ALEXANDER, J. *Cabining the Doctrine of Equivalents in Festo: a Historical Perspective on the Relationship between the Doctrine of Equivalents and Prosecution History Estoppel* [J]. American University Law Review, 2002.

[13] JANICE M. MUELLER. *An Introduction to Patent Law* [J]. CITIC Pubulishing House, 2003.

[14] HERBERT F. SCHWARTZ. *Patent Law and Practice* [J]. Fourth Edition. BNA Books, 2003.

# 后　记

天宇将白，一抹霞光又将唤醒这喧嚣的京城。在这个春夏相交的清晨，在这个收获的季节，我的书稿终于反复修改完毕，即将付梓。一身倦意，却又无法入睡，放一首韵味隽永的高山流水，体会千百年来“巍巍乎志在高山”和“洋洋乎志在流水”的文人情怀，任思绪游走，为这一刻的心情做一个见证。

求学二十余载，研习法律亦十年有余。虽然在获得法学学士学位之后，年少轻狂地进入清华大学计算机科学与技术系攻读计算机专业相关学位，但是一直并未中断的则是法学研习之路。可以说，在理性与非理性的交织中，在自觉与非自觉的选择中，我和法学结下了深深的情缘。法学一门，博大精深，时刻提醒自己的是，学似海收天下水，性如桂奈月中寒，努力做一个“自信而不狂妄、勇敢而不鲁莽、好学而不盲从”的法学研习者。

最为庆幸的是，毕业后进入国家知识产权局专利复审委员会行政诉讼处工作，能够在短短几年时间内承办和接触到数千件专利确权案件。法律生命不在于逻辑而在于经验，六七年法律实践的积累使得我这个比较愚钝的人亦有些体会和思考。不经意间，兴之所至不吐不快，也有几十篇论文得以发表，在业界得到过称赞，也得到过批评。之后虽辗转调动到国家知识产权局专利局审查业务管理部、专利复审委员会研究处、专利复审委员会业务协调处等部门工作，法学研习一直是我最重要的追求。在参与制定专利审查工作“十二五”规划、负责执笔专利复审委员会“十二五”发展规划之余，恋恋不舍的仍是那冷冰冰的法律条文背后的脉脉温情。

专利审查员职业是学习型的，读书学习必不可少。只有在写作中读书，才能全面完善自己的法学思想和基本观点；只有在读书中写作，才能全面提高自己的法学思维和理论功底。六七年来不经意间写出的文字，更多的是自己的读书笔记和心得体会，是边干边学的工作副产品。人生如梦，经常“无心插柳柳成荫”。这本书算是对自己一个最大的慰藉。十数年寒窗苦读，六七载法律实践，多少个不眠之夜，化作这洋洋近四十万字，心中感慨万分。当然，我对于许多问题的研究仍是初步的，期待学术界和实务界的讨论。

书稿即将出版之际，最需要感谢的是恩师吴汉东教授，先生教我求学之道、为人之本，给了我受益终身的提点与指导，师恩如泉，绵绵不绝，我自永记于心。专利复审委员会领导给予支持，专利复审委员会行政诉讼处、通信申诉处、研究处等亦给予很大的帮助。作为国家知识产权局法律事务高层次人才培养对象，国家知识产权局人才教育培训工作领导小组办公室亦给予我很大支持。感谢知识产权出版社的有关领导，承蒙不弃，本书才有出版之机；感谢知识产权出版社的卢海鹰编辑、李琳编辑和王晶编辑等，他们兢兢业业的工作，本书才能顺利出版，借此机会，向他们深表谢意！感谢我的妻子徐晓雁，使我在枯燥的书稿写作之中深感红袖添香之趣；感谢我的父母和妹妹，浓浓亲情是我不断前进的动力。殊值纪念的是，本书的撰稿和成文恰逢我的孩子张成昊的孕育和出生之时，宝宝的每一次胎动、每一次微笑和每一声啼哭，都记录在点点文字的背后，祝愿宝宝天天快乐！妻子、父母、妹妹的亲情，宝宝出生的喜悦，天高地厚，谨以此书为献，愿他们身体健康、永远快乐！为了身后的目光和期待的眼神，我将努力为之！

张 鹏

2012 年 2 月 21 日凌晨于北京橡树湾